普通高等院校化学化工类系列教材

周旭光 许金霞 于洺 主编

无机化学
实验与学习指导

清华大学出版社
北京

版权所有,侵权必究。举报:010-62782989,beiqinquan@tup.tsinghua.edu.cn。

图书在版编目(CIP)数据

无机化学实验与学习指导/周旭光,许金霞,于洺主编. —北京:清华大学出版社,2013(2024.8重印)
(普通高等院校化学化工类系列教材)
ISBN 978-7-302-33294-7

Ⅰ. ①无… Ⅱ. ①周… ②许… ③于… Ⅲ. ①无机化学-化学实验-高等学校-教学参考资料 Ⅳ. ①O61-33

中国版本图书馆 CIP 数据核字(2013)第 167645 号

责任编辑:冯 昕 王 华
封面设计:常雪影
责任校对:刘玉霞
责任印制:刘海龙

出版发行:	清华大学出版社
网 址:	https://www.tup.com.cn, https://www.wqxuetang.com
地 址:	北京清华大学学研大厦 A 座　　邮 编:100084
社 总 机:	010-83470000　　邮 购:010-62786544
投稿与读者服务:	010-62776969, c-service@tup.tsinghua.edu.cn
质量反馈:	010-62772015, zhiliang@tup.tsinghua.edu.cn
印 装 者:	大厂回族自治县彩虹印刷有限公司
经 销:	全国新华书店
开 本:	185mm×260mm　　印 张:17.25　　字 数:415 千字
版 次:	2013 年 8 月第 1 版　　印 次:2024 年 8 月第10次印刷
定 价:	49.00 元

产品编号:044692-04

前 言

本书为普通高等教育"十二五"规划教材《无机化学》（清华大学出版社，2012，周旭光主编）的配套教材。全书分实验篇和学习指导篇。

无机化学实验是《无机化学》课程的重要组成部分，是对无机化学基本概念、原理和内容的巩固、扩展和加深。无机化学实验不仅可以培养学生独立操作、观察记录、分析归纳、方案设计、撰写报告等分析问题和解决问题的能力，更重要的是通过实验教学，能够训练学生科学实验的方法和技能，初步为学生提供一个"化学家在实验室里做研究工作"的环境，使学生得到"全面的化学素质教育"。

实验篇共分4章。第1章讲述实验的基本常识；第2章介绍实验试剂和仪器；第3章讲解实验的基本操作；第4章是具体的实验内容。本书共选入了18项23个实验。内容涉及无机合成、组分提纯、相关化学常数及物质组成测定、无机离子分离与鉴定和趣味实验等。每个实验都附有注意事项和思考题，便于学生完成实验后的归纳和总结。实验内容的选择，注重绿色环保以及知识体系的系统性、连续性和综合性。实验药品的用量，注重节能减排，符合节约型、半微型实验的发展方向。实验项目的编排，由浅入深、由简到繁。例如化合物的制备，由一步完成分为几步完成；由用一种方法制备变为用几种方法制备。又如化学特征常数的测定，同一常数采用不同的测试手段，同一测定方法用于不同的实验内容等。

无机化学学习指导，注重学生系统、扎实、灵活地掌握无机化学基本知识，注重基本理论和基本技能的培养。该部分内容是编写教师在多年教学经验的基础上，广泛参考各类参考书籍编制而成。内容包括基本要求、学习小结、温馨提示、思习解析和综合测试等内容。对学生学习中容易出现的疑问、难点、注意事项等，以"温馨提示"的方式作出详细交代，便于学生理解和掌握。"思习解析"则是对《无机化学》教材中思考题和习题的详细解答。综合测试包括选择、填空、判断、简答和计算等试题，用以考查学生对基本概念和基本理论的掌握情况。书后还附有相应的综合测试参考答案，便于学生检验学习的效果。

本书由周旭光、许金霞、于洺主编，王凤勤、王竹林、宋立民、张慧春、杨林、彭晓军、雒娅楠（按姓氏笔画为序）参编，最后由周旭光统一进行整理、补充、修改和定稿，由周旭光、许金霞、于洺和王凤勤校稿完成。

本书在编写过程中参考了已出版的高等学校教材和有关著作,从中借鉴了许多有益内容,在此向有关作者和出版社表示感谢。

由于编者水平有限,书中疏漏及不妥之处在所难免,恳请使用本书的教师和学生提出宝贵意见。

编 者

2013 年 3 月

目 录

实 验 篇

第1章 无机化学实验的基本常识 ………………………………………… 3
  1.1 实验程序 ………………………………………………………… 3
  1.2 实验室规则 ……………………………………………………… 4
  1.3 实验室安全与事故处理 ………………………………………… 4
  1.4 实验室的废气、废液和废渣处理 ……………………………… 5
  1.5 无机化学实验报告格式示例 …………………………………… 6

第2章 无机化学实验试剂和仪器 ………………………………………… 9
  2.1 化学试剂 ………………………………………………………… 9
  2.2 实验用水 ………………………………………………………… 11
  2.3 无机化学实验仪器 ……………………………………………… 12

第3章 无机化学实验的基本操作 ………………………………………… 23
  3.1 常用玻璃仪器的洗涤 …………………………………………… 23
  3.2 仪器的干燥 ……………………………………………………… 24
  3.3 加热与冷却 ……………………………………………………… 24
  3.4 液体体积的度量 ………………………………………………… 25
  3.5 溶解、结晶与固液分离 ………………………………………… 30
  3.6 气体、液体和固体的干燥 ……………………………………… 32
  3.7 水银温度计和试纸的使用 ……………………………………… 34

第4章 无机化学实验 ……………………………………………………… 36
  实验一 食盐的提纯和质量检查 …………………………………… 36
  实验二 五水合硫酸铜晶体的制备 ………………………………… 38
  实验三 三草酸合铁(Ⅲ)酸钾的制备 ……………………………… 39
  实验四 铬(Ⅲ)与草酸根离子形成的三种配合物的制备及性质 … 41
  实验五 铬黄颜料的制备 …………………………………………… 43
  实验六 草酸草酸根·五氨合钴(Ⅲ)的制备 ……………………… 44

实验七　醋酸解离常数的测定 …………………………………………………… 46
　　　　　滴定曲线法 ……………………………………………………………… 46
　　　　　pH 法 ……………………………………………………………………… 47
实验八　氢氧化镍溶度积的测定 …………………………………………………… 49
实验九　过渡金属配合物的吸收光谱 ……………………………………………… 50
实验十　分光光度法测定乙二胺合铜（Ⅱ）配位个体的组成 …………………… 52
实验十一　瓜果、蔬菜中维生素 C 含量的测定 …………………………………… 53
实验十二　卤素离子的分离与鉴定 ………………………………………………… 54
实验十三　氧、硫、氮、磷元素离子的分离与鉴定 ……………………………… 57
实验十四　常见阴离子的分离与鉴定 ……………………………………………… 59
实验十五　锡、铅、锑、铋、铬、锰元素离子的分离与鉴定 …………………… 63
实验十六　铁、钴、镍、铜、银、锌、镉元素离子的分离与鉴定 ……………… 65
实验十七　常见阳离子的分离与鉴定 ……………………………………………… 68
实验十八　趣味实验 ………………………………………………………………… 76
　　　　　"硅酸盐"花园 …………………………………………………………… 76
　　　　　振荡反应 ………………………………………………………………… 76
　　　　　"铅树"的形成 …………………………………………………………… 77
　　　　　自制银镜 ………………………………………………………………… 78
　　　　　玻璃棒点灯 ……………………………………………………………… 79

学习指导篇

第 1 章　原子结构和元素周期系 …………………………………………………… 83
第 2 章　化学键与物质结构 ………………………………………………………… 95
第 3 章　化学反应中的能量变化 …………………………………………………… 124
第 4 章　化学反应的方向、速率和限度 …………………………………………… 133
第 5 章　溶液 ………………………………………………………………………… 149
第 6 章　氧化还原反应 ……………………………………………………………… 177
第 7 章　元素概述 …………………………………………………………………… 194
第 8 章　s 区和 p 区元素选述 ……………………………………………………… 201
第 9 章　d 区和 ds 区元素选述 …………………………………………………… 216
第 10 章　f 区元素选述 …………………………………………………………… 228

综合测试参考答案 …………………………………………………………………… 234

附录 ··· 257

　　附录 A　国际相对原子质量表 ··· 257

　　附录 B　某些离子和化合物的颜色 ··· 260

　　附录 C　某些物质的商品名或俗名 ··· 261

　　附录 D　常用溶液的配制 ··· 263

参考文献 ··· 266

实验篇

第 1 章　无机化学实验的基本常识

第 2 章　无机化学实验试剂和仪器

第 3 章　无机化学实验的基本操作

第 4 章　无机化学实验

第1章

无机化学实验的基本常识

1.1 实 验 程 序

无机化学实验是有机化学实验、分析化学实验和物理化学实验的基础。无机化学是一门以实验为基础的科学,无机化学中的定律和学说几乎都来源于实验,同时又为实验所检验。化学实验是化学发现与创新的源泉,是探索化学奥秘和未知世界的必由之路,是培养化学创新人才的重要途径。因此,无机化学实验在培养具有理论联系实际的能力、实践能力和创新能力的未来化学工作者的大学教育中,占有极其重要的地位。无机化学实验的目标不仅是培养学生正确地掌握化学实验的基本原理、方法、操作,而且要培养学生实事求是的科学态度、严谨治学的科学素养、细致与整洁的科学习惯以及勤于思考、勇于开拓的科学精神。实验教学既要传授知识、技能,又要指导学生的学习思路和学习方法。为此,学生在无机化学实验中应完成下列基本的实验程序。

1. **实验预习**　预习是做好实验的前提和保证。实验前认真阅读实验教材、有关参考书及参考文献;明确实验目的要求;了解实验内容、步骤、操作过程及数据处理方法;提出注意事项,合理安排实验时间(统筹安排实验步骤)。在预习的基础上写出预习报告,主要包括实验目的、实验原理、操作步骤、实验现象和数据记录等。

2. **实验中的规范操作**　在实验过程中要正确且规范操作;保持安静;严格遵守实验室安全守则,预防火灾、触电、中毒和化学伤害等事故的发生;注意保持室内整洁,随时保持实验台干净、整齐;注意节约水、电、煤气和药品,爱护仪器。

3. **观察记录**　实验过程中仔细观察、勤于思考并将实验现象和数据及时、准确、如实地记录在实验预习报告本上,不可将原始数据随便记录在草稿本、小纸片或其他地方,也不能等到实验结束后再回忆记录。养成实事求是的态度,不得随意涂改臆造数据。

4. **实验的交流与讨论**　如果发现实验现象与理论不符合,应首先尊重实验事实,并在同学间相互交流,或与指导教师一起讨论,认真分析和检查其原因,根据讨论结果再对实验条件和实验方法进行改进,可以做对照试验、空白试验或自行设计的实验来核对,必要时应多次重做验证,从中得到有益的科学结论和思维方法。

5. **实验报告**　做完实验仅是完成实验的一半,更为重要的是分析实验现象,整理实验数据,把直接的感性认识上升到理性思维阶段。因此实验完成后,要及时完成实验报告。实验报告要求文字表达清楚,语言简明扼要,结论明确,实验记录与结果处理尽量使用表格形式,绘出的图形要准确清楚,并保持实验报告的整齐清洁。

无机化学实验报告一般应包括:

(1) 实验名称、日期。若实验是几个人合作完成,应注明合作者。

(2) 实验目的。

(3) 简明的实验原理。

(4) 实验步骤。尽量用简图、表格、化学式、符号等表示。

(5) 实验现象、数据的原始记录。

(6) 实验结论和结果处理。

(7) 实验讨论。实验的心得、体会,存在问题及失败原因的分析,对实验方法、教学方法和实验内容等提出的意见或建议。

(8) 回答问题(思考题)。

1.2 实验室规则

化学实验室是进行科学实验及对学生进行科学训练的场所,进入实验室做实验的学生都应遵守以下规则:

(1) 初次进入实验室应在实验教师的指导下,认识和清点实验仪器,如果发现有破损和缺少,应立即报告教师,按规定手续进行补领。

(2) 实验时应保持安静、精力集中、认真操作、仔细观察现象、如实记录结果、积极思考问题。做规定以外的实验,应先经实验教师批准。

(3) 实验时应保持实验室和实验台面清洁整齐。火柴头、废纸片、碎玻璃应投入垃圾桶。废酸和废碱应小心倒入废液桶内,以防止水槽和下水管道的堵塞及腐蚀。

(4) 实验时要爱护公物,小心使用仪器和实验设备,注意节约水、电、药品。使用精密仪器时,应严格按照操作规程进行,一定要谨慎细致。如果发现仪器出现故障,应立即停止使用,及时报告教师进行处理。

实验药品要按量取用,自药品瓶中取出的药品,不应再倒回原瓶,以免带入杂质。瓶塞随取随盖,不要搞混,以免沾污试剂。

(5) 实验结束后,应将个人使用的仪器用自来水洗涤后摆放整齐,公用仪器整理后放回原处;清洁并整理好实验台面;最后洗净双手。

(6) 值日的同学应打扫好实验室的地面和水槽,检查每个桌面是否整洁,在离开实验室前一定要检查电源是否断开,水龙头、门窗是否关闭。实验室内的一切物品(仪器、药品和实验产品等)不得带出实验室。

(7) 如果发生意外时,应保持镇静,不要惊慌失措;遇有烧伤、烫伤、割伤应及时报告教师,进行急救和治疗。

1.3 实验室安全与事故处理

1. 实验室安全常识 为了确保操作者、仪器设备及实验室的安全,每个进入实验室进行实验的学生,都应遵守有关规章制度,并对一般的安全常识有所了解。

(1) 避免浓酸、浓碱等腐蚀性试剂溅在皮肤、衣服或鞋袜上。

(2) 实验中使用性质不明的物料时,要先用极小的量预试,不得直接去嗅,以免发生意外危险。

(3) 产生有毒气体、腐蚀性气体的实验,均应在通风橱中进行。操作时头部应在通风橱外面,以免中毒。

(4) 使用有毒试剂时应当小心,应事先熟悉操作中的有关注意事项。氰化物、As_2O_3等剧毒试剂及汞盐都应特殊保管,不得随意放置。使用剧毒试剂的实验完毕后,应当及时妥善处理,避免自己或他人中毒。

(5) 使用CS_2、乙醚、苯、酒精、汽油和丙酮等易燃物品时,附近不能有明火或热源。

(6) 易燃或有毒的挥发性有机物用后都应收集于指定的密闭容器中。

(7) 防止煤气、氢气等可燃气体泄漏在室内,以免发生煤气中毒或引起爆炸。

(8) 特殊仪器及设备应在熟悉其性能及使用方法后方可使用,并严格按照说明书操作。当情况不明时,不得随便接通仪器电源或扳动旋钮。

(9) 普通的玻璃瓶和容量瓶器皿均不可加热,也不可倒入热溶液以免引起破裂或量不准。

(10) 灼热的器皿应放在石棉网或石棉板上,不可和冷物体接触,以免破裂;不可用手接触,以免烫伤;更不要立即放入柜内或桌面上,以免引起燃烧或烙坏桌面。

(11) 加热试管时,管口不能对着自己或他人,不要俯视正在加热的液体。

2. 实验事故处理　实验过程中如发生意外事故,可采取下列相应措施。

(1) 玻璃割伤:伤口内若有玻璃碎片或污物,应立即清除干净,然后涂红药水并包扎。

(2) 烫伤或烧伤:切勿用水冲洗。应在伤处涂抹苦味酸溶液、万花油或烫伤膏。

(3) 酸碱伤眼:立即用水冲洗,然后用碳酸氢钠溶液或硼酸溶液冲洗,再用水冲洗。

(4) 起火:不要惊慌,小火用湿布、石棉布或沙子覆盖燃物;大火使用泡沫灭火器;发生火灾立即报警,同时使用灭火设备有效灭火。

(5) 触电:立刻切断电源,救护伤员。

(6) 毒气侵入:吸入有毒气体(如煤气、氯气、硫化氢等)而感到不舒服时,应及时到窗口或室外呼吸新鲜空气。

1.4 实验室的废气、废液和废渣处理

在化学实验中会产生各种有毒的废气、废液和废渣,简称三废。为了减免对环境的污染,要对实验过程中产生的三废进行处理。

1. 有毒气体的排放　做少量有毒气体产生的实验,应在通风橱中进行。通过排风设备把有毒废气排到室外,利用室外的大量空气来稀释有毒废气。如果实验产生大量有毒气体,应该安装气体吸收装置来吸收这些气体,例如,产生的二氧化硫气体可以用氢氧化钠水溶液吸收后排放。

2. 有毒的废液处理应采取如下方法:

(1) 含六价铬化合物(致癌):加入还原剂($FeSO_4$,Na_2SO_3)使之还原为三价铬后,再加

入碱(NaOH 或 Na$_2$CO$_3$),调 pH 值至 6~8,使之形成氢氧化铬沉淀除去。

(2) 含氰化物的废液:方法有二,一是加入硫酸亚铁,使之变为氰化亚铁沉淀后除去;二是加入次氯酸钠,使氰化物分解为二氧化氮和氮气而除去。

(3) 含汞化物的废液:加入 Na$_2$S 使之生成难溶的 HgS 沉淀而除去。

(4) 含砷化物的废液:加入 FeSO$_4$,并用 NaOH 调 pH 值至 9,以便使砷化物生成亚砷酸钠与氢氧化铁共沉淀而除去。

(5) 含铅等重金属的废液:加入 Na$_2$S,使之生成硫化物沉淀而除去。

3. 有毒的废渣应埋在指定的地点,但是溶解于地下水的废渣必须经过处理后才能深埋。

1.5 无机化学实验报告格式示例

例 1:物质制备或提纯实验报告格式示例

实验名称:食盐的提纯和质量检查

姓名_____ 班级_____ 实验时间_____ 指导教师_____

一、实验目的

1. 了解提纯粗制食盐的原理和方法。
2. 练习粗食盐和精制食盐中杂质检查的方法。
3. 初步掌握电子天平及普通过滤、减压过滤、溶液的蒸发、浓缩、结晶、干燥等基本操作。

二、实验原理

粗食盐中含有可溶性杂质和不溶性杂质。不溶性杂质主要是泥沙,通过过滤的方法除去;可溶性杂质 K$^+$、SO$_4^{2-}$、Ca^{2+}、Mg^{2+} 和引入的 Ba^{2+} 可通过下列方法除去。

$$SO_4^{2-} + Ba^{2+}(过量) =\!=\!= BaSO_4 \downarrow$$
$$Ca^{2+} + CO_3^{2-} =\!=\!= CaCO_3 \downarrow$$
$$Mg^{2+} + 2OH^- =\!=\!= Mg(OH)_2 \downarrow$$
$$Ba^{2+} + CO_3^{2-} =\!=\!= BaCO_3 \downarrow$$

K$^+$ 通过蒸发浓缩使 NaCl 析出,而将 K$^+$ 留在母液中。

三、实验步骤

1. 食盐的称量与溶解

粗食盐(8.0 g) $\xrightarrow{\text{电子天平}}$ 小烧杯 $\xrightarrow[\text{量筒}]{30 \text{ cm}^3 \text{H}_2\text{O}}$ 加热搅拌,使之溶解

2. 除去 SO$_4^{2-}$

加热近沸(搅拌) $\xrightarrow{\text{BaCl}_2}$ BaSO$_4 \downarrow$ 完全 $\xrightarrow[5 \text{ min}]{\triangle}$ ↓颗粒长大(易于沉降)

3. 检验 SO_4^{2-} 是否除尽

取上清液 $\xrightarrow[\text{② }BaCl_2]{\text{① }HCl}$ 观察现象 $\begin{cases}\text{出现混浊：}SO_4^{2-}\text{未除尽，继续加 }BaCl_2\\ \text{不混浊：}SO_4^{2-}\text{ 除尽}\xrightarrow{\text{抽滤}}\downarrow\text{弃去}\end{cases}$
(nd)

4. 除去 Mg^{2+}、Ca^{2+}、Ba^{2+} 等阳离子

滤液近沸 $\xrightarrow[Na_2CO_3]{NaOH}$ 不生成 $\downarrow$ 为止，静置
（搅拌）

5. 检验 Ba^{2+} 是否除尽

上层清液 $\xrightarrow[3\ mol·dm^{-3}]{H_2SO_4}$ 观察现象 $\begin{cases}\text{出现混浊，表示有 }Ba^{2+}\text{，需加 }Na_2CO_3\\ \text{不浑浊}(Ba^{2+}\text{除尽})\xrightarrow[\text{玻璃漏斗}]{\text{过滤}}\downarrow\text{弃去}\end{cases}$
(nd)

（滤液用蒸发皿盛放）

6. 调节溶液的 pH 值

滤液加热 $\xrightarrow[2\ mol·dm^{-3}]{HCl}$ pH＝4～5（用 pH 试纸检查）
（搅拌）

7. 蒸发、浓缩、干燥处理

缓慢加热蒸发、浓缩至糊状稠液为止，冷却后抽滤，称量（记录数据）。

8. 粗食盐和精制食盐中杂质的定性比较

取粗食盐和精制食盐各 1 g，配成 4 cm³ 溶液分成 4 组，对照检查提纯后食盐的纯度。

四、数据记录与结果处理

1. 粗食盐质量_____g，精制食盐质量_____，精盐的产率_____%。

$$\text{精盐产率}=\frac{\text{精盐的质量（g）}}{\text{粗盐的质量（g）}}\times 100\%$$

2. 产品纯度检验

检验项目	检验方法	离子反应式	实验现象	
			粗食盐	精制食盐
SO_4^{2-}	加入 $BaCl_2$ 溶液			
Ca^{2+}	加入 $(NH_4)_2C_2O_4$ 溶液			
Mg^{2+}	加入 NaOH 溶液和镁试剂			
Ba^{2+}	加入 H_2SO_4 溶液			

五、问题讨论

（略）

六、思考题

（略）

例 2：物理化学量的测定实验报告格式示例

实验名称：醋酸解离常数的测定（滴定曲线法）

姓名_____ 班级_____ 实验时间_____ 指导教师_____

一、实验目的

（略）

二、实验原理

（略）

三、实验步骤

（略）

四、数据记录与结果处理

1. 实验中所加 NaOH 溶液的体积及对应的 pH 值

每次加入 NaOH 的体积/cm³	
所加 NaOH 的累积体积/cm³	
对应的 pH 值	

2. 以 NaOH 体积（cm³）为横坐标，pH 值为纵坐标，绘制 pH-V(NaOH) 曲线。

（略）

3. 做曲线拐点的切线，找出两条切线的中线，使其与曲线相交，则交点即为等量点 V。找出 $\frac{1}{2}V$ 时的 pH 值。

（略）

4. 用 $\lg K^{\ominus}(\mathrm{HAc}) = -\mathrm{pH}\left(\frac{1}{2}V\right)$ 计算出 $K^{\ominus}(\mathrm{HAc})$。

五、问题讨论

（略）

例 3：元素离子分离鉴定报告格式

班级：_____ 姓名：_____ 学号：_____

实验名称：

试管号：

鉴定出的离子：

第 2 章

无机化学实验试剂和仪器

2.1 化学试剂

1. **化学试剂的规格** 化学试剂的规格以其纯度来划分,一般可分为优级纯、分析纯、化学纯和实验试剂 4 级,其标志和适用范围见表 S-2-1。此外,化学试剂还包括工业级的试剂和光谱纯、色谱纯、基准试剂、生化试剂等各种特殊规格的试剂。同一化学试剂因规格不同而价格差别很大,故实验中不能盲目选择纯度过高的试剂,而以能达到实验的准确度要求为准。

表 S-2-1 试剂的规格和适用范围

等级	名称	英文名称	符号	适用范围	标签标志
一等品	优级纯（保证试剂）	guarantee reagent	G. R.	纯度很高,适用于精密分析工作	绿色
二等品	分析纯（分析试剂）	analytical reagent	A. R.	纯度仅次于一级品,适用于多数分析工作	红色
三等品	化学纯	chemically pure	C. P.	纯度次于二级品,适用于一般化学实验	蓝色
四等品	实验试剂医用	laboratorial reagent	L. R.	纯度较低,适用于做实验辅助试剂	棕色或其他颜色

在化学实验中配制试剂常用的市售浓酸、浓碱溶液的浓度见表 S-2-2。

表 S-2-2 常用的市售浓酸、浓碱溶液的浓度

物质	HCl	HNO_3	H_2SO_4	H_3PO_4	$HClO_4$	$NH_3 \cdot H_2O$
浓度/(mol·dm^{-3})	12	16	18	18	12	15

2. **化学试剂的保管** 化学试剂在储存过程中要保证不失效变质,更不能造成事故。一般的化学试剂应储放在通风良好、干燥的试剂库内,由专人保管。针对不同的试剂,在储存时应注意下列问题:

(1) 见光会逐渐分解的试剂(如 H_2O_2、$AgNO_3$、$KMnO_4$、$H_2C_2O_4$ 等),与空气接触易被氧化的试剂(如 $SnCl_2$、$FeSO_4$ 等)以及易挥发的试剂(如 $NH_3 \cdot H_2O$、C_2H_5OH 等)都应放在阴暗处。

(2) 易腐蚀玻璃的试剂(如氢氟酸、苛性碱等)应保存在塑料瓶内。

(3) 吸水性强的试剂(如无水碳酸钠、NaOH、Na_2O_2等)的试剂瓶口应严格密封。

(4) 相互易发生反应的试剂应分开存放,易燃与易爆的试剂应分开储存于阴凉通风、不受阳光直射的地方。

(5) 剧毒试剂(如氰化物、$HgCl_2$、As_2O_3等)应由专人保管,取用时严格做好记录。

3. 化学试剂的取用

(1) 固体试剂的取用。要用洁净干燥的药匙取用,不能用同一药匙取不同的试剂,用过的药匙必须洗净、擦干后才能再使用。取出试剂后立即盖紧瓶盖,不要盖错。多取的药品,不能倒回原瓶,可放在指定容器中供他人使用。一般的固体试剂可以放在干净的纸或表面皿上称量,具有腐蚀性、强氧化性或易潮解的固体不能在纸上称量。有毒药品要在教师指导下取用。往口径小的(如试管)容器中送入粉末状的固体时,可以将药品放在对折的纸片上,再将其平放,伸进容器中约 2/3 处,然后将容器竖立,使试剂滑下去。图 S-2-1 描述了向试管内送试剂的一些方法。

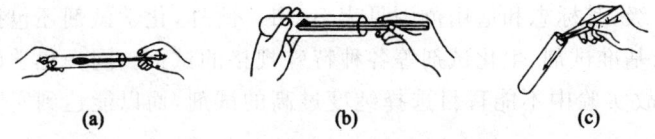

图 S-2-1　向试管中送固体试剂

(2) 液体试剂的取用。依照图 S-2-2,掌握液体试剂取用的方法。

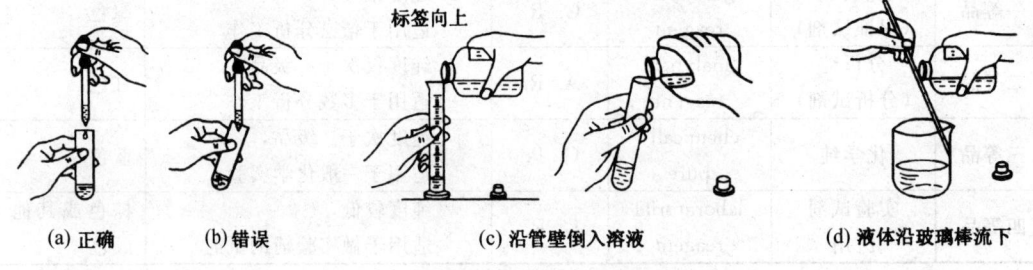

图 S-2-2　液体试剂的取用

从滴瓶中取用试剂时,滴管决不能触及所接收的容器器壁,以免沾污药品。滴管应直立,不要倾斜,尤忌倒立。不准用个人用的滴管到瓶中取液。装有试剂的滴管不能平放或管口向上斜放,以免试剂流到橡皮胶头中。

采用倾斜法取用细口瓶内的液体试剂时,将瓶塞倒放在桌面上,手握住试剂瓶上贴有标签的一面,逐渐倾斜瓶子,缓缓倒出液体。若所用容器为烧杯,可沿着玻璃棒注入烧杯。取出所需量后,将试剂瓶口在容器上靠一下,再逐渐竖起瓶子,以免遗留在瓶口的液滴流到瓶的外壁。多取的试剂不能倒回原瓶,可倒入指定容器内供他人使用。

4. 化学试剂的配制　根据对所配制溶液的准确性的要求不同,实验室中的溶液可分为基准溶液、标准溶液和一般溶液。

(1) 基准溶液。基准溶液是用来标定标准溶液浓度的,具有准确的浓度,应由万分之一克准确度的分析天平准确称取基准试剂,用容量瓶和二次蒸馏水配制。

(2) 标准溶液。标准溶液是用于分析实验的工作溶液,可用基准试剂配制或用基准液标定,一般标准溶液可保存几周或几个月不等,但为了保证其浓度准确可靠,需定期进行重新标定。为防止溶液变质,有时根据试剂的性质加入一定量的保护剂,某些对光敏感的溶液必须用棕色瓶存放。

(3) 一般溶液。一般溶液多为实验试剂,如沉淀剂、显色剂、pH 缓冲溶液和指示剂等,在配制时精度要求不高,一般可用百分之一克准确度的电子天平称量、量筒量取,蒸馏水配制,但注意在配制过程中不要被其他药品沾污。

5. 常用高压气体钢瓶的使用与颜色标志　实验用气体一般以高压状态储存在气体钢瓶中。在储存使用时要严格遵守有关规程,避免气体误用和造成事故。

(1) 钢瓶的使用说明:在化学实验中,经常要使用一些气体,例如氧气、氮气、氢气等。为了便于使用、储存和运输,通常将这些气体压缩成为压缩气体或液化气体,灌入耐压钢瓶内。耐压钢瓶是由无缝碳素钢或合金钢制成的,适用于压力在 15.0 MPa(150 atm)以下的气体。使用钢瓶的主要危险是当钢瓶受到撞击或受热时可能发生爆炸。另外还有一些气体具有剧毒,一旦泄漏后果严重。所以在实验中,必须正确安全地使用各种钢瓶。

使用钢瓶时,应注意缓开阀门,而且不能把瓶内的气体用尽,以防重新灌气时发生危险。

(2) 使用钢瓶时的注意事项:

① 定期检查。钢瓶在运输、储存和使用时,不要与其他坚硬的物体撞击,以免引起钢瓶爆炸。钢瓶应定期进行安全检查,如进行水压、气密性试验等。

② 安全存放。钢瓶应存放于阴凉、干燥、远离热源(如阳光、暖气、炉火等)的地方。存放装有可燃性气体钢瓶的房间最好远离实验室并注意通风,同时应加防止回火装置。

另外,原则上有毒气体的钢瓶应单独存放。若两种气体接触后可能引起燃烧或爆炸,这两种气体钢瓶不能放置在一起。

严禁油脂等有机物沾污钢瓶(特别是出口和气压表);也不可用麻、棉等物堵漏,以防燃烧引起事故。

使用时,注意各钢瓶上漆的颜色和各种标记(表 S-2-3),避免混淆。

表 S-2-3　常用高压气体钢瓶的颜色与标记

气瓶名称	外表颜色	字样	字样颜色	横条颜色
氧气瓶	天蓝	氧	黑	—
氢气瓶	深绿	氢	红	红
氮气瓶	黑	氮	黄	棕
氨气瓶	黄	氨	黑	—
乙炔气瓶	白	乙炔	红	绿

2.2　实验用水

化学实验对水的质量有一定的要求,纯水是最常用的纯净溶剂和洗涤剂,可根据实验的要求选用不同规格的纯水。

1. 实验用水的规格　表 S-2-4 列出了实验室用水的级别及主要指标。

表 S-2-4　实验室用水的级别及主要指标

指标名称	一级	二级	三级
pH 值范围(25℃)	—	—	5.0~7.5
电导率(25℃)/(μS·cm^{-1})	≤0.1	≤1.0,>0.1	≤5.0,>0.1
电阻率(25℃,MΩ·cm)	≥10	≥1,<10	≥0.2,<1
吸光度(254 nm,1 cm 光程)	≤0.001	≤0.01,>0.001	—
可溶性硅(以 SiO$_2$ 计)/(mg·dm^{-3})	≤0.01	≤0.02,>0.01	—

2. 实验用水的制备方法

（1）蒸馏法。把自来水或较纯净的天然水在蒸馏装置中加热汽化，水蒸气冷凝即可得蒸馏水。此法除去的是水中的非挥发性杂质和微生物等。未除去易溶于水的气体。且由于蒸馏装置的腐蚀（蒸馏装置一般用玻璃、铜及石英等材料制成），蒸馏水中仍含微量杂质。25℃时，其电阻率为 1×10^5 Ω·cm 左右，为三级水。

（2）电渗析法。电渗析法是将自来水通过阴、阳离子交换膜组成的电渗析器，在外电场的作用下，利用阴、阳离子交换膜对水中的阴、阳离子的选择透过性，使杂质离子从水中分离出来。电渗析水纯度比蒸馏水低，未除去非离子型杂质。电阻率为 10^4~10^5 Ω·cm。接近三级水质量。

（3）离子交换法。离子交换法是将自来水通过装有阳离子交换树脂和阴离子交换树脂的离子交换柱，利用交换树脂中的活性集团与水中的杂质离子进行交换作用，除去水中的杂质离子。此法制得的水称为"去离子水"。其纯度较高，电阻率大于 5×10^6 Ω·cm(25℃)，未除去非离子型杂质，含有微量有机物，为三级水。

一级水基本上不含溶解或胶态离子杂质及有机物，可将二级水用石英蒸馏器进一步蒸馏，通过离子交换混合床或 0.2 μm 的过滤膜等方法制得。二级水可含微量的无机、有机或胶态杂质，可采用蒸馏、反渗透或去离子后再蒸馏等方法制备。

3. 纯水的使用　三级水、去离子水适用于一般的实验室工作，如洗涤仪器、配制溶液等。二级水主要用于仪器分析实验，如原子吸收光谱、电化学分析实验等。一级水主要用于有严格要求的分析实验，包括对微粒有要求的实验，如高效液相色谱分析用水。

水的纯度越高，价格越贵。所以在保证试验要求的前提下，要注意合理用水与节约用水。

2.3　无机化学实验仪器

1. 基本实验仪器　常用的基本仪器见表 S-2-5。

表 S-2-5　常用的基本实验仪器

仪器	规格	一般用途	使用注意事项
试管架	材料：木质和铝质或塑料质等 规格：有大小不同、形状不一的各种规格	存放试管	(1) 加热后的试管应用试管夹夹住悬放在架上 (2) 铝制试管架要防止酸碱腐蚀

续表

仪 器	规 格	一 般 用 途	使用注意事项
试管	规格：以管口直径×管长表示，如 25 mm×100 mm 15 mm×150 mm 10 mm×70 mm 等	反应容器，便于操作、观察，用药量少	(1) 可直接加热,但不能骤冷 (2) 加热时用试管夹夹持,管口不要对着人,使受热均匀,盛放液体不要超过试管容积的1/3
离心试管	规格：分有刻度和无刻度两种，以容积表示，如 $25\ cm^3$、$15\ cm^3$、$10\ cm^3$ 等	少量沉淀的分离和辨认	不能直接用火加热,必要时可用水浴加热
试管夹	材料：木制、竹制，也有金属丝(钢或铜)制品 规格：形状各不相同	夹持试管	(1) 夹持在试管的中上端 (2) 不要把拇指按在试管夹的活动部位 (3) 要从试管底部套上或取出
药匙	材料：塑料或不锈钢制品	取固体样品	注意清洁
滴管	材料：由尖嘴玻璃管与橡皮孔头构成	(1) 吸收或滴加少量($1\sim2\ cm^3$)液体 (2) 吸收沉淀的上层清液以分离沉淀	(1) 滴加时,保持垂直,避免倾斜,尤忌倒立 (2) 避免污染
滴瓶	规格：有无色和棕色，以容积表示，如 $125\ cm^3$、$60\ cm^3$ 等	盛放每次只需数滴的液体试剂	(1) 碱性试剂要用带橡皮塞的滴瓶盛放 (2) 取用试剂时,滴管应置于洗净的地方 (3) 见光易分解的物质用棕色瓶

续表

仪 器	规 格	一 般 用 途	使用注意事项
点滴板	规格：白色或黑色瓷板	用于点滴反应，一般用于不需分离的沉淀反应，尤其是显色反应	(1) 不能加热 (2) 不能用于含氢氟酸和浓碱溶液的反应
量杯和量筒	规格：以所能量度的最大容积表示， 量筒：250 cm^3、100 cm^3、50 cm^3、10 cm^3 等 量杯：100 cm^3、50 cm^3、10 cm^3 等	用于液体体积计量	(1) 不能加热 (2) 不可作溶液配制的容器之用
吸量管 移液管	规格：以所能量取的最大容积表示， 吸量管：10 cm^3、5 cm^3、1 cm^3 等 移液管：100 cm^3、50 cm^3、10 cm^3、2 cm^3 等	用于精确量取一定体积的液体	使用前洗涤干净，用待吸液润洗
酸式滴定管 碱式滴定管	规格：滴定管分酸式和碱式，无色和棕色，以容积表示，如 50 cm^3、25 cm^3 等	滴定管用于滴定操作或精确量取一定体积的溶液	(1) 碱式滴定管盛碱性溶液，酸式滴定管盛酸性或氧化性溶液，二者不能混用 (2) 碱式滴定管不能盛氧化性溶液 (3) 见光易分解的滴定溶液宜用棕色滴定管
持夹 单爪夹 铁圈 铁架台	材料：铁制品，铁夹现在也有铝或铜制品	用于固定或放置反应容器，铁圈有时还可以代替漏斗架使用	(1) 夹持仪器后，其重心应落在铁架台底盘中部 (2) 夹持仪器不易太紧（可能夹碎仪器）或太松（易脱落），以仪器不能转动为宜 (3) 防止因不稳而摔倒

续表

仪　器	规　格	一般用途	使用注意事项
干燥器	规格：以直径表示，如 22 cm、18 cm 等	(1) 定量分析时，将灼烧的坩埚置于其中冷却 (2) 存放样品，以免吸收水分	(1) 灼烧物体放入干燥器前温度不能过高 (2) 常检查干燥剂是否失效
研钵	材料：玻璃、玛瑙、铁、瓷等 规格：以钵口径表示，如 12 cm、9 cm 等	研磨固体物质	小心使用，尽量不要敲击
试剂瓶	材料：玻璃或塑料制品 规格：分广口和细口，无色和棕色，以容积表示，如 1500 cm^3、1000 cm^3、250 cm^3、100 cm^3 等	广口瓶盛放固体试剂，细口瓶盛放液体试剂	(1) 不能加热 (2) 取用试剂时瓶盖应倒放 (3) 盛碱性溶液要用橡皮塞或者塑料瓶 (4) 见光易分解的物质用棕色瓶
表面皿	规格：以直径表示，如 15 cm、12 cm、9 cm 等	盖在蒸发皿或烧杯上，以免液体溅出或灰尘落入	不能用火直接加热
烧杯	规格：以容积表示，如 500 cm^3、250 cm^3、100 cm^3、50 cm^3 等	反应容器，反应物较多时用	(1) 可加热至高温，使用时注意不要使温度变化过于剧烈 (2) 加热时底部应垫石棉网，使受热均匀
锥形瓶(三角瓶)	规格：以容积表示，如 250 cm^3、100 cm^3、50 cm^3 等	反应容器，振荡比较方便，适用于滴定操作	(1) 可加热至高温，使用时注意不要使温度变化过于剧烈 (2) 加热时底部应垫石棉网，使受热均匀
洗瓶	材料：塑料 规格：一般为 500 cm^3、250 cm^3 等	盛放蒸馏水或去离子水洗涤仪器	远离火源

续表

仪　器	规　格	一　般　用　途	使用注意事项
漏斗	材料：玻璃或搪瓷 规格：以口径和漏斗颈长表示，如 6 cm 长颈漏斗、4 cm 短颈漏斗等	用于过滤或倾注液体	不能用火直接加热，必要时可用水浴漏斗套加热
漏斗架	材料：木质或有机塑料	过滤时放漏斗	固定螺丝要拧紧
布氏漏斗和吸滤瓶	规格：布氏漏斗以直径表示，如 10 cm、8 cm、6 cm 等；吸滤瓶以容积表示，如 500 cm³、100 cm³ 等	减压过滤	防止倒吸
坩埚	材料：瓷质、石英、银、铁、镍、铂等 规格：以容积表示，如 50 cm³、40 cm³、30 cm³ 等	用于灼烧固体	(1) 灼烧时放在泥三角上，直接用火加热，不需用石棉网 (2) 取下的灼热坩埚不能直接放在桌上，要放在石棉网上 (3) 灼热的坩埚不能骤冷
坩埚钳	材料：铁或铜合金，表面常镀镍或铬	夹持坩埚和坩埚盖	(1) 不能和化学药品接触，以免腐蚀 (2) 放置时，令其头部朝上 (3) 夹持高温坩埚时，钳尖需预热
蒸发皿	材料：瓷质或玻璃 规格：分有柄、无柄，以容积表示，如 150 cm³、100 cm³、50 cm³ 等	用于蒸发浓缩	可耐高温，能直接用火加热，高温时不能骤冷

仪 器	规 格	一 般 用 途	使用注意事项
泥三角	材料：瓷管和铁丝 规格：有大小之分	用于盛放加热的坩埚和小蒸发皿	(1) 灼烧的泥三角不要滴上冷水，以免瓷管破裂 (2) 选择泥三角时，要使搁在上面的坩埚所露出的上部不超过本身高度的1/3
石棉网	规格：以铁丝网边长表示，如 15 cm×15 cm， 20 cm×20 cm 等	使加热容器受热均匀	尽量避免与水接触，减少腐蚀
三脚架	材料：铁制品	放置较大或较重的加热容器	

2. 称量仪器

(1) 托盘天平：托盘天平又叫台秤，用于精确度不高的称量。最大载荷为 200 g 的托盘天平能称准至 0.1 g 或 0.2 g（即感量 0.1 g 或 0.2 g）；最大载荷为 500 g 的托盘天平能称准至 0.5 g（即感量 0.5 g）。

托盘天平的构造如图 S-2-3 所示。天平的横梁架在底座上，横梁左右各有 1 个托盘，横梁中部有指针与刻度盘，称量时根据指针在刻度盘左右摆动情况，可看出天平是否处于平衡的状态。

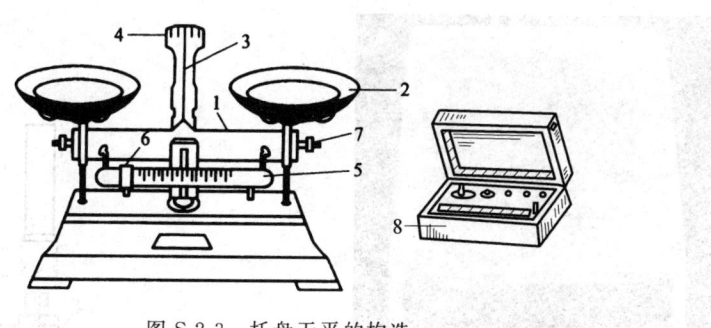

图 S-2-3 托盘天平的构造
1—横梁；2—托盘；3—指针；4—刻度尺；5—游码标尺；
6—游码；7—调节螺丝；8—砝码盒

使用方法：称量前首先要检查天平的零点。天平的零点是指未放物体时，天平的指针在刻度盘上所示的位置，指针应指向刻度盘的中间，可通过调零螺母调节。称量前，称量物放在左盘，砝码放在右盘，10 g（或 5 g）以上砝码直接用镊子从砝码盒夹取，10 g（或 5 g）以下砝码通过游标尺上的游码来添加。当最后的停点(即左右两盘分别放上称量物和砝码后,达到平衡时,指针在刻度盘的位置)与零点重合时(允许偏差一小格之内),砝码所表示的质量就是称量物的质量。读数应从砝码盒的空位算起。称量完毕,将砝码放回砝码盒,游码退回刻度"0"处,取下盘上的物品,将托盘放在一侧或用橡皮圈架起,以免摆动。

称量必须注意:

① 托盘天平不能称量热的物体。

② 称量物不能直接放在托盘上,根据情况决定称量物放在纸上、表面皿上或其他容器中。吸湿或有腐蚀性的药品,必须放在玻璃容器内。

③ 经常保持托盘天平的整洁,托盘上如有药品或其他污物,应立即清除。

④ 砝码不能放在托盘及砝码盒以外的其他任何地方。

(2) 电子天平:电子天平是最新一代的天平,是利用电子装置完成电磁力补偿的调节,使物体在重力场中实现的平衡。或通过电池的调节,使物体在重力场中实现力矩的平衡。常见电子天平的结构都是机电结合式的,由载荷接受与传递装置、测量与补偿装置等部件组成。

常见的电子天平外形图如图 S-2-4 所示。

电子天平称量物品的常用操作如下:

① 天平接通电源,打开电源开关。

② 称量:开机预热稳定并显示"0.00"状态后,将物件放在秤盘上,即显示该物体质量,等到窗口显示数值不变时,表示称量已经稳定。

③ 去皮重:盘上有容器时,天平显示容器质量。按"去皮"键后,显示"0.00",即皮重已去掉。置称物于容器内,即显示称物的质量。

3. 加热仪器

(1) 酒精灯:点燃酒精灯应用火柴,不可用已燃的酒精灯去点燃。往酒精灯内添加酒精,应把火焰熄灭,用漏斗添加,以不超过总容量的 2/3 为宜。应用盖子盖灭火焰。

(2) 煤气灯:煤气灯的式样不一,常用的如图 S-2-5 所示。

图 S-2-4 常用电子天平的外形图

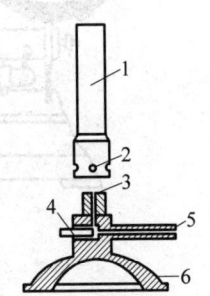

图 S-2-5 煤气灯

1—灯管;2—煤气入口;3—煤气出口;
4—螺旋针;5—煤气入口;6—灯座

使用时,先旋转金属灯管,关闭空气入口,擦燃火柴放在管口,然后稍开煤气开关,将灯点燃。调节煤气开关,使火焰保持适当高度,旋转灯管逐渐加大空气的进入量,使煤气燃烧完全,形成蓝色正常火焰。

煤气灯的正常火焰分为 3 层:焰心(内层)——煤气和空气混合物并未燃烧,温度低,约为 573 K。还原焰(中层)——煤气仅燃烧成一氧化碳,具有还原性,温度较前为高,火焰呈淡蓝色。氧化焰(外层)——煤气完全燃烧。过剩的空气使火焰具有氧化性,温度最高为 1073~1173 K,火焰呈淡紫色。一般都用氧化焰来加热,温度的高低可由调节火焰的大小来控制。

使用煤气灯加热时,遇到以下两种不正常火焰时,应立即关闭煤气灯,重新点火调节。

① 临空火焰:火焰脱离金属灯管的管口而临空燃烧产生的火焰。说明空气的进入量太大或煤气和空气的进入量都很大。

② 侵入火焰:煤气在灯管内燃烧,在管口有细长火焰,并常常带有绿色。这是在空气进入量很大而煤气进入量很小或煤气量突然减少时发生的,侵入火焰常使金属灯管烧得很热,并有未燃烧完全的煤气臭。

煤气是易燃且有毒的气体。煤气灯用毕,应随手关闭煤气灯阀门,以免煤气逸到室内,引起中毒或火灾。

(3) 电加热:常用的电加热设备如图 S-2-6 所示。

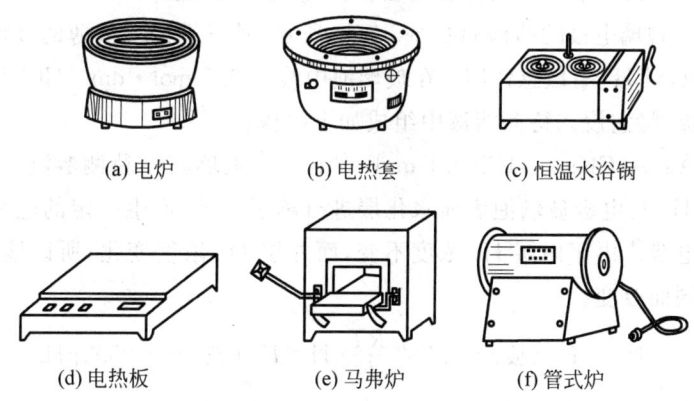

(a) 电炉　　(b) 电热套　　(c) 恒温水浴锅

(d) 电热板　　(e) 马弗炉　　(f) 管式炉

图 S-2-6　常用的电加热设备

电炉、电热套、恒温水浴锅、电热板、马弗炉和管式炉,这些都可以作为加热之用。电炉和电热套都可通过外接变压器来调节加热温度。加热时容器和电路之间要垫一块石棉网,使受热均匀。

4. 测量仪器

1) 酸度计:酸度计又称 pH 计,是测定溶液 pH 值最常用的仪器,同时也可以测量电池电动势。实验室常用的酸度计的型号和结构虽然不同,但基本原理相同。

酸度计是由精密电位计、测量电极(玻璃电极)和参比电极(甘汞电极)三部分组成。

(1) 仪器的工作原理　测量水溶液的 pH 值用玻璃电极作指示电极,甘汞电极作参比电极。玻璃电极头部由特殊敏感膜制成,当被测溶液中氢离子活度发生变化时,玻璃电极和甘汞电极之间的电动势也随之变化,仪器对电极间电动势进行放大及转换直接显示被测溶液的 pH 值。

(2) 操作步骤

① 接通电源,仪器预热后,选定测量温度和 pH 测定挡。

② 根据所用酸度计说明书的要求进行标定或定位。

③ 测定未知溶液的 pH 值。经过标定的仪器可直接测定未知溶液的 pH 值,测定时先用蒸馏水冲洗电极,再用滤纸吸干,将电极放入被测溶液中,此时仪器显示值即为该被测定溶液的 pH 值。

(3) 电极介绍

① 甘汞电极:甘汞电极是由金属汞、氯化亚汞(甘汞)和一定浓度的氯化钾溶液组成。其构造如图 S-2-7(a)所示,它的电极反应为

$$Hg_2Cl_2 + 2e^- \rightleftharpoons 2Hg + 2Cl^-$$

在 25℃时,$E(甘汞) = E^{\ominus}(甘汞) - 0.0592\lg[Cl^-]$。

$E^{\ominus}(甘汞)$ 在一定温度下为一定值,所以 $E(甘汞)$ 决定于 $[Cl^-]$ 的值,与溶液的 pH 无关。通常用饱和的氯化钾溶液为电解质溶液。25℃时饱和氯化钾溶液的 $E(甘汞)$ 为 0.2415 V。

注意事项:甘汞电极内的饱和 KCl 溶液必须与甘汞接触,否则需加入饱和 KCl 溶液。甘汞电极不用时需将其上下两端的橡皮套套上保存,不要浸泡。

② 玻璃电极:玻璃电极的结构如图 S-2-7(b)所示,其下端是一极薄的玻璃球泡,由特殊的敏感玻璃膜构成,对 H^+ 有敏感作用。在玻璃泡中装有 0.1 mol·dm^{-3} HCl 和 Ag/AgCl 电极作为内参比电极,将它浸入待测溶液中组成如下电极:

Ag,AgCl(s) | HCl(0.1 mol·dm^{-3}) | 玻璃膜 | 待测溶液

待测溶液的 H^+ 与电极玻璃泡表面水化层进行离子交换,产生一定的电势差,玻璃泡内层同样产生电极电势。由于内层 H^+ 浓度不变,而外层 H^+ 浓度变化,所以该电极的电势只随待测溶液的不同而改变。

$$E(玻) = E^{\ominus}(玻) - 2.303 \frac{RT}{F} pH = E^{\ominus}(玻) - 0.0592 pH$$

注意事项:

理论上玻璃电极的有效期为 1 年,超过一年若使用中发现异常,如漂移、不稳定、反应速度慢,应考虑更换新电极。

玻璃电极在使用前需在蒸馏水中浸泡 24 小时以上,平时不用时最好浸在蒸馏水中,切忌将电极引线及插头弄潮湿。

③ 复合电极:复合电极实际是将玻璃电极和参比电极合并制成的。它以单一接头与精密电位计连接,图 S-2-7(c)为一种以 Ag/AgCl 电极作为参比电极的复合电极示意图。

2) 722 型分光光度计:分光光度计是根据物质对光的选择性吸收来测量微量物质浓度的,具有较高的灵敏度和准确度,且具有操作简单、快速等优点,是在可见光区进行吸光度分析的常用仪器。

(1) 仪器构造:722 型分光光度计由光源室、单色器、试样室、光电管暗盒、电子系统及数字显示器等部件组成。其结构如图 S-2-8 所示,外形如图 S-2-9 所示。

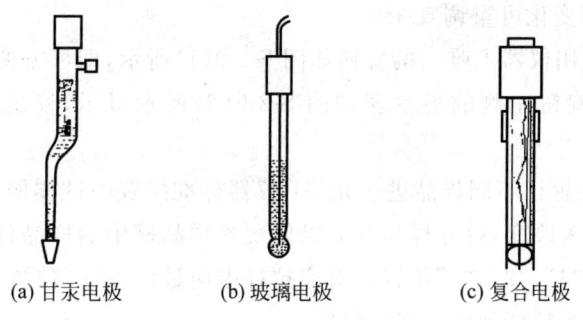

(a) 甘汞电极　　　　(b) 玻璃电极　　　　(c) 复合电极

图 S-2-7　电极示意图

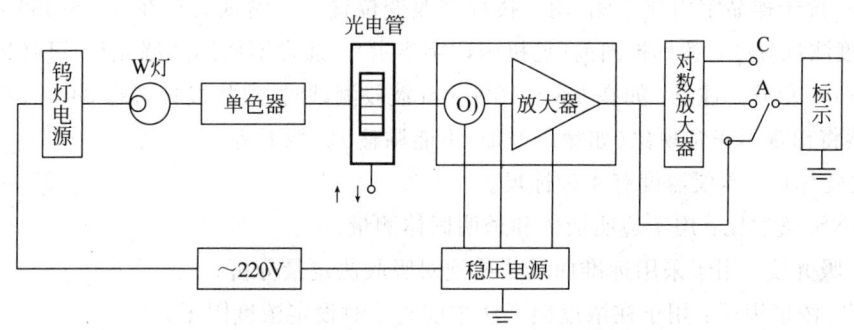

图 S-2-8　722 型分光光度计结构框图

（2）测量原理：分光光度法测定的理论依据是朗伯-比耳定律。当一束平行单色光通过单一、均匀的非散射的吸光物质溶液时，溶液的吸光度与溶液浓度和液层厚度的乘积成正比。如果固定比色皿厚度测定有色溶液的吸光度，则溶液的吸光度与浓度之间有简单的线性关系，可根据相对测量的原理，用标准曲线法进行定量分析。

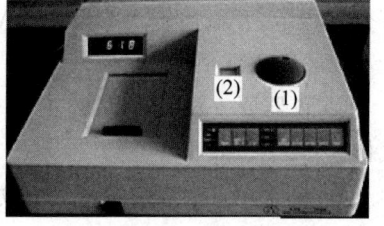

图 S-2-9　722 型分光光度计外形图

722 型分光光度计是一种新型分光光度法通用仪器，能在波长 340～1000 nm（波长精度：±2 nm）范围内进行透过率、吸光度和浓度直读测定。

（3）使用方法

① 预热：仪器开机后灯及电子部分需热平衡，故开机预热 30 min 后才能进行测定工作（如紧急应用时请注意随时调零，调 100％T）。

② 调零：为校正基本读数标尺两端（配合 100％T 调节），进入正确测试状态，在开机预热 30 min 后，打开试样盖（关闭光门），然后按"0％"键，即能自动调零。

③ 调整 100％T：为校正基本读数标尺两端（配合调零），进入正确测试状态，一般在调零前应加按一次 100％T 调整，以使仪器内部自动增益到位。调零后，将用作背景的空白样品置入样品室光路中，盖上试样盖（同时打开光门），按下"100％T"键即能自动调整 100％T（一次有误时可加按一次）。注意：调整 100％T 时整机自动增益系统重调可能影响 0％，调

整后请检查 0%,如有变化可重调 0%一次。

④ 调整波长：使用仪器上唯一的旋钮如图 S-2-9(1)所示,即可方便地调整仪器当前测试波长,具体波长由旋钮左侧的显示窗如图 S-2-9(2)所示显示,读出波长时目光应垂直观察。

⑤ 改变试样槽位置让不同样品进入光路：仪器标准配置中试样槽架是四位置的,用仪器前面的试样槽拉杆来改变,打开样品室盖以便观察样品槽中的样品位置。最靠近测试者的为"0"位置,依次为"1"、"2"、"3"位置。对应拉杆推向最内为"0"位置,依次向外拉出相应为"1"、"2"、"3"位置,当拉杆到位时有定位感。

⑥ 确定滤光片位置：本仪器备有滤光片(用以减少杂散光,提高 340～380 nm 波段光度正确性),位于样品室内部左侧,用一拨杆来改变位置。当测试波长在 340～380 nm 波段内作高精度测试时可将拨杆推向前(见机内印字指示)。通常不使用此滤光片,可将拨杆置在 400～1000 nm 位置。注意：如在 380～1000 nm 波段测试时,误将拨杆置在 340～380 nm 波段,则仪器将出现不正常现象(如噪声增加,不能调整 100%T 等)。

⑦ 改变标尺：本仪器设有 4 种标尺。

TRANS. 透射比：用于透明液体和透明固体测量；

ABS. 吸光度：用于采用标准曲线法或绝对吸收法定量分析；

FACT. 浓度因子：用于在浓度因子法浓度直读时设定浓度因子；

CONC. 浓度直读：用于标样法浓度直读时,作浓度设定和读出。

各标尺间的转换用 MODE 键操作,由"TRANS."、"ABS."、"FACT."、"CONC."指示灯分别指示,开机初始状态为"TRANS.",每按一次顺序循环。

(4) 注意事项

① 仪器要安放在稳固的工作台上,避免震动,并避免阳光直射,避免灰尘及腐蚀性气体。

② 仪器在日常维护中请注意防尘,仪器表面宜用温水擦拭,请勿使用酒精、丙酮等有机溶剂。

③ 比色皿每次使用后应用石油醚清洗,并用镜头纸轻拭干净,存于比色皿盒中备用。

第3章 无机化学实验的基本操作

3.1 常用玻璃仪器的洗涤

洗涤玻璃仪器的方法很多,可根据实验的要求、污物的性质和沾污的程度来选择。

1. 刷洗　刷洗可除去附在仪器上的可溶物,但不能洗去油污和有机物质。刷洗仪器不能用秃顶的毛刷,也不能用力过猛,否则会戳破仪器。

2. 用去污粉洗　去污粉能除去油污和一些有机物质。由于去污粉中细砂的摩擦作用和白土的吸附作用,洗涤效果更好。洗涤时,用少量水将要洗的仪器润湿,毛刷蘸取少量去污粉刷洗仪器的内外壁,再用自来水冲洗。

3. 用洗液洗　常用的铬酸洗液是由浓硫酸和重铬酸钾配成的,有很强的氧化性,对有机物和油污的去污能力特别强。洗涤时,往干燥的仪器内加入少量洗液,倾斜仪器并慢慢转动,使仪器内壁全部被洗液湿润,转动几圈后,把洗液倒回原瓶中,然后用自来水把仪器壁上残留的洗液洗去。沾污严重的仪器可用洗液浸泡一段时间,或用热的洗液洗。

重铬酸盐洗液具体配法是:将 25 g 重铬酸钾固体加热下溶于 50 cm^3 水中,待冷却后向溶液中加入 450 cm^3 浓硫酸,边加边搅动。且勿将重铬酸钾溶液加到浓硫酸中。

使用铬酸洗液时要注意以下几点:

(1) 被洗涤的仪器内不宜有水,以免洗液被稀释而失效。

(2) 洗液可反复使用,当洗液颜色变成绿色,说明已失效不能再用。

(3) 洗液吸水性很强,应随时把洗液的瓶塞盖紧,防止吸水而失效。

(4) 洗液具有很强的腐蚀性,注意不要洒在皮肤、衣服或实验桌上。

(5) 铬(Ⅵ)的化合物有毒,清洗残留在仪器上的洗液时,不要倒入下水道,以免污染环境,应回收进行无害化处理。

4. 特殊污物的去除　仪器上特殊污物去除可根据黏附在仪器上的各种污物的性质"对症下药",采用适当的方法或药品来处理。例如,黏附在仪器壁上的二氧化锰可用少量草酸加水并加几滴稀硫酸来处理,就很容易除去;附在仪器壁上的硫黄用煮沸的石灰水清洗;铜或银附在仪器壁上,用硝酸处理;难溶的银盐可以用硫代硫酸钠溶液洗;硫酸钠或硫酸氢钠的固体残留在容器内,加水煮沸使它溶解,趁热倒出(因此,某些实验中有这两种物质生成时,就要在实验完毕后趁热倒出来,否则冷却后结成硬块不容易洗去);煤焦油污迹可用浓碱浸泡一段时间(约1天),再用水冲洗;蒸发皿和坩埚上的污迹,可用浓硝酸或王水或重铬酸盐洗液洗涤。

另外,近年来有人用洗洁精(灵)洗涤玻璃仪器,同样能获得较好的效果。

用上述各种方法洗涤后的仪器,经自来水反复地冲洗后还留有 Na^+、K^+ 等离子,只有在实验中不允许存在这些离子时,才有必要用纯水将它们洗去。用纯水洗涤仪器时,应遵循"少量多次"的原则,一般洗3次为宜。洗净的仪器壁上是一层均匀的水膜而不挂水珠。

3.2 仪器的干燥

1. 加热烘干　烧杯、蒸发皿等可置于石棉网上用小火烤干(应先将仪器外壁擦干),试管则可直接用小火烤干,管口应向下倾斜,以免水珠倒流炸裂试管。

2. 晾干和吹干　仪器洗净后不急用时可倒置在仪器架上,让其自然干燥。带有刻度的计量仪器或急用仪器可以加入一些易挥发的有机溶剂(乙醇或丙酮),倾斜并转动仪器,使仪器壁上的水与有机溶剂互相混合,然后倒出有机溶剂并专门回收,置通风处自然晾干或用电吹风吹干。

3.3 加热与冷却

1. 常用的加热操作

(1) 直接加热。直接加热适合对加热温度无严格要求的物质。例如,较高温度(如高于100℃)下难以分解、变质或不易挥发的溶液或纯液体和固体,见图 S-3-1 直接加热方法示意。

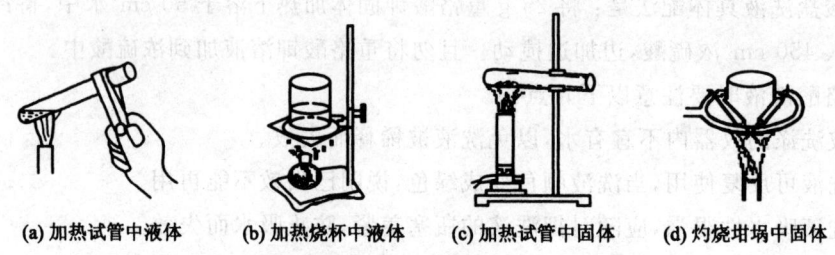

(a) 加热试管中液体　(b) 加热烧杯中液体　(c) 加热试管中固体　(d) 灼烧坩埚中固体

图 S-3-1　直接加热

① 直接加热液体。少量的液体可在试管中加热,用试管夹夹住试管中上部,试管管口应向上稍倾斜,管口不能对着人,以免溶液暴沸进溅伤人。应使液体各部分受热均匀,先加热液体的中上部,再慢慢往下移动。不要集中加热某一部分,避免造成暴沸。

大量的液体加热,可用烧杯或其他器皿,器皿必须放在石棉网上,以免受热不均匀而使仪器破裂。烧杯加热时要适当搅动内溶物,防止暴沸。

蒸发浓缩蒸发皿中的液体时,将蒸发皿放在泥三角上加热(蒸发皿外壁不能有水珠),蒸发皿内盛放溶液的量不能超过其容量的 2/3,沸腾后小火蒸发。

② 直接加热固体。少量固体药品可装在试管中加热,方法与液体稍不同,通常管口应略低于管底,防止冷凝的水珠倒流到试管的灼热部位而使试管破裂。

较多的固体加热,应在蒸发皿内进行。先用小火预热,再慢慢加大火焰,但也不能太大,以免固体溅出,造成损失。需高温灼烧时,可把固体放在坩埚中,先用小火烘烧坩埚,使坩埚受热均匀,然后加大火焰灼烧,直至坩埚红热,维持一段时间后停止加热。稍冷,用预热过的坩埚钳夹取坩埚到干燥器中冷却。

(2) 水浴加热。当被加热物质要求加热均匀,而温度又不能超过100℃时,可用水浴加热。用煤气灯(或电炉)把水浴锅(或烧杯)中的水煮沸,或采用电热恒温水浴锅,以水或水蒸气(水蒸气浴)来加热,见图 S-3-2。水浴加热时,水浴锅盛水量不要超过其容量的 2/3,加热时要随时向水浴锅补充水。

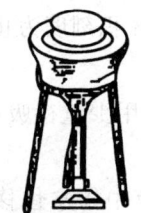  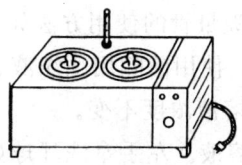

(a) 普通铜质水浴锅加热　　(b) 烧杯中加热　　(c) 电热恒温水浴锅加热

图 S-3-2　水浴加热图

(3) 油浴和沙浴加热。当被加热物质要求受热均匀,温度高于 373 K 时,可使用油浴或沙浴。以油代替水浴锅中的水即是油浴,油浴所能达到的最高温度取决于所用油的沸点。使用油浴要防止着火。沙浴是将均匀细沙盛在一个铁制器皿中,见图 S-3-3,被加热器皿的下部埋置在沙中,若要测量温度,可把温度计插入沙中。

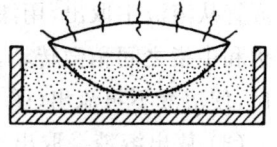

图 S-3-3　沙浴

2. 冷却方法

(1) 流水冷却。需冷却到室温的溶液可用此法。直接用流动的自来水冷却。

(2) 冰水冷却。将需冷却的物品直接放在冰水中。

3.4　液体体积的度量

常用的度量仪器有量筒、移液管和吸量管、容量瓶及滴定管。根据量取液体体积的精度和用途,可使用不同的度量仪器。

1. 量筒的使用　量筒是一种外部有容积刻度的玻璃仪器,量筒的精度比锥形的量杯好,两者都不能用于精确测量,只能用来测量液体的大致体积,也用来配制大量溶液。

量液体时,眼睛要与液面取平,即眼睛置于与液面最凹处(弯月面底部)同一水平面上进行观察,读取弯月面底部的刻度(图 S-3-4)。

量筒不能放入高温液体,也不能用来稀释硫酸或溶解氢氧化钠。用量筒量取不润湿的

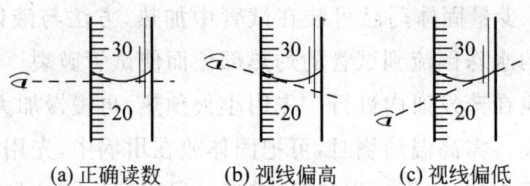

(a) 正确读数　　(b) 视线偏高　　(c) 视线偏低

图 S-3-4　观看量筒内液体体积

液体(如水银)应读取液面最高部位。量筒易倾倒而损坏,用完后应放在平稳之处。

2. 移液管和吸量管的使用　准确地移取一定体积的液体时,可以使用移液管和吸量管。移液管上部的玻璃管上有一标线,吸入的液体的弯月面与此线相切后,自然放出液体的总体积,就是移液管的容量。吸量管是一种刻有分度的玻璃管,可以量取非整数的小体积液体。量取液体时每次都是从上端 0.00 刻度开始,放至所需要的体积刻度为止。

移液管和吸量管的使用方法如下:

(1) 洗涤。使用前除用洗涤液、自来水、蒸馏水洗涤外,还需用少量待吸溶液洗涤 3 次,保证被吸取的溶液浓度不变。

(2) 吸取溶液。左手拿洗耳球(预先排除空气),右手拇指及中指拿住移液管或吸量管的标线以上部位,使管下端伸入液面下约 1 cm 处,不应伸入太深,以免外壁沾有过多液体,也不应伸入太浅,以免液面下降后吸空。用洗耳球吸取液体,移液管或吸量管应随容器液体的液面下降而下伸。当液体上升到刻度标线以上时,移去洗耳球,用右手食指按住管口,将移液管从溶液中取出,用滤纸条吸干管下部外壁,靠在容器壁上,稍微放松食指,让移液管在拇指和中指之间稍微转动,使液面下降,直到溶液的弯月面与标线相切时,立即用食指按紧管口,使溶液不再流出(图 S-3-5)。

(3) 放出溶液。取出移液管,移入准备接受溶液的容器中,将接受容器倾斜,使容器内壁紧贴移液管尖端管口,并成 45°左右。放松食指,使溶液自由地顺壁流下,待液面下降到管尖,停靠约 15 s 后取出移液管。不要把残留在管尖的溶液吹出(除非移液管注明"吹"),因为在刻制标线时已把留在管内的液滴考虑在内了(图 S-3-6)。

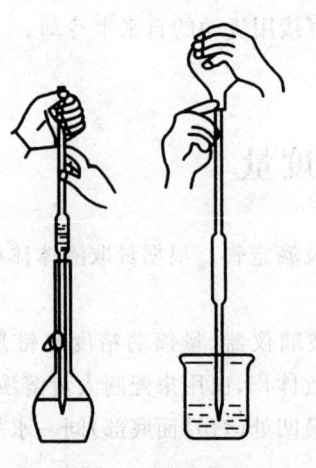

图 S-3-5　吸取溶液

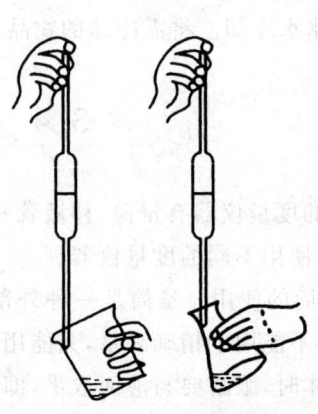

图 S-3-6　放出溶液

3. 容量瓶的使用　容量瓶用于配制准确浓度的溶液,其颈上有一标线,表示在所示温度下,当液体充满到标线时,液体体积恰好与瓶子上所注明的体积相等。

容量瓶的使用方法如下:

(1) 使用前应检查瓶塞是否漏水。加自来水至标线附近,盖好塞子,左手按住塞子,右手指托住瓶底边缘,将瓶倒立,如不漏水,将瓶直立,转动瓶塞180°后,再试一次,确不漏水后,方可使用(图 S-3-7(a))。瓶塞应系在瓶颈上,以免打破或遗失。

(2) 洗涤。容量瓶洗涤方法与移液管相同,尽可能只用水洗,必要时才用洗液,最后用蒸馏水润洗 3 次待用。

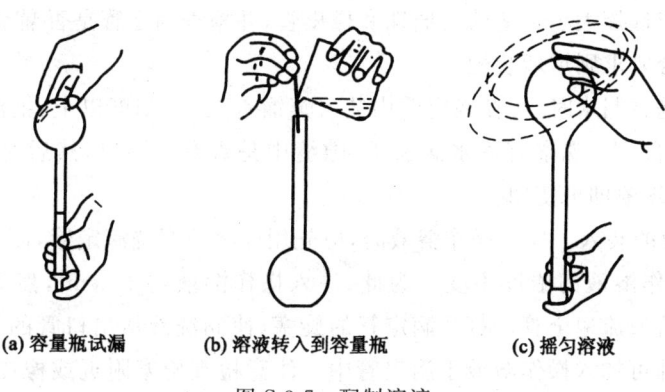

(a) 容量瓶试漏　　(b) 溶液转入到容量瓶　　(c) 摇匀溶液

图 S-3-7　配制溶液

(3) 配制溶液。先把固体试样加入少量水在烧杯中溶解,冷至室温后将溶液沿玻璃棒转入容量瓶中。转入时要注意:烧杯嘴应紧靠玻璃棒,玻璃棒下端靠着瓶颈内壁,使溶液沿玻璃棒和内壁流入(图 S-3-7(b)),溶液全部流完后,将烧杯轻轻向上提,同时直立,使附在玻璃棒和烧杯嘴之间的一滴溶液收回烧杯中。用蒸馏水多次洗涤烧杯和玻璃棒,把每次的洗涤液都转移到容量瓶中,加入蒸馏水至容量瓶容积的 2/3。将容量瓶拿起,水平方向旋转几圈,使溶液初步混匀。继续加水至接近标线 1 cm 处,等 1~2 min,使附在瓶颈的溶液流下,再加水至弯月面下缘与标线相切。盖紧瓶塞,将容量瓶倒转,使气泡上升到顶,轻轻振荡,再倒转过来,如此反复数次,将溶液混匀(图 S-3-7(c))。

将一种已知准确浓度的浓溶液稀释为另一个准确浓度的稀溶液,可用吸量管吸取一定体积的浓溶液,放入适当的容量瓶中,按上述方法稀释至标线。

4. 滴定管的使用

(1) 滴定管的洗涤。无明显油污的酸式滴定管,可直接用自来水冲洗。若有油污,则用铬酸洗液洗涤,每次倒入 10~15 cm³ 于滴定管中,两手平端滴定管,并不断转动,直到洗液布满全管为止。然后打开旋塞,将洗液放回原瓶中。滴定管先用自来水冲洗,再用蒸馏水润洗几次。若油污严重,可倒入洗液浸泡一段时间,然后按上述方法洗涤干净。滴定管的内壁应完全被水均匀润湿不挂水珠。

碱式滴定管的洗涤方法同上,但要注意铬酸洗液不能直接接触橡皮管。为此,可将碱式滴定管倒立于装有铬酸洗液的烧杯中,橡皮管接在抽水泵上,打开抽水泵,轻捏玻璃珠,待洗液徐徐上升到接近橡皮管处即停止。让洗液浸泡一段时间后,将洗液放回原瓶。然后用自来水冲洗滴定管,并用蒸馏水润洗几次。

(2) 旋塞涂油。酸式滴定管使用前应检查旋塞转动是否灵活,如漏水或不灵活,要将旋塞取出,用滤纸擦干净旋塞和旋塞槽。用手指蘸少量凡士林(避免凡士林堵住旋塞孔)涂抹在旋塞孔的两边,如图 S-3-8 所示。把旋塞插入旋塞槽内,向同一方向转动旋塞,观察旋塞与旋塞槽接触的地方是否都呈透明状态,转动是否灵活,并检查旋塞是否漏水。如不合要求则需重新涂油。

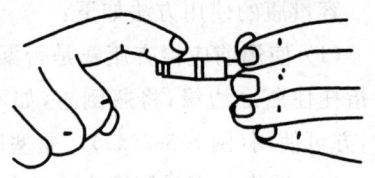

图 S-3-8　旋塞涂油

碱式滴定管应选择大小合适的玻璃珠和橡皮管,并检查滴定管是否漏水,液滴是否能够灵活控制。如不合要求则重新装配。

检查滴定管是否漏水时,可在滴定管内装入蒸馏水至"0"刻度以上,把滴定管垂直夹在滴定管架(或滴定台)上,观察有无水滴滴下,隙缝中是否有水渗出,然后将旋塞转 180°,再观察一次,无漏水现象即可使用。

(3) 操作溶液的装入。加入操作溶液时,应先用此溶液润洗滴定管,以除去滴定管内残留的水分,确保操作溶液的浓度不变。为此,注入操作溶液约 10 cm³,然后两手平端滴定管,慢慢转动,使溶液流遍全管。打开滴定管的旋塞,使润洗液从出口管的下端流出。如此润洗 2~3 次后,即可加入操作溶液于滴定管中。注意检查旋塞附近或橡皮管内有无气泡。

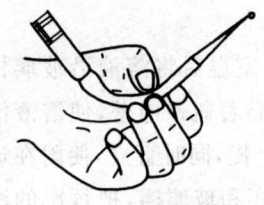

图 S-3-9　碱式滴定管排气

如有气泡,应及时排除。如果是酸式滴定管,用右手拿住滴定管,使成约 30°的倾斜,左手迅速打开活塞使溶液冲出(下接一烧杯),从而使溶液充满全部出口管。如果是碱式滴定管则将玻璃珠上部的橡皮管弯曲向上,捏压玻璃珠,气泡即被溶液压出,如图 S-3-9 所示。排除气泡后,加入操作溶液,使之在"0"刻度以上,再调解液面在 0.00 cm³ 刻度处,备用。如液面不在 0.00 cm³ 时,则应记下初读数。

(4) 滴定管的读数。滴定管应垂直地夹在滴定管架上。由于附着力和内聚力的作用,滴定管内的液面呈弯月形。无色水溶液的弯月面比较清晰,而有色溶液的弯月面清晰程度较差。因此,两种情况的读数方法稍有不同。为了正确读数,应遵守下列原则:

① 滴定时滴定管应垂直放置,注入溶液或放出溶液后,需等待 1~2 min 后才能读数。

② 对于无色溶液或浅色溶液,应读弯月面下缘实线的最低点,为此,读数时,视线应与弯月面下缘实线的最低点相切,既视线与弯月面下缘实线的最低点在同一水平面上,如图 S-3-10(a)所示。对于有色溶液,如 KMnO₄、I₂ 溶液等,视线应与弯月面两侧的最高点相切,如图 S-3-10(b)所示。

③ "蓝带"滴定管中溶液的读数与上述方法不同。无色溶液有两个弯月面相交于滴定管蓝线的某一点,如图 S-3-10(c)所示,读数时视线应与此点在同一水平面上。如为有色溶液,应使视线与液面两侧的最高点相切。

④ 滴定时,最好每次都从 0.00 cm³ 开始,或从接近"0"的任一刻度开始,这样可固定在某一段体积范围内滴定,减少体积误差。读数必须准确至 0.01 cm³,如读数为 21.24 cm³。

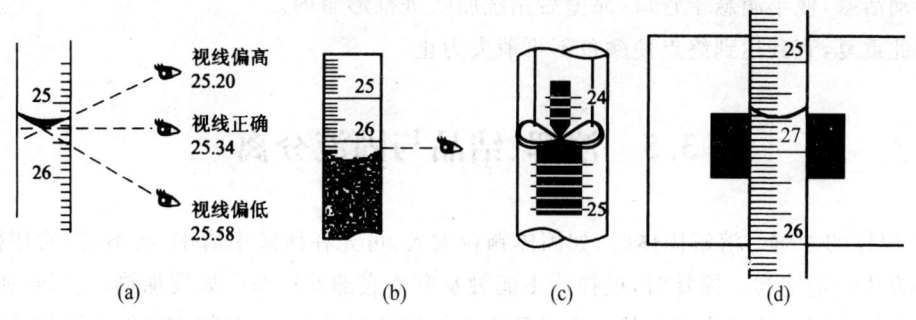

图 S-3-10　滴定管读数

⑤ 为了协助读数,可采用读数卡,这种方法有利于初学者练习读数。读数卡可用黑纸或涂有黑长方形(约 3 cm×1.5 cm)的白纸制成。读数时,将读数卡放在滴定管背后,使黑色部分在弯月面下约 1 mm 处,此时即可看到弯月面的反射层成为黑色,如图 S-3-10(d),然后读此黑色弯月面下缘的最低点。

滴定最好在锥形瓶中进行,必要时也可在烧杯中进行。滴定的姿势如图 S-3-11 所示。用左手控制滴定管的旋塞(或橡皮管中的玻璃珠),拇指在前,食指和中指在后,手指略为弯曲,轻轻向内扣住旋塞,手心空握,以免旋塞松动,甚至可能顶出旋塞。右手握住锥形瓶,边滴边摇动,向同一方向作圆周旋转,而不能前后振动,否则会溅出溶液。滴定速度一般为 10 cm^3 · min^{-1},即每秒 3~4 滴。临近滴定终点时,应一滴或半滴地加入,并用洗瓶吹入少量水洗锥形瓶内壁,使附着的溶液全部流下,然后摇动锥形瓶。如此继续滴定至准确到达终点为止。

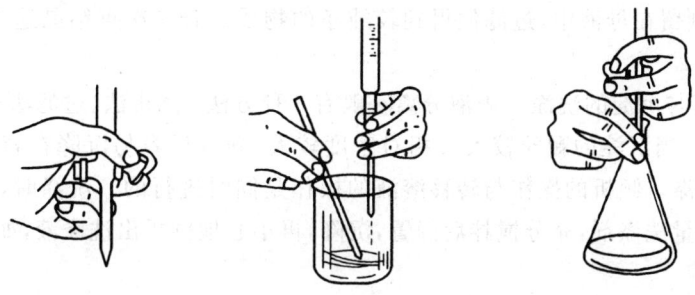

图 S-3-11　滴定操作

使用碱式滴定管时,左手拇指在前,食指在后,捏住橡皮管中的玻璃珠所在部位稍上处,捏挤橡皮管,使其与玻璃珠之间形成一条缝隙,溶液即可流出。但注意不能捏挤玻璃珠下方的橡皮管,否则空气进入而形成气泡。

滴定过程中,须注意观察滴定的滴落点。一般在滴定开始时,由于离终点很远,滴下时无明显变化,但滴到后来,滴落点周围会出现暂时性的颜色变化。随着终点愈来愈近,颜色消失渐慢,快到终点时,颜色甚至可以暂时扩散到全部溶液,搅拌或转动一两次才完全消失,此时应改为滴 1 滴,搅拌或摇几下。接近终点时,用洗瓶把锥形瓶内壁的溶液冲下。最后应稍稍转动活塞,使半滴悬于管口,靠壁后用洗瓶吹进锥形瓶内。

如此重复,直到达到终点使颜色不再消失为止。

3.5 溶解、结晶与固液分离

1. **固体的溶解** 溶解固体时,如固体颗粒太大,可先在研钵中研细,再溶解,常用搅拌、加热等方法促进溶解。搅拌时,搅拌棒不能触及容器底部及器壁。如要加热,应视物质的热稳定性选用直接加热或水浴加热。在试管中溶解固体时,可用振荡的方法促进溶解,不能用手指堵住管口振荡。

2. **结晶与重结晶** 当溶液很稀时,为了能使物质从溶液中析出,需浓缩溶液然后冷却。当物质的溶解度较大时,必须蒸发到溶液表面出现晶膜时才停止;当物质的溶解度较小或高温溶解度较大而室温溶解度较小,就不必蒸发到出现晶膜便可冷却。

大多数物质的溶液蒸发后冷却,会析出溶质的晶体。析出晶体的颗粒大小与结晶条件有关,如果溶液的浓度较高,溶质在水中的溶解度随温度下降而显著减小时,冷却得越快,析出的晶体就越细小,否则就得到较大颗粒的结晶。搅拌溶液有利于细小晶体的生成,静置溶液有利于大晶体的生成。

若溶液易发生过饱和现象,可以用搅拌、摩擦器壁或投入几颗小晶体(晶种)等方法形成结晶中心,溶质便会结晶析出。

若第一次结晶的纯度不符合要求,可重结晶提纯。重结晶提纯适用于溶解度随温度变化而显著变化的化合物中,受温度影响很小的则不适用。其方法是在加热情况下使被纯化的物质溶于适量的溶剂中,形成饱和溶液,趁热滤去不溶性杂质,冷却滤液,被纯化物质即析出结晶,而杂质则留在母液中,过滤便得到较纯净的物质。若一次重结晶达不到要求,可多次重结晶。

3. **固液分离与沉淀的洗涤** 固液分离一般有3种方法:倾析法、过滤法和离心分离法。

(1) 倾析法:当沉淀的颗粒较大或相对密度较大,静置后容易沉降在容器的底部可用倾析法分离或洗涤。倾析的操作与转移溶液的操作是同时进行的。洗涤时,可往盛有沉淀的容器内加入少量洗涤剂,充分搅拌后静置,沉降,再小心地倾析出洗涤液,如此重复操作几次,即可洗净沉淀。

(2) 过滤法:过滤法是最常用的分离方法之一。当溶液和沉淀的混合物通过滤器时,沉淀就留在滤纸上,溶液则通过滤器而滤入接收的容器中。过滤所得的溶液叫做滤液。

溶液的温度、黏度以及过滤时的压力和沉淀物的状态,都会影响过滤的速度。热的溶液比冷的溶液容易过滤。溶液的黏度越大,过滤越慢。减压过滤比常压过滤快。沉淀若呈现胶状时,必须先加热一段时间来破坏胶体,否则它会透过滤纸。总之,要考虑各方面的因素来选用不同的过滤方法。

① 常压过滤:先把滤纸对折再对折,展开成圆锥形。如果漏斗与滤纸贴合的不紧密,这时需要重新调整滤纸折叠的角度,再把滤纸贴紧漏斗。将3层厚的滤纸外层撕去一个小角,使漏斗与滤纸贴合的比较紧密(图S-3-12)。滤纸边缘应略低于漏斗的边缘,用少量水将

滤纸润湿,轻压滤纸赶去气泡。向漏斗中加水至滤纸边缘,这时漏斗颈内应全部充满水,形成水柱。液柱的重力可起抽滤作用,使得过滤大为加速。若不形成水柱,可能是滤纸没有贴紧,或者是漏斗颈不干净,应重新处理。

漏斗颈要靠在接受容器的壁上,先转移溶液,后转移沉淀。转移溶液时,应把它滴在 3 层滤纸处使用玻璃棒引流,每次转移量不能超过滤纸高度的 2/3。

如果需要洗涤沉淀,则等溶液转移完毕后,往盛着沉淀的容器中加入少量洗涤剂,充分搅拌并放置,待沉淀下沉后,把洗涤液转移入漏斗,如此重复操作两三遍,再把沉淀转移到滤纸上。洗涤时应采取少量多次的原则。检查滤液中的杂质含量,可以判断沉淀是否洗净。

② 减压过滤:简称"抽滤"。可缩短过滤的时间,并可把沉淀抽得比较干爽,但不适用于胶状沉淀和颗粒太细的沉淀的过滤。

减压过滤装置如图 S-3-13 所示,利用水循环泵抽出吸滤瓶的空气,使吸滤瓶内压力减小,这样在布氏漏斗内的液面与吸滤瓶内形成一个压力差,从而提高了过滤的速度。为了防止因关闭水循环泵后引起水的倒吸,将滤液沾污,所以在停止过滤时,应首先从吸滤瓶上拔掉橡皮管,然后再关闭水循环泵。

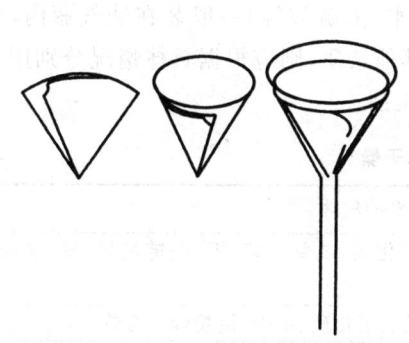

图 S-3-12 滤纸的折叠方法与安放

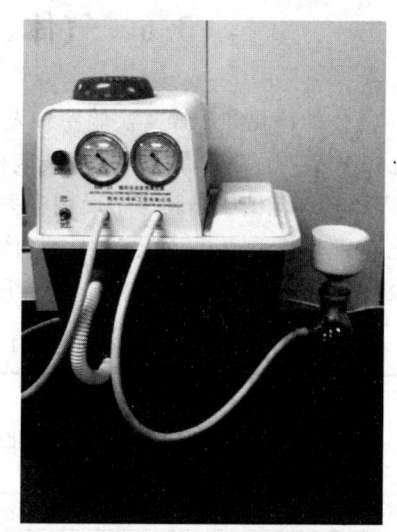

图 S-3-13 抽滤装置

滤纸应比布氏漏斗的内径略小,能把瓷孔全部盖住。先抽气使滤纸贴紧,然后用玻璃棒往漏斗内转移溶液,注意加入的溶液不要超过漏斗容积的 2/3,等溶液流完后再转移沉淀,继续减压抽滤至沉淀比较干燥为止。

洗涤沉淀时,应暂停抽滤,加入洗涤剂使其与沉淀充分润湿后,再开泵将沉淀抽干,重复操作,洗至达到要求为止。

有些浓的强酸、强碱或强氧化性的溶液,过滤时不能使用滤纸,因为它们会与滤纸发生化学反应而破坏滤纸,这时可用相应的滤布来代替滤纸。另外,浓的强酸溶液也可使用烧结漏斗(也叫砂芯漏斗)过滤,但烧结漏斗不适用于强碱性溶液的过滤,因为强碱会腐蚀玻璃。

③ 热过滤:如果溶液中的溶质在温度下降时容易析出大量结晶,而又不希望结晶在过滤过程中留在滤纸上,就要趁热进行过滤。过滤时可把玻璃漏斗放在铜制的热漏斗内,热漏

斗内装有热水,以维持溶液的温度。

也可以在过滤前把普通漏斗放在水浴上用蒸汽加热。此法较简单易行。另外,热过滤时选用的漏斗颈部越短越好,以免过滤时溶液在漏斗颈内停留过久,因降温析出晶体而发生堵塞。

(3) 离心分离法:被分离沉淀的量很少时,可以应用离心分离法分离沉淀。实验室常用的离心仪器为电动离心机。将盛有沉淀和溶液的离心试管放在离心机管套中,开动离心机,沉淀受到离心力的作用迅速聚集在离心试管的尖端而和溶液分开,用滴管将溶液吸出,如需洗涤,可往沉淀中加入少量的洗涤剂,充分搅拌后再离心分离,重复操作两三遍即可。

使用离心机时要注意:为使离心机在旋转时保持平衡,离心试管要放在对称位置上。如果只处理 1 支离心试管,则在对称位置也要放 1 支装有等量水的离心试管;开动离心机应从慢速开始,运转平稳后再转到快速。关机后任其自然停止转动,不能用手强制停止转动。转速和旋转时间视沉淀性状而定。一般晶体沉淀以 1000 $r \cdot min^{-1}$ 离心 3~4 min。如发现离心试管破裂或震动太厉害需停止使用。

3.6 气体、液体和固体的干燥

1. **气体的净化和干燥** 实验室中发生的气体常带有酸雾和水汽,在要求高的实验中需要净化和干燥。通常酸雾可用水或玻璃棉除去,水汽可根据气体的性质选用浓硫酸、无水氯化钙、固体氢氧化钠或硅胶等干燥剂吸去。液体(如水、浓硫酸等)一般装在洗气瓶内,固体如氯化钙、硅胶等则装在干燥塔中。气体中如含有其他杂质,则应根据具体情况分别用不同试剂吸收。表 S-3-1 列举了适于干燥各种气体的干燥剂。

表 S-3-1 常用的气体干燥剂

干燥剂	可干燥的气体
氯化钙	氢气、氧气、氯化氢、二氧化碳、氮气、一氧化碳、二氧化硫、甲烷、链烷烃、醚、烯烃、烷基氯
五氧化二磷	氧气、氢气、氯化氢、二氧化碳、一氧化碳、二氧化硫、甲烷、链烷烃、乙烯
浓硫酸	氮气、二氧化碳、氯气、一氧化碳、甲烷、链烷烃、氨、胺类
氧化钙	氨、胺类
氢氧化钾	氨、胺类
溴化钙	溴化氢
碘化钙	碘化氢

2. **液体的干燥方法**

(1) 蒸发或蒸馏法。若要干燥的液体非常难挥发,那么经简单的蒸馏或蒸发就能将水分等先蒸发出来。例如除去甘油中的水分。

(2) 干燥器法。液体量少时,可和干燥固体一样,置于有适当干燥剂的干燥器中。

(3) 加入干燥剂法。此法是将干燥剂直接加到要干燥的液体中去的方法,常用无水盐类作干燥剂。加入干燥剂后不断进行振荡,以使干燥速度加快。加温往往使干燥效果更明显,但温度要控制在干燥剂不至于分离出水的程度。干燥完毕后,若干燥剂吸收大量水成为溶液而分成两层时,可用分液漏斗分离;若干燥剂还保留固体形状时,可过滤上层清液后再蒸馏。

3. 固体的干燥方法　干燥固体一般使用干燥器、机械挤压和加热的物理方法,为了提高干燥的效果,经常是几种方法配合使用。

(1) 干燥器法:常用的干燥器下部装有干燥剂,其上放置一块带孔瓷板以承载装固体的容器。干燥器的口上和盖子边缘下面都带有磨口,在磨口上涂有一层很薄凡士林、润滑剂等,可以使盖子盖得很严,防止外界的水汽进入。见光会发生变化的物质,可用带色玻璃制造的干燥器进行干燥。

如能用泵抽掉干燥器内部的空气使其减压,则欲干燥物质所含液体比在常压下的蒸发要快得多,从而快速干燥,这种为减压(或真空)干燥器。

搬动干燥器时,两手左右分开,用两只手的拇指压着盖的边缘,食指卡住干燥器口的下缘,方可搬动,严禁用一只手将干燥器抱在怀里,以免盖子滑落而打碎。一只手轻轻扶住干燥器,另一只手沿水平方向移动盖子,即可打开干燥器(图 S-3-14)。

(a) 干燥器的开启和关闭　　(b) 干燥器的搬移

图 S-3-14　干燥器的使用

干燥器长期放置打不开时,可将整个干燥器均匀温热,用薄的铁片塞在缝中轻轻撬开即可。减压干燥器的活塞转不动,可用蘸有温水的布包裹该部位,然后从活塞上慢慢淋些热水再扭动活塞。

温度很高的物体(如灼热的坩埚)应待冷却后再放进去(不必冷至室温)。放入后,一定要在短时间内把干燥器的盖子打开一两次,防止因干燥器内空气受热而压力增大将盖子冲掉或因干燥器内的空气冷却而其中压力降低使得盖子难以打开。

如用循环泵抽气使干燥器减压时,要防止水的倒吸。当减压干燥器内部恢复常压时,不能一下子将活塞全部打开,要慢慢放进空气,否则干燥的试样会飞溅。此外,如果进入潮湿空气,会使干燥过的试样又吸湿,最好使空气通过干燥管进入干燥器。

干燥器中常用的干燥剂如下:

① 硅胶。多孔性物质,吸湿性很强,市售的硅胶中常含有氯化钴,在无水时为蓝色,吸湿变成粉红色后须在烘箱中烘干(变成蓝色)再用。

② 无水氯化钙。市售品即可使用。

③ 浓硫酸。为了测知硫酸的干燥能力是否降低,可于每升浓硫酸中溶解 18 g 的硫酸钡。当硫酸吸了大量的水而失去干燥作用时,会生成二氧化硫,所以受二氧化硫影响的物质,不能用浓硫酸干燥。

④ 氢氧化钠及氢氧化钾。一般适用于氨、胺等碱性化合物的干燥,对于酸、醛、酮等带酸性的化合物不宜使用。

⑤ 五氧化二磷。先将其放入烧杯内,再放入干燥器中,是为了防止五氧化二磷在与水反应强烈放热而导致干燥器破裂,也给更换干燥剂带来了方便。五氧化二磷在使用过程中表面能形成焦磷酸膜,阻碍了继续吸湿,这时须破坏这种膜而使其露出新的表面。

(2) 物理方法

① 挤压法。在抽滤后,将试样夹在数张滤纸间用手按压或压上重物,使之干燥。若沉淀是大颗粒的晶体则采用抽干的办法。

② 加热法。有的试样在很低的温度下会分解,所以要选择合适的加热温度。加热温度在 373 K 以下的,可将试样放在水浴上的蒸发皿中,注意加热过程中不能断水。加热温度超过 373 K 以上时,常用电烘箱,如要除去的溶剂是易燃的,不能使用电烘箱。此外还有用吹热风进行干燥的方法,以及真空烘箱。

3.7 水银温度计和试纸的使用

1. 水银温度计 水银温度计是实验室中最常用的液体温度计,水银具有热导率大、比热容小、膨胀系数均匀、在相当大的温度范围内体积随温度的变化呈直线关系、不润湿玻璃、不透明且便于读数等优点,因而水银温度计是一种结构简单,使用方便、测量较准确并且测量范围大的温度计。但当温度计受热后,水银球体积会有暂时的改变且需要较长时间才能恢复原来体积,由于玻璃毛细管很细,因而水银球体积的微小改变都会引起读数的较大误差,并且温度计经长期使用后,玻璃毛细管也会发生变形而导致刻度不准。另外,温度计有全浸式和半浸式两种,全浸式温度计的刻度是在温度计的水银柱全部均匀受热的情况下刻出来的,在测量时往往是仅有部分水银柱受热,因而露出的水银柱温度就较全部受热时低。这些在准确测量中都应予以校正。

水银温度计的水银球壁很薄,要轻拿轻放,不可当搅棒使用。测量时,要使水银球完全浸在液体中,勿使水银球接触到容器的底部或器壁。刚测量过高温的温度计不可立即用冷水冲洗。水银球一旦打碎,须及时处理洒落的汞。

温度计一般用玻璃制成,每支温度计都有一定的测量范围,通常以最高的刻度来表示,如 423、523、633 K 等。用石英代替玻璃制成的温度计,可测至 893 K。任何温度计都不允许测量超过其最高刻度的温度。

2. 试纸的使用

(1) pH 试纸。pH 试纸有两类:一类是广泛试纸,变色范围是 1~14,用以粗略估计溶液的 pH 值;另一类是精密试纸,可以较精确地估计溶液的 pH 值。

使用 pH 试纸时,将试纸剪成小块,放在干燥清洁的点滴板或表面皿上,试纸显色后半分钟以内,须将所显示的颜色与标准色阶相比较,确定其 pH 值,不得将试纸投入溶液中。检查挥发性物质的酸碱性时,先将试纸用蒸馏水润湿,悬空放在气体的出口处,观察试纸颜色变化。

试纸应密闭保存,不要用沾有酸性或碱性物质的湿手去取试纸,以免变色。

(2) 石蕊试纸和酚酞试纸。石蕊试纸和酚酞试纸都是用来定性检验溶液酸碱性的。石蕊试纸有红色和蓝色两种。试纸使用方法与使用 pH 试纸大致相同,差别在于:半分钟以内直接观察试纸的颜色变化,不需与标准色阶相比较。

（3）碘化钾-淀粉试纸。用来定性检验氧化性气体。氧化性气体遇到湿的试纸后，将 I^- 氧化为 I_2，立即与试纸上的淀粉作用变蓝。气体氧化性太强会使 I_2 进一步氧化为 IO_3^-，使试纸变蓝后又褪色。

（4）醋酸铅试纸。醋酸铅试纸用于定性检验硫化氢气体。试纸用醋酸铅溶液浸泡过，使用时用蒸馏水润湿试纸。酸化含有 S^{2-} 的溶液，逸出的硫化氢气体遇到试纸生成黑色的硫化铅沉淀，使试纸成黑褐色并有金属光泽。当溶液中 S^{2-} 浓度太低时，则不易检出。

第4章

无机化学实验

实验一 食盐的提纯和质量检查

【实验目的】

1. 学习提纯食盐的原理和方法。
2. 了解粗食盐和精制食盐中杂质检查的方法。
3. 初步掌握称量和常压过滤、减压过滤、溶液的蒸发浓缩、结晶、干燥等基本操作。

【实验原理】

化学试剂和医药用的 NaCl 都是以粗食盐为原料提纯的。粗食盐中含有 Ca^{2+}、Mg^{2+}、K^+ 和 SO_4^{2-} 等可溶性杂质，以及泥沙等不溶性杂质。选择适当的试剂可使 Ca^{2+}、Mg^{2+}、SO_4^{2-} 等离子生成难溶的化合物沉淀而被除去。

首先可在粗食盐溶液中加入 $BaCl_2$ 溶液，除去 SO_4^{2-}，反应式如下：

$$Ba^{2+} + SO_4^{2-} = BaSO_4 \downarrow$$

再在溶液中加入 NaOH 和 Na_2CO_3 溶液，除去 Ca^{2+}、Mg^{2+} 和过量的 Ba^{2+}，反应式如下：

$$Mg^{2+} + 2OH^- = Mg(OH)_2 \downarrow$$
$$Ca^{2+} + CO_3^{2-} = CaCO_3 \downarrow$$
$$Ba^{2+} + CO_3^{2-} = BaCO_3 \downarrow$$

过量的 NaOH 和 Na_2CO_3 溶液可以用盐酸中和并加热除去。粗食盐中的 K^+ 与上述沉淀剂不起作用，仍留在溶液中。由于 KCl 的溶解度大于 NaCl 的溶解度，而且在粗食盐中的含量较少，所以在蒸发和浓缩食盐溶液时，NaCl 先结晶出来，而 KCl 则留在母液中。利用上面的这些方法和步骤可达到提纯食盐的目的。

【试剂与仪器】

1. 试剂：$HCl(2\ mol \cdot dm^{-3}, 6\ mol \cdot dm^{-3})$、$HAc(6\ mol \cdot dm^{-3})$、$H_2SO_4(3\ mol \cdot dm^{-3}$、$1\ mol \cdot dm^{-3})$、$NaOH(2\ mol \cdot dm^{-3})$、$BaCl_2(1\ mol \cdot dm^{-3})$、$Na_2CO_3(1\ mol \cdot dm^{-3})$、$(NH_4)_2C_2O_4$(饱和)、镁试剂(对硝基偶氮间苯二酚)。

其他：pH 试纸(1~14)、滤纸。

2. 仪器：电子天平、研钵、烧杯($2 \times 100\ cm^3$)、量筒($10\ cm^3$ 和 $100\ cm^3$)、布氏漏斗、吸滤瓶、真空泵、蒸发皿、煤气灯(或酒精灯)、三脚架、石棉网、玻璃棒、玻璃漏斗、漏斗架、滴管。

【实验步骤】

1. 食盐的称量与溶解。用电子天平称取 8.0 g 已研磨的粗食盐于 100 cm³ 烧杯中。加 30 cm³ 蒸馏水,加热搅拌,使粗食盐溶解(不溶性杂质沉于底部)。

2. 除 SO_4^{2-}。加热溶液至近沸,一边搅拌,一边逐滴加入 1 mol·dm⁻³ $BaCl_2$ 溶液直至 SO_4^{2-} 全部生成 $BaSO_4$ 沉淀为止(需 2~3 cm³ $BaCl_2$ 溶液)继续加热 5 min,使沉淀颗粒长大而易于沉降。

3. 检查 SO_4^{2-} 是否除尽。将烧杯从石棉网上取下,待沉淀沉降后,取出上层清液,加几滴 6 mol·dm⁻³ HCl 溶液和 2 滴 1 mol·dm⁻³ $BaCl_2$ 溶液,如果出现浑浊,表示 SO_4^{2-} 尚未除尽,需要再加 $BaCl_2$ 溶液来除去 SO_4^{2-}。如果不浑浊,表示 SO_4^{2-} 已除尽。抽滤,弃去沉淀。

4. 除去 Mg^{2+}、Ca^{2+}、Ba^{2+} 等阳离子。将上面抽滤后的滤液转移至小烧杯中加热至近沸,边搅拌、边滴加适量的(约 1 cm³)2 mol·dm⁻³ NaOH 溶液和 3 cm³ 1 mol·dm⁻³ Na_2CO_3 溶液,加热至沸。

5. 检查 Ba^{2+} 是否除尽。待沉淀沉降后,取上层清液少许,滴加几滴 3 mol·dm⁻³ H_2SO_4 溶液,如果出现浑浊,表示 Ba^{2+} 未除尽,需继续加入 NaOH 和 Na_2CO_3 溶液,直至除尽为止。过滤、弃去沉淀。

6. 调节溶液的 pH 值。在滤液中逐滴加入 2 mol·dm⁻³ HCl 溶液,充分搅拌,并用玻璃棒蘸取滤液在 pH 试纸上检验,直至溶液呈微酸性(pH=4~5)为止。

7. 蒸发浓缩、干燥处理。将上述滤液转入蒸发皿中,缓慢加热蒸发、浓缩至糊状稠液为止(约为原体积的 1/4),冷却后减压过滤,称量并计算产品转化率。

8. 粗食盐和精制食盐中杂质含量的定性比较。取粗食盐和精制食盐各 1 g,分别溶于 4 cm³ 蒸馏水中,将所得溶液各分四等份盛于 4 支试管中组成 4 组,对照检查所得提纯后食盐的纯度。

(1) SO_4^{2-}:在第一组溶液中,分别滴加 6 mol·dm⁻³ HCl 溶液 1~2 滴使成酸性,再各加入 1 mol·dm⁻³ $BaCl_2$ 试液 2 滴,比较沉淀产生的情况。

(2) Mg^{2+}:向第二组溶液中分别滴加 2 mol·dm⁻³ NaOH 溶液 2~3 滴和镁试剂 2 滴,若有天蓝色沉淀生成,表示有 Mg^{2+} 存在,比较两份溶液。

(3) Ca^{2+}:向第三组溶液中分别滴加 6 mol·dm⁻³ HAc 溶液 1~2 滴使其成酸性,再分别加入饱和$(NH_4)_2C_2O_4$ 试液 2~3 滴,有白色 CaC_2O_4 沉淀生成,表示有 Ca^{2+} 存在(Mg^{2+} 对此反应有干扰也产生草酸盐沉淀。但 MgC_2O_4 溶于 HAc,CaC_2O_4 不溶于 HAc,加 HAc 可排除 Mg^{2+} 的干扰)。比较两份溶液。

(4) Ba^{2+}:在第四组溶液中各加入 1 mol·dm⁻³ H_2SO_4 溶液 2 滴,比较两份溶液沉淀产生的情况。

【实验记录与结果处理】

1. 粗食盐和精制食盐杂质含量的定性比较请按下表对实验现象进行记录。

被检离子	加入试剂	离子反应式	实验现象	
			粗食盐溶液	精制食盐溶液
SO_4^{2-}				
Mg^{2+}				
Ca^{2+}				
Ba^{2+}				

2. 称量记录和结果处理。

粗食盐质量_____,精制食盐质量_____,精盐的产率_____。

$$\text{精盐的产率} = \frac{\text{精盐的质量}}{\text{粗盐的质量}} \times 100\%$$

【思考题】

1. 在除去 Ca^{2+}、Mg^{2+}、SO_4^{2-} 时,为什么要先加入 $BaCl_2$ 溶液,然后再加入 NaOH 和 Na_2CO_3 溶液?

2. 检查 SO_4^{2-} 是否除尽时,要在试液中先加 HCl,然后再加入 $BaCl_2$,直接加入 $BaCl_2$ 为什么不行?

3. 用 NaOH 和 Na_2CO_3 除去阳离子后,为什么只检查 Ba^{2+} 除尽了没有?

4. 在 Mg^{2+} 存在时怎样鉴定 Ca^{2+}?

实验二 五水合硫酸铜晶体的制备

【实验目的】

1. 学习无机制备的一些基本操作。
2. 了解由金属与酸作用制备盐的原理和方法。

【实验原理】

$CuSO_4 \cdot 5H_2O$ 俗称胆矾或蓝矾,易溶于水,难溶于乙醇,在干燥空气中会风化,加热至 230℃时会失去全部结晶水成白色 $CuSO_4$。它是重要的工业原料,也常用作印染工业的媒染剂、杀虫剂、水的杀菌剂、防腐剂等。

纯铜属不活泼金属,不能溶于非氧化性酸中。但其氧化物在稀酸中极易溶解。因此在工业上制备胆矾(硫酸铜)时先把铜烧成氧化铜,然后与适当浓度的硫酸作用生成硫酸铜。本实验采用 H_2O_2 作氧化剂,以铜粉与硫酸作用来制备硫酸铜。反应式为

$$Cu + H_2O_2 + H_2SO_4 \xrightarrow{\triangle} CuSO_4 + 2H_2O$$

反应后溶液中不溶性杂质可用倾析过滤的方法除去。

所得硫酸铜($CuSO_4 \cdot 5H_2O$)溶液因为在水中溶解度随温度变化大,可用蒸发浓缩、结晶、过滤的方法,得到较为纯净的蓝色水合硫酸铜晶体。粗制的五水硫酸铜可用重结晶的方法进行提纯。

【试剂与仪器】

1. 试剂 铜粉、H_2SO_4(3 mol·dm^{-3})、H_2O_2(15%)、滤纸。

2. 仪器 电子天平、恒温水浴锅、烧杯(100 cm^3)、量筒(10 cm^3)、布氏漏斗、吸滤瓶、真空泵、蒸发皿、煤气灯(或酒精灯)、三脚架、石棉网、玻璃棒。

【实验步骤】

1. **五水合硫酸铜的制备** 称取 1.5 g 铜粉,置于干燥的小烧杯中,加入 10 cm^3 3 mol·dm^{-3} H_2SO_4 溶液,然后 45℃条件下缓慢地滴加 8 cm^3 15% 的 H_2O_2 溶液,继续反应 10 min,待铜粉近于全部反应后煮沸 2 min,趁热用倾析法将溶液转至洗净的蒸发皿中,在水浴上缓慢加热,浓缩至液面有晶体膜出现为止。取下蒸发皿,使溶液逐渐冷却,析出蓝色

$CuSO_4 \cdot 5H_2O$ 粗晶体。减压过滤,称量并计算产率(以湿品计算,应不少于 85%)。

2. 五水合硫酸铜的提纯　将粗产品以 1∶1.2 的质量比溶于水中,加热使 $CuSO_4 \cdot 5H_2O$ 完全溶解,趁热过滤,将滤液收集在蒸发皿中,让其自然冷却,必要时再加热蒸发(水浴加热待出现晶膜),冷却至室温,有晶体析出。减压过滤,称量并计算产率。

【数据记录与结果处理】

1. Cu 粉质量　　　　；Cu 相对原子质量　　　　，$CuSO_4 \cdot 5H_2O$ 相对分子质量　　　　。

2. 粗制产品质量　　　　，产率　　　　，产品颜色　　　　。

3. 精制产品质量　　　　，重结晶率　　　　，产品颜色　　　　。

4. 写出计算理论产量和产率、重结晶率的过程和结果。

【思考题】

1. 以哪种物质为标准计算 $CuSO_4 \cdot 5H_2O$ 的产率?

2. 总结和比较倾析法、常压过滤、减压过滤和热过滤等固液分离方法的优缺点,在什么情况下应该采用倾析法、常压过滤、减压过滤和热过滤?

实验三　三草酸合铁(Ⅲ)酸钾的制备

【实验目的】

1. 通过三草酸合铁(Ⅲ)酸钾的制备,加深对铁和三价铁、二价铁化合物及配合物性质的了解。

2. 进行无机制备的综合训练。

【实验原理】

三草酸合铁(Ⅲ)酸钾,即 $K_3[Fe(C_2O_4)_3] \cdot 3H_2O$,为绿色单斜晶体,溶于水,难溶于乙醇。110℃下可失去全部结晶水,230℃时分解。此配合物对光敏感,光照下即发生分解。

三草酸合铁(Ⅲ)酸钾是制备负载型活性铁催化剂的主要原料,也是一些有机反应很好的催化剂,因而具有工业生产价值。

目前,合成三草酸合铁(Ⅲ)酸钾的常用工艺路线有以下 4 种:

1. 以铁为原料制得硫酸亚铁,加草酸制得草酸亚铁后经氧化制得三草酸合铁(Ⅲ)酸钾,反应式如下:

$$Fe + H_2SO_4 = FeSO_4 + H_2\uparrow$$
$$FeSO_4 + H_2C_2O_4 + 2H_2O = FeC_2O_4 \cdot 2H_2O\downarrow + H_2SO_4$$
$$2FeC_2O_4 \cdot 2H_2O + H_2O_2 + 3K_2C_2O_4 + H_2C_2O_4 = 2K_3[Fe(C_2O_4)_3] \cdot 3H_2O$$

2. 以硫酸亚铁铵与草酸为原料制得草酸亚铁后经氧化制得三草酸合铁(Ⅲ)酸钾,反应式如下:

$$(NH_4)_2Fe(SO_4)_2 \cdot 6H_2O + H_2C_2O_4 = FeC_2O_4 \cdot 2H_2O\downarrow + (NH_4)_2SO_4 + H_2SO_4 + 4H_2O$$
$$6FeC_2O_4 \cdot 2H_2O + 3H_2O_2 + 6K_2C_2O_4 = 4K_3[Fe(C_2O_4)_3] \cdot 3H_2O + 2Fe(OH)_3\downarrow$$

加入过量草酸可使 $Fe(OH)_3$ 转化为三草酸合铁(Ⅲ)酸钾配合物,反应式如下:

$$2Fe(OH)_3 + 3H_2C_2O_4 + 3K_2C_2O_4 = 2K_3[Fe(C_2O_4)_3] \cdot 3H_2O$$

再加入乙醇,放置即可析出产物的结晶。其后几步总反应式为:
$$2FeC_2O_4 \cdot 2H_2O + H_2O_2 + 3K_2C_2O_4 + H_2C_2O_4 = 2K_3[Fe(C_2O_4)_3] \cdot 3H_2O$$

3. 以三氯化铁或硫酸铁与草酸钾直接合成三草酸合铁(Ⅲ)酸钾,反应式如下:
$$Fe^{3+} + 3C_2O_4^{2-} + 3K^+ + 3H_2O = K_3[Fe(C_2O_4)_3] \cdot 3H_2O$$

4. 以硫酸亚铁加草酸钾形成草酸亚铁,经氧化结晶得三草酸合铁(Ⅲ)酸钾,反应式如下:
$$Fe^{2+} + C_2O_4^{2-} + 2H_2O = FeC_2O_4 \cdot 2H_2O \downarrow$$
$$2FeC_2O_4 \cdot 2H_2O + H_2O_2 + 3K_2C_2O_4 + H_2C_2O_4 = 2K_3[Fe(C_2O_4)_3] \cdot 3H_2O$$

【试剂与仪器】

1. 试剂

(1) 固体试剂:$(NH_4)_2Fe(SO_4)_2 \cdot 6H_2O$、$H_2C_2O_4 \cdot 2H_2O$、$K_2C_2O_4$、$Fe$、$FeSO_4 \cdot 7H_2O$、$FeCl_3$、$Fe_2(SO_4)_3$。

(2) 液体试剂:H_2O_2(10%)、Na_2CO_3(20%)、乙醇(95%或无水)、$K_2C_2O_4$(饱和)、H_2SO_4(6 mol·dm^{-3},3 mol·dm^{-3},1 mol·dm^{-3})、$H_2C_2O_4$(1 mol·dm^{-3})。

2. 仪器 电子天平、恒温水浴、布氏漏斗、吸滤瓶、真空泵、烧杯(100 cm^{3}和250 cm^3)、锥形瓶、量筒(10 cm^{3}和100 cm^3)、长颈漏斗、表面皿等。

【实验步骤】

选择一种最佳方法(实验时间可行、实验室可提供化学药品的方法)进行实验。

1. 以铁为原料制得硫酸亚铁,加草酸钾制得草酸亚铁后经氧化制得三草酸合铁(Ⅲ)酸钾。

称取3.0 g铁屑放入锥形瓶中,加10 cm^3 20% Na_2CO_3溶液,小心加热10 min,倒出碱液,用水洗涤2~3次,再加13 cm^3 6 mol·dm^{-3} H_2SO_4,水浴加热至几乎不再产生气体(约40 min,水温应控制在80~90℃,反应过程中要适当补加水,以保持原体积)。趁热过滤,冷却结晶抽滤至干,称重。

称取2.0 g自制的$FeSO_4 \cdot 7H_2O$晶体放入100 cm^{3}烧杯中,加8 cm^3 H_2O和1 cm^3 3 mol·dm^{-3} H_2SO_4溶液,加热溶解,再加13 cm^3 1 mol·dm^{-3} $H_2C_2O_4$溶液,搅拌并加热至沸。静置得$FeC_2O_4 \cdot 2H_2O$沉淀,倒出上层清液,加10 cm^{3}蒸馏水,搅拌并温热,静置后倾出上层清液。

在上述沉淀中加5 cm^{3}饱和$K_2C_2O_4$溶液,水浴加热(40℃左右),缓慢滴加8 cm^3 10% H_2O_2溶液,搅拌并保温在40℃左右(此时有$Fe(OH)_3 \downarrow$产生)。滴完H_2O_2后,加热溶液至沸,再加4 cm^3 1 mol·dm^{-3} $H_2C_2O_4$(先加2 cm^3,然后慢慢滴加其余2 cm^3),并一直保持溶液接近沸腾的温度。趁热过滤,在滤液中加5 cm^3 95%乙醇或无水乙醇,温热使可能生成的晶体溶解。冷却结晶,抽滤至干,称量并计算产率。产品放在干燥器内避光保存。

2. 以硫酸亚铁铵与草酸为原料制得草酸亚铁后经氧化制得三草酸合铁(Ⅲ)酸钾。

(1) 制取$FeC_2O_4 \cdot 2H_2O$。称取$(NH_4)_2Fe(SO_4)_2 \cdot 6H_2O$ 3.0 g,放入100 cm^{3}烧杯中,加入3 mol·dm^{-3} H_2SO_4 0.5 cm^3,蒸馏水10 cm^3,加热使之溶解。另称$H_2C_2O_4 \cdot 2H_2O$ 2 g,放到100 cm^{3}烧杯中加20 cm^{3}蒸馏水微热、搅拌、溶解。溶解后取10 cm^{3}倒入上述100 cm^{3}的烧杯中,加热搅拌至沸,并维持微沸5 min。静置,得到黄色$FeC_2O_4 \cdot 2H_2O$沉淀,待沉降后用倾斜法倒出上层清液,用热蒸馏水少量多次洗涤沉淀以除去可溶性杂质(以

在酸性条件下检验不到 SO_4^{2-} 为止)。

(2) 制备 $K_3[Fe(C_2O_4)_3] \cdot 3H_2O$。往上述已洗涤过的沉淀中,加入饱和 $K_2C_2O_4$ 8 cm³,40℃水浴用滴管慢慢加入 10% H_2O_2 10 cm³,不断搅拌(在生成 $K_3[Fe(C_2O_4)_3]$ 的同时,有 $Fe(OH)_3$ 沉淀生成),然后将溶液加热至沸并不断搅拌以除去过量的 H_2O_2。取适量由(1)配制的 $H_2C_2O_4$ 溶液逐渐加入上述保持沸腾的溶液中,不断搅拌,使沉淀完全溶解变为透明的绿色溶液为止。冷却后,加入 95% 乙醇或无水乙醇 8 cm³,在暗处放置、结晶。抽滤至干,干后称量并计算产率。

3. 以三氯化铁与草酸钾直接合成三草酸合铁(Ⅲ)酸钾。将 8 cm³ $FeCl_3$ 溶液(0.4 g $FeCl_3/cm^3$)加到 12 g $K_2C_2O_4 \cdot 2H_2O$ 的热溶液中。冷却此溶液至 0℃,保持此温度直到结晶完全。倾出母液,产物进行重结晶,将晶体溶于约 20 cm³ 热水中,再冷却到 0℃,待其析出晶体,然后吸滤,用 10% 乙酸溶液洗涤晶体一次,再用丙酮洗涤两次。最后在空气中干燥,称量并计算产率。

4. 以硫酸亚铁加草酸钾形成草酸亚铁后,经氧化结晶得三草酸合铁(Ⅲ)酸钾。

(1) 用电子天平称取 2.0 g $FeSO_4 \cdot 7H_2O$ 晶体,放入 100 cm³ 烧杯中,加入 1 mol·dm⁻³ H_2SO_4 0.5 cm³,再加入 H_2O 8 cm³,加热使其溶解。

(2) 在上述溶液中加入 1 mol·dm⁻³ $H_2C_2O_4$ 10 cm³,搅拌并加热煮沸,使形成 $FeC_2O_4 \cdot 2H_2O$ 黄色沉淀,用倾析法洗涤该沉淀 3 次,每次使用 10 cm³ H_2O 去除可溶性杂质。

(3) 在上述沉淀中加入 5 cm³ 饱和 $K_2C_2O_4$ 溶液,水浴加热至 40℃,滴加 10% H_2O_2 溶液 8 cm³,不断搅拌溶液并维持温度在 40℃ 左右,使 Fe(Ⅱ)充分氧化为 Fe(Ⅲ)。滴加完后,加热溶液至沸以除去过量的 H_2O_2。

(4) 保持上述沉淀近沸状态,先加入 1 mol·dm⁻³ $H_2C_2O_4$ 4 cm³,然后趁热滴加 1 mol·dm⁻³ $H_2C_2O_4$ 1~2 cm³ 使沉淀溶解,溶液的 pH 值保持在 4~5,此时溶液呈翠绿色,冷却后,加入 95% 乙醇或无水乙醇 8 cm³,在暗处放置约 30 min,待晶体析出后抽滤至干,称量并计算产率。

【数据记录与结果处理】

1. 产品质量_____,产率_____,产品颜色_____。
2. 写出计算理论产量和产率的过程和结果。

【思考题】

1. 试比较讨论 4 种制备三草酸合铁(Ⅲ)酸钾工艺路线的优缺点。
2. 如何提高产品的质量?如何提高产品的产量?
3. 根据三草酸合铁(Ⅲ)酸钾的性质,应如何保存该化合物?
4. 各种制备方法中,以哪种物质为标准计算 $K_3[Fe(C_2O_4)_3] \cdot 3H_2O$ 的产率?

实验四　铬(Ⅲ)与草酸根离子形成的三种配合物的制备及性质

【实验目的】

1. 了解铬(Ⅲ)与草酸根($C_2O_4^{2-}$)形成的三种配合物的制备方法。
2. 加深对配位化合物顺、反异构体的认识。

3. 学习配位化合物的固相合成方法。

【实验原理】

$K_2Cr_2O_7$ 和 $H_2C_2O_4 \cdot 2H_2O$ 发生氧化还原反应,随反应条件及 $C_2O_4^{2-}$ 的浓度不同,可以生成不同的配合物:$K_3[Cr(C_2O_4)_3] \cdot 3H_2O$、顺式 $K[Cr(C_2O_4)_2(H_2O)_2] \cdot 2H_2O$、反式 $K[Cr(C_2O_4)_2(H_2O)_2] \cdot 3H_2O$。其反应式为:

$$K_2Cr_2O_7 + 7H_2C_2O_4 + 2K_2C_2O_4 = 2K_3[Cr(C_2O_4)_3] \cdot 3H_2O + 6CO_2\uparrow + 4H_2O$$

$$K_2Cr_2O_7 + 7H_2C_2O_4 = 2K[Cr(C_2O_4)_2(H_2O)_2] \cdot 2H_2O + 6CO_2\uparrow + H_2O$$

$$K_2Cr_2O_7 + 7H_2C_2O_4 = 2K[Cr(C_2O_4)_2(H_2O)_2] \cdot 3H_2O + 6CO_2\uparrow$$

$K_3[Cr(C_2O_4)_3] \cdot 3H_2O$ 为蓝绿色晶体,其水溶液能与 $BaCl_2$ 溶液发生沉淀反应;而顺式和反式配合物分别为黑紫色晶体和玫瑰紫色晶体,其水溶液都不能与 $BaCl_2$ 溶液发生沉淀反应。

在水溶液中,顺、反式配合物共存并达平衡,温度升高有利于生成顺式配合物。顺式配合物易溶于水,而反式配合物的溶解度比顺式配合物小得多。顺、反式配合物都能与氨水反应,分别生成深绿色、可溶于水的顺式二草酸根·一羟基·一水合铬(Ⅲ)配位个体和浅棕色不溶于水的反式二草酸根·一羟基·一水合铬(Ⅲ)配位个体。利用这一性质可以鉴别两种异构体及检验它们的纯度。

【试剂与仪器】

1. 试剂

(1) 固体试剂:$K_2Cr_2O_7$、$H_2C_2O_4 \cdot 2H_2O$、$K_2C_2O_4 \cdot H_2O$。

(2) 液体试剂:无水乙醇、$NH_3 \cdot H_2O$(2 mol·dm^{-3})、$BaCl_2$(0.5 mol·dm^{-3})。

2. 仪器 电子天平、布氏漏斗、吸滤瓶、真空泵、量筒(10 cm³ 或 50 cm³)、研钵、蒸发皿(干燥)、烧杯(200 cm³)、表面皿、小试管、滴管、滤纸。

【实验步骤】

1. $K_3[Cr(C_2O_4)_3] \cdot 3H_2O$ 的制备 在 200 cm³ 烧杯中,加入 3.0 g $H_2C_2O_4 \cdot 2H_2O$ 和 7 cm³ 蒸馏水,搅拌使 $H_2C_2O_4$ 溶解(可适当加热),然后慢慢加入 1.0 g 研细的 $K_2Cr_2O_7$ 固体粉末,边加边搅拌(反应激烈,注意安全),待反应平息后,将溶液加热至沸腾,再加入 1.2 g $K_2C_2O_4 \cdot H_2O$,搅拌使其溶解。将溶液冷至室温,加入 2 cm³ 无水乙醇,放置,析出结晶。抽滤并用 30 cm³ 1∶1 乙醇水溶液分 3 次洗涤产品,最后用 10 cm³ 无水乙醇分 2 次洗涤产品并抽干,称量并计算产率。

2. 顺式 $K[Cr(C_2O_4)_2(H_2O)_2] \cdot 2H_2O$ 的制备 称取 1.0 g $K_2Cr_2O_7$ 和 3.0 g $H_2C_2O_4 \cdot 2H_2O$,分别在研钵中研细,然后把两者混匀,放入干燥的蒸发皿中并堆成锥形。在锥体顶部用玻璃棒压出一个小坑,向坑内加一滴水,盖上表面皿微微加热,立即发生激烈的反应,并有 CO_2 气体放出。待反应平息后,往蒸发皿中加入 5 cm³ 无水乙醇,在水浴上微微加热,并用玻璃棒不断搅拌,使其成为微晶体(如果产物凝聚缓慢,可再加入 5 cm³ 无水乙醇继续搅拌)。抽滤,抽干产品。仔细观察并记录反应现象,称量并计算产率。

3. 反式 $K[Cr(C_2O_4)_2(H_2O)_2] \cdot 3H_2O$ 的制备 在 200 cm³ 烧杯中,加入 4.5 g $H_2C_2O_4 \cdot 2H_2O$ 和约 15 cm³ 水(水量尽量少)适当加热并搅拌使其溶解,趁热慢慢加入 1.5 g 研细的 $K_2Cr_2O_7$ 固体粉末(反应激烈,注意安全),蒸发溶液至原体积的一半,冷却至室温,得到玫瑰紫色晶体。抽滤,先用少量冷水洗涤 3 次,再用 10 cm³ 无水乙醇分 3 次洗涤,抽干,称量并计算产率。

4. 3 种配合物性质比较

（1）在 3 支小试管中，分别取 3 种配合物并加入少量水配成溶液，然后分别加入 $BaCl_2$ 溶液，观察现象。

（2）分别放入几颗顺、反式配合物晶粒于滤纸上，在晶粒上滴一滴稀 $NH_3·H_2O$，观察现象并进行比较。

【数据记录与结果处理】

1. 产品质量 m_1 _____ g，产品颜色_____，产率_____。

2. 产品质量 m_2 _____ g，产品颜色_____，产率_____。

3. 产品质量 m_3 _____ g，产品颜色_____，产率_____。

4. 写出计算理论产量和产率的过程和结果。

5. 结果描述

（1）3 种产品与 $BaCl_2$ 反应情况_____；

（2）顺、反产品在稀氨水中溶解程度_____，溶液颜色_____。

【思考题】

1. 在制备铬（Ⅲ）和草酸根（$C_2O_4^{2-}$）3 种配合物中，$C_2O_4^{2-}$ 起什么作用？

2. $K_3[Cr(C_2O_4)_3]·3H_2O$ 水溶液与 $BaCl_2$ 反应的产物是什么？

3. 制备顺式 $K[Cr(C_2O_4)_2(H_2O)_2]·2H_2O$ 时，为什么要尽量避免水溶液生成？

4. 制备反式 $K[Cr(C_2O_4)_2(H_2O)_2]·3H_2O$ 时，为什么不能使溶液过度蒸发浓缩？

5. 洗涤配合物晶体时为何用乙醇而不用水？

实验五　铬黄颜料的制备

【实验目的】

1. 加强对铬化合物性质的了解。

2. 进一步训练有关固液分离的操作。

【实验原理】

$Cr(Ⅲ)$ 在碱性溶液中，较易被氧化为 $Cr(Ⅵ)$ 化合物，因为：

$$CrO_4^{2-} + 4H_2O + 3e^- \Longrightarrow Cr(OH)_3 + 5OH^- \quad E^\ominus = -0.13 \text{ V}$$

$$HO_2^- + H_2O + 2e^- \Longrightarrow 3OH^- \quad E^\ominus = 0.875 \text{ V}$$

本实验即是用氧化剂过氧化氢将 $Cr(Ⅲ)$ 在碱性介质中氧化为 $Cr(Ⅵ)$，反应式为

$$2CrO_2^- + 3H_2O_2 + 2OH^- \Longrightarrow 2CrO_4^{2-} + 4H_2O$$

$Cr(Ⅵ)$ 水溶液中存在以下平衡：

$$2CrO_4^{2-} + 2H^+ \Longrightarrow Cr_2O_7^{2-} + H_2O$$

铬酸的 2 价金属盐溶解度一般不大，如铬酸铅的溶解度就很小，其 $K_{sp}^\ominus = 2.8 \times 10^{-13}$，但重铬酸铅的溶解度却很大。因此，于弱酸性条件下，向上述平衡中加入硝酸铅溶液，可以生成难溶的黄色 $PbCrO_4$ 沉淀。

铬酸铅俗称铅铬黄，为一种黄色颜料，多用于油画及防锈涂料中。

【试剂与仪器】

1. 试剂

(1) 固体试剂：Pb(NO$_3$)$_2$·7H$_2$O、Cr(NO$_3$)$_3$·9H$_2$O、聚合氯化铝。

(2) 液体试剂：NaOH(2 mol·dm^{-3})、HAc(6 mol·dm^{-3})、Na$_2$S(0.1 mol·dm^{-3})、K$_2$CrO$_4$(5%)、H$_2$O$_2$(3%)、H$_2$SO$_4$(6 mol·dm^{-3})。

(3) 其他：pH 试纸。

2. 仪器　电子天平、布氏漏斗、吸滤瓶、真空泵、烧杯(50 cm^3 和 100 cm^3)、量筒(10 cm^3 和 50 cm^3)、表面皿、煤气灯(或酒精灯)、三脚架、石棉网、滤纸、普通漏斗。

【实验步骤】

1. 铬黄的制备　称取 1.7 g Cr(NO$_3$)$_3$·9H$_2$O 配制成 8 cm^3 的溶液于 50 cm^3 烧杯中，将溶液逐滴加入 5 cm^3 6 mol·dm^{-3} NaOH 的溶液中，若出现浑浊，再加入少量 6 mol·dm^{-3} NaOH 至溶液澄清。在上述溶液中，逐滴加入 5 cm^3 3% 的 H$_2$O$_2$，盖上表面皿，小心加热(防止溶液暴沸)，当溶液变为亮黄色时，在继续煮沸 3~4 min，以赶尽剩余 H$_2$O$_2$，若溶液中有沉淀，过滤，除去沉淀，待 H$_2$O$_2$ 分解完全后，逐滴加入 6 mol·dm^{-3} 的 HAc，使溶液从亮黄色转为橙色，再多加 2~3 滴。在加热近沸的温度下，逐滴加入 0.3 mol·dm^{-3} 的 Pb(NO$_3$)$_2$ 溶液(所需量自行计算)。注意 Pb(NO$_3$)$_2$ 溶液开始加入的速度宜缓一些，而且要始终保持微沸状态，边加边搅拌。加完 Pb(NO$_3$)$_2$ 之后，继续煮沸 2~3 min，冷却后，抽滤，称量并计算产率。

2. 废液处理　母液与洗液中所残余的 Cr(Ⅵ)及 Pb^{2+} 均是对环境有严重危害的物质，因此必须集中处理。往废水中滴加 6 mol·dm^{-3} H$_2$SO$_4$ 至 pH=1~2，加热下(60~80℃)于通风橱内加 0.1 mol·dm^{-3} Na$_2$S 溶液至不再有黑色 PbS 沉淀析出。加碱使废液 pH 值至 8~9，加聚合氯化铝少量混凝，过滤。滤渣收集，由实验室集中处理。滤液中残余的 S^{2-} 通过加入少量的 H$_2$O$_2$ 的方法氧化去除。此时，即可将废水排入下水道。写出整个净化过程的反应方程式。

【数据记录与结果处理】

1. 产品质量 m ＿＿＿＿ g，产品颜色＿＿＿＿，产率＿＿＿＿。
2. 写出计算理论产量和产率的过程和结果。
3. 写出废液处理的整个净化过程的化学反应方程式。

【思考题】

1. 为什么要赶尽过量的 H$_2$O$_2$？
2. 加 Pb(NO$_3$)$_2$ 生成沉淀时，介质为何需在弱酸条件下？用 HCl 调节酸度可行否？
3. 本实验中，废液的处理方法并不是唯一的，能否设计出另外一种方法？

实验六　草酸草酸根·五氨合钴(Ⅲ)的制备

【实验目的】

1. 了解 Co(Ⅲ)配合物的制备方法。
2. 进一步掌握无机化学实验的基本操作。

3. 加强实验技能的训练,提高分析问题和解决问题的能力。

【实验原理】

大多数配合物可以通过取代反应来制备。对已经得到的数百种Co(Ⅲ)的配合物来说,其原料几乎总是一些稳定存在的简单的Co(Ⅱ)盐。这是因为在水溶液中,配位个体$[Co(H_2O)_6]^{2+}$能很快地和其他配位体进行取代反应(Co(Ⅲ)的水合离子和配位体之间的取代反应速度很慢)生成Co(Ⅱ)配合物,然后用空气或H_2O_2氧化成为相应的Co(Ⅲ)配合物。

草酸草酸根·五氨合钴(Ⅲ)的反应方程式如下:

$$2CoCl_2 + 10NH_3 + 2HCl + H_2O_2 = 2[CoCl(NH_3)_5]Cl_2 + 2H_2O$$

$$[CoCl(NH_3)_5]Cl_2 \xrightarrow{H_2O} [Co(NH_3)_5(H_2O)](OH)_3$$

$$[Co(NH_3)_5(H_2O)](OH)_3 \xrightarrow{H_2C_2O_4} [Co(C_2O_4)(NH_3)_5]_2C_2O_4 \cdot 3H_2C_2O_4$$

【试剂与仪器】

1. 试剂

(1) 固体试剂:NH_4Cl、$CoCl_2 \cdot 6H_2O$。

(2) 液体试剂:浓氨水、浓盐酸、H_2O_2(30%)、无水乙醇、丙酮。

2. 仪器 电子天平、布氏漏斗、吸滤瓶、真空泵、烧杯(100 cm³)、量筒(10 cm³和50 cm³)、研钵、试管夹、滴管、玻棒、恒温水浴锅。

【实验步骤】

1. 二氯化一氯·五氨合钴(Ⅲ)($[CoCl(NH_3)_5]Cl_2$)的制备 在电子天平上称取1.3 g NH_4Cl放入100 cm³小烧杯中,加7.5 cm³浓氨水溶解。在不断搅拌下分批加入总量为2.5 g研细的$CoCl_2 \cdot 6H_2O$粉末(每加一次都要使粉末溶解),这时生成一种沉淀并放出热量(观察沉淀的颜色并判断沉淀为何物)。在搅拌下滴加2 cm³ 30% H_2O_2,反应结束后,生成一种砖红色的溶液(写出该生成物的分子式)。向此溶液中慢慢滴加7.5 cm³浓盐酸,有深紫红色沉淀产生。将此混合物在50℃左右的水浴中加热10 min,冷却至室温。抽滤,用少量无水乙醇和丙酮洗涤,抽干。称其质量,计算产率。

2. 草酸草酸根·五氨合钴(Ⅲ)($[Co(C_2O_4)(NH_3)_5]_2C_2O_4 \cdot 3H_2C_2O_4$)的制备 称取1.0 g $[CoCl(NH_3)_5]Cl_2$于100 cm³烧杯中,加入30 cm³水使其溶解,在50℃左右的水浴中加热30 min。搅拌下加入1.6 g草酸,在55℃左右继续加热45 min,并在这个温度下将溶液的总体积浓缩至原来的1/2左右,室温放置10 min。抽滤,用少量无水乙醇和丙酮洗涤,抽干。称其质量,计算产率。

【数据记录与结果处理】

1. 产品质量m_1_____ g,产品颜色_____,产率_____。

2. 产品质量m_2_____ g,产品颜色_____,产率_____。

3. 写出计算理论产量和产率的过程和结果。

【思考题】

1. 将$CoCl_2 \cdot 6H_2O$加入氯化铵与浓氨水的混合液中,可发生什么反应?生成何种配合物?

2. 要制得产率较高的$[CoCl(NH_3)_5]Cl_2$,在合成过程中关键步骤是哪些?为什么?

3. 要制得产率较高的[Co(C₂O₄)(NH₃)₅]₂C₂O₄·3H₂C₂O₄,在合成过程中关键步骤是哪些?为什么?

4. 上述制备实验中加过氧化氢起何种作用?如不加过氧化氢,还可以用哪些物质?用这些物质有什么不好?

5. 试总结制备钴(Ⅲ)配合物的化学原理及制备的几个步骤。

实验七 醋酸解离常数的测定

滴定曲线法

【实验目的】

1. 了解弱酸解离常数的测定方法。
2. 进一步加深有关解离平衡基本概念的认识。
3. 了解 pH 酸度计的使用方法。

【实验原理】

醋酸是一元弱酸,在水溶液中存在下列平衡:

$$HAc \rightleftharpoons H^+ + Ac^-$$

其解离常数的表达式为

$$K_a^\ominus = \frac{[H^+][Ac^-]}{[HAc]}$$

如以对数表示,则: $\lg K_a^\ominus = \lg[H^+] + \lg([Ac^-]/[HAc])$

若在 HAc 溶液中加入 NaOH,则加入的 NaOH 与 HAc 反应:

$$HAc + NaOH = NaAc + H_2O$$

当加入 NaOH 恰好将 HAc 中和掉一半时,溶液中的$[Ac^-]=[HAc]$,此时:

$$\lg K_a^\ominus = \lg[H^+] + \lg 1 = \lg[H^+]$$

因此:$\lg K_a^\ominus = -pH$。

利用 pH 计可以测得用不同量 NaOH 中和一定量 HAc 时溶液的 pH 值。如果以 $V(NaOH)$ 为横坐标,以 pH 值为纵坐标可以绘出图 S-4-1 所示的 pH-V(NaOH) 曲线,从所得曲线图中找出完全中和 HAc 时,NaOH 的体积(cm³),取其一半$\left(\dfrac{1}{2}V\right)$,再从曲线图中找出相对应的 pH 值,根据 $\lg K_a^\ominus = -pH$ 的关系,即可计算出在测定温度时 HAc 的解离常数 $K_a^\ominus$。

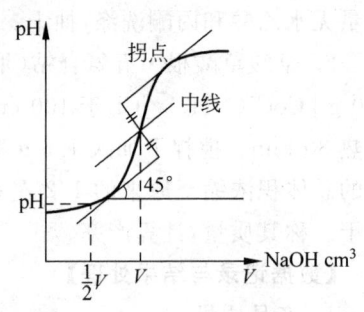

图 S-4-1 滴定曲线

【试剂与仪器】

1. 试剂 HAc 溶液、NaOH 溶液、酚酞指示剂。
2. 仪器 pH 酸度计、磁力搅拌器、复合电极、烧杯(150 cm³)、碱式滴定管(50 cm³)、量筒(10 cm³、100 cm³)。

【实验步骤】

1. 校正 pH 酸度计,并用标准缓冲溶液定位。
2. 记录室温。
3. 用量筒分别量取 10 cm³ HAc 溶液和 90 cm³ 蒸馏水置于 150 cm³ 烧杯中,加入 2 滴酚酞指示剂,加入转子,放在磁力搅拌器上搅拌均匀。测出 pH 值。
4. 在碱式滴定管中加入 NaOH 溶液。
5. 分数次往 HAc 溶液中滴加 NaOH,搅拌均匀后测出每次的 pH 值。每次加入 NaOH 溶液的体积根据溶液的 pH 值而定。

开始每次加入 1 cm³,当 pH≥5 时每次加入 0.5 cm³,当 pH≥5.5 时每次加入 0.2 cm³,当 pH≥6 时每次加入 0.1 cm³,超过等量点(变色)后,每次加入 0.2 cm³,当 pH≥9 时每次加入 0.5 cm³,当 pH≥10 时每次加入 1 cm³ 至 pH≥11 时停止。

【数据记录与结果处理】

1. 将实验中所加 NaOH 溶液的体积及对应的 pH 值列表记录。

每次加入 NaOH 的体积/cm³	
所加 NaOH 的累积体积/cm³	
对应的 pH 值	

注意:每次滴定管的读数要读准至小数点第二位。

2. 以 NaOH 体积(cm³)为横坐标,以 pH 值为纵坐标,绘制 pH~V(NaOH) 曲线。
3. 做曲线拐点的切线,找出两条切线的中线,使其与曲线相交,则交点即为等量点 V。找出 $\frac{1}{2}V$ 时的 pH 值。
4. 用 $\lg K_a^\ominus = -\mathrm{pH}\left(\frac{1}{2}V\right)$ 计算出醋酸的 $K_a^\ominus$。

【思考题】

1. 改变被测 HAc 溶液的浓度或温度,则 HAc 的解离常数有无变化?
2. 此实验中 NaOH 溶液的浓度是否需要准确地知道?

pH 法

【实验目的】

1. 学习溶液的配制方法及有关仪器的使用。
2. 学习醋酸解离常数的测定方法。
3. 学习酸度计的使用方法。

【实验原理】

HAc 在水溶液中存在下列解离平衡:

$$HAc \rightleftharpoons H^+ + Ac^-$$

其解离常数的表达式为

$$K_a^\ominus = \frac{[H^+][Ac^-]}{[HAc]} \tag{1}$$

设醋酸的起始浓度为 c,平衡时 $[H^+]=[Ac^-]=x$,代入(1),可以得到:

$$K_a^\ominus = \frac{[H^+][Ac^-]}{[HAc]} = \frac{x^2}{c-x} \tag{2}$$

在一定温度下,用 pH 计测定一系列已知浓度的醋酸溶液的 pH 值,根据 pH=−lg[H^+],换算出[H^+],代入式(2)中,可求得一系列对应的 $K_a^\ominus$(HAc)值,取其平均值,即为该温度下醋酸的解离常数。

【试剂与仪器】

1. 试剂　HAc(0.1 mol·dm^{-3},实验室标定浓度)标准溶液。
2. 仪器　pH 酸度计、烧杯(4×50 cm^3,干燥、洁净)、滴定管(50 cm^3 酸式、碱式各 1 支)。

【实验步骤】

1. 配制不同浓度的醋酸溶液　将 4 只干燥、洁净的烧杯编上序号,然后按下表的烧杯编号,用酸式滴定管准确放入已知浓度的 HAc 溶液,用碱式滴定管准确放入蒸馏水。

实验编号	V(HAc)/cm^3	V(H$_2$O)/cm^3	pH(测定)
1	3.00	45.00	
2	6.00	42.00	
3	12.00	36.00	
4	24.00	24.00	

2. 醋酸溶液 pH 值的测定　用 pH 酸度计由稀到浓测定 1~4 号 HAc 溶液的 pH 值并将其值填入上表中。

【数据记录与结果处理】

温度_____℃　　标准 HAc 溶液的浓度_____ mol·dm^{-3}

实验编号	V(HAc)/cm^3	V(H$_2$O)/cm^3	c(HAc)	pH	[H^+]	$K^\ominus = \frac{x^2}{c-x}$
1	3.00	45.00				
2	6.00	42.00				
3	12.00	36.00				
4	24.00	24.00				

实验测得的 4 个 $K_a^\ominus$(HAc),由于实验误差可能不完全相同,可用下列方法处理求 $\overline{K}_a^\ominus$(HAc) 和标准偏差 S:

$$\overline{K}^\ominus(HAc) = \frac{\sum_{i=1}^{n} K_{ai}^\ominus(HAc)}{n}$$

$$S = \sqrt{\frac{\sum_{i=1}^{n}[K_{ai}^\ominus(HAc) - \overline{K}_a^\ominus(HAc)]^2}{n-1}}$$

【思考题】

1. "解离度越大,酸度就越大"这句话是否正确?根据本实验结果加以说明。
2. 测定不同浓度 HAc 溶液的 pH 值时,测定顺序应由稀到浓,为什么?

实验八　氢氧化镍溶度积的测定

【实验目的】

1. 学会用 pH 滴定法测定氢氧化镍的溶度积。
2. 了解 pH 酸度计的结构和基本原理，掌握 pH 酸度计的使用方法。

【实验原理】

难溶电解质溶度积的测定可分为观察法和分析法。观察法是在一定温度下用两种分别含有难溶电解质组分离子的已知浓度的溶液在搅拌下逐滴混合，当产生的沉淀不再消失时，根据形成沉淀时离子的浓度计算出难溶电解质的溶度积。这种方法简单易行，不需要复杂的仪器装置，但准确度不高，误差较大。分析法是采用分析化学的手段直接或间接测定难溶电解质饱和溶液中各组分离子的浓度，再计算难溶电解质的溶度积的方法。常用的方法有分光光度法、电导法、pH 滴定法等。

本实验是用 pH 滴定法测定 $Ni(OH)_2$ 饱和溶液中 Ni^{2+} 的浓度和溶液 pH，从而计算 $Ni(OH)_2$ 的溶度积。

$Ni(OH)_2$ 溶度积可用式(4-1)表示：

$$[Ni^{2+}][OH^-]^2 = K_{sp}^{\ominus} \tag{4-1}$$

$$[H^+][OH^-] = K_w^{\ominus}$$

$$[Ni^{2+}] \cdot \left(\frac{K_w^{\ominus}}{[H^+]}\right)^2 = K_{sp}^{\ominus}$$

两边同时取对数 $\lg[Ni^{2+}] + 2\lg\left(\dfrac{K_w^{\ominus}}{[H^+]}\right) = \lg K_{sp}^{\ominus}$

$$pH = \frac{1}{2}\lg K_{sp}^{\ominus} - \frac{1}{2}\lg[Ni^{2+}] - \lg K_w^{\ominus} \tag{4-2}$$

式中，$[Ni^{2+}]$ 是实验时需测定的值。

用 NaOH 溶液滴定 $NiSO_4$ 稀溶液时，在 $Ni(OH)_2$ 沉淀前，碱消耗只用于中和溶液中的 H^+，溶液的 pH 增加很快；当 $Ni(OH)_2$ 开始沉淀时，加入的 NaOH 与 Ni^{2+} 结合生成难溶的 $Ni(OH)_2$，溶液的 pH 基本保持不变，直到金属离子沉淀接近完全；继续滴加碱使 pH 值又很快上升。以 pH 值对滴定消耗的 NaOH 体积作图，得到如图 S-4-2 所示的曲线。滴定曲线的水平台阶处相应的 pH 值即为形成 $Ni(OH)_2$ 的 pH 值。开始沉淀时 $NiSO_4$ 的浓度应该以 $Ni(OH)_2$ 析出到沉淀结束所消耗的 NaOH 体积计算，即 $pH \sim V(NaOH)$ 图中 BC 段 NaOH 的毫升数，这样可按式(4-2)计算出 $Ni(OH)_2$ 的溶度积。

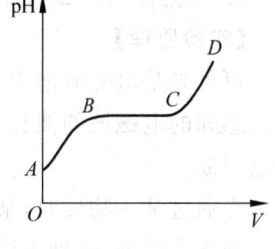

图 S-4-2　滴定曲线

【试剂与仪器】

1. 试剂　$1.0\ mol \cdot dm^{-3}\ NiSO_4$ 溶液、$0.1\ mol \cdot dm^{-3}\ NaOH$ 标准溶液（实验室标定浓度）、酚酞溶液。

2. 仪器　pH 酸度计、磁力搅拌器、复合电极、容量瓶（$100\ cm^3$）、烧杯（$200\ cm^3$）、碱式滴定管(50 cm³)。

【实验步骤】

1. 校正 pH 计,记录室温,并用标准缓冲溶液定位。
2. 量取 1 cm³ NiSO₄ 溶液置于 100 cm³ 的容量瓶中,用蒸馏水稀释至刻度,摇匀备用。
3. 将所配 NiSO₄ 溶液倒入烧杯中,插入复合电极,在磁力搅拌器搅拌下,从 50 cm³ 碱式滴定管中滴入 0.1 mol·dm⁻³ NaOH 标准溶液。开始时,每次滴加 0.2 cm³ NaOH 溶液,读一次溶液的 pH,滴定时间间隔 1~2 min,待溶液的 pH 值不变,改为每次 1 cm³,继续滴加 NaOH 溶液,pH 值再次上升,直至 pH≈10 为止。

【数据记录与结果处理】

1. 将实验中所加 NaOH 溶液的体积及对应的 pH 值列表记录。

每次加入 NaOH 的体积/cm³	
所加 NaOH 的累积体积/cm³	
对应的 pH 值	

2. 以 NaOH 体积(cm³)为横坐标,以 pH 值为纵坐标,绘制 pH~V(NaOH)曲线。
3. 据 pH-V(NaOH)图,确定形成 Ni(OH)₂ 沉淀时溶液的 pH 值和 NiSO₄ 的浓度,代入式(4-2)计算 $K_{sp}^{\ominus}$(Ni(OH)₂)。

【思考题】

1. 如何计算开始形成 Ni(OH)₂ 沉淀时溶液中 Ni²⁺ 的浓度?
2. 试述用酸度计测定溶液的 pH 值的操作中,应注意什么问题?

实验九 过渡金属配合物的吸收光谱

【实验目的】

1. 掌握分光光度法的特点、基本原理、测定方法及计算方法。
2. 学会使用 722 型分光光度计。

【实验原理】

可见光是电磁波谱中人眼可以感知的部分,可见光谱没有精确的范围。一般人的眼睛可以感知的电磁波的波长在 400~700 nm,但还有一些人能够感知到波长在 380~780 nm 的电磁波。

光通过某一物质时,某些波长的光被该物质吸收,因此在连续光谱中有一段或几段波长的光减弱或消失,这种光谱称为吸收光谱。不同物质的吸收光谱不同,因此可用吸收光谱来鉴别物质和推测样品的结构;同时吸收光谱的强弱和物质的浓度有关,这个性质可用来做定量分析。

入射光(I_0)经过均匀而透明的溶液时,一部分光被溶质吸收(I_A),一小部分被反射(I_R),只有一部分可以透过(I_T)。

$$I_0 = I_A + I_R + I_T$$

在化学分析中,常用一个"空白"溶液作为参考去校正反射的光,则 I_R 可以忽略不计。

$$I_0 = I_A + I_T$$

此处 I_0 又可以看作为透过"空白"的光强度,因为"空白"是不吸收任何光的。所以 I_T/I_0 是透光率(T),常用‰来表示;但在实际应用中,往往用光吸收(A)来表示。

$$A = \lg \frac{I_0}{I_T}$$

当某一物质吸收一定波长的光时,若此时 $A=1$,即其透过光的强度为照射光的 10%;若 $A=2$,表示浓度大了 1 倍,其透过光的强度为照射光的 1%。根据朗伯-比尔定律:

$$A = \varepsilon bc$$

式中:A 为吸光度;ε 为摩尔吸光系数;b 为样品池厚度;c 为溶液浓度。

在溶液浓度不很大的情况下,由光在溶液中被吸收的程度 A,可以决定溶液的浓度 c,这就是吸收光谱定量分析的原理。

配合物的紫外可见光谱值在 10 000～30 000 cm^{-1},而可见光在 10 000～25 000 cm^{-1} 之间,形成体的 d 电子在分裂后的 d 轨道中跃迁,d-d 跃迁的频率在紫外区和可见光区。所以,一般过渡金属配合物有颜色。

【试剂与仪器】

1. 试剂 本学期实验制备的有色产品。
2. 仪器 电子天平、722 型分光光度计、比色管(25 cm^3)、滴管。

【实验步骤】

1. 配制所测样品的溶液 称取一定量的待测样品,在比色管中配制成 10 cm^3 或 25 cm^3 的溶液。
2. 测定不同波长下待测溶液的吸光度 用 722 型分光光度计,以蒸馏水为参比,用 1 cm 比色皿,分别测定每一样品溶液在波长为 380～780 nm 范围内的吸光度 A。在每一样品的最大波长附近每隔 5 nm 测定其吸光度。

【数据记录与结果处理】

1. 将实验中所测数据填入表中。

λ/nm		380	400	420	440	460	…	740	760	780
吸光度 A	1									
	2									
	3									
	⋮									

2. 以吸光度 A 为纵坐标,以波长 λ 为横坐标绘制吸收曲线。
3. 找出每一样品的最大吸收波长 $\lambda_{\max}$ 和 Δ_o ($\Delta_o = 1/\lambda_{\max} \times 10^7$ cm^{-1})。
4. 根据每一样品的最大吸收波长 $\lambda_{\max}$ 处的 A、b、c 值,由朗伯-比尔定律计算出每一样品的摩尔吸光系数 ε。

【思考题】

1. 待测样品的最大吸收波长具有什么意义?
2. 为什么波长改变就要重新校正仪器?
3. 为什么要用待测溶液洗涤比色皿?

实验十 分光光度法测定乙二胺合铜(Ⅱ)配位个体的组成

【实验目的】

1. 了解分光光度法测定溶液中配合物组成的原理和方法。
2. 测定乙二胺合铜(Ⅱ)配位个体的组成。
3. 学习使用722型分光光度计。

【实验原理】

一种物质,对不同波长光的吸收具有选择性,其最大吸收波长因物质而异,但不随该物质浓度改变而变化(吸光度大小随该物质浓度不同而变化),显然在最大波长处测量该溶液的吸光度,其灵敏度最高。因此在用分光光度法进行测量前都需先测量被测物质对不同波长单色光的吸光度,以波长为横坐标,以吸光度为纵坐标,作出吸收曲线(又称吸收光谱),然后选择最大吸收波长进行测量。本实验中Cu^{2+}和en(en表示乙二胺)可以生成两种配合物,它们分别在530 nm和670 nm处有最大吸收波长。

常用的实验方法有两种:一是饱和法又称摩尔比法;二是连续变化法又称等摩尔连续变化法。本实验采用后者,即在保持溶液中$n(Cu^{2+})+n(en)=$定值的条件下,依次改变 $\frac{n(Cu^{2+})}{n(Cu^{2+})+n(en)}$ 或 $\frac{n(en)}{n(Cu^{2+})+n(en)}$,并测定相应的吸光度,作吸光度 $-\frac{n(Cu^{2+})}{n(Cu^{2+})+n(en)}$ 曲线,从曲线上吸光度极大值对应的 $\frac{n(Cu^{2+})}{n(Cu^{2+})+n(en)}$ 可以求出该配合物的配位数。

【试剂与仪器】

1. 试剂 $CuSO_4$(0.010 mol·dm^{-3})、en(0.010 mol·dm^{-3})
2. 仪器 722型分光光度计、烧杯(干燥、洁净,10×50 cm^3)、比色皿(2 cm)

【实验步骤】

1. 配制Cu^{2+}-en混合液 在10个洁净、干燥的50 cm^3烧杯中,按下表所示体积,分别取0.010 mol·dm^{-3} $CuSO_4$溶液和0.010 mol·dm^{-3} en水溶液,配成10份Cu^{2+}-en混合溶液。

烧杯编号	1	2	3	4	5	6	7	8	9	10
$CuSO_4$/cm^3	2.0	4.0	6.0	6.7	8.0	10.0	12.0	14.0	16.0	18.0
en/cm^3	18.0	16.0	14.0	13.3	12.0	10.0	8.0	6.0	4.0	2.0

2. 测定吸光度 用722型分光光度计,以蒸馏水为空白,用2 cm比色皿,分别测定每份Cu^{2+}-en混合液在波长为530 nm和670 nm时的吸光度A。

【数据记录与结果处理】

1. 数据记录按下表填写。

烧杯编号	1	2	3	4	5	6	7	8	9	10
吸光度A										

2. 以吸光度 A 为纵坐标，$\dfrac{n(\mathrm{Cu}^{2+})}{n(\mathrm{Cu}^{2+})+n(\mathrm{en})}$ 为横坐标作图，求出乙二胺合铜(Ⅱ)配位个体的组成。

【思考题】

1. 用连续变化法测定配合物组成的原理是什么？
2. 使用比色皿时应注意什么？
3. 实验中，每次测完吸光度后，为什么要随时关闭光路闸门？

实验十一　瓜果、蔬菜中维生素 C 含量的测定

【实验目的】

1. 了解分光光度法测定维生素 C 含量的原理。
2. 掌握从天然植物中提取物质的一般方法。
3. 熟悉 722 型分光光度计的使用。

【实验原理】

维生素 C 是一种对人体有营养、医疗和保健作用的天然物质，水果和蔬菜等植物中均含有丰富的维生素 C。本实验以水果或蔬菜为原料，采用分光光度法测定维生素 C 的含量，从而可以确定水果或蔬菜维生素 C 含量的高低，为人们选择富含维生素 C 的水果或蔬菜提供了一定的理论基础。

维生素 C 又名抗坏血酸，为白色或淡黄色结晶粉末，味酸，在空气中尤其是碱性介质中极易被氧化成脱氢抗坏血酸。当 pH≥5.0 时，脱氢抗坏血酸的内环开裂，形成二酮古洛糖酸。脱氢抗坏血酸与二酮古洛糖酸均能与 2,4-二硝基苯肼作用生成红色物质脎，脎能溶于硫酸，在 500 nm 波长处具有最大吸收。样品溶液与维生素 C 标准溶液按上述方法进行同样处理，在 500 nm 处测吸光度，根据样品溶液的吸光度由工作曲线查出维生素 C 的浓度，即可求出样品中维生素 C 的含量。

【试剂与仪器】

1. 试剂　新鲜的水果和蔬菜若干、草酸(1%)、硫酸(25%,85%)、2,4-二硝基苯肼(2%)、硫脲(10%,50 g 硫脲溶于 500 cm^3 1% 草酸中)、活性炭(实验室提供,100 g 加 750 cm^3 1 mol·dm^{-3} HCl,加热 1 h,减压抽滤，用去离子水洗涤至滤液无 Cl^- 为止，置于 110℃烘箱中烘干)、维生素 C 标准溶液(1 mg·cm^{-3},100 mg 纯维生素 C 溶于 100 cm^3 1% 草酸中)。

2. 仪器　722 型分光光度计、电子天平、研钵、容量瓶(50 cm^3,100 cm^3)、锥形瓶(250 cm^3)、比色管(15 cm^3 或 20 cm^3)、移液管(1 cm^3,2 cm^3,5 cm^3,10 cm^3,25 cm^3)、漏斗、漏斗架、煤气灯(或酒精灯)。

【实验步骤】

1. 维生素 C 的提取　准确称取新鲜去皮水果或新鲜蔬菜 2.0 g 于研钵中，捣烂，加少量 1% 草酸，研磨 10 min，将提取液倾入 50 cm^3 容量瓶中，重复提取 3 次，用 1% 的草酸稀释至刻度，摇匀备用。

用移液管吸取上述提取液 20 cm^3 于干净的锥形瓶中，加入一匙活性炭，充分振摇 2 min

后过滤。

2. 0.01 mg·cm⁻³维生素C标准溶液的配制 用移液管准确移取 1.00 cm³ 1 mg·cm⁻³维生素C标准溶液于 100 cm³ 容量瓶中，用1%草酸稀释至刻度，摇匀。取 30 cm³ 该溶液于 250 cm³ 干净锥形瓶中，加入一匙半活性炭，充分振摇 2 min 后过滤。

3. 吸光度的测定 取 7 支比色管并写好编号。在比色管 1# 中加入 5.0 cm³ 样品滤液及 2 滴 10%硫脲，以此溶液为空白溶液。在比色管 2# 中加入 5.0 cm³ 样品液，比色管 3#~7# 中分别加入 1.0 cm³、3.0 cm³、5.0 cm³、7.0 cm³、9.0 cm³ 0.01 mg·cm⁻³ 维生素C标准溶液，再分别加入 2 滴 10%硫脲。2.0 cm³ 2% 2,4-二硝基苯肼，混匀，置于沸水中加热约 10 min。冷却，在比色管 1# 中再加入 2.0 cm³ 2% 2,4-二硝基苯肼。将这 7 支比色管均稀释至 10 cm³，然后置于冷水中，分别缓慢滴加 3.0 cm³ 85% H_2SO_4 溶液，并不断振摇，滴加完毕后静置 10 min。

在 722 型分光光度计上，以 3 cm 比色皿盛装溶液，$\lambda_{测}=500$ nm，以比色管 1# 中溶液为参比溶液，分别测定比色管 2#~7# 中溶液的吸光度。

【数据记录及结果处理】

1. 吸光度的测定值按下表填写。

比色管编号	2#	3#	4#	5#	6#	7#
维生素C/(mg·10 cm⁻³)						
A(吸光度)						

2. 以比色管 3#~7# 中溶液的吸光度 A 对维生素C的浓度作图，得到工作曲线。再根据比色管 2# 中溶液的吸光度 A 由工作曲线查出相应的浓度，即可计算样品中维生素C的含量，计算公式如下：

$$维生素C含量 = \frac{c(维生素C) \times \frac{50}{5.0} \times 10^{-3}}{m(样)} \times 100\%$$

式中：c(维生素C)是根据工作曲线查出的样品溶液中维生素C的浓度(mg/10 cm³)，m(样)是样品的总质量(g)。

【思考题】

1. 为什么要加活性炭？
2. 为什么比色管 1# 中溶液在加热、冷却之后才能加 2,4-二硝基苯肼，而其余比色管则在加热前加入 2,4-二硝基苯肼？

实验十二 卤素离子的分离与鉴定

【实验目的】

1. 掌握卤素混合离子分离、鉴定的原理和方法。
2. 进一步理解卤素阴离子的还原性及递变规律。
3. 掌握定性分析中沉淀与溶液的分离及沉淀的洗涤等基本操作。

【实验原理】

氯、溴、碘是周期表中ⅦA族元素,在化合物中最常见的氧化数为-1,但在一定条件下也可生成氧化数为+1、+3、+5、+7的化合物。

卤素是氧化剂,它们的氧化性按下列顺序变化:$F_2 > Cl_2 > Br_2 > I_2$

卤素离子的还原性,按相反顺序变化:$I^- > Br^- > Cl^- > F^-$

$$\begin{array}{l} Cl^- \\ Br^- \\ I^- \end{array} + Ag^+ \longrightarrow \begin{array}{l} AgCl\downarrow \\ AgBr\downarrow \\ AgI\downarrow \end{array} \left.\begin{array}{l} \xrightarrow{NH_3 \cdot H_2O\ 或\ 12\%(NH_4)_2CO_3} [Ag(NH_3)_2]Cl \\ \xrightarrow{Cl_2\ 水}\ Br_2 \xrightarrow{CCl_4} 橙黄色 \\ \quad\quad\quad\ I_2 \longrightarrow 紫色 \end{array}\right.$$

(三种沉淀均不溶于稀HNO_3)

【试剂与仪器】

1. 试剂

(1) 固体试剂:锌粉。

(2) 酸:H_2SO_4(1 mol·dm^{-3},浓)、HNO_3(2 mol·dm^{-3})。

(3) 碱:氨水(6 mol·dm^{-3})。

(4) 盐:NaCl、KBr、KI、$AgNO_3$(以上溶液均为 0.1 mol·dm^{-3})、$(NH_4)_2CO_3$(12%)。

(5) 其他:氯水、CCl_4、pH试纸。

2. 仪器 离心机、离心试管、试管、试管架、试管夹、点滴板、玻璃棒、滴管、水浴加热装置、试管刷。

【实验内容】

1. 分别取 0.10 mol·dm^{-3} NaCl、KBr、KI 溶液,练习鉴定 Cl^-、Br^-、I^- 的存在。

(1) Cl^- 的鉴定:取分析试液 5 滴于试管中,加稀 HNO_3 酸化后,滴入 0.1 mol·dm^{-3} $AgNO_3$ 溶液生成白色沉淀,该白色沉淀溶于 2 mol·dm^{-3} $NH_3\cdot H_2O$ 溶液中。当再用 HNO_3 酸化时,又析出白色沉淀,表示有 Cl^- 存在。

(2) Br^- 的鉴定:取分析试液 5 滴于试管中,加入 CCl_4 5 滴,逐滴加入饱和氯水,并振荡。若 CCl_4 层呈橙色,表示有 Br^- 存在。如果溶液中有 S^{2-}、SO_3^{2-}、I^- 等还原性离子存在,氯水将先氧化这些还原剂,所以此时氯水应适当过量。

(3) I^- 的鉴定:取分析试液 5 滴于试管中,加入 CCl_4 5 滴,逐滴加入饱和氯水,并振荡。若 CCl_4 层呈紫红色,表示有 I^- 存在。

2. 取 Cl^-、Br^-、I^- 的混合试液,练习分离和鉴定。

取分析试液 6~8 滴于离心试管中,加 1 滴 2 mol·dm^{-3} HNO_3 溶液酸化,加入 0.1 mol·dm^{-3} $AgNO_3$ 溶液至沉淀完全,水浴加热 2 min,离心分离(沉淀沉降后,在上层溶液中再加入 1 滴 $AgNO_3$ 以检查卤素离子是否沉淀完全,如还有沉淀产生,则需再加 $AgNO_3$ 溶液,直至无沉淀产生为止)。用滴管吸出上层清液弃去,将沉淀加少量蒸馏水,充分搅拌、振荡,洗去溶液中的酸和过量的 $AgNO_3$,离心沉降后,吸去上层洗液。

向洗好的 AgCl、AgBr、AgI 沉淀中,滴加 6~8 滴 6 mol·dm^{-3} 氨水或 12% $(NH_4)_2CO_3$ 溶液,水浴加热并不断搅拌、振荡,AgCl 溶解,而 AgBr、AgI 仍留在沉淀中。离心后,用吸管将溶液取出,经 2 mol·dm^{-3} HNO_3 溶液酸化,若白色沉淀又出现,表示有 Cl^- 存在。

AgBr、AgI 沉淀仍留在离心试管中,加少量蒸馏水及少量锌粉再加 H_2SO_4 酸化加热并搅拌,AgBr、AgI 溶解,Br⁻、I⁻进入溶液,离心分离后,取出溶液层放入另一支试管中,加 1 cm³ CCl₄,然后逐滴加入氯水,边加边振荡,CCl₄ 层呈紫色(I_2),表示有 I⁻,继续加入氯水并不断振荡,CCl₄ 层呈橙黄色(Br_2),表示有 Br⁻存在。

3. 向指导教师领取一份未知溶液(可能含有 Cl⁻、Br⁻、I⁻中的某些离子),设法分离和鉴定有哪些离子存在。

【实验提示】

1. 离子分离鉴定所用试液取量应适当,一般取 5～10 滴为宜。过多或过少对分离鉴定均有一定影响。

2. 利用沉淀分离时,沉淀剂的浓度和用量应适当,以保证被沉淀离子沉淀完全。检验沉淀完全的方法是将沉淀在水浴上加热,离心沉降后在上层清液中再加入沉淀剂,如不再产生新的沉淀,表示沉淀已完全。分离后的沉淀用去离子水洗涤,以保证分离效果。

3. AgCl 能溶于氨水,AgBr 能部分溶于氨水,AgI 则不溶于氨水。如以$(NH_4)_2CO_3$溶液处理 AgCl、AgBr、AgI 沉淀时,由$(NH_4)_2CO_3$水解而得的 NH_3 能使 AgCl 溶解,而不能使 AgBr 和 AgI 溶解。从而使 AgCl 与 AgBr、AgI 分离。酸化混合液时,AgCl 重新析出。

4. 用氯水检验 Br⁻的存在时,如加入过量氯水,则反应产生的 Br_2 将进一步被氧化为 BrCl 而使橙黄色变成淡黄色,影响 Br⁻的检出。

5. 卤素离子分离鉴定流程图(图 S-4-3)

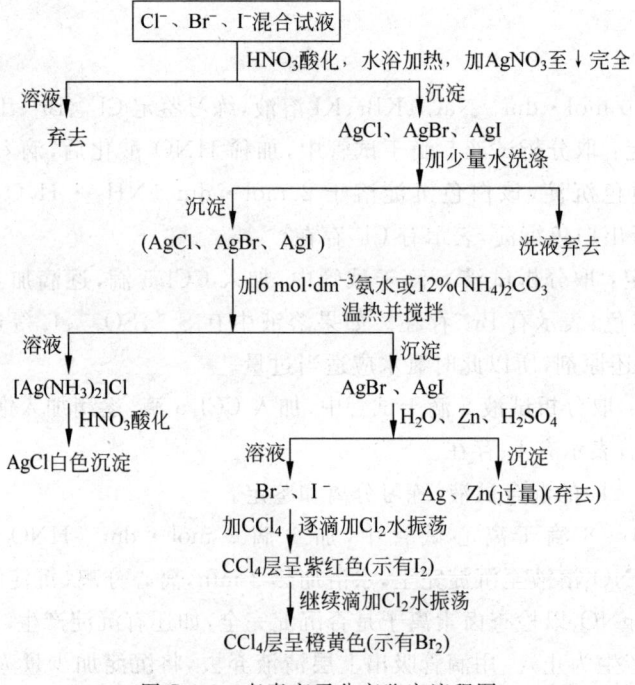

图 S-4-3 卤素离子分离鉴定流程图

【思考题】

1. 在离子分离和鉴定中几次加酸,酸化的目的是什么?如何选择 HNO_3、H_2SO_4 和 HCl?

2. 在 Br^- 和 I^- 混合溶液中,逐滴加入氯水时在 CCl_4 层中,先出现红紫色后呈橙黄色,怎样解释这些现象?

$E^{\ominus}(Cl_2/Cl^-) = 1.36\ V$ $E^{\ominus}(Br_2/Br^-) = 1.065\ V$

$E^{\ominus}(I_2/I^-) = 0.54\ V$ $E^{\ominus}(IO_3^-, H^+/I_2) = 1.195\ V$

3. 在 Cl^-、Br^-、I^- 混合离子的分离和鉴定过程中,用锌粉与 $AgBr$、AgI 沉淀反应时,为什么要加 $1\ mol \cdot dm^{-3}$ 的 H_2SO_4?

实验十三　氧、硫、氮、磷元素离子的分离与鉴定

【实验目的】

掌握氧、硫、氮、磷元素混合离子分离和鉴定的原理和方法。

【实验原理】

氧和硫、氮和磷分别是周期系ⅥA、ⅤA族元素。

S^{2-} 能与稀酸反应产生 H_2S 气体。可以根据 H_2S 特有的腐蛋臭味,或能使 $Pb(Ac)_2$ 试纸变黑(由于生成 PbS)的现象而检验出 S^{2-};此外在弱碱性条件下,它能与亚硝酰铁氰化钠 $Na_2[Fe(CN)_5NO]$ 反应生成紫红色配合物,利用这种特征反应也能鉴定 S^{2-}。

$$S^{2-} + [Fe(CN)_5NO]^{2-} =\!=\!= [Fe(CN)_5NOS]^{4-}$$

SO_3^{2-} 能与 $Na_2[Fe(CN)_5NO]$ 反应而生成红色配合物,加入硫酸锌的饱和溶液和 $K_4[Fe(CN)_6]$ 溶液,可使红色显著加深(其组成尚未确定)。利用这个反应可以鉴定 SO_3^{2-} 的存在。

$S_2O_3^{2-}$ 与 Ag^+ 生成白色硫代硫酸银沉淀,会迅速变黄色,棕色,最后变为黑色的硫化银沉淀。这是 $S_2O_3^{2-}$ 最特殊的反应之一,可用来鉴定 $S_2O_3^{2-}$ 的存在。

如果溶液中同时存在 S^{2-}、SO_3^{2-} 和 $S_2O_3^{2-}$,需要逐个加以鉴定时,必须先将 S^{2-} 除去,因 S^{2-} 的存在妨碍 SO_3^{2-} 和 $S_2O_3^{2-}$ 的鉴定。除去 S^{2-} 的方法是在含有 S^{2-}、SO_3^{2-} 和 $S_2O_3^{2-}$ 的混合溶液中加入 $PbCO_3$ 固体,使 $PbCO_3$ 转化为溶解度更小的 PbS 沉淀,离心分离后,在清液中再分别鉴定 SO_3^{2-} 和 $S_2O_3^{2-}$。

PO_4^{3-} 能与钼酸铵反应,在酸性条件下生成黄色难溶的晶体,故可用钼酸铵来鉴定。其反应如下:

$$PO_4^{3-} + 3NH_4^+ + 12MoO_4^{2-} + 24H^+ =\!=\!= (NH_4)_3PO_4 \cdot 12MoO_3 \cdot 6H_2O \downarrow + 6H_2O$$

NO_3^- 可用棕色环法鉴定,其反应如下:

$$3Fe^{2+} + NO_3^- + 4H^+ =\!=\!= 3Fe^{3+} + 2H_2O + NO$$

$$[Fe(H_2O)_6]^{2+} + NO =\!=\!= [Fe(NO)(H_2O)_5]^{2+} + H_2O$$

(棕色)

NO_2^- 也能产生同样的反应,因此当有 NO_2^- 存在时,需先将 NO_2^- 除去。除去的方法是在混合液中加饱和 NH_4Cl,一起加热,反应如下:

$$NH_4^+ + NO_2^- =\!=\!= N_2 \uparrow + 2H_2O$$

NO_2^- 和 $FeSO_4$ 在 HAc 溶液中能生成棕色溶液,利用这个反应可以鉴定 NO_2^- 的存在(检验 NO_3^- 时,必须用浓硫酸)。

$$NO_2^- + Fe^{2+} + 2HAc \Longrightarrow NO + Fe^{3+} + 2Ac^- + H_2O$$

$$[Fe(H_2O)_6]^{2+} + NO \Longrightarrow [Fe(NO)(H_2O)_5]^{2+} + H_2O$$
（棕色）

NH_4^+ 常用以下两种方法鉴定：

(1) 用 NaOH 和 NH_4^+ 反应生成 NH_3，使酚酞试纸变红。

(2) 用奈斯勒试剂（$K_2[HgI_4]$的碱性溶液）与 NH_4^+ 反应产生红棕色沉淀，其反应为

$$NH_4^+ + 2[HgI_4]^{2-} + 4OH^- \Longrightarrow \left[O \begin{matrix} Hg \\ Hg \end{matrix} NH_2 \right] I \downarrow + 3H_2O + 7I^-$$

【试剂与仪器】

1. 试剂

(1) 固体试剂：$FeSO_4 \cdot 7H_2O$，$PbCO_3$。

(2) 酸：HNO_3（2 mol·dm^{-3}，浓）、H_2SO_4（1 mol·dm^{-3}，3 mol·dm^{-3}，浓）、HAc(2 mol·dm^{-3})、HCl(2 mol·dm^{-3})。

(3) 碱：NaOH（2 mol·dm^{-3}，6 mol·dm^{-3}）、$NH_3 \cdot H_2O$（2 mol·dm^{-3}，6 mol·dm^{-3}）。

(4) 盐：KNO_3、Na_3PO_4、$AgNO_3$、$Na_2S_2O_3$、$BaCl_2$、Na_2S、$K_4[Fe(CN)_6]$、Na_2SO_3（以上浓度均为 0.1 mol·dm^{-3}），$NaNO_2$（0.1 mol·dm^{-3}，1 mol·dm^{-3}），$ZnSO_4$（0.1 mol·dm^{-3}，饱和），Ag_2SO_4、NH_4Cl、$(NH_4)_2MoO_4$（饱和）、Na_2CO_3（1 mol·dm^{-3}）。

(5) 其他：$Na_2[Fe(CN)_5NO]$（1%）、H_2S水溶液（饱和）、酚酞试纸、滤纸、奈斯勒试剂（$K_2[HgI_4]$的碱性溶液）。

2. 仪器 离心机、离心试管、试管、试管架、试管夹、点滴板、表面皿、玻璃棒、滴管、水浴加热装置、试管刷。

【实验内容】

1. 练习个别鉴定 S^{2-}、SO_3^{2-}、$S_2O_3^{2-}$、SO_4^{2-}、NO_2^-、NO_3^-、PO_4^{3-}、NH_4^+ 的存在。

(1) S^{2-} 的鉴定。取分析试液 2 滴于点滴板上，然后加入 1% $Na_2[Fe(CN)_5NO]$ 溶液，观察溶液颜色，出现紫红色即表示有 S^{2-}。

(2) SO_3^{2-} 的鉴定。在点滴板上滴入 2 滴饱和 $ZnSO_4$ 溶液，然后加入 1 滴 0.1 mol·dm^{-3} $K_4[Fe(CN)_6]$ 和 1 滴 1% $Na_2[Fe(CN)_5NO]$，并使用 $NH_3 \cdot H_2O$ 使溶液呈中性，再滴加分析试液 2 滴，出现红色沉淀即表示有 SO_3^{2-}。

注意：S^{2-} 在碱性溶液中能与亚硝酰铁氰化钠作用而呈紫色，因而对 SO_3^{2-} 的鉴定有干扰。除去 S^{2-} 的方法是在含有 S^{2-}、SO_3^{2-} 和 $S_2O_3^{2-}$ 的混合溶液中，加入 $PbCO_3$ 固体，使 $PbCO_3$ 转化为溶解度更小的 PbS 沉淀，离心分离后，再在清液中分别鉴定 SO_3^{2-} 和 $S_2O_3^{2-}$。

(3) $S_2O_3^{2-}$ 的鉴定。取分析试液 5 滴于试管中，加几滴 0.1 mol·dm^{-3} $AgNO_3$，生成白色沉淀。颜色逐渐由白→黄→棕→黑，则表示有 $S_2O_3^{2-}$ 存在（S^{2-} 有干扰应先除去）。

(4) SO_4^{2-} 的鉴定。取分析试液 5 滴于试管中，加入 0.1 mol·dm^{-3} $BaCl_2$ 溶液几滴。如有白色沉淀产生，加入 HCl，沉淀不溶，表示有 SO_4^{2-} 存在。为避免 $S_2O_3^{2-}$ 对鉴定的影响，应先用 HCl 酸化，除去沉淀后，再进行 SO_4^{2-} 的检出。

(5) PO_4^{3-} 的鉴定。取分析试液 2~5 滴于试管中,加入 10 滴浓 HNO_3,再加入 20 滴钼酸铵试剂(过量)。水浴微热(40~50℃),若生成黄色沉淀,表示有 PO_4^{3-} 存在。如果试液中存在 SO_3^{2-}、$S_2O_3^{2-}$ 等还原性离子,则六价钼会被还原成低价"钼蓝",所以应在加入浓 HNO_3 后,立即加热煮沸,然后再加钼酸铵试剂。

(6) NO_2^- 的鉴定。取分析试液 5 滴于试管中,用 2 mol·dm^{-3} HAc 酸化,再加入数粒 $FeSO_4·7H_2O$ 晶体,若有棕色出现,则表示有 NO_2^- 存在(S^{2-} 有干扰应先除去)。

(7) NO_3^- 的鉴定。取分析试液 5 滴于试管中,加入数粒 $FeSO_4·7H_2O$ 晶体,振荡溶解后,在混合溶液中,沿试管壁慢慢滴入浓 H_2SO_4,观察浓 H_2SO_4 和液面交界处有棕色环生成,则表示 NO_3^- 存在(S^{2-} 有干扰应先除去)。

注:NO_2^- 也发生类似反应,除去 NO_2^- 的方法:在混合液中加饱和 NH_4Cl,一起加热,反应如下:

$$NH_4^+ + NO_2^- =\!=\!= N_2\uparrow + 2H_2O$$

(8) NH_4^+ 的鉴定。取试液 4~5 滴于一块表面皿内,加入几滴 NaOH,在另一块表面皿内贴上湿润的酚酞试纸或滴有奈斯勒试剂的滤纸条,然后把两块表面皿扣在一起做成气室,若酚酞试纸变红或滴有奈斯勒试剂的滤纸条变为红棕色,则表示有 NH_4^+ 存在。

2. 向指导教师领取一份未知溶液(可能含有 S^{2-}、SO_3^{2-}、$S_2O_3^{2-}$、SO_4^{2-}、NO_2^-、NO_3^-、PO_4^{3-}、NH_4^+),设法分离和鉴定有哪些离子存在。

【思考题】

1. 在 S^{2-}、SO_3^{2-} 和 $S_2O_3^{2-}$ 混合液中要鉴定 SO_3^{2-} 与 $S_2O_3^{2-}$,为什么预先要将 S^{2-} 除去? 用什么试剂除去 S^{2-}? 能否用沉淀转化理论解释? 怎样证明 S^{2-} 已被除尽?

2. NO_2^- 在酸性介质中与 $FeSO_4$ 也能产生棕色反应,那么在 NO_3^- 与 NO_2^- 混合液中将怎样鉴定出 NO_3^-?

3. 由于磷钼酸铵能溶于过量磷酸盐中,所以在鉴定 PO_4^{3-} 时应加过量钼酸铵试剂。

实验十四 常见阴离子的分离与鉴定

【实验目的】

1. 掌握常见阴离子 S^{2-}、SO_3^{2-}、$S_2O_3^{2-}$、SO_4^{2-}、PO_4^{3-}、Cl^-、Br^-、I^-、NO_2^-、NO_3^-、CO_3^{2-} 的分离、鉴定原理与方法。

2. 熟悉常见阴离子的有关分析特性。

【实验原理】

阴离子主要是非金属元素组成的简单离子和复杂离子,如 X^-、S^{2-}、SO_4^{2-}、PO_4^{3-}、NO_3^-、CO_3^{2-} 等。大多数阴离子在分析鉴定中彼此干扰较少,实际上可能共存的阴离子不多,且许多阴离子有特效反应,故常采用分别分析法。只有当先行推测或检出某些离子有干扰时才可适当地进行掩蔽或分离。由于同种元素可以组成多种阴离子,如硫元素有 S^{2-}、SO_3^{2-}、$S_2O_3^{2-}$、SO_4^{2-} 等,存在形式不同,性质各异,所以分析结果要求知道元素及其存在形式。

在进行混合阴离子分离时,一般是利用阴离子的分析特性进行初步试验,确定离子存在的可能范围,然后进行个别离子的鉴定。阴离子的主要分析特性:

1. 低沸点酸和易分解酸的阴离子与酸反应放出气体或产生沉淀,利用产生气体的物理化学性质(表 S-4-1),可初步推断阴离子 S^{2-}、SO_3^{2-}、$S_2O_3^{2-}$、NO_2^-、NO_3^-、CO_3^{2-} 是否存在。

表 S-4-1　阴离子与酸反应的现象与推断

观察到的现象(有气泡产生)			可能的结果		备　注
气体的颜色	气体的气味	析出气体的性质	气体组成	存在的阴离子	
无色	无臭	析出气体时产生咝咝声,并使石灰水变混浊	CO_2	CO_3^{2-}	SO_2 也能使石灰水变混浊
无色	窒息性燃硫味	使 I_2-淀粉溶液或稀 $KMnO_4$ 溶液褪色	SO_2	SO_3^{2-}、$S_2O_3^{2-}$(同时析出 S)	H_2S 也能使 I_2-淀粉溶液或稀 $KMnO_4$ 溶液褪色
无色	腐蛋气味	使 PbAc$_2$ 试纸变黑色	H_2S	S^{2-}	
棕色	刺激性臭味		NO、NO_2	NO_2^-	

2. 除碱金属盐和 NO_3^-、ClO_3^-、ClO_4^-、Ac^- 等阴离子形成的盐易溶解外,其余的盐类大多数是难溶的。目前一般多采用钡盐和银盐的溶解性的差别,将常见 15 种阴离子分为 3 组,见表 S-4-2。由此可确定整组离子是否存在。

表 S-4-2　常见 15 种阴离子的分组

组别	组试剂	组内阴离子	特　性
第一组	$BaCl_2$（中性或弱碱性）	CO_3^{2-}、SO_4^{2-}、SO_3^{2-}、$S_2O_3^{2-}$、SiO_3^{2-}、PO_4^{3-}、AsO_3^{3-}、AsO_4^{3-}（浓溶液中析出）	钡盐难溶于水(除 $BaSO_4$ 外其他钡盐溶于酸);银盐溶于 HNO_3
第二组	$AgNO_3$（稀、冷 HNO_3）	Cl^-、Br^-、I^-、S^{2-}	银盐难溶于水和稀 HNO_3(Ag_2S 溶于热 HNO_3)
第三组	无组试剂	NO_2^-、NO_3^-、Ac^-	钡盐和银盐都溶于水

3. 除 CO_3^{2-}、SO_4^{2-}、Ac^- 和 PO_4^{3-} 外,绝大多数阴离子具有不同程度的氧化还原性,在溶液中可能相互作用,改变离子原来的存在形式。在酸性溶液中,强还原性的阴离子 S^{2-}、SO_3^{2-}、$S_2O_3^{2-}$ 可被 I_2 氧化。利用加入 I_2-淀粉溶液后是否褪色,可判断这些阴离子是否存在。用强氧化剂 $KMnO_4$ 与之作用,若红色消失,还可能有 Br^-、I^- 弱还原性阴离子存在。如红色不消失,则上述还原性阴离子都不存在。Cl^- 的还原性更弱,只有在 Cl^- 和 H^+ 浓度较大时,Cl^- 才能将 $KMnO_4$ 还原。

在酸性溶液中氧化性阴离子 NO_2^- 可氧化 I^- 成为 I_2 使淀粉溶液变蓝,用 CCl_4 萃取后,CCl_4 层显紫红色,而 NO_3^- 只有浓度大时才有类似反应。AsO_4^{3-} 氧化 I^- 成为 I_2 的反应是可逆的,若在中性或弱碱性时 I_2 能氧化 AsO_3^{3-} 生成 AsO_4^{3-}。

根据以上分析特性进行初步试验,分析归纳出离子存在的范围,然后根据存在离子性质的差异和特征反应进行分离鉴定。

常见 15 种阴离子的初步实验步骤及反应概况列于表 S-4-3 中。

表 S-4-3　常见 15 种阴离子的初步试验

阴离子	H_2SO_4	$BaCl_2$ (中性或弱碱)	$AgNO_3$ (稀 HNO_3)	I_2-淀粉 (稀 H_2SO_4)	$KMnO_4$ (稀 H_2SO_4)	KI-淀粉 (稀 H_2SO_4)
SO_4^{2-}	−	+	−	−	−	−
SO_3^{2-}	+	+	−	+	+	−
$S_2O_3^{2-}$	+	(+)	+	+	+	−
CO_3^{2-}	+	+	−	−	−	−
PO_4^{3-}	−	+	−	−	−	−
AsO_4^{3-}	−	+	−	−	−	+
AsO_3^{3-}	−	(+)	−	−	−	−
SiO_3^{2-}	(+)	+	−	−	−	−
Cl^-	−	−	+	−	(+)	−
Br^-	−	−	+	−	+	−
I^-	−	−	+	−	+	−
S^{2-}	+	−	+	+	+	−
NO_2^-	+	−	−	−	+	+
NO_3^-	−	−	−	−	−	(+)
Ac^-	−	−	−	−	−	−

注:"+"为有反应现象;"(+)"为阴离子浓度大时才产生反应;"−"为不发生反应。

【仪器与试剂】

1. 试剂

(1) **固体药品**:Zn、$PbCO_3$、$FeSO_4 \cdot 7H_2O$。

(2) **酸**:HCl(2 mol·dm^{-3},6 mol·dm^{-3},浓)、HNO_3(1 mol·dm^{-3},6 mol·dm^{-3},浓)、HAc(2 mol·dm^{-3})、H_2SO_4(3 mol·dm^{-3},6 mol·dm^{-3},浓)。

(3) **碱**:NaOH(2 mol·dm^{-3},6 mol·dm^{-3})、$NH_3 \cdot H_2O$(2 mol·dm^{-3},6 mol·dm^{-3},浓)。

(4) **盐**:$AgNO_3$、$K_4[Fe(CN)_6]$、KI、$NaNO_3$、$Pb(Ac)_2$(以上溶液浓度均为 0.1 mol·dm^{-3})、$BaCl_2$(1 mol·dm^{-3})、$KMnO_4$(0.01 mol·dm^{-3})、Ag_2SO_4、$ZnSO_4$、NH_4Cl、$(NH_4)_2MoO_4$(饱和)、Na_2CO_3(1 mol·dm^{-3})、$(NH_4)_2CO_3$(12%)、$AgNO_3$-NH_3溶液。

(5) **其他**:$Na_2[Fe(CN)_5NO]$(1%新配)、CCl_4、淀粉-碘溶液、酚酞试纸、pH 试纸、滤纸、奈斯勒试剂。

2. 仪器:离心机、离心试管、试管、试管架、试管夹、点滴板、表面皿、玻璃棒、滴管、水浴加热装置、试管刷。

【实验内容】

向指导教师领取一份阴离子未知液。未知离子范围:Cl^-、Br^-、I^-、S^{2-}、SO_3^{2-}、$S_2O_3^{2-}$、SO_4^{2-}、NO_2^-、NO_3^-、NH_4^+、PO_4^{3-}。

1. 阴离子的初步试验

(1) 测定试液的 pH 值。用 pH 试纸试验分析试液的酸碱性,如果 pH<2,则不稳定的 $S_2O_3^{2-}$ 不可能存在,如果此时无臭味,则 S^{2-}、SO_3^{2-}、NO_2^- 也不存在。

(2) 与稀 H_2SO_4 的反应。如果试液呈中性或碱性,可进行下面的试验:取试液 10 滴,用 3 $mol \cdot dm^{-3}$ H_2SO_4 酸化,用手指轻敲试管下部,如果没有发现气泡生成,可将试管放在水浴中加热,这时如果仍没有气体产生,则表示 S^{2-}、SO_3^{2-}、$S_2O_3^{2-}$、NO_2^- 等阴离子不存在。如有气体产生,应注意气体的颜色和臭味,并说明其原因。

(3) 还原性阴离子试验

① 取分析试液 2~3 滴,用 H_2SO_4 酸化,并逐滴加入 0.01 $mol \cdot dm^{-3}$ $KMnO_4$ 溶液,振荡,观察变化,写出反应方程式。

② 另取分析试液 3~4 滴,用 NaOH 碱化,逐滴加入 0.01 $mol \cdot dm^{-3}$ $KMnO_4$ 溶液,振荡,观察变化,写出反应方程式。

③ 再取分析试液 3~4 滴,用 H_2SO_4 酸化,逐滴加入淀粉-碘溶液,振荡,观察变化,写出反应方程式。

(4) 氧化性阴离子的试验。取分析试液 3~4 滴,加入 1 滴 1 $mol \cdot dm^{-3}$ H_2SO_4 酸化,加入 CCl_4 10 滴,再加 0.1 $mol \cdot dm^{-3}$ KI 溶液 5 滴,振荡,观察变化,写出反应方程式。

(5) $BaCl_2$ 试验。取分析试液 3~4 滴,加入 1 滴 1 $mol \cdot dm^{-3}$ $BaCl_2$,观察是否有沉淀生成,如果有沉淀生成,表示有 SO_4^{2-}、SO_3^{2-}、$S_2O_3^{2-}$ 等离子可能存在。离心分离,在沉淀中加入 6 $mol \cdot dm^{-3}$ HCl 数滴,沉淀不完全溶解,则表示有 SO_4^{2-} 存在。

(6) $AgNO_3$ 试验。取分析试液 3~4 滴,加入 3~4 滴 1 $mol \cdot dm^{-3}$ $AgNO_3$,如立即生成黑色沉淀,表示有 S^{2-} 存在。如果生成白色沉淀,且迅速变黄→棕→黑,表示有 $S_2O_3^{2-}$ 存在。离心分离,在沉淀上加入 3~4 滴,6 $mol \cdot dm^{-3}$ HNO_3,必要时加热搅拌,如沉淀不溶或部分溶解,表示 Cl^-、Br^-、I^- 可能存在。

根据上面的初步试验结果,判断有哪些阴离子可能存在,填入下表。

阴离子	pH 试验	稀硫酸试验	还原性阴离子试验		氧化性阴离子试验	$BaCl_2$ 试验	$AgNO_3$ 试验	综合判断
			$KMnO_4$					
			酸性	碱性	淀粉-碘法				
SO_4^{2-}									
SO_3^{2-}									
$S_2O_3^{2-}$									
S^{2-}									
PO_4^{3-}									
Cl^-									
Br^-									
I^-									
NO_3^-									
NO_2^-									
NH_4^+									

2. 阴离子的个别鉴定。根据上面初步试验的结果,可以综合判断可能有哪些阴离子存在,然后对可能存在的阴离子按实验十二或实验十三进行个别鉴定。

3. 几种干扰性阴离子共同存在时的分离和鉴定:

(1) SO_3^{2-}、S^{2-}、$S_2O_3^{2-}$共同存在时的分离和鉴定,按实验十三所示方法进行鉴定。
(2) Cl^-、Br^-、I^-共同存在时的分离和鉴定,按实验十二所示方法进行鉴定。

【实验提示】

为了提高分析的正确性,防止离子的"过度检出"及"失落"应进行"空白试验"与"对照试验"。

"空白试验"是以蒸馏水代替试液,在同样条件下进行试验,确定试液中是否真正含有被检验的离子。

"对照试验"即用已知含有被检验离子的试液,在同样条件下进行试验,与未知试液的实验结果进行比较。

【思考题】

1. 为什么初步试验可以判断阴离子的存在或不存在?
2. 鉴定 SO_3^{2-} 和 $S_2O_3^{2-}$ 时,怎样除去 S^{2-} 的干扰?
3. 鉴定 NO_3^- 时,怎样除去 NO_2^-、Br^-、I^- 的干扰?

实验十五 锡、铅、锑、铋、铬、锰元素离子的分离与鉴定

【实验目的】

1. 掌握锡、铅、锑、铋、铬、锰元素离子的分离鉴定方法。
2. 学会综合运用化学知识及原理,提高定性实验设计能力。

【实验原理】

锡与铅、锑与铋分别是周期系 ⅣA、ⅤA 族元素,其原子的价层电子构型分别为 ns^2np^2 和 ns^2np^3。锡、铅形成+2、+4 氧化数的化合物。锑、铋形成+3、+5 氧化数的化合物。铬和锰分别为周期系 ⅥB、ⅦB 族元素,价层电子构型分别为 $3d^54s^1$ 和 $3d^54s^2$。铬的氧化数以 +3、+6 最常见,而铬(Ⅵ)总是以 CrO_4^{2-}、$Cr_2O_7^{2-}$ 和 CrO_3 等形式存在。锰的氧化数以+2、+4 和+7 为常见。

Sn^{2+}、Pb^{2+} 和 Sb^{3+} 在水溶液中发生显著的水解反应,加入相应的酸可以抑制它们的水解。氯化亚锡是实验室中常用的还原剂,它可以被空气氧化,配制时应加入锡粒防止氧化。

锡(Ⅱ)是一较强的还原剂,在碱性介质中亚锡酸根能与铋(Ⅲ)进行反应:

$$3Sn(OH)_4^{2-} + 2Bi(OH)_3 = 3Sn(OH)_6^{2-} + 2Bi\downarrow(黑色)$$

在酸性介质中 $SnCl_2$ 能与 $HgCl_2$ 进行反应:

$$SnCl_2 + 2HgCl_2 = SnCl_4 + Hg_2Cl_2\downarrow(白色)$$
$$SnCl_2 + Hg_2Cl_2 = SnCl_4 + 2Hg\downarrow(黑色)$$

铅的许多盐难溶于水,$PbCl_2$ 能溶于热水中,利用 Pb^{2+} 和 CrO_4^{2-} 的反应可以鉴定 Pb^{2+}。

$$Pb^{2+} + CrO_4^{2-} = PbCrO_4\downarrow(黄色)$$

Sb^{3+} 和 SbO_4^{3-} 在锡粒上可以被还原为金属锑使锡粒显黑色。

$$2Sb^{3+} + 3Sn = 2Sb\downarrow + 3Sn^{2+}$$

铬酸盐和重铬酸盐在水溶液中存在着下列平衡:

$$2CrO_4^{2-}(黄色) + 2H^+ \rightleftharpoons Cr_2O_7^{2-}(橙色) + H_2O$$

上述平衡在酸性介质中向右移动,碱性介质中向左移动。在酸性溶液中 $Cr_2O_7^{2-}$ 与 H_2O_2 反应而生成蓝色过氧化铬。

$$Cr_2O_7^{2-} + 4H_2O_2 + 2H^+ \rightleftharpoons 2CrO_5 + 5H_2O$$

这个反应常用来鉴定 $Cr_2O_7^{2-}$ 或 Cr^{3+}。

在硝酸溶液中,Mn^{2+} 可以被 $NaBiO_3$ 氧化为紫红色的 MnO_4^-,通常利用这个反应来鉴定 Mn^{2+}。

$$5NaBiO_3 + 2Mn^{2+} + 14H^+ \rightleftharpoons 2MnO_4^- + 5Bi^{3+} + 5Na^+ + 7H_2O$$

【试剂与仪器】

1. 试剂

(1) 固体试剂:$NaBiO_3$、锡粒、铝片。

(2) 酸:$HCl(6\ mol \cdot dm^{-3}, 浓)$、$H_2SO_4(3\ mol \cdot dm^{-3})$、$HNO_3(6\ mol \cdot dm^{-3})$、$HAc(6\ mol \cdot dm^{-3})$。

(3) 碱:$NaOH(2\ mol \cdot dm^{-3}, 6\ mol \cdot dm^{-3})$、氨水$(2\ mol \cdot dm^{-3}, 6\ mol \cdot dm^{-3}, 浓)$。

(4) 盐:$SnCl_2$、$SnCl_4$、$Pb(NO_3)_2$、$SbCl_3$、$BiCl_3$、$MnSO_4$、Na_2S、$CrCl_3$、$K_2Cr_2O_7$、K_2CrO_4(以上溶液均为 $0.1\ mol \cdot dm^{-3}$)、$Na_2S(0.5\ mol \cdot dm^{-3})$、$NH_4Ac$(饱和)、$KMnO_4(0.01\ mol \cdot dm^{-3})$。

(5) 其他:$H_2O_2(3\%)$、乙醚、滤纸、pH 试纸。

2. 仪器 离心机、离心试管、试管、试管架、试管夹、点滴板、玻璃棒、滴管、水浴加热装置、试管刷。

【实验内容】

1. 练习个别鉴定 Sn^{2+}、Sb^{3+}、Pb^{2+}、Bi^{3+}、Cr^{3+}、Mn^{2+} 的存在。

(1) Sn^{2+} 的鉴定。取试液 2 滴于点滴板上,滴加 1 滴 $HgCl_2$,若生成白色沉淀并逐渐变成灰黑色沉淀,表示有 Sn^{2+} 存在。

(2) Pb^{2+} 的鉴定。取试液数滴于一离心试管中,加 $6\ mol \cdot dm^{-3}\ HAc\ 2\sim3$ 滴,加 $0.1\ mol \cdot dm^{-3}\ K_2CrO_4$ 溶液 2 滴,若有黄色沉淀生成并能溶于 $6\ mol \cdot dm^{-3}\ NaOH$ 溶液中,表示有 Pb^{2+} 存在。

(3) Sb^{3+} 的鉴定。在锡粒(点滴板)上滴加数滴含有 Sb^{3+} 试液。若锡粒显黑色,表示有 Sb^{3+} 存在。

(4) Bi^{3+} 的鉴定。取含有 Bi^{3+} 试液数滴于一试管中,加入亚锡酸钠溶液(自己配制)数滴,若有黑色沉淀产生,表示有 Bi^{3+} 存在。

(5) Cr^{3+} 的鉴定。取 $2\sim3$ 滴含有 Cr^{3+} 的试液于试管中,加入 $6\ mol \cdot dm^{-3}\ NaOH$,使 Cr^{3+} 转化为 CrO_2^- 后,再过量 2 滴,然后加入 3 滴 $3\%\ H_2O_2$,微热至溶液呈浅黄色。待试管冷却后,加入 $0.5\ cm^3$ 乙醚,然后慢慢滴入 $6\ mol \cdot dm^{-3}\ HNO_3$ 酸化,振荡,在乙醚层出现深蓝色,表示有 Cr^{3+} 存在。

(6) Mn^{2+} 的鉴定。取 $1\sim2$ 滴含有 Mn^{2+} 的溶液于试管中,加入数滴 $6\ mol \cdot dm^{-3}\ HNO_3$,然后加入少量 $NaBiO_3$ 固体,振荡,离心沉降,上层清液呈紫色,表示有 Mn^{2+} 存在。

2. 领取未知液一份,其中可能含有 Sn^{2+}、Sb^{3+}、Pb^{2+}、Bi^{3+}、Cr^{3+}、Mn^{2+} 中的某些离子,检出未知液中含有哪些离子。

【实验提示】

1. 亚锡酸钠溶液的配制。向一定量的 $SnCl_2$ 溶液中,滴加 NaOH 溶液至产生的沉淀恰好溶解,此时所得的溶液即为亚锡酸钠溶液。

2. Sn^{2+}、Sb^{3+}、Pb^{2+}、Bi^{3+}、Cr^{3+}、Mn^{2+} 离子鉴定流程图(图 S-4-4)

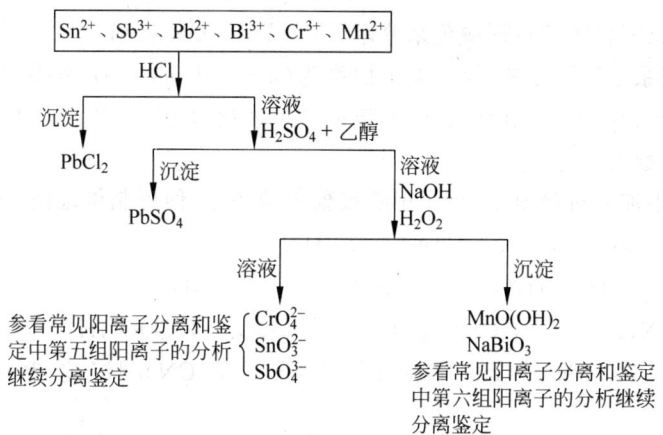

图 S-4-4　Sn^{2+}、Sb^{3+}、Pb^{2+}、Bi^{3+}、Cr^{3+}、Mn^{2+} 离子鉴定流程图

【思考题】

1. 如何配制 $SnCl_2$、$Pb(NO_3)_2$、$SbCl_3$、$BiCl_3$ 溶液?

2. 在 Cr^{3+} 的鉴定中为什么要加乙醚?在鉴定中为什么要先加热,而在加乙醚前又要把溶液冷却?

实验十六　铁、钴、镍、铜、银、锌、镉元素离子的分离与鉴定

【实验目的】

1. 学会综合运用化学知识及原理,掌握定性实验设计能力;

2. 掌握铁、钴、镍、铜、银、锌、镉元素离子混合液逐一分离原理及技术。

【实验原理】

铁、钴、镍是周期系第Ⅷ族元素的第一个三元素组,价层电子构型分别为 $3d^64s^2$、$3d^74s^2$ 和 $3d^84s^2$,性质很相似。在化合物中常见的氧化数为+2、+3;铁、钴、镍的简单离子在水溶液中都呈现一定的颜色。

在 Fe^{3+} 溶液中加入 $K_4[Fe(CN)_6]$ 溶液,在 Fe^{2+} 溶液中加入 $K_3[Fe(CN)_6]$ 溶液都能产生"铁蓝"沉淀,反应方程式为

$$Fe^{3+} + [Fe(CN)_6]^{4-} + K^+ + H_2O \Longrightarrow KFe[Fe(CN)_6] \cdot H_2O \downarrow$$

$$Fe^{2+} + [Fe(CN)_6]^{3-} + K^+ + H_2O \Longrightarrow KFe[Fe(CN)_6] \cdot H_2O \downarrow$$

在 Co^{2+} 溶液中加入饱和 KSCN 溶液生成蓝色配合物 $[Co(SCN)_4]^{2-}$,配合物在水溶液中不稳定,易溶于有机溶剂中,如丙酮,它能使蓝色更为显著。

$$Co^{2+} + 4SCN^- \Longrightarrow [Co(SCN)_4]^{2-}$$

Ni^{2+} 溶液与二乙酰二肟在氨性溶液中作用,生成鲜红色螯合物沉淀,反应方程式为

$$Ni^{2+} + 2 \begin{matrix} CH_3-C=NOH \\ CH_3-C=NOH \end{matrix} \longrightarrow \text{[Ni(二乙酰二肟)}_2\text{配合物]} \downarrow + 2H^+ \text{ (鲜红)}$$

通常利用形成配合物的特征颜色来鉴定 Fe^{2+}、Fe^{3+}、Co^{2+}、Ni^{2+}。

铜、银是周期系ⅠB族元素,价层电子构型为$(n-1)d^{10}ns^1$。锌、镉属于ⅡB族元素,价层电子构型为$(n-1)d^{10}ns^2$。在化合物中,铜的常见氧化数为+1和+2,银的氧化数为+1,锌、镉的氧化数一般为+2。

在银盐溶液中加入过量氨水,再用甲醛或葡萄糖还原,便可制得银镜:

$$Ag^+ + 2NH_3 + H_2O \Longrightarrow Ag_2O + 2NH_4^+$$

$$Ag_2O + 4NH_3 + H_2O \Longrightarrow 2[Ag(NH_3)_2]^+ + 2OH^-$$

$$2[Ag(NH_3)_2]^+ + HCHO + OH^- \Longrightarrow 2Ag\downarrow + HCOONH_4 + 3NH_3 + H_2O$$

Cu^{2+}能与$K_4[Fe(CN)_6]$反应生成红棕色$Cu_2[Fe(CN)_6]$沉淀,利用这个反应来鉴定Cu^{2+}。

Zn^{2+}在强碱性溶液中与二苯硫腙反应生成粉红色螯合物,反应方程式为

$$\tfrac{1}{2}Zn^{2+} + \text{二苯硫腙} + OH^- \longrightarrow \text{[Zn(二苯硫腙)螯合物]} + H_2O$$

Cd^{2+}与H_2S饱和溶液反应能生成黄色的CdS沉淀。

【试剂与仪器】

1. 试剂

(1) 酸:$HCl(2\ mol \cdot dm^{-3})$、$HAc(2\ mol \cdot dm^{-3})$、$HNO_3(6\ mol \cdot dm^{-3})$。

(2) 碱:$NaOH(2\ mol \cdot dm^{-3},6\ mol \cdot dm^{-3})$、氨水$(2\ mol \cdot dm^{-3},浓)$。

(3) 盐:$K_4[Fe(CN)_6]$、$K_3[Fe(CN)_6]$、$CoCl_2$、$NiSO_4$、$FeCl_3$、$CuSO_4$、$AgNO_3$、$ZnSO_4$、$CdSO_4$(以上浓度均为 $0.1\ mol \cdot dm^{-3}$)、KSCN(饱和)、Na_2SO_3、NaF(以上浓度均为 $0.5\ mol \cdot dm^{-3}$)、$NH_4Cl(0.1\ mol \cdot dm^{-3}, 3\ mol \cdot dm^{-3})$。

(4) 其他:二乙酰二肟、丙酮、戊醇、H_2S(饱和)、二苯硫腙—CCl_4溶液、甲醛(2%)、葡萄糖(10%)、H_2O_2(3%)。

2. 仪器 离心机、离心试管、试管、试管架、试管夹、点滴板、玻璃棒、滴管、水浴加热装置、试管刷。

【实验内容】

1. 练习个别鉴定Fe^{2+}、Fe^{3+}、Co^{2+}、Ni^{2+}、Cu^{2+}、Ag^+、Zn^{2+}、Cd^{2+}的存在。

(1) Fe^{3+}的鉴定

① 取试液1滴于点滴板,加入2滴饱和KSCN溶液,生成血红色溶液,表示有Fe^{3+}存在。

② 取试液 5 滴于试管中,加入 $K_4[Fe(CN)_6]$ 溶液几滴,若生成深蓝色沉淀,表示有 Fe^{3+} 存在。

(2) Fe^{2+} 的鉴定。取试液 5 滴于试管中,加入 $K_3[Fe(CN)_6]$ 溶液几滴,若生成深蓝色沉淀,表示有 Fe^{2+} 存在。

(3) Co^{2+} 的鉴定。取试液 2~3 滴于试管中,加入 2 mol·dm^{-3} HCl 溶液 2 滴、饱和 KSCN 溶液 4~5 滴和戊醇(或丙酮)6~8 滴,搅拌后,有机层显蓝色,表示有 Co^{2+} 存在。

注意:Fe^{3+} 和大量 Cu^{2+} 干扰鉴定,可用 NaF 或 NH_4F 掩蔽 Fe^{3+},用 Na_2SO_3 还原 Cu^{2+}。

(4) Ni^{2+} 的鉴定。取试液 2~3 滴于试管中,加 1~2 滴 2 mol·dm^{-3} NH_3·H_2O 溶液,再加二乙酰二肟溶液 2 滴,生成鲜红色沉淀,表示有 Ni^{2+} 存在。

(5) Cu^{2+} 的鉴定。取试液 2~3 滴于试管中,加入 HAc 酸化后,加入 $K_4[Fe(CN)_6]$ 溶液 1~2 滴,生成红棕色(豆沙色)沉淀,表示有 Cu^{2+} 存在。

(6) Ag^+ 的鉴定

① 取试液 5 滴于试管中,加 2 mol·dm^{-3} HCl 5~6 滴,有白色凝乳状 AgCl 沉淀生成,离心分离,弃去离心液,加浓氨水 10 滴于沉淀中,并不断搅拌使其溶解,再逐滴加入 6 mol·dm^{-3} HNO_3 酸化。如白色沉淀重新析出,表示有 Ag^+ 存在。

② 取试液 10 滴于试管中,加 2 mol·dm^{-3} NH_3·H_2O 适量,逐滴加入 2%甲醛(10%葡萄糖)溶液,如有银镜生成,表示有 Ag^+ 存在。

(7) Zn^{2+} 的鉴定。取试液 3 滴于试管中,依次加入 6~7 滴 2 mol·dm^{-3} NaOH 溶液和二苯硫腙－CCl_4 溶液,搅拌均匀后放入水浴中加热(加热过程中应经常搅动液面)。若水溶液层呈粉红色(或玫瑰红色),CCl_4 层由绿色变为棕色,表示有 Zn^{2+} 存在。

(8) Cd^{2+} 的鉴定。取试液 1 滴于点滴板,加入等体积的饱和 H_2S 溶液,如有黄色沉淀生成,表示有 Cd^{2+} 存在。

2. Cd^{2+}、Zn^{2+} 的分离和鉴定。取混合液 10 滴,在沸水浴中加热近沸,加入 Na_2S 溶液 5~6 滴,搅拌,加热至沉淀凝聚再继续加热 3~4 min,离心分离。

沉淀用 0.1 mol·dm^{-3} NH_4Cl 溶液数滴洗涤 2 次,离心分离,弃去洗涤液,在沉淀中加入 2 mol·dm^{-3} HCl 4~5 滴,充分搅拌片刻,离心分离,将离心液在沸水浴中加热,除尽 H_2S 后(为什么必须除尽 H_2S?),用 6 mol·dm^{-3} NaOH 碱化并过量 2~3 滴,搅拌,离心分离。

取离心液 5 滴加入二苯硫腙－CCl_4 溶液 10 滴,搅拌,并在水浴中加热,水溶液呈粉红色,表示有 Zn^{2+} 存在。

沉淀用蒸馏水数滴洗涤 1~2 次后,离心分离,弃去洗涤液,沉淀用 2 mol·dm^{-3} HCl 3~4 滴搅拌溶解,然后加入等体积的饱和 H_2S 溶液,如有黄色沉淀生成,表示有 Cd^{2+} 存在。

3. 领取未知液一份,其中可能含有 Fe^{2+}、Fe^{3+}、Co^{2+}、Ni^{2+}、Cu^{2+}、Ag^+、Zn^{2+}、Cd^{2+} 中的某些离子,检出未知液中含有哪些阳离子。

【实验提示】

1. 二苯硫腙是溶于 CCl_4 中配制而成(呈绿色),在强碱性条件下与 Zn^{2+} 反应生成螯合物,在水层中呈粉红色,在 CCl_4 层中呈棕色。

2. Fe^{2+}、Fe^{3+}、Co^{2+}、Ni^{2+}、Cu^{2+}、Ag^+、Zn^{2+}、Cd^{2+} 分离鉴定流程图(图 S-4-5)

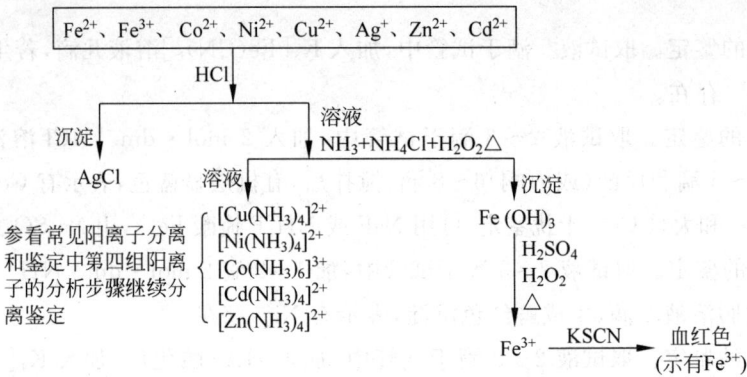

图 S-4-5 Fe^{2+}、Fe^{3+}、Co^{2+}、Ni^{2+}、Cu^{2+}、Ag^+、Zn^{2+}、Cd^{2+} 分离鉴定流程图

【思考题】

1. Co^{2+} 溶液中含有少量 Fe^{3+} 时,可采用什么方法来检出 Co^{2+}。

2. 根据 Ni^{2+} 与二乙酰二肟作用的反应方程式,为了使鉴定的现象更为明显,在鉴定时还应加入何种试剂?

3. 在制取银镜时,为什么先由 $AgNO_3$ 制成 $[Ag(NH_3)_2]^+$,然后再用甲醛还原,如用还原剂直接还原 $AgNO_3$ 能否制取银镜,为什么?制得的银镜要回收,应选用什么试剂能将银溶解?

实验十七 常见阳离子的分离与鉴定

【实验目的】

1. 根据金属元素及其化合物的性质,系统学习常见阳离子的分离和鉴定方法。
2. 通过常见阳离子的分离和鉴定,掌握和灵活应用有关金属元素及其化合物的知识。

【实验原理】

无机定性分析就是分析和鉴定无机阴离子、阳离子,常见阳离子的分离与鉴定其方法分为系统分析法和分别分析法。系统分析法是将可能共存的(常见的 28 个)阳离子按一定顺序用"组试剂"将性质相似的离子逐组分离,然后再将各组离子进行分离和鉴定。如经典的硫化氢系统分析法,见表 S-4-4 硫化氢系统分组简表。"两酸两碱"系统分析法,见表 S-4-5。

分别分析法是分别取出一定量的试液,设法排除鉴定方法的干扰离子,加入适当的试剂,直接进行鉴定的方法。

离子的分析特性,即离子及其主要化合物的外观特征、溶解性、酸碱性、氧化还原性和配位性等与离子分离、鉴定有关的性质。

利用加入某种化学试剂,使其与溶液中某种离子发生特征反应来鉴别溶液中某种离子是否存在的方法称为离子鉴定,所发生的化学反应称为该离子的鉴定反应。鉴定反应总是伴随有明显的外部特征、灵敏而迅速的化学反应。如有颜色的改变、沉淀的生成和溶解、特殊气体或特殊气味的放出。

表 S-4-4　硫化氢系统分组简表

分离依据	硫化物不溶于水			硫化物溶于水	
	在稀硫酸中形成硫化物沉淀		在稀硫酸中不生成硫化物沉淀	碳酸盐不溶于水	碳酸盐溶于水
	氯化物不溶于热水	氯化物溶于热水			
包含的离子	Ag^+、Hg_2^{2+}、Pb^{2+}（Pb^{2+}浓度大时部分沉淀）	Pb^{2+}、Hg^{2+}、Bi^{3+}、As^{3+}、Cu^{2+}、As^{5+}、Cd^{2+}、Sb^{3+}、Sb^{5+}、Sn^{2+}、Sn^{4+}	Fe^{3+}、Fe^{2+}、Al^{3+}、Co^{2+}、Mn^{2+}、Cr^{3+}、Ni^{2+}、Zn^{2+}	Ca^{2+}、Sr^{2+}、Ba^{2+}	Mg^{2+}、K^+、Na^+、NH_4^+
组名称	第一组 盐酸组	第二组 硫化氢组	第三组 硫化铵组	第四组 碳酸铵组	第五组 易溶组
组试剂	HCl	$0.3\ mol \cdot dm^{-3}$ HCl H_2S	$NH_3 \cdot H_2O + NH_4Cl$ $(NH_4)_2S$	$NH_3 \cdot H_2O + NH_4Cl$ $(NH_4)_2CO_3$	—

表 S-4-5　两酸两碱系统分组方案简表

分别检出 NH_4^+、Na^+、Fe^{3+}、Fe^{2+}

分组所依据的性质	氯化物难溶于水	氯化物易溶于水			
		硫酸盐难溶于水	硫酸盐易溶于水		
			氢氧化物沉淀难溶于水及氨水	弱碱性条件下不产生沉淀	
				氢氧化物难溶于过量氢氧化钠溶液	强碱性条件下不产生沉淀
分离后形态	AgCl Hg_2Cl_2 $PbCl_2$	$PbSO_4$ $BaSO_4$ $SrSO_4$ $CaSO_4$	$Fe(OH)_3$、$Al(OH)_3$ $MnO(OH)_2$、$Cr(OH)_3$ $Bi(OH)_3$、$Sb(OH)_3$ $HgNH_2Cl$、$Sn(OH)_4$	$Cu(OH)_2$ $Co(OH)_3$ $Ni(OH)_2$ $Mg(OH)_2$ $Cd(OH)_2$	$[Zn(OH)_4]^{2-}$ K^+ Na^+ NH_4^+
组名称	盐酸组	硫酸组	氨组	碱组	可溶组
组试剂	HCl	（乙醇）H_2SO_4	$NH_4Cl + NH_3 + (H_2O_2)$	NaOH	

只有在一定条件下，用于分离鉴定的反应才能按预期的方向进行。这些条件主要是溶液的浓度、酸碱度、反应温度、溶剂的影响、催化剂和干扰物质是否存在等。

若有干扰物质存在，必须消除其干扰。常用的方法为分离法和掩蔽法，如常用的沉淀分离法、溶剂萃取分离法和配位掩蔽法、氧化还原掩蔽法等。如用酒石酸或 F^- 配位掩蔽 Fe^{3+}，用 Zn 或 $SnCl_2$ 还原掩蔽 Fe^{3+}，消除其对 Co^{2+} 鉴定反应的干扰。

有些鉴定反应的产物在水中溶解度较大或不稳定，可加入特殊有机溶剂使其溶解度降低或稳定性增加。如在 $[Co(SCN)_4]^{2-}$ 溶液中加入丙酮或戊醇，在 $CrO(O_2)_2$ 溶液中加入乙醚或戊醇。

增加温度可以加快化学反应的速率。对溶解度随温度升高而显著增加的物质，如 $PbCl_2$ 沉淀，可加热（水）使其溶解而与其他沉淀物分离；相反，若用稀 HCl 沉淀 Pb^{2+}，不宜在热溶液中进行。

此外,待测离子的浓度必须足够大,反应才能显著进行和有明显的特征现象。如用 HCl 溶液鉴定 Ag^+,必须 $[Ag^+][Cl^-] > K_{sp}^{\ominus}$ 才有 AgCl 沉淀生成。即便如此,若沉淀量太少,也不易观察到。

溶液的酸碱性不仅影响反应物或产物的溶解性、稳定性和灵敏度等,更主要的是关系到鉴定反应的完全程度。如用二乙酰二肟鉴定 Ni^{2+},溶液的适宜酸度是 pH=5~10。在强酸性溶液中,红色沉淀分解,因沉淀剂二乙酰二肟是一种有机弱酸。而在强碱性溶液中,Ni^{2+} 形成 $Ni(OH)_2$ 沉淀,鉴定反应不能进行。若加入氨水过浓或过多,因生成 $[Ni(NH_3)_6]^{2+}$ 使灵敏度降低,甚至难以生成沉淀。总之,每个鉴定反应所需求的适宜条件是由待测离子、试剂和鉴定反应产物的物理、化学性质所决定的,应结合实验现象,注意分析理解。

本实验将常见的 20 多种阳离子分为 6 组,具体分析步骤见图 S-4-6:

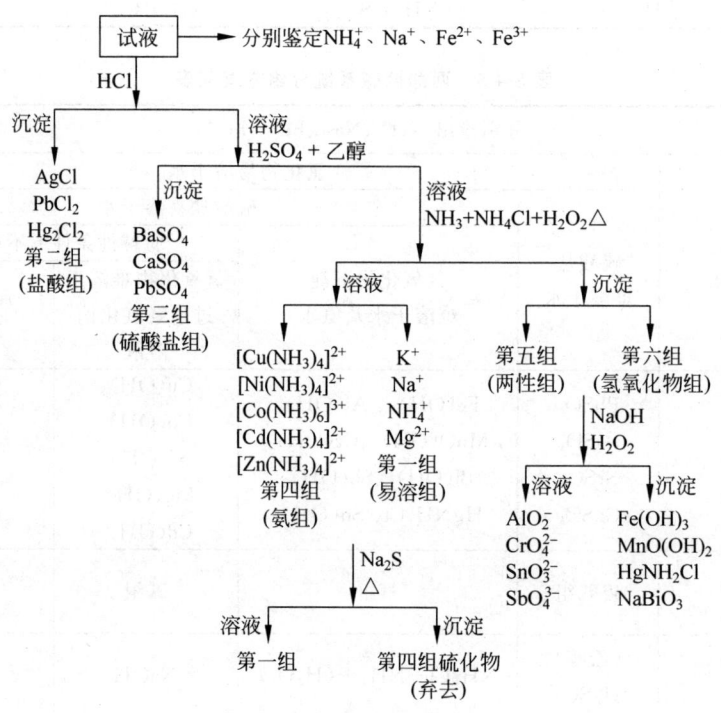

图 S-4-6　6 组阳离子具体分析步骤

根据各组离子的特性,加以分离和鉴定。

1. 第一组:易溶组阳离子的分析。本组阳离子包括 Na^+、NH_4^+、K^+、Mg^{2+},它们的盐大多数可溶于水,没有一种共同的试剂可以作为组试剂,而是采用个别鉴定的方法,将它们加以检出。

(1) NH_4^+ 的鉴定。按实验十三所示方法鉴定 NH_4^+。

(2) K^+ 的鉴定。取试液 3~4 滴于试管中,加入 4~5 滴 $Na_3[Co(NO_2)_6]$ 溶液,用玻璃棒搅拌,并摩擦试管内壁,片刻后,如有黄色沉淀生成,示有 K^+ 存在,其反应如下:

$$2K^+ + Na^+ + [Co(NO_2)_6]^{3-} \Longrightarrow K_2Na[Co(NO_2)_6] \downarrow$$

NH_4^+ 与 $Na_3[Co(NO_2)_6]$ 作用也能生成黄色沉淀,干扰 K^+ 的鉴定,应预先用灼烧法除去。

(3) Na^+ 的鉴定。取试液 3～4 滴于试管中,加 6 mol·dm^{-3} HAc 1 滴及乙酸铀酰锌溶液 7～8 滴,用玻璃棒在试管内壁摩擦,如有黄色晶体沉淀,示有 Na^+ 存在,其反应如下:

$$Na^+ + Zn^{2+} + 3UO_2^{2+} + 9Ac^- + 9H_2O \Longrightarrow NaAc·Zn(Ac)_2·3UO_2(Ac)_2·9H_2O \downarrow$$

(4) Mg^{2+} 的鉴定。取试液 1 滴于试管中,加入 6 mol·dm^{-3} NaOH 及镁试剂各 1～2 滴,摇匀后,如有天蓝色沉淀生成,示有 Mg^{2+} 存在。

2. 第二组:盐酸组阳离子的分析。本组阳离子包括 Ag^+、Hg_2^{2+}、Pb^{2+},它们的氯化物不溶于水,其中 $PbCl_2$ 可溶于 NH_4Ac 和热水中,而 AgCl 可溶于 $NH_3·H_2O$ 中,因此检出这 3 种离子时,可先把这些离子沉淀为氯化物,然后再进行鉴定反应。

取分析试液 20 滴,加入 2 mol·dm^{-3} HCl 至沉淀完全(若无沉淀,表示无本组阳离子存在),离心分离。沉淀用 1 mol·dm^{-3} HCl 数滴洗涤后按下法鉴定 Ag^+、Hg_2^{2+}、Pb^{2+} 的存在(离心液保留做其他离子的分离鉴定用)。

(1) Pb^{2+} 的鉴定。将上面得到的沉淀加入 3 mol·dm^{-3} NH_4Ac 5 滴,在水浴中加热搅拌,趁热离心分离,在离心液中加入 $K_2Cr_2O_7$ 或 K_2CrO_4 2～3 滴,黄色沉淀表示有 Pb^{2+} 存在,沉淀用 3 mol·dm^{-3} NH_4Ac 溶液数滴加热洗涤除去 Pb^{2+},离心分离后,保留沉淀做 Ag^+ 和 Hg_2^{2+} 的鉴定。

$$PbCl_2 + Ac^- \Longrightarrow [PbAc]^+ + 2Cl^-$$
$$2[PbAc]^+ + Cr_2O_7^{2-} + H_2O \Longrightarrow 2PbCrO_4 \downarrow + 2HAc$$

(2) Ag^+ 和 Hg_2^{2+} 的分离、鉴定。取上面保留的沉淀,滴加 $NH_3·H_2O$ 5～6 滴,不断搅拌,沉淀变为灰褐色,表示有 Hg_2^{2+} 存在。

$$Hg_2Cl_2 + 2NH_3 \Longrightarrow HgNH_2Cl \downarrow + Hg \downarrow + NH_4^+ + Cl^-$$

离心分离,在离心液中滴加 HNO_3 酸化,如有白色沉淀产生,表示 Ag^+ 存在。

$$AgCl + 2NH_3 \Longrightarrow [Ag(NH_3)_2]^+ + Cl^-$$
$$[Ag(NH_3)_2]^+ + Cl^- + 2H^+ \Longrightarrow AgCl \downarrow + 2NH_4^+$$

(3) 第二组阳离子的分析步骤如图 S-4-7 所示:

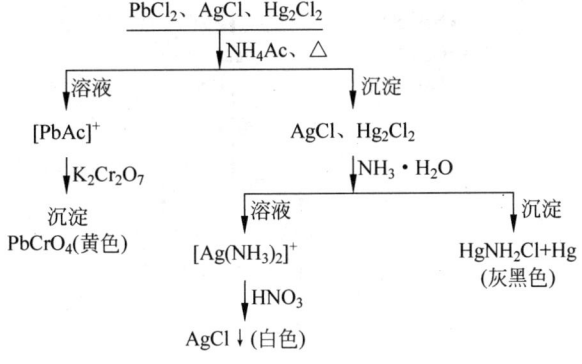

图 S-4-7　第二组阳离子分析步骤

3. 第三组:硫酸盐组阳离子的分析。本组阳离子包括 Ba^{2+}、Ca^{2+}、Pb^{2+},它们的硫酸盐都不溶于水,但在水中的溶解度差异较大,在溶液中生成沉淀的情况不同,Ba^{2+} 能立即析出 $BaSO_4$ 沉淀,Pb^{2+} 比较缓慢地生成 $PbSO_4$ 沉淀,$CaSO_4$ 溶解度较大,Ca^{2+} 只有在浓 Na_2SO_4 中

生成 $CaSO_4$ 沉淀,但加入乙醇后溶解度能显著地降低。

用饱和 Na_2CO_3 溶液加热处理这些硫酸盐时,可发生下列转化。

$$MSO_4 + CO_3^{2-} \rightleftharpoons MCO_3 + SO_4^{2-}$$

即使 $BaSO_4$ 溶解度小于 $BaCO_3$,但用饱和 Na_2CO_3 反复加热处理,大部分 $BaSO_4$ 亦可转化为 $BaCO_3$。这三种碳酸盐都能溶于 HAc 中。

硫酸盐组阳离子与可溶性草酸盐如 $(NH_4)_2C_2O_4$ 作用生成白色沉淀,其中 BaC_2O_4 的溶解度较大,能溶于 HAc。在 EDTA 存在时(pH=4.5～5.5),Ca^{2+} 仍可与 $C_2O_4^{2-}$ 生成 CaC_2O_4 沉淀,而 Pb^{2+} 因与 EDTA 生成稳定的配合物而不能产生沉淀,利用这个性质可以使 Pb^{2+} 和 Ca^{2+} 分离。

(1) 第三组硫酸盐组阳离子的分离和鉴定。取 Ba^{2+}、Ca^{2+}、Pb^{2+} 混合试液 20 滴(或上面分离第一组后保留的溶液)在水浴中加热,逐滴加入 1 mol·dm^{-3} H_2SO_4 至沉淀完全后,再过量数滴,(若无沉淀,表示无本组离子存在),加入 95% 乙醇 4～5 滴,静置 3～5 min,冷却后离心分离(离心液保留做其他组阳离子的分析),沉淀用混合溶液(1 mol·dm^{-3} H_2SO_4 加入乙醇 3～4 滴)10 滴洗涤 1～2 次后,弃去洗涤液,在沉淀中加入 3 mol·dm^{-3} NH_4Ac 7～8 滴,加热搅拌,离心分离,离心液按第二组鉴定 Pb^{2+} 的方法鉴定 Pb^{2+} 的存在。

沉淀中加入 10 滴饱和 Na_2CO_3 溶液,置沸水浴中加热搅拌 1～2 min,离心分离,弃去离心液,沉淀再用饱和 Na_2CO_3 同样处理 2 次后,用约 10 滴蒸馏水洗涤一次,弃去洗涤液,沉淀用数滴 HAc 溶解后,加入 $NH_3·H_2O$ 调节 pH=4～5,加入 $K_2Cr_2O_7$ 2～3 滴,加热搅拌,生成黄色沉淀,表示有 Ba^{2+} 存在。

离心分离,在离心液中,加入饱和 $(NH_4)_2C_2O_4$ 溶液 2～3 滴,温热后,慢慢生成白色沉淀,表示有 Ca^{2+} 存在。

(2) 第三组阳离子的分析步骤(图 S-4-8):

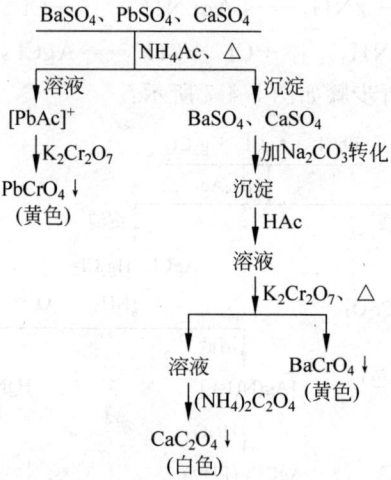

图 S-4-8 第三组阳离子分析步骤

4. 第四组:氨组阳离子的分析。本组阳离子包括 Cu^{2+}、Cd^{2+}、Zn^{2+}、Co^{2+}、Ni^{2+} 等离子,它们和过量的氨水都能生成相应的氨合物,故本组称为氨合物组。Fe^{3+}、Al^{3+}、Mn^{2+}、Cr^{3+}、Bi^{3+}、Sb^{3+}、Sn^{2+}、Sn^{4+}、Hg^{2+} 等离子在过量氨水中生成氢氧化物沉淀而与本组阳离子

分离(Hg^{2+}在大量铵离子存在时,将与氨水形成[$Hg(NH_3)_4$]$^{2+}$而进入氨组)。由于$Al(OH)_3$是典型的两性氢氧化物,能部分溶解在过量NH_3水中,因此加入铵盐如NH_4Cl使OH^-的浓度降低,可以防止$Al(OH)_3$的溶解。但是由于降低了OH^-的浓度,Mn^{2+}也不能形成氢氧化物沉淀,如在溶液中加入H_2O_2,Mn^{2+}则可被氧化而生成溶解度小的$MnO(OH)_2$棕色沉淀。因此本组阳离子的分离条件:在适量NH_4Cl存在时,加入过量氨水和适量H_2O_2,这时本组阳离子因形成氨配合物而和其他阳离子分离。

(1) 第四组阳离子的分析步骤见图 S-4-9:

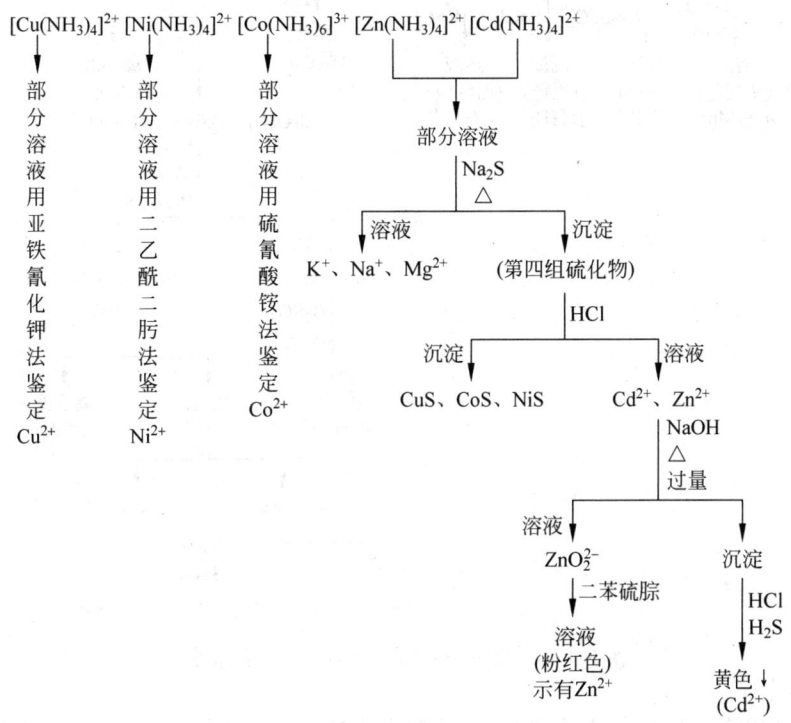

图 S-4-9 第四组阳离子分析步骤

(2) 第四组阳离子的分离和鉴定。取本组混合试液 20 滴(或上面分离第三组后保留的离心液),加入 3 mol·dm^{-3} NH_4Cl 2 滴,3% H_2O_2 3~4 滴,用浓氨水碱化后,在水浴中加热,再滴加浓氨水,每加 1 滴即搅拌,注意有无沉淀生成,如有沉淀,再加入浓氨水并过量 4~5 滴,搅拌后注意沉淀是否溶解(如果沉淀溶解或氨水碱化时不生成沉淀,则表示 Fe^{3+}、Al^{3+}、Mn^{2+}、Cr^{3+}、Bi^{3+}、Sb^{3+}、Sn^{2+} 等离子不存在),继续在水浴中加热 1 min,取出,冷却后离心分离(沉淀保留做其他组阳离子的分析),离心液按实验十六所示方法鉴定 Cu^{2+}、Cd^{2+}、Zn^{2+}、Co^{2+}、Ni^{2+} 等离子。

5. 第五组和第六组:阳离子的分析

第五组(两性组)阳离子有 Al、Cr、Sb、Sn 等元素离子。

第六组(碱组)阳离子有 Fe、Mn、Bi、Hg 等元素的离子。

这两组的阳离子主要存在于分离第四组(氨组)后的沉淀中,利用 Al、Cr、Sb、Sn 的氢氧化物的两性性质,用过量碱可将这两组的元素分离。

(1) 第五组和第六组阳离子的分析步骤见图 S-4-10：

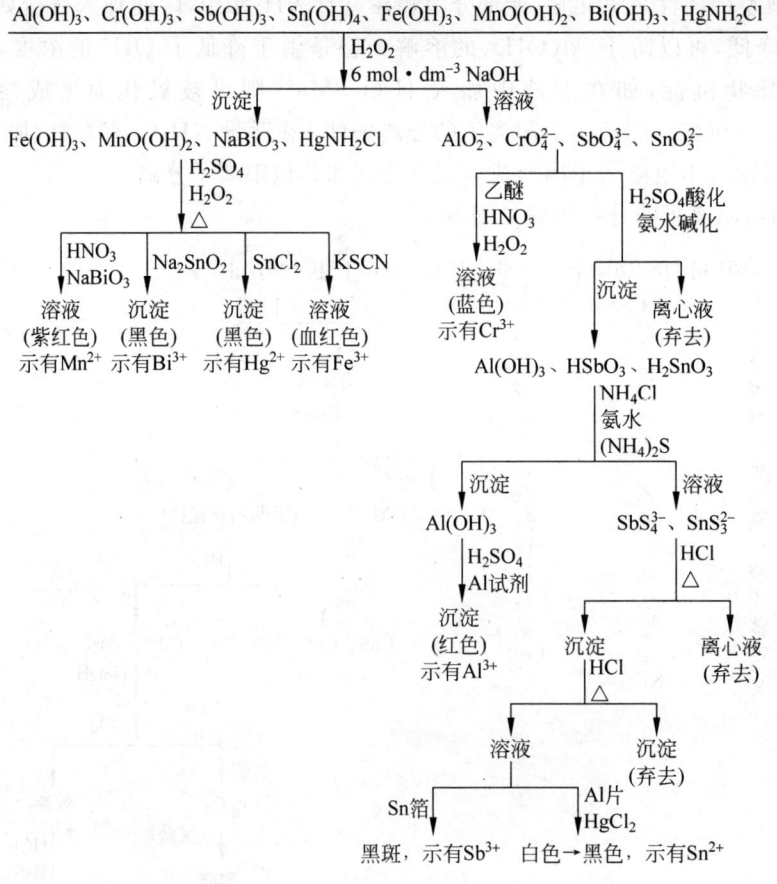

图 S-4-10　第五组和第六组阳离子分析步骤

取第五组和第六组混合离子试液 20 滴在水浴中加热，加入 3 mol·dm^{-3} NH$_4$Cl 2 滴，3% H$_2$O$_2$ 3~4 滴，逐滴加入浓氨水至沉淀完全，离心分离弃去离心液。

在所得的沉淀（或分离第四组阳离子后保留的沉淀）中加入 3% H$_2$O$_2$ 溶液 3~4 滴，6 mol·dm^{-3} NaOH 溶液 15 滴，搅拌后，在沸水浴中加热搅拌 3~5 min，使 CrO$_2^-$ 氧化为 CrO$_4^{2-}$ 并破坏过量的 H$_2$O$_2$，离心分离，离心液做鉴定第五组阳离子用，沉淀做鉴定第六组阳离子用。

(2) 第五组阳离子 Al^{3+}、Cr^{3+}、Sb^{5+} 和 Sn^{4+} 的鉴定

① Cr^{3+} 的鉴定。按实验十五所示方法鉴定 Cr^{3+}。

② Al^{3+}、Sb^{5+} 和 Sn^{4+} 的鉴定。将剩余离心液用 H$_2$SO$_4$ 酸化，然后用 NH$_3$·H$_2$O 碱化并多加几滴，离心分离，弃去离心液，沉淀用 0.1 mol·dm^{-3} NH$_4$Cl 数滴洗涤，加入 3 mol·dm^{-3} NH$_4$Cl 及浓 NH$_3$·H$_2$O 各 2 滴，Na$_2$S 溶液 7~8 滴，在水浴中加热至沉淀凝聚，离心分离。

沉淀用含数滴 0.1 mol·dm^{-3} NH$_4$Cl 溶液洗涤 1~2 次后，加入 H$_2$SO$_4$ 2~3 滴，加热使沉淀溶解，然后加入 3 mol·dm^{-3} NaAc 溶液 3 滴，铝试剂溶液 2 滴，搅拌，在沸水浴中加热 1~2 min，如有红色絮状沉淀出现，表示有 Al^{3+} 存在。

离心液用 HCl 逐滴中和至呈酸性后,离心分离,弃去离心液。在沉淀中加入浓 HCl 15 滴,在沸水浴中加热充分搅拌,除尽 H_2S 后,离心分离弃去不溶物(可能为硫),离心液供鉴定 Sb^{5+} 和 Sn^{4+} 用。

Sn^{4+} 离子的鉴定。取上述离心液10滴于试管中,加入 Al 片或少许 Mg 粉,在水浴中加热使之溶解完全后,再加浓 HCl 1 滴,加 $HgCl_2$ 2 滴,搅拌,若有白色或灰黑色沉淀析出,表示有 Sn^{4+} 存在。

Sb^{5+} 离子的鉴定。取上述离心液1滴,于光亮的锡粒(点滴板)上放置 2～3 min,如锡粒上出现黑色,表示有 Sb^{5+} 存在。

(3) Fe^{3+}、Fe^{2+}、Bi^{3+}、Mn^{2+}、Hg^{2+} 阳离子的鉴定。取第五组开始步骤中所得的沉淀,加入 3 mol·dm^{-3} H_2SO_4 10 滴,3% H_2O_2 2～3 滴,在充分搅拌下,加热 3～5 min,以溶解沉淀和破坏过量的 H_2O_2,离心分离,弃去不溶物,离心液供下面 Mn^{2+}、Bi^{3+} 和 Hg^{2+} 的鉴定。

① Mn^{2+} 的鉴定。按实验十五所示方法鉴定 Mn^{2+}。

② Bi^{3+} 的鉴定。按实验十五所示方法鉴定 Bi^{3+}。

③ Hg^{2+} 的鉴定。取离心液2滴于试管中,加入新配制的 $SnCl_2$ 溶液数滴,若有白色或灰黑色沉淀析出,表示有 Hg^{2+} 存在。

④ Fe^{2+}、Fe^{3+} 的鉴定。按实验十六所示方法鉴定 Fe^{2+} 和 Fe^{3+}。

【试剂与仪器】

1. 试剂

(1) 固体试剂:$NaBiO_3$、铝片、锡片。

(2) 酸:HCl(2 mol·dm^{-3})、HNO_3(6 mol·dm^{-3},浓)、H_2SO_4(1 mol·dm^{-3},3 mol·dm^{-3})、H_2S(饱和)、HAc(6 mol·dm^{-3})。

(3) 碱:NH_3·H_2O(6 mol·dm^{-3},浓)、NaOH(6 mol·dm^{-3})。

(4) 盐:$K_2Cr_2O_7$、K_2CrO_4、$K_4[Fe(CN)_6]$、$SnCl_2$、KSCN、$HgCl_2$(以上溶液均为 0.1 mol·dm^{-3})、KSCN(饱和)、NH_4Ac、NaAc、NH_4Cl(以上溶液均为 3 mol·dm^{-3})、$(NH_4)_2S$(6 mol·dm^{-3})。

(5) 其他:H_2O_2(3%)、乙醇(95%)、戊醇、二乙酰二肟、二苯硫腙、乙醚、丙酮、铝试剂、pH 试纸。

2. 仪器:离心机、离心试管、试管、试管架、试管夹、点滴板、表面皿、玻璃棒、滴管、水浴加热装置、试管刷。

【实验内容】

向指导教师领取混合离子的未知溶液,分离和鉴定有哪些离子存在。

检测离子范围:实验室所给离子。

【思考题】

1. 本实验将常见的阳离子分为6组,各组含有哪些离子?为了便于分离和鉴定,要求先画出分离和鉴定步骤示意图,并指出试剂名称、用量以及实验条件。

2. 如果未知液呈碱性,哪些离子可能不存在?

3. 在分离第五、六组离子时,加入过量 NaOH、H_2O_2,以及加热的作用是什么?

4. 以 KSCN 法鉴定 Co^{2+} 时,Fe^{3+} 的存在有无干扰?如有干扰,应如何消除?

5. 为什么要用稀的 NH_4Cl 溶液洗涤沉淀?

实验十八　趣味实验

"硅酸盐"花园

【实验现象】

将几小粒有色晶体放入装有一种溶液的大广口瓶或缸中,数秒之内,从晶体上生长出像植物一样的物质。

【反应原理】

1. 当金属盐加入到硅酸钠溶液中,形成了难溶的硅酸盐。

2. 当这些盐被放入硅酸钠溶液中,在盐的四周形成了一层半透膜,由于在膜内的溶液浓度较高,水进入膜内稀释浓的溶液,这个效应称为渗透作用。

渗透作用导致袋状膜破裂,它的破裂是由于在晶体一边水的压力比上部的压力大,当新的膜形成时,上述过程重复进行,其结果就是晶体花园不断向上生长。

【溶液的配制】

1. 硅酸钠(也称水玻璃)是相对密度约 1.10 的稀溶液,一种较好的配比约为 1 份硅酸钠加 4 份水稀释。

2. 使用下列结晶体,可以在花园里得到各种颜色:氯化铁(棕色)、硝酸镍(绿色)、氯化铜(亮绿色)、硝酸铀酰(黄色)、氯化钴(深蓝色)、硝酸钴(深蓝色)、硝酸锰(白色)、硫酸锌(白色)。

【实验步骤】

1. 选取一个广口容器(使用小鱼缸更佳),装入硅酸钠溶液,液面离顶部约 25 mm。

2. 投入 3~4 粒小晶体(火柴头大小)。

3. 观察在数秒钟内这些晶体的生长。

【温馨提示】

1. 在容器底部盖一薄层沙子,防止晶体与玻璃容器底部粘结在一起。

2. 可以把它作为一个永久性的陈列品。假如数天后溶液变浑浊,则小心地移去硅酸钠溶液,并换清水。

3. 可作为渗透作用的演示实验。

【思考题】

1. 为什么这些晶体"树"会不断地向上生长?

2. 大晶体似乎是从小晶体中生长出来的,解释其原因。

3. 这些现象与渗透有什么关系?

4. 这种生长会持续下去吗?假如不能,试解释其原因。

5. 其他化合物的晶体能产生上述生长现象吗?将它们试一试。

振荡反应

【实验现象】

混合几种溶液,并把它放在磁力搅拌器上,经搅拌后,此混合溶液的颜色由亮黄色变成蓝色,又从蓝色变到亮黄色,振荡反应可以持续 10～15 min。

【反应原理】

1. 这个实验包括一系列复杂的反应,在一系列反应中形成了氧气和碘。

$$2IO_3^- + 2H^+ + 5H_2O_2 = I_2 + 5O_2 + 6H_2O$$

2. 碘和淀粉反应产生蓝色。

3. 由于在另一系列反应中,碘被消耗掉了,溶液的颜色褪去,但当碘的浓度增加时,将再出现蓝色。

$$H_2O_2 = H_2O + [O \cdot]$$
$$5[O \cdot] + H_2O + I_2 = 2IO_3^- + 2H^+$$

【溶液的配制】

1. 溶液 A:将 20 cm³ 30% 的 H_2O_2 加入到 50 cm³ 水中。

2. 溶液 B:在搅拌下,将 2.2 g KIO_3 和 10 滴浓硫酸加入 50 cm³ 水中。

3. 溶液 C:取 50 cm³ 新配制的淀粉溶液,加入 0.8 g 丙二酸和 0.9 g $MnSO_4 \cdot H_2O$。

【实验步骤】

1. 在磁力搅拌器上放置一个内盛 50 cm³ 溶液 A 的 250 cm³ 烧杯。

2. 将搅拌器置于最慢的一挡。

3. 加入 50 cm³ 溶液 B。

4. 加入 50 cm³ 溶液 C。

5. 数秒后,振荡反应开始。

【思考题】

1. 在这个反应中产生了什么气体?

2. 总结这一系列反应中所包含的反应机制?

3. 这是一个氧化还原反应吗?

4. 可用什么方法使这个振荡反应重新恢复?试一试。

"铅树"的形成

【实验现象】

在溶液中分别加入 2 种化学试剂,可看到铅晶体像树一样,有规则地逐渐生长出来,形成铅树。

【反应原理】

在含有 Cu^{2+} 和 Pb^{2+} 的溶液中,有下列平衡:

$$Cu + Pb^{2+} \rightleftharpoons Cu^{2+} + Pb$$

标准态下此反应自发向左,但在硅酸凝胶的存在下,加入硫化钠溶液,此时反应向右进行,铅晶体靠硅胶的支撑,便像树一样有规则地从溶液中析出。

【溶液的配制】

1. 醋酸铅硅胶。按 $Pb(NO)_2 : HAc : Na_2SiO_3 = 1 : 10 : 10$ 的比例,先将浓度为 1 mol·dm⁻³ $Pb(NO_3)_2$ 和 1 mol·dm⁻³ HAc 按 1:10 混合均匀,再缓慢加入密度 $\rho = 1.05 \sim 1.06$ g·cm⁻³ Na_2SiO_3,搅拌均匀,在 85～90℃ 水浴中小心加热成胶。

2. 0.5 mol·dm⁻³ Na₂S 溶液。溶解 Na₂S·9H₂O 60 g 及 NaOH 10 g 于一定量水中，稀释至 1 dm³。

3. 醋酸硅胶溶液。按 1∶1 比例混合 1 mol·dm⁻³ HAc 溶液和密度为 1.05～1.06 g·cm⁻³ 的硅胶，并在 85～90℃ 水浴中小心加热成胶。

【实验步骤】

1. 在一支试管中，制取醋酸铅硅胶（约占试管体积的 1/3）。

(1) 将硝酸铅（1 mol·dm⁻³）、醋酸（1 mol·dm⁻³）、硅酸钠溶液（ρ=1.05～1.06 g·cm⁻³）以下列体积混合：Pb(NO₃)₂∶HAc∶Na₂SiO₃=4∶40∶40（滴）。

(2) 混合步骤：先将 Pb(NO₃)₂ 和 HAc 混合搅匀，缓慢加入 Na₂SiO₃ 溶液，振荡，搅匀。

(3) 在 85～90℃ 水浴中加热成胶（水浴温度不宜超过 90℃，否则成胶后容易产生气泡造成空隙）。

2. 在制取的醋酸铅硅胶中插入铜丝（先用砂皮纸擦去表面氧化膜），并加入制备好的醋酸硅胶，使插入的铜丝穿过两胶层并漏出液面一定长度。

3. 加入数滴新配制的 0.5 mol·dm⁻³ Na₂S 溶液。

4. 30 min 后观察现象。

【温馨提示】

1. 配制醋酸铅硅胶时，水溶液温度在 85～90℃ 为宜，温度低则成胶慢，温度高则易产生气泡。

2. Na₂S 溶液要现用现配。

【思考题】

1. 上述实验试管内物质分上中下三层，每层各起什么作用。

2. 已知 $Cu^{2+}+2e^- \rightleftharpoons Cu$ $E^{\ominus}=0.34V$，$Pb^{2+}+2e^- \rightleftharpoons Pb$ $E^{\ominus}=-0.13V$，铜不可能将铅从它的盐溶液中置换出来，是什么使反应 $Cu+Pb^{2+} \rightleftharpoons Cu^{2+}+Pb$ 能向右进行？是否可通过计算说明？

3. 除加入 Na₂S 溶液能降低 Cu²⁺ 的浓度外，还能选什么试剂降低 Cu²⁺ 浓度使铅盐析出晶体铅。

自 制 银 镜

【实验现象】

在一块玻璃上，涂上化学药品，在小火上烘烤，玻璃即可变成一个镜子。

【反应原理】

硝酸银的氨水溶液与葡萄糖按一定比例混合共热后，硝酸银就被葡萄糖还原变成金属银沉淀，在玻璃片上，形成银镜。

$$R-CHO+2Ag(NH_3)_2OH \longrightarrow R-COONH_4+2Ag\downarrow+3NH_3+H_2O$$

【溶液配制】

1. 取一支试管加入 5 cm³ 27% AgNO₃ 溶液，再加入浓氨水，出现沉淀后，继续加氨水到沉淀溶解，然后再加入 3% NaOH 溶液，用水稀释一倍。

2. 另取一支试管，加 25 cm³ 水、1.3 g 葡萄糖，溶解后，再加入 1 滴浓硝酸，煮沸 2 min，冷却后,用等体积的酒精稀释一倍。

【实验步骤】

取一块小玻璃片,用水洗几遍,再用氯化亚锡洗刷后,用蒸馏水洗 3～5 遍,烘干,取 10 cm³ 配制好的硝酸银溶液,1 cm³ 葡萄糖溶液,混合均匀,放在洗净的玻璃片上,置于温水浴上加热 15～20 min,很快一个能照人的小镜子便制成了。

【温馨提示】

1. 若将玻璃片直接在火上烘烤加热,可能产生有爆炸性的氮化银。
2. 银氨溶液现用现配,久放能析出易爆炸的氮化银。

【思考题】

1. 该生成银镜的反应主要活性基团是什么?是否其他具有该活性基团的化合物也可与银氨混合溶液发生银镜反应。
2. 在利用银镜反应制造镜子之前,你知道古人用什么做镜子?现在人们发明的新型镜子是用什么制造的?

玻璃棒点灯

【实验现象】

不用火柴、打火机,只用一个玻璃棒在酒精灯芯上蘸一蘸就能把酒精灯点着。

【实验原理】

玻璃棒上事先粘上的浓硫酸和高锰酸钾都是强氧化剂,当接触到酒精灯芯上的酒精后,能发生氧化还原反应并放出大量的热,达到酒精的燃点,使之燃烧。

【实验步骤】

在蒸发皿上,倒入 1～2 g $KMnO_4$ 粉末,可用玻璃棒轻轻压碎,再用吸管取浓 H_2SO_4 在 $KMnO_4$ 粉末上滴 2～3 滴,用玻璃棒混匀后,均匀粘在玻璃棒一端,取下酒精灯罩盖,用玻璃棒接触灯芯,即可点燃。

【思考题】

1. 写出上述反应的化学反应方程式。
2. 是否还有其他物质可以点燃酒精灯?
3. 将 $KMnO_4$ 和浓 H_2SO_4 混合很长时间后是否还可以点燃酒精灯,为什么?

学习指导 篇

第 1 章　原子结构和元素周期系

第 2 章　化学键与物质结构

第 3 章　化学反应中的能量变化

第 4 章　化学反应的方向、速率和限度

第 5 章　溶液

第 6 章　氧化还原反应

第 7 章　元素概述

第 8 章　s 区和 p 区元素选述

第 9 章　d 区和 ds 区元素选述

第 10 章　f 区元素选述

第1章

原子结构和元素周期系

【基本要求】

1. 了解原子核外电子运动的特征；理解波函数与原子轨道、电子云与概率密度的关系，会画原子轨道和电子云的角度分布图。

2. 理解 4 个量子数的含义；掌握 4 个量子数的取值和相互制约关系，会用 4 个量子数描述原子核外电子的运动状态。

3. 掌握原子核外电子排布原理，会写一般元素的核外电子排布式和价层电子构型，并能根据价层电子构型推测元素在周期表中的位置（周期、族和区）。

4. 理解元素的核外电子排布与元素周期表的关系；理解原子半径、电离能、电子亲和能的概念及其特性；掌握电负性和元素氧化数的性质及其在周期表中的变化规律。

【学习小结】

氢原子光谱是最简单的原子光谱。玻尔提出的氢原子模型，成功地解释了氢原子光谱的规律性。德布罗意首先提出的电子等微观粒子具有波、粒二象性的大胆假设，3 年后被戴维逊和革末的电子衍射实验所证实。核外电子运动规律须用量子力学描述，薛定谔把体现微观粒子的粒子性特征值 (m, E, V) 与波动性特征值 (ψ) 有机地融合在一起，给原子核外电子的运动建立了著名的运动方程——薛定谔方程：

$$\frac{\partial^2 \psi}{\partial x^2} + \frac{\partial^2 \psi}{\partial y^2} + \frac{\partial^2 \psi}{\partial z^2} + \frac{8\pi^2 m}{h^2}(E-V)\psi = 0$$

薛定谔方程真实地反映出微观粒子的运动状态。波函数和原子轨道、量子数、概率密度和电子云是描述核外电子运动状态的三种方法。

波函数 ψ 是一个与坐标有关的量，可用直角坐标表示为 $\psi(x,y,z)$，也可用球坐标表示为 $\psi(r,\theta,\phi)$，为了方便起见，通常将 ψ 表示为两个函数的乘积：

$$\psi(r,\theta,\phi) = R(r) \cdot Y(\theta,\phi)$$

波函数的径向部分 $R(r)$，表示 θ, ϕ 一定时，波函数 ψ 随 r 变化的关系；波函数的角度部分 $Y(\theta,\phi)$，表示 r 一定时，波函数 ψ 随 θ, ϕ 变化的关系，据此可以作出波函数角度分布图、电子云角度分布图和电子云的径向分布图。

在多电子原子中，原子核外的电子除了受到原子核的引力外，还存在着电子之间的排斥力。因此，在多电子原子中，存在屏蔽效应和钻穿效应。且钻穿效应的结果是使轨道的能量降低，造成轨道能级交错的现象。

根据泡利不相容原理、能量最低原理和洪特规则，结合鲍林和科顿的近似能级图，可以写出多电子原子的电子排布式。鲍林的原子轨道能级图主要解决电子的填充顺序问题，而科顿的原子轨道能级图主要解决电子的丢失顺序问题。

根据原子的外层电子结构可将元素按它在周期表中的位置分成 s、p、d、ds 和 f 5 个区域，各区元素的价层电子结构不同，表现出的性质也不相同。

元素的性质和原子结构的关系主要包括：原子半径、元素的电离能和电子亲和能、电负性、元素的氧化数和元素的金属性与非金属性。

【温馨提示】

1. 原子轨道和电子云角度分布图的两点区别

（1）原子轨道角度分布图有正、负号之分，而电子云的角度分布图均为正值（习惯上不标出），因 Y 平方后总是正值。

（2）电子云的角度分布图比原子轨道的角度分布图要"瘦"一些。这是因为 Y 值小于 1，所以 Y^2 的值变得更小。

2. 概率和概率密度的区别：绕核高速运动的电子是一种概率波，波强度反映电子在核外空间某处出现的可能性，即概率。它遵从统计规律。概率密度是指空间微体积元内的概率大小。概率和概率密度的关系犹如质量与密度的关系一样：$\psi = \psi^2 \cdot d\tau$（$d\tau$——微体积元）。

所以概率 $\psi^2 \cdot d\tau$ 和概率密度 ψ^2 是两个不同的概念。前者是无量纲量的纯数，而后者的量纲为单位体积的倒数。

3. 4 个量子数中的前 3 个量子数，即主量子数 n、角量子数 l 和磁量子数 m 是在解薛定谔方程时，为了得到有意义的合理解自然而然地引入的，实际上它们是解薛定谔方程时合理解的限定条件。第四个量子数，即自旋量子数 m_s 不是从解薛定谔方程中得到的，而是为了解释氢原子的一条谱线，在不均匀的磁场中分裂成靠得很近的两条谱线的精细结构，而从实验和理论研究中引入的。n 是决定原子轨道能级的主要量子数，单电子原子中，原子轨道能级只决定于主量子数 n；多电子原子中，原子轨道能级还决定于 l 值；l 值确定原子轨道的形状；m 值确定原子轨道的空间取向。为了完整地描述原子中电子的运动状态，还要加上自旋量子数（m_s）。m_s 值表示电子的两种相反方向自旋，即 $+\frac{1}{2}$ 和 $-\frac{1}{2}$ 两个数值。原子核外电子的运动状态需用 n、l、m 和 m_s 4 个量子数来描述。

总而言之，n 层有 n 个亚层（l 有 n 个取值）；n 层有 n^2 个原子轨道（m 有 n^2 个取值）；n 层中电子的最大容量为 $2n^2$。

4. 在单电子原子 H 中，原子轨道的能级只与主量子数 n 有关。在多电子原子中轨道能量 E 的高低，由主量子数 n 和角量子数 l 共同决定：l 相同，n 不同时，n 值越大，轨道能量越高；n 相同，l 不同时，l 值越大，轨道能量越高；n、l 值均不同时，有时发生能级交错，如：$E_{6s} < E_{4f} < E_{5d} < E_{6p}$；$n$、$l$ 相同、m 不同、E 相等的轨道称为简并轨道（或称等价轨道），简并轨道能级相同，如：

$$E_{2p_x} = E_{2p_y} = E_{2p_z}$$

$$E_{3d_{xy}} = E_{3d_{yz}} = E_{3d_{zx}} = E_{3d_{x^2-y^2}} = E_{3d_{z^2}}$$

5. 由于原子序数大的原子，电子数较多，写核外电子分布式要写很长，为简便起见，可用该元素前一周期的稀有气体的元素符号作为原子实，代替相应的电子分布部分。记住每一周期的最后一种元素（稀有气体）及它的原子序，对于用原子实表示核外电子分布是大有好处的（详见元素原子的电子排布情况表）。

6. 各周期元素的数目＝$ns+(n-2)f+(n-1)d+np$ 电子数。这是因为每周期都是从填充 ns 轨道上的电子开始的,经 $(n-2)f$、$(n-1)d$ 到 np 结束,每填充上一个电子,就对应一个元素,所以轨道上共能填充多少个电子,该周期就能出现多少种元素。

【思习解析】

思 考 题

1-1 原子中电子运动有什么特点？概率和概率密度有何区别？

解：原子中电子运动的特点是具有波、粒二象性。概率密度 ψ^2 是指电子在核外空间某处微体积元内出现的概率,概率密度与该区域微体积元的乘积 $\psi^2 \cdot d\tau$ 等于电子在核外某区域中出现的概率。

1-2 简述德布罗意提出的微观粒子具有波粒二象性假设的具体内容。电子衍射实验如何证实了德布罗意的假设？

解：受光具有波粒二象性的启发,1924 年法国物理学家德布罗意提出了电子等微观粒子具有波粒二象性的大胆假设,并预言微观粒子的波长可表示为

$$\lambda = \frac{h}{p} = \frac{h}{mv}$$

式中 m 是电子的质量；v 是电子运动的速度；p 是电子的动量；h 为普朗克常数。公式左边 λ 表示波动性的物理量,右边动量 $p=mv$ 表示粒子性的物理量,二者通过普朗克常数 h 定量地联系起来,这就是微观粒子的波粒二象性。

1927 年戴维逊和革末发现将电子射线穿过一薄晶片（或晶体粉末）时,会产生衍射现象。此电子衍射实验证实了德布罗意的假设。实验装置如图所示。

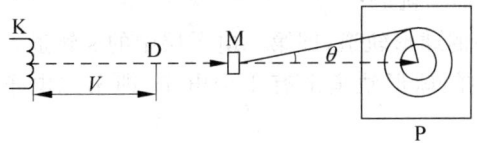

电子衍射示意图

在图中,阴极灯丝 K 产生的电子经过电场 V 加速,通过小孔 D 成为很细的电子束。当电子束穿过薄金属或晶体粉末 M（晶体中质点间有一定的距离,它相当于小狭缝）射到感光底片 P 上,得到一系列明暗相间的同心环纹（衍射环纹）。而且由实验得到的电子波的波长精确地与德布罗意方程预期的一致。此衍射现象,说明电子运动的确具有波动性。

1-3 简述测不准原理的主要内容,并写出数学表达式。

解：1927 年德国物理学家海森堡提出的测不准原理可简单的表述为"粒子在某一方向位置的不准量和此方向上动量的不准量的乘积必须大于等于 $h/2\pi$"。数学表达式为

$$\Delta x \cdot \Delta p \geqslant \frac{h}{2\pi}$$

实际上测不准原理只是粒子波粒二象性的另一种表述。它表明：不可能同时准确地测定微观粒子运动的速度和空间位置。粒子的运动是不符合经典力学理论的,只能用量子论

中统计的方法来描述。

1-4 波函数与原子轨道的含义是什么？两者有什么关系？概率密度和电子云的含义是什么？两者有什么关系？

解：波函数是描述核外电子运动状态的数学表示式，波函数的空间图像是原子轨道，原子轨道的数学表示式是波函数。波函数和原子轨道是同义词。

概率密度是电子在原子核外空间某处单位体积内出现的概率，概率密度的空间图像是电子云，电子云的数学表示式是概率密度。概率密度和电子云是同义词。

1-5 量子数 n、l、m、m_s 各有什么意义？如何取值？

解：主量子数 n 是表示原子核外电子到原子核之间的平均距离，还表示电子层数。主量子数 n 是决定电子能量的主要因素。对单电子原子(或离子)来说，电子的能量高低只与主量子数 n 有关。主量子数 n 的取值为 $1,2,3,\cdots,n$ 等正整数，在光谱学上也常用大写拉丁字母 K、L、M、N、O、P 来代表 $n=1,2,3,4,5,6$ 等电子层数。

角量子数 l 代表原子轨道的形状，是决定原子中电子能量的一个次要因素。角量子数的取值受主量子数 n 的限制，l 的取值为 $0、1、2、\cdots、(n-1)$ 的正整数。可分别用 s、p、d 和 f 表示。

磁量子数 m 代表原子轨道在空间的伸展方向，每一种伸展方向代表着一条原子轨道。磁量子数 m 的取值受角量子数 l 的限制，m 的取值为 $0、\pm 1、\pm 2、\cdots、\pm l$。共可取 $(2l+1)$ 个数值。

自旋量子数 m_s 是描述核外电子自旋运动状态的量子数。自旋量子数 m_s 的取值只有两个，即 $m_s=\pm 1/2$。这说明电子的自旋有两个方向，即顺时针方向或逆时针方向。一般用向上和向下的箭头"↑"和"↓"来表示。

1-6 s、2s、$2s^1$ 各代表什么意义？指出 5s、3d、4p 各能级相应的量子数及轨道数。

解：s 表示球形轨道，即 s 轨道；

2s 表示第二电子层中的球形轨道，即第二电子层中的 s 轨道；

$2s^1$ 表示第二电子层中的球形轨道上有 1 个电子，即第二电子层中的 s 轨道上有 1 个电子。

5s 能级的量子数为 5　0　0，表示 1 个 5s 轨道；

3d 能级的量子数为 3　2　(−2　−1　0　+1　+2)，表示 5 个 3d 轨道；

4p 能级的量子数为 4　1　(−1　0　+1)，表示 3 个 4p 轨道。

1-7 在氢原子中，4s 轨道和 3d 轨道哪一个轨道能量高？钾原子的 4s 轨道和 3d 轨道哪一个能量高？说明理由。

解：在氢原子中，$E_{3d} < E_{4s}$，因氢原子轨道的能量只与主量子数 n 有关，n 值越大，轨道的能量越高。在钾原子中，$E_{4s} < E_{3d}$，因钾原子为多电子原子，其轨道的能量由主量子数 n 和角量子数 l 决定，轨道的能量高低符合 $n+0.7l$ 规律。

1-8 指出下列各元素原子的基态电子排布式的写法各违背了什么原理并予以改正。

(1) Be　$1s^2 2p^2$　　(2) B　$1s^2 2s^3$　　(3) N　$1s^2 2s^2 2p_x^2 2p_z^1$

解：(1) Be　$1s^2 2p^2$：违背能量最低原理，正确的排布为：$1s^2 2s^2$；

(2) B　$1s^2 2s^3$：违背泡利不相容原理，正确的排布为：$1s^2 2s^2 2p^1$；

(3) N　$1s^2 2s^2 2p_x^2 2p_z^1$：违背洪特规则，正确的排布为：$1s^2 2s^2 2p_x^1 2p_y^1 2p_z^1$。

1-9 试写出 s 区、p 区、d 区及 ds 区元素的价层电子构型。

解：s 区元素的价层电子构型为 ns^{1-2}；

p 区元素的价层电子构型为 ns^2np^{1-6}；

d 区元素的价层电子构型为 $(n-1)d^{1-9}ns^{1-2}$（有例外）；

ds 区元素的价层电子构型为 $(n-1)d^{10}ns^{1-2}$。

1-10 为什么原子的最外电子层上最多只能有 8 个电子，次外电子层上最多有 18 个电子？

解：由于存在能级交错现象，使得轨道的能级次序发生变化，当电子层数较多时，电子填充到轨道的次序为：$ns \rightarrow (n-2)f \rightarrow (n-1)d \rightarrow np$。可见，最外层为 $nsnp$ 轨道，最多只能填充 8 个电子；而次外层最多只能填充 $(n-1)s \rightarrow (n-1)p \rightarrow (n-1)d$ 轨道，即最多有 18 个电子。

1-11 元素的金属性和非金属性与什么因素有关？

解：元素的金属性与电离能和电负性的相对大小有关。元素的电离能和电负性越小，元素的金属性越强。元素的非金属性与电子亲和能和电负性的相对大小有关。元素的电子亲和能越小和电负性越大，元素的非金属性越强。

1-12 为什么周期表中各周期的元素数目不一定等于原子中相应电子层的电子最大容量数$(2n^2)$？

解：因为存在能级交错现象。

1-13 何谓电负性？电负性大小说明元素什么性质？

解：电负性是元素原子在分子中吸引电子的能力。元素的电负性越大，表示元素原子在分子中吸引电子的能力越强，生成阴离子的倾向越大，非金属性越强；反之，元素的电负性越小，表示元素原子在分子中吸引电子的能力越弱，生成阳离子的倾向越大，金属性越强。一般来说，非金属元素的电负性大于金属元素，非金属元素的电负性大多在 2.0 以上，而金属元素的电负性多数在 2.0 以下。

1-14 氧的电负性比氮大，为什么氧原子的电离能小于氮原子？

解：氧的电子排布式为 $1s^22s^22p^63s^23p^4$，失去一个电子后价层电子排布为 $3s^23p^3$，处于半充满状态，所以相对容易失去 3p 轨道上的一个电子。

氮的电子排布式为 $1s^22s^22p^63s^23p^3$，处于半充满状态，相对稳定，不易失去电子。所以氧原子的电离能小于氮原子。

1-15 Na 的第一电离能小于 Mg，而 Na 的第二电离能却大于 Mg，为什么？

解：Na 的电子排布式为 $1s^22s^22p^63s^1$，容易失去 3s 轨道上的 1 个电子；Mg 的电子排布式为 $1s^22s^22p^63s^2$，3s 轨道处于全充满，相对比较稳定，所以 Na 的第一电离能小于 Mg。Na 失去一个电子后的电子排布式为 $1s^22s^22p^6$，处于稀有气体排布的稳定状态。所以 Na 的第二电离能大于 Mg。

习　题

1-1 将氢原子核外电子从基态激发到 2s 或 2p 轨道，所需能量是否相同？为什么？若是 He 原子，情况又怎样？若是 He^+ 或 Li^{2+}，情况又怎样？

解：将氢原子核外电子从基态激发到 2s 或 2p 轨道，所需能量相同。因为氢原子核外只有一个电子,这个电子只受到原子核的吸引,所具有的能量只决定于主量子数 n。

若是 He 原子则不同。因为 He 原子核外有两个电子,这两个电子除受原子核的吸引外,还存在电子之间的排斥,所具有的能量决定于主量子数 n 和角量子数 l;2s 和 2p 轨道的 l 值不同(分别为 0 和 1),所以将氢原子核外电子从基态激发到 2s 或 2p 轨道,所需能量是不同的。

若是 He^+ 或 Li^{2+},情况与氢原子相同。因为 He^+ 或 Li^{2+} 是类氢离子,原子核外也只有一个电子。

1-2 下列各组量子数哪些是不合理的,为什么?

(1) $n=2, l=2, m=0$ (2) $n=2, l=1, m=-1$ (3) $n=2, l=2, m=-2$

(4) $n=2, l=0, m=-1$ (5) $n=2, l=0, m=0$ (6) $n=2, l=3, m=+2$

解:(1) 不合理,角量子数应小于主量子数;

(3) 不合理,主量子数应大于角量子数;

(4) 不合理,角量子数应大于或等于磁量子数的绝对值;

(6) 不合理,主量子数应大于角量子数。

1-3 用原子轨道符号表示下列各组量子数

(1) $n=2, l=1, m=0$ (2) $n=2, l=0, m=0$ (3) $n=2, l=1, m=-1$

解:(1) $2p_z$ (2) $2s$ (3) $2p_x$ 或 $2p_y$

1-4 根据下列各元素的价层电子构型,指出它们在周期表中所处的周期和族,是主族还是副族?

$$3s^1, \quad 4s^2 4p^3, \quad 3d^2 4s^2, \quad 3d^5 4s^1, \quad 3d^{10} 4s^1$$

解:据题意列表解答如下:

价层电子构型	$3s^1$	$4s^2 4p^3$	$3d^2 4s^2$	$3d^5 4s^1$	$3d^{10} 4s^1$
周期	三	四	四	四	四
族	I A	V A	IV B	VI B	I B
主族或副族	主族	主族	副族	副族	副族

1-5 价层电子构型分别满足下列条件的是哪一类或哪一种元素?

(1) 具有 3 个 p 电子;

(2) 有 2 个 $n=4, l=0$ 的电子和 6 个 $n=3, l=2$ 的电子;

(3) 3d 为全满,4s 只有一个电子。

解:(1) $ns^2 np^3$ V A 族元素

(2) $3d^6 4s^2$ Fe

(3) $3d^{10} 4s^1$ Cu

1-6 A、B、C、D 都为第四周期元素,原子序数依次增大,价电子数依次为 1、2、2、7,A 元素和 B 元素次外层电子数均为 8,C 元素和 D 元素次外层电子数均为 18,指出 A、B、C、D 四种元素的元素名称、特点及原子序数。

解:据题意:A:$3s^2 3p^6 4s^1$,钾(K),碱金属,原子序数为 19;

B:$3s^2 3p^6 4s^2$,钙(Ca),碱土金属,原子序数为 20;

C:$3s^2 3p^6 3d^{10} 4s^2$,锌(Zn),金属,原子序数为 30;

D：$3s^23p^63d^{10}4s^24p^5$，溴（Br），非金属，原子序数为35。

1-7 A、B 两元素的原子仅差一个电子，然而 A 的单质是原子序数最小的活泼金属，B 的单质却是极不活泼的气体。试说明：

(1) A 原子最外层电子的 4 个量子数，它们所处原子轨道的形状，A 的元素符号；

(2) B 的元素符号；

(3) A、B 性质差别很大的根本原因。

解：(1) A 原子最外层电子的 4 个量子数为 2,0,0,+1/2 或 2,0,0,-1/2；s 轨道（球形）；A 的元素符号为 Li。

(2) B 的元素符号为 He。

(3) A、B 性质差别很大的根本原因是原子核外电子的排布不同。

1-8 对某一多电子原子来说：

(1) 下列原子轨道 $3s、3p_x、3p_y、3p_z、3d_{xy}、3d_{xz}、3d_{yz}、3d_{z^2}、3d_{x^2-y^2}$ 中，哪些是等价（简并）轨道？

(2) 具有下列量子数的电子，按其能量由低到高排序，如能量相同则排在一起（可用"<"、"="符号表示）：

① 4,1,0,-1/2　　② 3,1,0,+1/2　　③ 4,2,1,-1/2

④ 2,1,-1,+1/2　　⑤ 2,1,0,-1/2　　⑥ 3,2,-1,+1/2

⑦ 3,2,0,-1/2　　⑧ 4,2,-1,+1/2

解：(1) $3p_x、3p_y、3p_z$ 是三重简并（等价）轨道

$3d_{xy}、3d_{xz}、3d_{yz}、3d_{z^2}、3d_{x^2-y^2}$ 是五重简并（等价）轨道

(2) ④=⑤<②<⑥=⑦<①<③=⑧

1-9 某原子的 6 个电子，其状态分别用 4 个量子数表示如下：

① 3,2,-2,1/2　　② 4,0,0,-1/2　　③ 2,0,0,1/2

④ 4,0,0,1/2　　⑤ 2,1,0,1/2　　⑥ 3,1,-1,1/2

(1) 用主量子数和角量子数的光谱学符号相结合的方式（例如 2p,3s），表示每个电子所处的轨道；

(2) 将各个轨道按能量由高到低的次序排列起来。

解：(1) ① 3d　② 4s　③ 2s　④ 4s　⑤ $2p_z$　⑥ 3p

(2) ②=④>①>⑥>⑤>③

1-10 推断下列元素的原子序数：

(1) 最外电子层为 $3s^23p^6$；

(2) 最外电子层为 $4s^24p^5$；

(3) 最外电子层为 $4s^1$，次外电子层的 d 亚层仅有 5 个电子。

解：(1) 因为核外电子排布为 $1s^22s^22p^63s^23p^6$，所以该元素的原子序数为 18；

(2) 因为核外电子排布为 $1s^22s^22p^63s^23p^63d^{10}4s^24p^5$，所以该元素的原子序数为 35；

(3) 因为价电子排布为 $3d^54s^1$，核外电子排布为 $1s^22s^22p^63s^23p^63d^54s^1$，所以该元素的原子序数为 24。

1-11 已知 M^{2+} 离子 3d 轨道中有 5 个 d 电子，请推出：

(1) M 原子的核外电子排布；

(2) M 元素在周期表中的位置;
(3) M 原子的最外层和最高能级组中的电子数。

解:因为 M^{2+} 离子的价电子排布为 $3d^5$,所以:
(1) M 原子的核外电子排布为 $1s^2 2s^2 2p^6 3s^2 3p^6 3d^5 4s^2$;
(2) M 元素在周期表中的位置:第四周期,d 区,第ⅦB 族;
(3) M 原子的最外层电子数为 2,最高能级组中电子数为 7。

1-12 已知某元素在氪之前,当该元素的原子失去 3 个电子形成 +3 氧化数的离子时,在它的角量子数为 2 的轨道中刚好处于半充满状态,试判断它是什么元素。

解:氪的原子序数为 36,因某元素在氪之前,说明该元素的原子序数小于 36;M^{3+} 离子的价电子排布为 $3d^5$;由此可判断该元素是 $Fe(1s^2 2s^2 2p^6 3s^2 3p^6 3d^6 4s^2)$。

1-13 指出第四周期中具有下列性质的元素:
(1) 非金属性最强的元素   (2) 金属性最强的元素
(3) 电离能最小的元素   (4) 电子亲和能最小的元素
(5) 原子半径最大的元素   (6) 电负性最大的元素
(7) 化学性质最不活泼的元素

解:(1) 溴(Br)   (2) 钾(K)   (3) 钾(K)   (4) 溴(Br)
(5) 钾(K)   (6) 溴(Br)   (7) 氪(Kr)

1-14 元素原子的最外层仅有一个电子,该电子的量子数是 $n=4, l=0, m=0, m_s=1/2$,试问:
(1) 符合上述条件的元素可以有几种?原子序数各为多少?
(2) 写出相应元素原子的电子排布式,并指出其在周期表中的位置。

解:因为该元素原子的最外层电子排布为 $4s^1$,所以:
(1) 符合上述条件的元素可以有 3 种,价电子排布分别为:$4s^1$、$3d^5 4s^1$、$3d^{10} 4s^1$;原子序数分别为 19、24 和 29。
(2) $1s^2 2s^2 2p^6 3s^2 3p^6 4s^1$,位于周期表中第四周期,s 区,ⅠA 族;
$1s^2 2s^2 2p^6 3s^2 3p^6 3d^5 4s^1$,位于周期表中第四周期,d 区,ⅥB 族;
$1s^2 2s^2 2p^6 3s^2 3p^6 3d^{10} 4s^1$,位于周期表中第四周期,ds 区,ⅠB 族;

1-15 A、B 两元素基态时的电子排布,其主量子数最大为 4,次外层电子数都不是 8;未成对电子数 A 为 6,B 为 2,且原子 B 在反应中易得电子,成为简单负离子。根据以上条件试填下表:

元素	名称及符号	族	价层电子构型	原子序数	金属或非金属	区
A						
B						

解:据题意填表如下。

元素	名称及符号	族	价层电子构型	原子序数	金属或非金属	区
A	铬(Cr)	ⅥB	$3d^5 4s^1$	24	金属	d 区
B	硒(Se)	ⅥA	$4s^2 4p^4$	34	非金属	p 区

【综合测试】

一、选择题(每题1分,共25分。选择一个正确的答案写在括号里)

1. 测不准原理的数学表达式为(　　)。

　A. $\nu = \dfrac{E_{n2} - E_{n1}}{h}$　　　　　　　　B. $\lambda = \dfrac{h}{p} = \dfrac{h}{mv}$

　C. $\Delta x \cdot \Delta p \geqslant \dfrac{h}{2\pi}$　　　　　　　　D. $E(\text{H}) = -\dfrac{2.18 \times 10^{-18}}{n^2}$

2. 解薛定谔方程不能得到(　　)。

　A. 电子的运动状态　　　　　　　　B. 电子的能量状态

　C. 电子运动有关的3个量子数　　　D. 电子出现的概率密度

3. 下列叙述中正确的是(　　)。

　A. 因为p轨道是"8"字形的,于是p电子走"8"字形

　B. 主量子数为2时,有2s、2p两个轨道

　C. 氢原子中只有一个电子,故氢原子只有一个轨道

　D. 电子云是ψ^2在空间分布的图像

4. 下列各组量子数中错误的是(　　)。

　A. $n=3, l=2, m=0, m_s=+1/2$　　　B. $n=2, l=2, m=-1, m_s=-1/2$

　C. $n=4, l=1, m=0, m_s=-1/2$　　　D. $n=3, l=1, m=-1, m_s=+1/2$

5. 错误的价电子排布式为(　　)。

　A. $2s^2 2p^3$　　　B. $3d^5 4s^1$　　　C. $3d^9 4s^2$　　　D. $3d^{10} 4s^1$

6. 对于多电子原子,下列所描述的各电子中,能量最高的电子应是(　　)。

　A. $(2,1,1,-1/2)$　　　　　　　B. $(2,1,0,-1/2)$

　C. $(3,2,2,-1/2)$　　　　　　　D. $(3,1,1,-1/2)$

7. 下列电子构型中,第一电离能最小的是(　　)。

　A. $ns^2 np^3$　　B. $ns^2 np^4$　　C. $ns^2 np^5$　　D. $ns^2 np^6$

8. 下列离子中外层d轨道达到半充满状态的是(　　)。

　A. Cr^{3+}　　　B. Fe^{3+}　　　C. Co^{3+}　　　D. Cu^+

9. 主量子数$n=4$电子层的亚层数是(　　)。

　A. 3　　　　　B. 6　　　　　C. 5　　　　　D. 4

10. 关于原子结构知识叙述错误的是(　　)。

　A. 电离能大的元素,其电子亲和能也大

　B. 在多电子原子中,电子的能量取决于主量子数n和角量子数l

　C. 氢原子核外只有1个电子,基态时该电子处于1s轨道

　D. 最外层电子构型为ns^1和ns^2的元素,可能在s区,也可能在ds区

11. 下列哪一组量子数代表$2p_z$轨道上的一个电子(　　)。

　A. $2,1,0,1/2$　　　　　　　　B. $2,0,0,1/2$

　C. $1,2,0,1/2$　　　　　　　　D. $2,2,0,1/2$

12. 在同一元素原子中,下列一组轨道为等价轨道的是(　　)。

　A. $3s 3p 3d$　　B. $1s 2s 3s$　　C. $3p_x 3p_y 3p_z$　　D. $3d_{z^2} 3p_z$

13. 下列元素原子半径的排列顺序正确的是(   )。
    A. Mg>B>Si>Ar   B. Ar>Mg>Si>B
    C. Si>Mg>B>Ar   D. B>Mg>Ar>Si
14. 既能衡量元素金属性强弱,又能衡量其非金属性强弱的物理量是(   )。
    A. 电负性   B. 电离能   C. 电子亲和能   D. 偶极矩
15. 量子力学的一个轨道是(   )。
    A. 与玻尔理论中的原子轨道等同
    B. 指 n 具有一定数值时的一个波函数
    C. 指 n,l 具有一定数值时的一个波函数
    D. 指 n,l,m 3 个量子数具有一定数值时的一个波函数
16. 若将 $_{15}P$ 的电子排布式写成 $1s^2 2s^2 2p^6 3s^2 3p_x^2 3p_y^1$,它违背了(   )。
    A. 能量守恒原理   B. 能量最低原理
    C. 洪特规则   D. 泡利不相容原理
17. 基态 Mn 的价电子构型是(   )。
    A. $3d^7$ B. $3d^7 4s^2$ C. $3d^5 4s^2$ D. $3d^9$
18. 下列说法正确的是(   )。
    A. 第三周期有 18 个元素
    B. 主族元素原子最后填入的电子为 s 亚层或 d 亚层
    C. 第ⅦB 为锰族元素
    D. f 区元素又称内过渡元素
19. 下列哪个轨道上的电子在 XY 平面上出现的概率密度为零(   )。
    A. $3d_{x^2-y^2}$ B. $3P_z$ C. $3s$ D. $3d_{z^2}$
20. 在 Cr、S、Mn^{2+}、Fe^{2+} 四种微粒中,未成对电子由多到少的顺序是(   )。
    A. Cr>Mn^{2+}>Fe^{2+}>S   B. Mn^{2+}>Cr>Fe^{2+}>S
    C. Cr>Mn^{2+}>S>Fe^{2+} D. S>Fe^{2+}>Mn^{2+}>Cr
21. 已知某元素+3 价离子的电子分布式为 $1s^2 2s^2 2p^6 3s^2 3p^6 3d^5$,该元素在周期表中属于(   )。
    A. ⅤB 族   B. ⅢB 族   C. Ⅷ族   D. ⅤA 族
22. 下列哪组用量子数描述的电子亚层可以容纳最多的电子数(   )。
    A. $n=3, l=2$ B. $n=5, l=3, m=+1$
    C. $n=5, l=0$ D. $n=4, l=3$
23. 钠原子的 1s 电子能量与氢原子的 1s 电子能量相比(   )。
    A. 相等   B. 前者低   C. 前者高   D. 符号相反
24. 下列哪一系列的排列顺序恰好是电负性减小的顺序(   )。
    A. O,Cl,F   B. Cl,S,As
    C. As,P,H   D. F,N,O
25. 某些原子的价电子构型如下,其中氧化数最高的可能是(   )。
    A. $3s^2 3p^6$ B. $3s^2 3p^3$ C. $3d^{10} 4s^2$ D. $3d^5 4s^2$

二、填空题(每空1分,共25分。将正确的答案写在横线上)

1. 某元素原子主量子数 n 为 4 的电子层上有 7 个电子,该原子的价层电子构型为_____,它位于第_____族,_____区。

2. 4d 轨道中的主量子数为_____,角量子数为_____,该轨道最多可以有_____种空间取向,最多可容纳_____个电子。

3. 某元素原子序数为 47,其电子排布式为_____。该元素属_____周期、_____族、_____区。属_____(金属或非金属)元素,其电负性_____(>或<)2。

4. 角量子数没有独立性,必须受_____的制约;氢原子的轨道能量取决于_____;磁量子数是描述原子轨道在空间_____方向的量子数,其值受_____的限制。

5. Mn 的价层电子构型为_____,Co^{3+} 的价层电子构型为_____;Cr 属于_____族,Cu 属于_____区。

6. 已知某原子中的 5 个电子的各套量子数如下:①3,2,1,$-\frac{1}{2}$;②2,1,1,$-\frac{1}{2}$;③3,0,0,$\frac{1}{2}$;④2,0,0,$-\frac{1}{2}$;⑤3,1,1,$\frac{1}{2}$。它们的能量由高到低的顺序为_____。

7. 激发态 H 原子 3s 轨道的能量_____3d 轨道的能量,Cl 原子 3s 轨道的能量_____3d 轨道的能量,K 原子排布电子时,3d 轨道的能量_____4s 轨道的能量。

三、判断题(每题2分,共20分。错误的打"×",正确的打"√")

1. 同一亚层 3 个 p 轨道的能量、形状、大小都相同,不同的是空间取向(   )。

2. 电子云的黑点表示电子可能出现的位置,疏密程度表示电子出现在该范围的机会大小(   )。

3. 最外层电子构型为 ns^1 和 ns^2 的元素,都在 s 区(   )。

4. 电子具有波粒二象性,就是说一会是粒子,一会是波动(   )。

5. 过渡元素的原子填充电子时是先填 3d 然后填 4s,所以失去电子时,也按这个次序进行(   )。

6. 将氢原子的 1s 电子激发到 2s 轨道比激发到 2p 轨道所需的能量高(   )。

7. 电子在原子核外运动的能级越高,它与原子核的距离越远。任何时候 1s 电子总比 2s 电子靠近原子核,因为 $E_{1s} > E_{2s}$(   )。

8. 副族元素中,同一族元素的第一电离能的变化趋势一般说与主族元素中的变化趋势不同(   )。

9. Fe、Fe^{2+}、Fe^{3+} 的半径从大到小的顺序是 Fe>Fe^{2+}>Fe^{3+};还原性从大到小的顺序是 Fe^{3+}>Fe^{2+}>Fe(   )。

10. 元素的最外层电子数不一定与该元素所处的族数相同,但其电子层数与该元素所处的周期数相同(   )。

四、简答题(每题6分,共30分)

1. 写出 $_{24}$Cr 和 $_{29}$Cu 的电子排布式。

2. 解释下列现象:

(1) Na 的第一电离能小于 Mg,而 Na 的第二电离能却大大超过 Mg;

(2) Na^+ 和 Ne 是等电子体,为什么它们失去一个电子的电离能数值差别较大。

3. 指出下列用四个量子数表示的电子运动状态哪些是错误的,并将其改正过来(每套量子数只能改正一处)。

序 号	n	l	m	m_s
①	4	3	−4	$+\frac{1}{2}$
②	1	0	0	$+\frac{1}{2}$
③	3	3	−2	$-\frac{1}{2}$
④	3	2	−2	$-\frac{1}{2}$
⑤	4	3	3	0
⑥	4	3	−3	$-\frac{1}{2}$
⑦	−2	0	0	$+\frac{1}{2}$

4. 有 A、B、C、D 4 种元素,其价电子数依次为 1、2、6、7,其电子层数依次减小。已知 D^- 的电子层结构与 Ar 原子相同,A 和 B 的次外层各只有 8 个电子,C 的次外层有 18 个电子,试判断这 4 种元素:

(1) 原子半径由小到大的顺序;   (2) 第一电离能由小到大的顺序;

(3) 电负性由小到大的顺序;   (4) 金属性由弱到强的顺序;

(5) 分别写出元素原子最外层 $l=0$ 的电子的量子数。

5. 价电子构型满足下列条件之一的是哪一类或哪一个元素?位于周期表的哪个区?

(1) 具有 2 个 p 电子;

(2) 有 2 个量子数为 $n=4$ 和 $l=0$ 的电子,6 个量子数为 $n=3$ 和 $l=2$ 的电子;

(3) 3d 为全充满,4s 只有一个电子的元素。

第 2 章

化学键与物质结构

【基本要求】

1. 了解离子键的形成和强度；理解离子键的特征和离子结构。

2. 了解晶体的基本知识及各类晶体的特征和性质，理解离子晶体的半径比对配位数与晶体构型的影响，理解离子极化的规律及其对物质性质的影响。

3. 理解价键理论，掌握共价键的形成、特征和类型，了解共价键的参数。理解杂化轨道理论的基本要点，掌握分子几何构型与中心原子杂化轨道类型的对应关系。

4. 理解价层电子对互斥理论的基本内容，能用价层电子对互斥理论预言主族元素分子的构型。了解分子轨道理论的基本要点，理解分子轨道的形成、形状和能级图，会用分子轨道理论处理第一、第二周期同核双原子分子。

5. 掌握配合物的基本概念、组成和命名，理解螯合物的概念和特点，了解配合物的应用。

6. 理解并掌握配合物的价键理论，能用价键理论说明配合物中形成体的杂化轨道类型，配合物的稳定性、空间构型和磁性。理解晶体场理论的基本要点，能用晶体场理论解释配合物的磁性、稳定性和显色原因。

7. 了解金属键的改性共价键理论，理解能带理论及对导体、半导体和绝缘体的区分及应用，了解金属晶体的紧密堆积结构。

8. 了解共价键的极性，掌握常见分子极性的判断方法。理解分子间力和氢键的概念，分清化学键和分子间力的区别，掌握分子间力和氢键对物质物理性质的影响。

【学习小结】

分子或晶体内相邻原子或离子之间的强作用力叫做化学键。化学键可分为离子键、共价键和金属键 3 种基本类型。

原子失去电子成为正离子，原子得到电子成为负离子，离子的性质主要取决于离子的电荷、半径和电子构型。由正离子和负离子之间通过静电引力而形成的化学键称为离子键。离子键没有方向性和饱和性。离子键的强度可以用离子键的键能和离子晶体晶格能表示，晶格能可用"玻恩-哈伯循环法"及"玻恩-朗德"公式计算；离子的半径越小，电荷数越高，正、负离子间的吸引作用越大，晶格能越大，熔点越高，硬度越大。

由原子、离子或分子等微粒在空间按一定规律周期重复地排列构成的固体物质称为晶体。晶体具有一定的几何构型，固定的熔点和各向异性。按晶格结点上微粒的种类及微粒间作用力的不同，将晶体分为离子晶体、共价晶体、金属晶体、分子晶体和混合型晶体。AB 型离子晶体中最简单的结构类型有 NaCl 型、CsCl 型和 ZnS 型（立方和六方），离子晶体的结构类型与正、负离子的半径比关系最为密切,称为离子半径比定则;当 r_+/r_- 在 0.225～0.414、0.414～0.732、0.732～1.00 范围时,所对应的构型分别是 ZnS、NaCl、CsCl 型。

单个离子在外电场的作用下,由于离子中的原子核与电子发生了相对位移,从而产生诱导偶极的过程称为离子的极化。离子晶体中,正、负离子间发生相互极化时,通常半径小的正离子表现为极化力;而半径大的负离子表现为变形性。影响极化力和变形性的因素有离子半径、离子电荷和离子的外层电子构型。离子极化对离子晶体性质的影响主要表现为对化学键键型的影响,对晶体构型的影响,对物质物理性质(熔沸点、溶解度和化合物颜色)的影响。

原子间通过共用电子对(电子云重叠)而形成的化学键称为共价键。一般来说,同种或电负性相差不太大的元素原子间的化学键都是共价键。

价键理论认为,具有自旋反向的未成对电子的两个原子靠近时,可以形成稳定的共价键,这两个电子成键时其原子轨道必须进行最大程度的重叠;由于以上原因,使共价键具有饱和性和方向性。由于原子轨道的重叠方式不同,共价键主要可分为 σ 键和 π 键:形成 σ 键的原子轨道及其重叠部分沿键轴方向"头碰头"重叠并呈圆柱形对称分布,形成 π 键的原子轨道及其重叠部分沿键轴方向"肩并肩"重叠并对通过键轴的平面呈镜面反对称分布。共价键的特性可以用键参数(键能、键长和键角)来描述,键能可用来比较键的强度,键长和键角是描述分子几何构型的两个要素。

杂化轨道理论认为,原子轨道的杂化只发生在分子的形成过程中,原子中参加成键的几个能量相近的原子轨道在原子核和键合原子的共同作用下可以混合、重新分配能量和确定空间取向,组成杂化轨道,使成键能力有所增强。由于参加杂化轨道的数目和类型的不同,所带来的空间构型也不同。s 轨道和 p 轨道间的杂化形式可分为 sp^3、sp^2 和 sp,带来的空间构型分别为四面体、平面三角形和直线形。

价层电子对互斥理论认为,分子或离子的空间构型决定于中心原子周围的价层电子对数,价层电子对是指 σ 键电子对与孤电子对。计算式为

$$价层电子对数 = \frac{1}{2}(中心原子的价电子数 + 配位原子的成键电子数)$$

价层电子对间尽可能远离以使斥力最小。价层电子对间的斥力大小为

孤对—孤对＞孤对—成键＞成键—成键, 三键＞双键＞单键

在分子或离子的几种可能的几何构型中,以含 90°角孤电子对—孤电子对排斥作用和含 90°角孤电子对—成键电子对排斥作用数目最少的构型是分子较稳定的构型。

价层电子对数与电子构型关系见表 X-2-1。

表 X-2-1 价层电子对数与电子构型关系

价层电子对数	2	3	4	5	6
电子对空间构型	直线形	平面三角形	四面体	三角双锥	八面体

价层电子对互斥理论可以较好地推测 AX_n 型分子或离子的空间构型,其结果与杂化轨道理论结果一致。

分子轨道理论认为,原子在形成分子时,所有的电子都有贡献。n 个原子轨道可以组成

n 个分子轨道,其中 $\frac{1}{2}n$ 个分子轨道是能量低于原子轨道的成键分子轨道,另外 $\frac{1}{2}n$ 分子轨道是能量高于原子轨道的反键分子轨道;原子轨道组合成分子轨道要遵循对称性匹配原则、能量相近原则和轨道最大重叠原则。根据分子轨道能级图和核外电子排布三原理(泡利不相容原理,能量最低原理和洪特规则),可以将一些简单的双原子分子的分子轨道电子排布式写出来。分子的稳定性用键级大小衡量:

$$键级 = \frac{1}{2}(成键电子数 - 反键电子数)$$

键级越大,键越牢固,分子越稳定。

共价晶体就是我们熟悉的原子晶体。占据晶格结点的是原子,结点间的作用力是共价键,所以共价晶体的特性:不存在独立的小分子,晶体多大,分子就有多大;化学稳定性高;高的熔点、沸点;硬度大,不导电,延展性差,难于机械加工;在任何溶剂中都难溶。

配合物是由可以提供孤电子对的一定数目的离子或分子(称为配体)与接受孤电子对的离子或原子(称为形成体)按一定的组成和空间构型所形成的复杂化合物。配合物由内界和外界两部分组成。配位个体称为内界,是配合物的核心部分,是形成体和配体结合而成的一个相对稳定的整体,又称配位个体。

配合物的命名方法基本上遵循一般无机化合物的命名原则,复杂之处在于配位个体的命名。

配合物的化学键是指配位个体内形成体与配体之间的化学键。关于这种键的性质,目前主要有以下几种理论:价键理论、晶体场理论、配位场理论和分子轨道理论。这些理论从不同的角度解释了配合物的空间构型、配位数、配合物的磁性和稳定性等。我们要求掌握配合物的价键理论和晶体场理论。

配合物的价键理论认为,配体中配位原子提供的孤电子对填入形成体的杂化空轨道,形成配位键。有次外层 d 轨道参加杂化时,形成内轨型配合物;全由最外层轨道参加杂化形成的配合物称外轨型配合物。配合物是内轨型还是外轨型,主要取决于形成体的价层电子构型、离子的电荷和配位原子的电负性。物质磁性的强弱可用磁矩(μ)表示:

$$\mu = \sqrt{n(n+2)} \quad (n\ 为形成体的未成对电子数)$$

晶体场理论认为,形成体与配体之间靠静电引力相结合,形成体位于晶体场(以一定对称性分布的配位体对形成体所施加的电场)的中心。在晶体场的作用下,形成体的 d 轨道发生能级分裂。在配位数为 6 的八面体场中,形成体的 d 轨道能级分裂为能量高低不同的两组,它可能引起 d 电子的重新排布。含 $d^4 \sim d^7$ 的形成体与强场配体形成低自旋配合物,与弱场配体形成高自旋配合物。d 电子进入能级分裂后的 d 轨道所引起的能量降低总值称为晶体场稳定化能,晶体场稳定化能用 CFSE 表示:

$$CFSE = xE(t_{2g}) + yE(e_g) + (n_1 - n_2)P。$$

晶体场稳定化能越负(代数值越小),说明电子进入分裂后 d 轨道降低的能量越多,配合物越稳定。晶体场理论除能解释配合物的空间构型、磁性和稳定性外,还可以解释配合物的颜色。

形成体与双齿或多齿配体形成螯合物,螯合物比配合物稳定得多,这种现象称为螯合效应。

金属原子容易失去电子，所以在金属晶体中既有金属原子又有金属离子，金属原子和附近的离子交换着电子，这些价电子时而从一些原子脱落下来，时而又与另一些金属离子结合，成为自由电子。由自由电子与金属原子、金属离子产生的一种结合力称为金属键。金属键没有方向性和饱和性，金属键存在于金属晶体之中。

金属键的能带理论是一种量子力学模型，是分子轨道理论的进一步发展。通常把能量相近分子轨道的集合称为能带，由充满电子的原子轨道所形成的能带称为满带，由未充满电子的原子轨道所形成的能带称为导带，满带与导带之间的能量空隙称为禁带，禁带没有电子存在；根据能带结构中禁带宽度和能带中电子填充状况，可把物质分为导体、半导体和绝缘体。

由于金属晶体的晶格结点上排列的是金属原子或金属正离子，结点间的作用力为金属键，所以金属晶体具有稳定性高、熔沸点、硬度差别大；可导电、传热；延展性好，易于机械加工的特性。金属晶体的紧密堆积结构有六方、面心立方和体心立方3种形式。

分子的极性与共价键的极性、分子的空间构型有关。双原子分子中，极性键形成的分子是极性分子，非极性键形成的分子是非极性分子；多原子分子中，化学键都是非极性键的分子是非极性分子，化学键是极性的，但分子的空间分布对称，分子的偶极矩为零的分子是非极性的分子。

分子之间存在一定的作用力，这种分子间的作用力较弱，要比化学键的键能小1~2个数量级，但却是影响物质的聚集状态（固态、液态、气态）及溶解性的重要因素，这种分子间的作用力也叫范德华力。范德华力分为取向力、诱导力和色散力，分子间力没有方向性和饱和性。

极性分子间存在着取向力、诱导力和色散力；极性分子与非极性分子间存在着诱导力和色散力；非极性分子间仅存在着色散力。色散力在所有分子中普遍存在，并占有相当大的比重。

当氢原子与一个半径较小、而电负性又很强的X原子以共价键相结合时，就有可能再与另一电负性大的Y原子生成一种较弱的键，这种键称为氢键，其中X、Y为F、O、N。氢键是有方向性和饱和性的一种分子间作用力。其能量比化学键的键能要小得多，一般不超过 $42 \text{ kJ} \cdot \text{mol}^{-1}$，氢键的形成对物质的性质有一定的影响。

分子晶体中占据晶格结点的是分子，结点间的作用力是分子间力（有时有氢键），所以分子晶体具有稳定性差，低的熔沸点和硬度，且极性分子的分子晶体易溶于极性溶剂中，非极性分子的分子晶体易溶于非极性溶剂中的特性。

混合型晶体也称为过渡型晶体。晶体内同时存在着若干种不同的作用力，具有若干种晶体的结构和性质，最有代表性的混合型晶体是石墨。

【温馨提示】

1. 用离子半径比规则判断离子晶体构型时，当半径比处于极限值附近时，该晶体可能有两种构型，且离子半径比规则只适用于离子晶体。

2. 根据不同的观点，共价键有不同的分类或名称：

(1) 按共用电子对的偏移不同，分为极性共价键和非极性共价键；

(2) 按共用电子对来源不同，分为共价键（双方都提供电子）和配位键（单方提供电子对）；

(3) 按轨道的重叠方式不同,分为σ键(轴向重叠),π键(垂直轴向平行重叠),大π键(n原子m电子π键);

(4) 按共用电子对数目不同,分为共价单键(σ键),共价双键([σ+π]键)和共价叁键([σ+π]+π)。

3. 共价键和分子间力对共价型物质的性质影响不同,共价键主要影响共价型物质的化学性质,而分子间力则影响共价型物质的物理性质。

4. 由于氢键的键能与分子间作用力相当,所以通常把氢键归为分子间力。两者的差别是氢键有方向性和饱和性,而分子间力无方向性和饱和性。

5. 判断配合物是内轨型,还是外轨型的3种方法:

第一种方法,根据配合物的空间构型判断。

对于配位数 $n \leqslant 4$,可根据配位个体的空间构型来判断。

第二种方法,根据影响内外轨的因素来判断。

(1) 形成体的电子构型:d^{10}——外轨型,$d^1 \sim d^3$——内轨型;$d^4 \sim d^7$——内、外轨型都有;d^8——Pt^{2+}、Pd^{2+}等大多数情况下,形成内轨型配合物;d^9—— Cu^{2+}形成配位数为4的配合物时,一般为内轨型。

(2) 形成体的氧化数:形成体氧化数高,易形成内轨型;形成体氧化数低,易形成外轨型。如:$[Co(NH_3)_6]^{3+}$、$[Cu(NH_3)_4]^{2+}$为内轨型;$[Co(NH_3)_6]^{2+}$、$[Cu(NH_3)_4]^+$为外轨型。

(3) 配位原子的电负性:配位原子的电负性高,易形成外轨型;配位原子的电负性低,易形成内轨型。例如:$[FeF_6]^{3-}$为外轨型,$[Fe(CN)_6]^{3-}$为内轨型。以CN^-作配体时,一般形成内轨型(Ag^+、Cu^+、Cd^{2+}、Hg^{2+}等18电子构型的离子作形成体者只能形成外轨型)。

第三种方法,根据测定的配合物磁矩判断。

根据测定的配合物磁矩,按公式 $\mu = \sqrt{n(n+2)}$ 计算出形成体的未成对电子数 n。将此未成对电子数与自由金属离子的未成对电子数进行比较,形成体的未成对电子数小于自由金属离子的未成对电子数,则肯定为内轨型。若二者未成对电子数相等,一般为外轨型。例如,$[FeF_6]^{3-}$测定的磁矩为5.90B.M,根据 $\mu = \sqrt{n(n+2)}$ 公式可计算出形成体Fe^{3+}有5个未成对电子,自由Fe^{3+}离子也有5个未成对电子,可以判断$[FeF_6]^{3-}$为外轨型,Fe^{3+}发生sp^3d^2杂化。$[Fe(CN)_6]^{3-}$测定的磁矩为2.0 B.M,同样可计算出形成体Fe^{3+}有1个未成对电子,而自由Fe^{3+}离子有5个未成对电子,故$[Fe(CN)_6]^{3-}$为内轨型,形成体Fe^{3+}发生d^2sp^3杂化。

应该注意:方法三不适用于形成体电子构型为$d^1 \sim d^3$,以及Cu^{2+}作形成体配位数为4的配位个体的判断。

【思习解析】

思 考 题

2-1 解释下列概念:离子键,共价键,配位键,金属键,配位化合物

解:离子键:当电负性较小的活泼金属原子与电负性较大的活泼非金属原子在一定条

件下相互接近时,金属元素的原子容易失去最外层电子形成具有稀有气体稳定电子结构的正离子;而非金属元素的原子容易得到电子形成具有稀有气体稳定电子结构的负离子;这种正、负离子间通过静电作用所形成的化学键称为离子键。

共价键:电负性相同或相差不大的两个元素的原子相互作用时,原子之间通过共用电子对所形成的化学键。

配位键:由一个成键原子单独提供共用电子对,另一个成键原子提供空轨道而形成的共价键。

金属键:金属晶体中的金属原子、金属离子和自由电子之间的结合力。

配位化合物:由可以给出孤对电子或多个不定域电子的一定数目的离子或分子(称为配体)和具有接受孤对电子或多个不定域电子的空位的原子或离子(称形成体)按一定的组成和空间构型所形成的化合物。

2-2 区别下列名词和概念:σ键和π键,配体、配位原子和配位数,单齿配体和多齿配体,外轨配键和内轨配键,高自旋配合物和低自旋配合物,极性分子和非极性分子。

解:σ键和π键:σ键是原子轨道沿着键轴(两原子核间连线)方向以"头碰头"的方式发生重叠所形成的共价键。形成σ键时,轨道的重叠部分对于键轴呈圆柱形对称。π键是原子轨道沿着键轴方向以"肩并肩"的方式发生重叠所形成的共价键。形成π键时,轨道的重叠部分对通过键轴的平面呈镜面反对称。

配体、配位原子和配位数:在配位个体中,提供孤电子对的离子或分子称为配体;如 OH^-、CN^-、X^-(卤素离子)等离子以及 H_2O、NH_3 等分子。配体中提供孤电子对与形成体形成配位键的原子称为配位原子;常见的配位原子为电负性较大的非金属原子;如 X(卤素)、O、S、C、N、P 等。配位个体中直接与形成体相连的配位原子的数目称为配位数,是形成体与配体形成配位键的数目;如 $[Ag(NH_3)_2]^+$ 中 Ag^+ 的配位数是 2,$[Cu(en)_2]^{2+}$ 和 $[Cu(NH_3)_4]^{2+}$ 中 Cu^{2+} 的配位数是 4,在 $K_2[PtCl_6]$、$[Fe(CN)_6]^{4-}$ 中 Pt^{4+}、Fe^{2+} 的配位数是 6。在配合物中,形成体的配位数可以从 1 到 12。而最常见的配位数是 4 和 6。

单齿配体和多齿配体:按配体中所含配位原子数目的多少,可将配体分为单齿配体和多齿配体。只含有一个配位原子的配体称为单齿配体;如 H_2O:、:NH_3、:CO(羰基)、:X^-、:CN^-、:OH^-、:ONO^-(亚硝酸根)、:NO_2^-、:SCN^-(硫氰酸根)、:NCS^-(异硫氰酸根)、Py(吡啶)等。含有 2 个或 2 个以上配位原子的配体称为多齿配体;如乙二胺(en)、草酸根(OX)、氨基乙酸、邻菲罗啉(o—phen)、联吡啶(bpy)和乙二胺四乙酸(H_4Y)等。

外轨配键和内轨配键:形成体提供同层空轨道参与杂化而形成的配位键称为外轨型配位键,简称外轨配键。形成体提供外层和次外层空轨道参与杂化而形成的配位键称为内轨型配位键,简称内轨配键。

高自旋配合物和低自旋配合物:在晶体场理论中,当 $P_0<\Delta_0$ 时,d 电子通过低自旋排布所形成的配合物称为低自旋配合物;当 $P_0>\Delta_0$ 时,d 电子通过高自旋排布所形成的配合物称为高自旋配合物。

极性分子和非极性分子:正、负电荷中心不重合的分子称为极性分子,正、负电荷中心重合的分子称为非极性分子。

2-3 简述离子键、共价键和金属键的特征,分子间力和氢键的异同点。

解:离子键的特征:没有方向性,没有饱和性;

共价键的特征：有方向性，有饱和性；

金属键的特征：没有方向性，没有饱和性。

分子间力和氢键的异同点：本质相同，强度相当，但分子间力没有方向性和饱和性，而氢键有方向性和饱和性。

2-4 根据元素在周期表中的位置，试推测哪些元素之间易形成离子键，哪些元素之间易形成共价键。

解：ⅠA、ⅡA族与ⅥA、ⅦA族元素原子之间由于电负性相差较大，易形成离子键；处于周期表中部的主族元素原子之间由于电负性相差不大，易形成共价键。

2-5 离子半径$r(Cu^+)<r(Ag^+)$，所以Cu^+的极化力大于Ag^+，但Cu_2S的溶解度却大于Ag_2S，何故？

解：Cu^+和Ag^+均属18电子构型，虽然极化力$Cu^+>Ag^+$，但是变形性$Ag^+>Cu^+$，导致Ag_2S的附加极化作用加大，键的共价成分增多，溶解度减小。

2-6 什么叫原子轨道的杂化？为什么要杂化？指出下列分子或离子中各中心原子的杂化状态：

CCl_4，PH_3，H_2O，BCl_3，$BeCl_2$，$[Zn(NH_3)_4]^{2+}$，$[Ni(CN)_4]^{2-}$，$[FeCl_6]^{3-}$，$[Cr(CN)_6]^{3-}$

解：原子在形成分子的过程中，中心原子在成键原子的作用下，其价层几个形状不同、能量相近的原子轨道，改变原来状态，混合起来重新分配能量和调整伸展方向，组合成新的利于成键的轨道，这种原子轨道重新组合的过程就称为原子轨道的杂化，简称杂化。

杂化后轨道在空间的分布使电子云更加集中，在与其他原子成键时重叠程度更大，成键能力更强，形成的分子更稳定。

下列分子或离子中各中心原子的杂化状态分别为：

$CCl_4(sp^3)$　　　　　$PH_3(sp^3$不等性$)$　　　$H_2O(sp^3$不等性$)$

$BCl_3(sp^2)$　　　　　$BeCl_2(sp)$　　　　　　$[Zn(NH_3)_4]^{2+}(sp^3)$

$[Ni(CN)_4]^{2-}(dsp^2)$　$[FeCl_6]^{3-}(sp^3d^2)$　$[Cr(CN)_6]^{3-}(d^2sp^3)$

2-7 指出下列分子或离子中的共价键中，哪些是由成键原子的未成对电子直接配对成键，哪些是由电子激发后配对成键，哪些是配位键，所形成的共价键是σ键还是π键：

CO_2，　BBr_3，　$HgCl_2$，　NH_4^+，　$[Ag(NH_3)_2]^+$

解：由成键原子的未成对电子直接配对成键的是H_2O，所形成的共价键是σ键；

由电子激发后配对成键的是CO_2和BBr_3，C、O之间形成一个σ键和一个π键，B、Br之间形成的是σ键；

形成配位键的是$HgCl_2$、$[Ag(NH_3)_2]^+$和NH_4^+，所形成的配位键是σ键。

2-8 根据价层电子对互斥理论，写出价层电子对为2、3、4、5、6时，其价层电子对的空间构型。

解：价层电子对数与价层电子对的空间构型：

价层电子对数(VP)	2	3	4	5	6
价层电子对的空间构型	直线形	平面三角形	四面体	三角双锥	八面体

2-9 根据分子轨道理论，写出下列分子或离子的分子轨道表示式，并指出是顺磁性物质还是反磁性物质：

$$O_2, \quad O_2^{2+}, \quad N_2, \quad N_2^{2-}$$

解：O_2：$KK(\sigma_{2s})^2(\sigma_{2s}^*)^2(\sigma_{2p_x})^2(\pi_{2p_y})^2(\pi_{2p_z})^2(\pi_{2p_y}^*)^1(\pi_{2p_z}^*)^1$　顺磁性物质

O_2^{2+}：$KK(\sigma_{2s})^2(\sigma_{2s}^*)^2(\sigma_{2p_x})^2(\pi_{2p_y})^2(\pi_{2p_z})^2$　反磁性物质

N_2：$KK(\sigma_{2s})^2(\sigma_{2s}^*)^2(\pi_{2p_y})^2(\pi_{2p_z})^2(\sigma_{2p_x})^2$　反磁性物质

N_2^{2-}：$KK(\sigma_{2s})^2(\sigma_{2s}^*)^2(\pi_{2p_y})^2(\pi_{2p_z})^2(\sigma_{2p_x})^2(\pi_{2p_y}^*)^1(\pi_{2p_z}^*)^1$　顺磁性物质

2-10 $[Ni(NH_3)_4]^{2+}$ 和 $[Ni(CN)_4]^{2-}$ 是 Ni^{2+} 的配合物，已知前者的磁矩大于零，后者的磁矩等于零，则前者的空间构型和杂化方式与后者有何不同？

解：$[Ni(NH_3)_4]^{2+}$：四面体构型，Ni^{2+} 为 sp^3 杂化；

$[Ni(CN)_4]^{2-}$：平面正方形构型，Ni^{2+} 为 dsp^2 杂化。

2-11 用价键理论和晶体场理论分别描述下列配位个体的形成体价层电子分布：

(1) $[Ni(NH_3)_6]^{2+}$（外轨型）　　(2) $[Co(NH_3)_6]^{3+}$（低自旋）

解：(1) $Ni^{2+}(3d^8)$

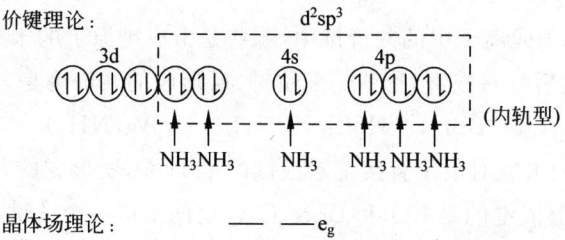

(2) $Co^{3+}(3d^6)$

价键理论：

晶体场理论：（低自旋）

2-12 构型为 $d^1 \sim d^{10}$ 的过渡金属离子，在八面体配合物中，哪些有高、低自旋之分，哪些没有？

解：$d^4 \sim d^7$ 构型的过渡金属离子在八面体场中有高、低自旋之分；$d^1 \sim d^3$、$d^8 \sim d^{10}$ 构型的过渡金属离子在八面体场中没有高、低自旋之分。

2-13 试用金属键的改性共价键理论解释金属的光泽、导电性、导热性和延展性。

解：金属键的改性共价键理论是 20 世纪初，德罗德和洛伦茨首先提出的金属键的自由电子气模型。该模型认为：在固态或液态金属中，由于金属原子的电离能较低，金属晶体中的原子的价电子可以脱离原子核的束缚,成为能够在整个晶体中自由运动的电子,这些电子称为自由电子。失去电子的原子则形成了带正电荷的离子。自由电子可以在整块金属中运动,而不是从属于某一个原子。正是由于这些自由电子的运动,把金属正离子牢牢地粘在一起,形成了所谓的金属键。

这种键也是通过共用电子而形成的。因此,可以认为金属键是一种改性的共价键,其特点是整个金属晶体中的所有原子共用自由电子,就像金属正离子存在于由自由电子形成的"海洋"中,或者说在金属晶格中充满了由自由电子组成的"气"。

自由电子的存在使金属具有光泽、良好的导电性、导热性和延展性。

金属中的自由电子吸收可见光而被激发,激发的电子在跃回到较低能级时,将所吸收的可见光释放出来。因此,金属一般呈银白色光泽。

由于金属晶体中含有可自由运动的电子,在外加电场的作用下,这些电子可以作定向运动而形成电流。因此,金属晶体具有导电性。

当金属晶体的某一部分受到外加能量而温度升高时,自由电子的运动加速,晶体中的原子和离子的振动加剧,通过振动和碰撞将热能迅速传递给其他自由电子,即热能通过自由电子迅速传递到整个晶体中,所以金属具有导热性。

金属中的原子和离子是通过自由电子的运动结合在一起的,相邻的金属原子之间没有固定的化学键,因此在外力作用下,一层原子在相邻的一层原子上滑动而不破坏化学键。这样,金属具有良好的延展性,易于机械加工。

2-14 试用金属键的能带理论解释导体、半导体、绝缘体的存在。

解:金属键的能带理论是一种量子力学模型,可看作是分子轨道理论在金属键中的应用。所有原子的原子轨道线性组合成一系列能量不同的分子轨道。能量相近分子轨道的集合称为能带,充满电子的能带称为满带,未充满电子的能带称为导带,满带与导带之间的能量间隔称为禁带(禁带没有电子存在)。

根据能带结构中禁带宽度和能带中电子填充状况,可以决定固体材料是导体、半导体和绝缘体,如图所示。

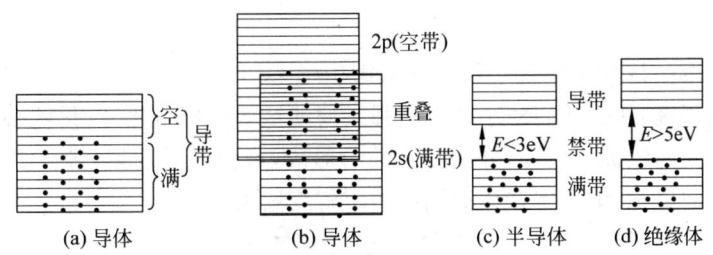

金属能带理论示意图

导体是由未充满电子的能带形成的导带(图(a)),或由充满电子的满带与未填充电子的空带发生能级交错形成的复合导带(图(b)),在外电场作用下价电子可跃迁到邻近的空轨道中而导电(金属镁是导体,可以解释为镁的满带与空带的交错)。

半导体的能带结构如图(c)所示。满带被电子充满,导带是空的,禁带宽度很窄($E<3eV$)。在光照或外电场作用下,满带上的电子容易跃迁到导带上去,使原来空的导带填充

部分电子，同时在满带上留下空位，使导带与原来的满带均未充满电子形成导带，具有这种性质的晶体称为半导体。如硅、锗等元素的晶体。

绝缘体的能带结构如图(d)所示。满带被电子充满，导带是空的，禁带宽度很大($E>5eV$)。在外电场作用下，满带中的电子不能跃迁到导带，故不能导电，如金刚石晶体等。

2-15 分子间力有哪几种？各种力产生的原因是什么？试举例说明极性分子之间、极性分子与非极性分子之间以及非极性分子之间的分子间力。在大多数分子中以哪一种分子间力为主？

解：分子间力有取向力、诱导力和色散力。

当两个极性分子相互接近时，会产生同极相斥、异极相吸的作用，这种作用使得分子发生相对转动，结果使一个分子的正极与另一个分子的负极接近，系统中的分子将按极性的方向作定向排列，极性分子的这种运动称为取向，由于取向而产生的吸引力称为取向力。

非极性分子在极性分子固有偶极的作用下，正、负电荷中心将产生相对位移，从而产生诱导偶极。这种现象在极性分子之间也存在，其结果使分子原有偶极加大，这种由于诱导而产生的作用力称为诱导力。

色散力可看作是分子的"瞬时偶极"相互作用的结果。在某一瞬间，因核及电子的运动，正、负电荷中心会出现暂时的不重合现象，由此使分子在瞬间产生的偶极称为瞬时偶极。瞬时偶极之间的相互吸引力称为色散力，又称为伦敦力。

极性分子之间（如水与氨之间）存在取向力、诱导力和色散力；

极性分子与非极性分子之间（如水与四氯化碳之间）存在诱导力和色散力；

非极性分子之间（如四氯化碳与苯之间）只存在色散力。

在大多数分子中，分子间力以色散力为主。

2-16 什么叫做氢键？哪些分子间易形成氢键？形成氢键对物质的性质有哪些影响？

解：当氢原子与电负性较大，半径较小的原子 X（如 F、O、N）形成强极性共价键时，几乎裸露的质子对附近另一个分子中电负性较大、半径较小、有孤电子对且带有部分负电荷的原子 Y（如 F、O、N）产生较强的静电吸引，这种吸引作用力就是氢键。

氢键通常用 X—H⋯Y 表示。X、Y 可以是同种元素的原子，也可是两种不同元素的原子。

含有 X—H、Y—H 结构的分子易形成氢键。

分子间存在氢键，使分子间的结合力增强。要使这些物质熔化、汽化就必须附加额外的能量去破坏分子间的氢键。因此，分子间氢键的形成，可使物质的熔、沸点升高。若溶质能与溶剂形成分子间氢键，则溶质在该溶剂中的溶解度增大。

分子内形成的氢键 X—H⋯Y，3 个原子往往不在一条直线上，不稳定，易断开，分子内氢键的形成将阻碍分子间氢键的形成，所以能形成分子内氢键的物质，其熔点、沸点降低，在水中的溶解度下降。

习 题

2-1 写出下列各离子的核外电子构型，并指出它们各属于哪类的电子构型：

Al^{3+}， Fe^{3+}， Pb^{2+}， Ag^+， Cr^{3+}， Ca^{2+}， Br^-

解：Al^{3+}：$1s^2 2s^2 2p^6$，8 电子构型；

Fe^{3+}：$1s^2 2s^2 2p^6 3s^2 3p^6 3d^5$，9~17 电子构型；

Pb^{2+}：$1s^2 2s^2 2p^6 3s^2 3p^6 3d^{10} 4s^2 4p^6 4d^{10} 4f^{14} 5s^2 5p^6 5d^{10} 6s^2$，18+2 电子构型；

Ag^+：$1s^2 2s^2 2p^6 3s^2 3p^6 3d^{10} 4s^2 4p^6 4d^{10}$，18 电子构型；

Cr^{3+}：$1s^2 2s^2 2p^6 3s^2 3p^6 3d^3$，9~17 电子构型；

Ca^{2+}：$1s^2 2s^2 2p^6 3s^2 3p^6$，8 电子构型；

Br^-：$1s^2 2s^2 2p^6 3s^2 3p^6 3d^{10} 4s^2 4p^6$，8 电子构型。

2-2 将下列晶体的熔点由高到低进行排列：

(1) NaF，NaI，NaCl，NaBr　　　　(2) NaCl，KCl，RbCl

(3) MgO，CaO，BaO

解：(1) NaF＞NaCl＞NaBr＞NaI；

(2) NaCl＞KCl＞RbCl；

(3) MgO＞CaO＞BaO。

2-3 已知各离子的半径数据如下：

离　子	Na^+	Rb^+	Ag^+	Ca^{2+}	Cl^-	I^-	O^{2-}
离子半径/pm	95	148	126	99	181	216	140

根据半径比定则，试推算 RbCl、AgCl、NaI 和 CaO 的晶体构型。

解：据题意解答如下：

晶体物质	RbCl	AgCl	NaI	CaO
离子半径比 $\left(\dfrac{r_+}{r_-}\right)$	$\dfrac{148}{181}=0.818$	$\dfrac{126}{181}=0.696$	$\dfrac{95}{216}=0.440$	$\dfrac{99}{140}=0.707$
晶体构型	CsCl 型	NaCl 型	NaCl 型	NaCl 型

2-4 指出下列配合物的内界、外界、形成体、配位体、配位原子和形成体的配位数：

(1) $[Cr(NH_3)_6]_2(SO_4)_3$　　　　(2) $K_2[SiF_6]$

(3) $K_2[Pt(CN)_2(NO_2)_4]$　　　　(4) $[Ni(CO)_4]$

解：据题意列表解答如下：

配合物	$[Cr(NH_3)_6]_2(SO_4)_3$	$K_2[SiF_6]$	$K_2[Pt(CN)_2(NO_2)_4]$	$[Ni(CO)_4]$
内界	$[Cr(NH_3)_6]^{3+}$	$[SiF_6]^{2-}$	$[Pt(CN)_2(NO_2)_4]^{2-}$	$[Ni(CO)_4]$
外界	SO_4^{2-}	K^+	K^+	—
形成体	Cr^{3+}	Si^{4+}	Pt^{4+}	Ni
配位体	NH_3	F^-	CN^-、NO_2^-	CO
配位原子	N	F	C、N	C
配位数	6	6	6	4

2-5 命名下列配位化合物：

(1) $[Cr(ONO)_2(NH_3)_2(H_2O)_2]Cl$ (2) $[Ni(en)_2]SO_4$

(3) $[PtNH_2NO_2(NH_3)_2]$ (4) $K_3[Co(NCS)_6]$

解：(1) 氯化二亚硝酸根·二氨·二水合铬(Ⅲ)

(2) 硫酸二(乙二胺)合镍(Ⅱ)

(3) 一氨基·一硝基·二氨合铂(Ⅱ)

(4) 六异硫氰酸根合钴(Ⅲ)酸钾

2-6 写出下列配合物的化学式：

(1) 二氯·四硫氰酸根合铬(Ⅲ)酸铵   (2) 六氰合铁(Ⅲ)酸钾

(3) 氯化二氯·三氨·一水合钴(Ⅲ)   (4) 二硝基·二氨合铂(Ⅱ)

解：(1) $(NH_4)_3[CrCl_2(SCN)_4]$

(2) $K_3[Fe(CN)_6]$

(3) $[CoCl_2(NH_3)_3H_2O]Cl$

(4) $[Pt(NO_2)_2(NH_3)_2]$

2-7 试解释：

(1) NaCl 和 AgCl 的阳离子都是+1 价离子，为什么 NaCl 易溶于水，而 AgCl 难溶于水？

(2) 为什么 NaF 的熔点高于 NaCl？

(3) 为什么水的沸点比同族元素氢化物的沸点高？

(4) 为什么 NH_3 易溶于水，而 CH_4 则难溶于水？

(5) 为什么 HBr 的沸点比 HCl 高，但又比 HF 的低？

(6) 为什么室温下 CCl_4 是液体，CH_4 和 CF_4 是气体，而 CI_4 是固体？

(7) 为什么 $[Fe(CN)_6]^{4-}$ 为反磁性，而 $[Fe(CN)_6]^{3-}$ 为顺磁性？

(8) 为什么 $[Fe(CN)_6]^{3-}$ 为低自旋，而 $[FeF_6]^{3-}$ 为高自旋？

(9) 为什么 $[Co(H_2O)_6]^{3+}$ 的稳定性比 $[Co(NH_3)_6]^{3+}$ 差得多？

(10) 为什么用王水可溶解 Pt、Au 等惰性贵金属，但单独用硝酸或盐酸则不能溶解？

解：(1) NaCl 和 AgCl 阴离子相同，阳离子的极化力 $Ag^+>Na^+$，所以 NaCl 为离子键，AgCl 共价成分增加，为过渡型键型，所以 NaCl 易溶于水，而 AgCl 难溶于水。

(2) NaF 和 NaCl 均为离子晶体，电荷数相同，但 $r(F^-)<r(Cl^-)$，晶格能 NaF>NaCl，所以 NaF 的熔点高于 NaCl。

(3) 因为水分子间有氢键存在，而同族其他元素氢化物间不能形成氢键，所以水的沸点比同族元素氢化物的沸点高。

(4) 因为 NH_3 能与 H_2O 形成分子间氢键，而 CH_4 不能与 H_2O 形成氢键，所以 NH_3 易溶于水，CH_4 难溶于水。

(5) HBr 的分子间力比 HCl 大，所以 HBr 的沸点比 HCl 高；HF 的分子间能形成氢键，而 HBr 则不能，所以 HBr 的沸点又比 HF 的低。

(6) CCl_4、CH_4、CF_4、CI_4 均为非极性分子，分子间力是色散力。随着 CH_4、CF_4、CCl_4 和 CI_4 的相对分子质量增加，分子间力逐渐增强，所以 CH_4 和 CF_4 是气体，CCl_4 是液体，而 CI_4 是固体。

(7) 可分别用价键理论和晶体场理论解释如下：

根据价键理论，$[Fe(CN)_6]^{4-}$ 和 $[Fe(CN)_6]^{3-}$ 都是内轨型配合物，由于形成体的氧化数不同，使得 d 轨道上的电子数不同。在[Fe(CN)₆]⁴⁻配位个体中，6 个 d 电子排布在 3 个 d 轨道上，电子都是成对的，故为反磁性；而在[Fe(CN)₆]³⁻配位个体中，5 个 d 电子排布在 3 个 d 轨道上，有 1 个成单电子存在，故为顺磁性。

根据晶体场理论，[Fe(CN)₆]⁴⁻和[Fe(CN)₆]³⁻都是低自旋配合物。[Fe(CN)₆]⁴⁻配位个体中 Fe^{2+} 的 d 电子在分裂后 d 轨道上的排布方式为

$$Fe^{2+}(3d^6): \underline{\quad}\ \underline{\quad}\ e_g\ \underline{\uparrow\downarrow}\ \underline{\uparrow\downarrow}\ \underline{\uparrow\downarrow}\ t_{2g}$$

电子都是成对的，无成单电子存在，故为反磁性。

[Fe(CN)₆]³⁻配位个体中 Fe^{3+} 的 d 电子在分裂后 d 轨道上的排布方式为

$$Fe^{3+}(3d^5): \underline{\quad}\ \underline{\quad}\ e_g\ \underline{\uparrow\downarrow}\ \underline{\uparrow\downarrow}\ \underline{\uparrow\ }\ t_{2g}$$

有 1 个成单电子存在，故为顺磁性。

(8) 在[Fe(CN)₆]³⁻配位个体中，CN^- 为强配位场，其电子成对能小于分裂能，d 电子采取低自旋排布$(t_{2g})^5(e_g)^0$，形成低自旋配合物；而在[FeF₆]³⁻配位个体中，F^- 为弱配位场，其电子成对能大于分裂能，d 电子采取高自旋排布$(t_{2g})^3(e_g)^2$，形成高自旋配合物。

(9) 可分别用价键理论和晶体场理论解释如下：

根据价键理论，配体 NH_3 比配体 H_2O 对形成体影响大。在形成[Co(NH₃)₆]³⁺配位个体时，Co^{3+} 在 NH_3 的影响下，d 轨道上的电子发生重排，采取 d^2sp^3 杂化，形成内轨型配合物；而在形成[Co(H₂O)₆]³⁺配位个体时，Co^{3+} d 轨道上的电子不发生重排，采取 sp^3d^2 杂化，形成外轨型配合物；内轨型配合物比外轨型配合物稳定，所以[Co(H₂O)₆]³⁺的稳定性比[Co(NH₃)₆]³⁺差得多。

根据晶体场理论，由于配体 NH_3 的场强比 H_2O 的场强大得多，所以[Co(NH₃)₆]³⁺的晶体场稳定化能比[Co(H₂O)₆]³⁺小(或负)得多，晶体场稳定化能小(或负)的配位个体稳定，所以[Co(H₂O)₆]³⁺的稳定性比[Co(NH₃)₆]³⁺差得多。

(10) 由于王水是由浓 HNO_3 和浓 HCl 组成的，浓 HNO_3 将 Pt、Au 氧化，形成的金属离子可与浓 HCl 提供的高浓度 Cl^- 形成稳定的[PtCl₆]²⁻、[AuCl₄]⁻，使 Pt^{4+}、Au^{3+} 的浓度大大降低，从而促使 Pt、Au 进一步被氧化。

2-8 下列物质的键型有何不同？

$$Br_2,\quad HBr,\quad AgI,\quad LiF$$

解：Br_2 的键型为非极性共价键，HBr 的键型为极性共价键，AgI 的键型为由离子键过渡到极性共价键，而 LiF 的键型为离子键。

2-9 已知 AlF_3 为离子型，$AlCl_3$、$AlBr_3$ 为过渡型，AlI_3 为共价型。试说明它们键型差别的原因。

解：在 AlF_3、$AlCl_3$、$AlBr_3$ 和 AlI_3 中，正离子相同，随着负离子 F^-、Cl^-、Br^-、I^- 半径的逐渐增大，负离子的变形性增大，正、负离子间的极化作用逐渐增强，因此 AlF_3、$AlCl_3$、$AlBr_3$ 和 AlI_3 的键型由离子键逐渐过渡到共价键。

2-10 指出下列分子中有几个 σ 键和 π 键，σ 键和 π 键有何不同？

N_2, CO_2, BBr_3, C_2H_2, CCl_4

解：N_2中有1个σ键和2个π键，CO_2中有2个σ键和2个π键，BBr_3中有3个σ键，C_2H_2中有3个σ键和2个π键，CCl_4中有4个σ键。

σ键是原子轨道沿着键轴（两原子核间连线）方向以"头碰头"的方式发生重叠所形成的共价键。形成σ键时，轨道的重叠部分对于键轴呈圆柱形对称，沿键轴方向旋转任意角度，轨道的形状和符号均不发生改变。π键是原子轨道沿着键轴的方向以"肩并肩"的方式发生重叠所形成的共价键。形成π键时，轨道的重叠部分对通过键轴的平面呈镜面反对称。

在两种重叠方式中，由于"头碰头"的重叠比"肩并肩"的重叠程度大，因此σ键的键能大，稳定性高，可单独存在于分子中；π键的键能相对小，稳定性较低，不能单独存在，只能与σ键共存，是化学反应的积极参与者。

2-11 实验测定BF_3分子是平面三角形的空间构型，而NF_3分子的空间构型却是三角锥体，试用杂化轨道理论的概念说明其原因。

解：BBr_3中的B为sp^2杂化，三个杂化轨道在空间形成平面三角形构型，键角120°；所以BF_3分子是平面三角形的空间构型。而NF_3中的N为sp^3不等性杂化，电子构型为四面体，分子中有一孤电子对存在，对成键电子对起推斥和挤压的作用，使NF_3分子呈三角锥体。

2-12 试用杂化轨道理论说明下列分子的中心原子可能采取的杂化类型，并预测这些分子或离子的空间构型：

BBr_3, PH_3, H_2S, CCl_4, CS_2, NH_4^+

解：据题意列表解答如下：

分子或离子	BBr_3	PH_3	H_2S	CCl_4	CS_2	NH_4^+
中心原子杂化类型	sp^2	sp^3 不等性	sp^3 不等性	sp^3	sp	sp^3
空间构型	平面三角形	三角锥体	V字形	正四面体	直线形	正四面体

2-13 试用价层电子对互斥理论判断下列分子或离子的空间构型，并用杂化轨道理论加以说明。

(1) SO_4^{2-} (2) NH_4^+ (3) CO_3^{2-} (4) PCl_3
(5) SF_6 (6) ClF_3 (7) ICl_4^- (8) $NOCl$

解：据题意列表解答如下：

分子或离子	价层电子对数	成键电子对数	孤电子对数	空间构型	中心原子杂化类型
SO_4^{2-}	4	4	0	正四面体	sp^3
NH_4^+	4	4	0	正四面体	sp^3
CO_3^{2-}	3	3	0	平面三角形	sp^2
PCl_3	4	3	1	三角锥体	sp^3 不等性
SF_6	6	6	0	正八面体	sp^3d^2
ClF_3	5	3	2	平面三角形	sp^3d
ICl_4^-	6	4	2	平面正方形	sp^3d^2
$NOCl$	3	2	1	V形	sp^2 不等性

2-14 写出 O_2^{2-}、O_2^-、O_2、O_2^+、O_2^{2+} 分子或离子的分子轨道表示式,指出它们的稳定性顺序。

解: O_2^{2-}: $KK(\sigma_{2s})^2(\sigma_{2s}^*)^2(\sigma_{2p_x})^2(\pi_{2p_y})^2(\pi_{2p_z})^2(\pi_{2p_y}^*)^2(\pi_{2p_z}^*)^2$,键级 $=\frac{1}{2}(8-6)=1$

O_2^-: $KK(\sigma_{2s})^2(\sigma_{2s}^*)^2(\sigma_{2p_x})^2(\pi_{2p_y})^2(\pi_{2p_z})^2(\pi_{2p_y}^*)^2(\pi_{2p_z}^*)^1$,键级 $=\frac{1}{2}(8-5)=1.5$

O_2: $KK(\sigma_{2s})^2(\sigma_{2s}^*)^2(\sigma_{2p_x})^2(\pi_{2p_y})^2(\pi_{2p_z})^2(\pi_{2p_y}^*)^1(\pi_{2p_z}^*)^1$,键级 $=\frac{1}{2}(8-4)=2$

O_2^+: $KK(\sigma_{2s})^2(\sigma_{2s}^*)^2(\sigma_{2p_x})^2(\pi_{2p_y})^2(\pi_{2p_z})^2(\pi_{2p_y}^*)^1$,键级 $=\frac{1}{2}(8-3)=2.5$

O_2^{2+}: $KK(\sigma_{2s})^2(\sigma_{2s}^*)^2(\sigma_{2p_x})^2(\pi_{2p_y})^2(\pi_{2p_z})^2$,键级 $=\frac{1}{2}(8-2)=3$

稳定性顺序:$O_2^{2+}>O_2^+>O_2>O_2^->O_2^{2-}$(键级越大,分子或离子越稳定)

2-15 写出下列同核双原子分子的分子轨道表示式,并计算键级,指出其中哪个最稳定,哪个最不稳定;并判断哪些具有顺磁性,哪些具有反磁性。

H_2,He_2,Li_2,Be_2,B_2,C_2,N_2,O_2,F_2

解: H_2: $(\sigma_{1s})^2$ 键级 $=\frac{1}{2}(2-0)=1$

He_2: $(\sigma_{1s})^2(\sigma_{1s}^*)^2$ 键级 $=\frac{1}{2}(2-2)=0$

Li_2: $KK(\sigma_{2s})^2$ 键级 $=\frac{1}{2}(2-0)=1$

Be_2: $KK(\sigma_{2s})^2(\sigma_{2s}^*)^2$ 键级 $=\frac{1}{2}(2-2)=0$

B_2: $KK(\sigma_{2s})^2(\sigma_{2s}^*)^2(\pi_{2p_y})^1(\pi_{2p_z})^1$ 键级 $=\frac{1}{2}(4-2)=1$

C_2: $KK(\sigma_{2s})^2(\sigma_{2s}^*)^2(\pi_{2p_y})^2(\pi_{2p_z})^2$ 键级 $=\frac{1}{2}(6-2)=2$

N_2: $KK(\sigma_{2s})^2(\sigma_{2s}^*)^2(\pi_{2p_y})^2(\pi_{2p_z})^2(\sigma_{2p_x})^2$ 键级 $=\frac{1}{2}(8-2)=3$

O_2: $KK(\sigma_{2s})^2(\sigma_{2s}^*)^2(\sigma_{2p_x})^2(\pi_{2p_y})^2(\pi_{2p_z})^2(\pi_{2p_y}^*)^1(\pi_{2p_z}^*)^1$ 键级 $=\frac{1}{2}(8-4)=2$

F_2: $KK(\sigma_{2s})^2(\sigma_{2s}^*)^2(\sigma_{2p_x})^2(\pi_{2p_y})^2(\pi_{2p_z})^2(\pi_{2p_y}^*)^2(\pi_{2p_z}^*)^2$ 键级 $=\frac{1}{2}(8-6)=1$

N_2 最稳定(键级最大),He_2、Be_2 最不稳定(键级为 0);B_2、O_2 具有顺磁性(轨道上有成单电子存在);H_2、Li_2、C_2、N_2、F_2 具有反磁性(轨道上无成单电子存在,电子都是成对的)。

2-16 已知配位个体的空间构型,试用价键理论指出形成体成键的杂化类型。

(1) $[Ag(NH_3)_2]^+$(直线)   (2) $[Zn(NH_3)_4]^{2+}$(正四面体)

(3) $[Pt(NH_3)_4]^{2+}$(平面正方形)   (4) $[Fe(CN)_6]^{3-}$(正八面体)

解：据题意列表解答如下：

配位个体	$[Ag(NH_3)_2]^+$	$[Zn(NH_3)_4]^{2+}$	$[Pt(NH_3)_4]^{2+}$	$[Fe(CN)_6]^{3-}$
空间构型	直线形	正四面体	平面正方形	正八面体
形成体	Ag^+	Zn^{2+}	Pt^{2+}	Fe^{3+}
杂化类型	sp	sp^3	dsp^2	d^2sp^3

2-17 排出下列各组物质分子中键角由大到小的顺序,并说明理由。

(1) PCl_3,PF_3,PBr_3　　(2) H_2O,H_2Se,H_2S

解：(1) 键角由大到小的顺序：$PBr_3 > PCl_3 > PF_3$。中心原子相同,配位原子 Br、Cl、F 的电负性依次增大,成键电子对的斥力依次减小,所以键角依次减小。

(2) 键角由大到小的顺序：$H_2O > H_2S > H_2Se$。配位原子相同,中心原子 O、S、Se 的电负性依次减小,成键电子对的斥力依次减小,所以键角依次减小。

2-18 已知$[Mn(H_2O)_6]^{2+}$比$[Cr(H_2O)_6]^{2+}$吸收可见光的波长要短,指出哪一个分裂能大,并写出形成体 d 电子在 t_{2g} 和 e_g 轨道上的排布情况。

解：当 d 轨道的分裂能减小时,被吸收的光就会向长波长方向移动。因为$[Mn(H_2O)_6]^{2+}$比$[Cr(H_2O)_6]^{2+}$吸收可见光的波长短,所以$[Mn(H_2O)_6]^{2+}$的分裂能大些；Mn^{2+}的 d 电子在 t_{2g} 和 e_g 轨道上的排布为$(t_{2g})^3(e_g)^2$,而 Cr^{2+} 的 d 电子在 t_{2g} 和 e_g 轨道上的排布为$(t_{2g})^3(e_g)^1$。

2-19 根据下列各配合物的实测磁矩,推断其空间构型,并指出是内轨型配合物还是外轨型配合物。

(1) $[Co(NH_3)_6]^{2+}$(3.9)　　(2) $[Mn(SCN)_6]^{4-}$(6.1)　　(3) $[Pt(CN)_4]^{2-}$(0)

(4) $[Cr(NH_3)_6]^{3+}$(3.9)　　(5) $[Mn(CN)_6]^{4-}$(1.8)　　(6) $[MnBr_4]^{2-}$(5.9)

解：由 $\mu=\sqrt{n(n+2)}$ 得 $n=\dfrac{-2+\sqrt{4+4\mu^2}}{2}$,具体以列表形式解答如下：

配合物	μ/B.M.	未成对电子数	杂化类型	空间构型	内外轨型
$[Co(NH_3)_6]^{2+}$	3.9	3	sp^3d^2	正八面体	外
$[Mn(SCN)_6]^{4-}$	6.1	5	sp^3d^2	正八面体	外
$[Pt(CN)_4]^{2-}$	0	0	dsp^2	平面正方形	内
$[Cr(NH_3)_6]^{3+}$	3.9	3	d^2sp^3	正八面体	内
$[Mn(CN)_6]^{4-}$	1.8	1	d^2sp^3	正八面体	内
$[MnBr_4]^{2-}$	5.9	5	sp^3	正四面体	外

2-20 已知高自旋配位个体$[Fe(H_2O)_6]^{2+}$的 $\Delta_o = 10400\ cm^{-1}$,低自旋配位个体$[Fe(CN)_6]^{4-}$的 $\Delta_o = 33000\ cm^{-1}$,两者的电子成对能 P_o 均为 $15000\ cm^{-1}$,分别计算它们的晶体场稳定化能(1 cm^{-1} 相应能量为 11.96 J·mol^{-1})。

解：$[Fe(H_2O)_6]^{2+}$：因为 $CFSE = xE_{t_{2g}} + yE_{e_g} + (n_1-n_2)P_o$

$= 4E_{t_{2g}} + 2E_{e_g} + (1-1)P_o$

$= 4\times(-0.4\Delta_o) + 2\times(+0.6\Delta_o) = -0.4\Delta_o$

所以　$CFSE = -0.4\times 10400\times 11.96\times 10^{-3} = -49.75\ (kJ·mol^{-1})$

$[Fe(CN)_6]^{4-}$：因为 $CFSE = xE_{t_{2g}} + yE_{e_g} + (n_1 - n_2)P_o$
$= 6E_{t_{2g}} + 0E_{e_g} + (3-1)P_o$
$= 6 \times (-0.4\Delta_o) + 2P_o$
$= -2.4\Delta_o + 2P_o$

所以 $CFSE = (-2.4 \times 33000 + 2 \times 15000) \times 11.96 \times 10^{-3} = -588.43$ （$kJ \cdot mol^{-1}$）

2-21 试指出乙醇（C_2H_5OH）和二甲醚（CH_3OCH_3）两个同分异构的物质中，哪个有较高的沸点，沸点差别的原因是什么？

解：在乙醇（C_2H_5OH）和二甲醚（CH_3OCH_3）两个同分异构的物质中，乙醇有较高的沸点，沸点差别的原因是乙醇能形成分子间氢键，而二甲醚不能形成分子间氢键。

2-22 判断下列化合物中有无氢键存在，如果存在氢键，是分子间氢键还是分子内氢键？
（1）C_6H_6 （2）C_2H_6 （3）NH_3 （4）H_3BO_3 （5）邻硝基苯酚

解：（1）C_6H_6：没有氢键存在；
（2）C_2H_6：没有氢键存在；
（3）NH_3：有氢键存在，是分子间氢键；
（4）H_3BO_3：有氢键存在，是分子间氢键；
（5）邻硝基苯酚：有氢键存在，是分子内氢键。

2-23 下列分子间存在什么形式的分子间力（取向力、诱导力、色散力和氢键）？
（1）氖气和四氯化碳   （2）碘化氢和水   （3）二氧化碳和二氧化硫
（4）甲醇和水   （5）甲烷气体

解：（1）氖气和四氯化碳：色散力；
（2）碘化氢和水：取向力、诱导力和色散力；
（3）二氧化碳和二氧化硫：诱导力和色散力；
（4）甲醇和水：取向力、诱导力、色散力和氢键；
（5）甲烷气体：色散力。

2-24 从分子的空间构型说明下列分子中哪些有极性，哪些无极性。
（1）SO_2 （2）BF_3 （3）CS_2 （4）NO_2
（5）NF_3 （6）H_2S （7）$CHCl_3$ （8）SiH_4

解：下列分子有极性：（1）SO_2（V形），（4）NO_2（V形），（5）NF_3（三角锥体），（6）H_2S（V形），（7）$CHCl_3$（四面体）；

下列分子无极性：（2）BF_3（平面三角形），（3）CS_2（直线形），（8）SiH_4（正四面体）。

2-25 下列分子中，哪个键角最小？
$HgCl_2$，BF_3，CH_4，NH_3，H_2O

解：因为 $HgCl_2$（180°），BF_3（120°），CH_4（109°28′），NH_3（107.3°），H_2O（104.5°）；所以，H_2O 分子中的键角最小。

2-26 已知下列两类化合物的熔点如下：

钠的卤化物	NaF	NaCl	NaBr	NaI
熔点/℃	993	801	747	661
硅的卤化物	SiF_4	$SiCl_4$	$SiBr_4$	SiI_4
熔点/℃	−90.2	−70	5.4	120.5

试说明:(1) 为什么钠卤化物的熔点比相应硅卤化物的熔点高?

(2) 为什么钠卤化物的熔点的递变规律与硅卤化物不一致?

解:(1) 钠卤化物为离子晶体,硅卤化物为分子晶体,离子晶体的熔点高于分子晶体的熔点。所以钠卤化物的熔点比相应硅卤化物的熔点高。

(2) 钠卤化物熔点的递变规律与硅卤化物不一致的主要原因是它们的晶体类型不同。

钠卤化物是离子晶体,离子晶体的熔点主要取决于晶格能,随着 F^-、Cl^-、Br^-、I^- 离子半径依次增大,晶格能逐渐减小,熔点依次降低($NaF>NaCl>NaBr>NaI$)。

而硅卤化物是分子晶体,分子晶体的熔点主要取决于分子间力,结构相似的同系列物质,随着分子的相对分子质量逐渐增大,分子间力(色散力)逐渐增大,所以熔点逐渐升高($SiF_4<SiCl_4<SiBr_4<SiI_4$)。

2-27 填充表格:

原子序数	电子排布	价电子构型	元素所在周期	元素所在族	元素所在区
24					
	$1s^22s^22p^63s^23p^64s^2$				
		$4d^{10}5s^1$			
			4	ⅡB	
		$3d^84s^2$			

配合物或配位个体	命名	形成体	配体	配位原子	配位数
	六氟合硅(Ⅳ)酸铜				
$[PtCl_2(OH)_2(NH_3)_2]$					
	三羟基·二氨·一水合铬(Ⅲ)				
$[Fe(CN)_5CO]^{3-}$					
$[FeCl_2(C_2O_4)(en)]^-$					
	三硝基·三氨合钴(Ⅲ)				
	四羰基合镍(0)				

解:

原子序数	电子排布	价电子构型	元素所在周期	元素所在族	元素所在区
24	$1s^22s^22p^63s^23p^63d^54s^1$	$3d^54s^1$	4	ⅥB	d
20	$1s^22s^22p^63s^23p^64s^2$	$4s^2$	4	ⅡA	s
47	$1s^22s^22p^63s^23p^63d^{10}4s^24p^64d^{10}5s^1$	$4d^{10}5s^1$	5	ⅠB	ds
30	$1s^22s^22p^63s^23p^63d^{10}4s^2$	$3d^{10}4s^2$	4	ⅡB	ds
28	$1s^22s^22p^63s^23p^63d^84s^2$	$3d^84s^2$	4	Ⅷ	d

配合物或配位个体	命名	形成体	配体	配位原子	配位数
$Cu[SiF_6]$	六氟合硅(Ⅳ)酸铜	Si^{4+}	F^-	F	6
$[PtCl_2(OH)_2(NH_3)_2]$	二氯·二羟基·二氨合铂(Ⅳ)	Pt^{4+}	Cl^- OH^- NH_3	Cl O N	6
$[Cr(OH)_3(NH_3)_2(H_2O)]$	三羟基·二氨·一水合铬(Ⅲ)	Cr^{3+}	OH^- NH_3 H_2O	O N O	6

续表

配合物或配位个体	命名	形成体	配体	配位原子	配位数
$[Fe(CN)_5CO]^{3-}$	五氰基·一羰基合铁(Ⅱ)配位个体	Fe^{2+}	CN^- CO	C C	6
$[FeCl_2(C_2O_4)(en)]^-$	二氯·一草酸根·一(乙二胺)合铁(Ⅲ)配位个体	Fe^{3+}	Cl^- $C_2O_4^{2-}$ en	Cl O N	6
$[Co(NO_2)_3(NH_3)_3]$	三硝基·三氨合钴(Ⅲ)	Co^{3+}	NO_2^- NH_3	N N	6
$[Ni(CO)_4]$	四羰基合镍(0)	Ni	CO	C	4

【综合测试】

离子键与离子晶体

一、选择题(每题1分,共20分。选择一个正确的答案写在括号里)

1. 下列离子中,属于(18+2)电子构型的是(　　)。
   A. Ba^{2+}　　　　B. Pb^{2+}　　　　C. Cu^{2+}　　　　D. Cu^+

2. 关于晶格能,下列说法中正确的是(　　)。
   A. 晶格能是指气态正离子与气态负离子生成 1 mol 离子晶体所释放的能量
   B. 晶格能是由单质化合成 1 mol 离子化合物时所释放的能量
   C. 晶格能是指气态正离子与气态负离子生成离子晶体所释放的能量
   D. 晶格能就是组成离子晶体时,离子键的键能

3. NaCl 晶体中钠离子和氯离子周围都是由 6 个相反离子按八面体形状排列的,解释这样的结构可以用(　　)。
   A. 杂化轨道　　　B. 键的极性　　　C. 离子大小　　　D. 离子半径比

4. 以下各种化合物中,哪个物质的熔点最高(　　)。
   A. NaCl　　　　　B. N_2　　　　　C. NH_3　　　　D. Si

5. NaF、NaCl、MgO、CaO 晶格能大小的次序正确的是(　　)。
   A. NaCl<NaF<MgO<CaO
   B. NaCl<NaF<CaO<MgO
   C. NaF<NaCl<MgO<CaO
   D. MgO<CaO<NaF<NaCl

6. 指出下列化合物中,晶体构型非 NaCl 型的是(　　)。
   A. AgF　　　　　B. AgCl　　　　　C. AgBr　　　　　D. AgI

7. 下列描述中,不属于晶体所具有的特征是(　　)。
   A. 各向异性　　　　　　　　B. 有一定的几何外形
   C. 有固定的熔点　　　　　　D. 各向同性

8. 下列氯化物中,熔点最低的是(　　)。
   A. $HgCl_2$　　　　B. $FeCl_3$　　　　C. $FeCl_2$　　　　D. $ZnCl_2$

9. 下列物质中,共价成分最大的是(　　)。
   A. AlF_3　　　　B. $FeCl_3$　　　　C. $FeCl_2$　　　　D. $SnCl_4$

10. 关于离子晶体的性质,以下说法中不正确的是(　　)。
    A. 所有高熔点的物质都是离子型的物质
    B. 离子型物质的饱和水溶液是导电性很好的溶液

C. 熔融的碱金属氯化物中,导电性最好的是 CsCl
D. 碱土金属氧化物的熔点比同周期的碱金属氧化物的熔点高

11. Na^+ 离子半径为 95 pm, I^- 离子半径为 216 pm, NaI 的晶体构型为(　　)。
   A. 立方 ZnS 型　　B. CsCl 型　　C. NaCl 型　　D. 无法确定

12. 一个离子具有下列哪一特性,才能使另一个与它接近的离子极化或变形能力增大(　　)。
   A. 高的离子电荷和大的半径　　　　B. 高的离子电荷和小的半径
   C. 低的离子电荷和小的半径　　　　D. 低的离子电荷和大的半径

13. 以下各种化合物中,哪个物质的极化作用最强(　　)。
   A. ZnS　　B. Na_2S　　C. HgS　　D. CdS

14. 下列有关离子变形性的说法中,不正确的是(　　)。
   A. 8 电子构型的离子变形性小于其他电子构型的离子
   B. 同一元素不同价态的负离子中,所带电荷越多变形性越小
   C. 同种原子形成的负离子比正离子变形性大
   D. 离子半径大,则变形性大(其他条件相同)

15. 关于离子极化下列说法不正确的是(　　)。
   A. 离子正电荷越大,半径越小,极化力越强
   B. 离子极化作用增强,键的共价性增强
   C. 离子极化的结果使正负离子电荷重心相互靠近
   D. 复杂负离子的中心离子氧化数越高,变形性越大

16. 下列正离子变形性最大的是(　　)。
   A. Na^+　　B. K^+　　C. Li^+　　D. Ag^+

17. 下列哪一个离子具有较强的极化力(　　)。
   A. Al^{3+}　　B. Si^{4+}　　C. Na^+　　D. Mg^{2+}

18. 下列哪一个离子具有较强的变形性(　　)。
   A. I^-　　B. Br^-　　C. Cl^-　　D. F^-

19. 按照 AgF、AgCl、AgBr、AgI 的顺序,下列性质变化的叙述正确的是(　　)。
   A. 颜色变深　　　　　　B. 溶解度变小
   C. 离子键递变到共价键　　D. A、B、C 都是

20. 在化合物 $FeCl_2$、$ZnCl_2$、$MgCl_2$、KCl 中,正离子极化能力最强的是(　　)。
   A. Fe^{2+}　　B. Zn^{2+}　　C. Mg^{2+}　　D. K^+

二、填空题(每空 2 分,共 30 分。将正确的答案填在横线上)

1. 离子键的特征是:_____ 和 _____。
2. 根据能量守恒定律,断裂一个化学键所需的能量与 _____ 的能量是一样的。
3. 离子化合物 CaF_2 的沸点 _____ 于 SrF_2 的沸点。
4. Ag^+ 半径为 126 pm, I^- 半径 216 pm,按"半径比规则",AgI 应具有 _____ 型晶格,但实际上具有 _____ 型晶格,原因是 _____。
5. 在离子极化过程中,我们首先考虑 _____ 的极化力和 _____ 的变形性。

6. 根据离子极化理论,预测 ZnS、CdS、HgS 在水中的溶解度从大到小排列顺序_____,因为_____。

7. 正离子极化能力的描述是:_____越多,_____越小,极化力越大。负离子的变形性描述是:_____越多,_____越大,变形性越大。

三、判断题(每题 2 分,共 20 分。错误的打"×",正确的打"√")

1. 所有高熔点的物质都是离子型的。(   )
2. 碱金属氧化物的熔点比同周期的碱土金属氧化物的熔点高。(   )
3. 可用离子型化合物的正、负离子半径比定则判断共价化合物的结构。(   )
4. 在每个 CsCl 晶胞中含有 4 个 Cs^+ 和 4 个 Cl^-。(   )
5. 碱金属氧化物的稳定性次序为:$Li_2O<Na_2O<K_2O<Rb_2O<Cs_2O$。(   )
6. 碱土金属氯化物的熔点高低次序为:$BeCl_2>MgCl_2>CaCl_2>SrCl_2>BaCl_2$。(   )
7. 对晶体构型相同的离子化合物,离子电荷数越多,核间距越短,晶格能就越大。(   )
8. 离子的电荷越多、半径越小、产生的电场强度越大,变形性越大。(   )
9. 当离子的电荷相同、半径相近时,极化力:8 电子构型>9~17 电子构型。(   )
10. 由很多单晶颗粒杂乱地聚结而成的晶体,各向异性消失,一般为多晶体。(   )

四、简答题(每题 10 分,共 30 分)

1. 在离子极化中,哪些因素影响极化力?哪些因素影响变形性?
2. 用离子极化的观点解释 AgX 的键型改变,由此可得出什么结论?
3. 解释下列现象:
(1) 为什么 $HgCl_2$ 为白色,溶解度较大,HgI_2 为黄色或红色,溶解度较小?
(2) 为什么 NaCl 易溶于水,而 AgCl 难溶于水?

共价键与共价晶体

一、选择题(每题 1 分,共 20 分。选择一个正确的答案写在括号里)

1. 下列分子呈直线形的是(   )。
   A. H_2S B. PH_3 C. BCl_3 D. CO_2

2. 杂化轨道成键能力大于未杂化轨道,是因为(   )。
   A. 轨道重叠部分增加   B. 轨道杂化后能量相同
   C. 轨道杂化后形成的是 σ 键   D. 轨道杂化后方向改变了

3. $BeCl_2$ 分子的几何构型是直线形,Be 与 Cl 所成的键是(   )。
   A. $(sp^2\text{-}p)σ$ 键   B. $(sp\text{-}s)σ$ 键
   C. $(sp\text{-}p)σ$ 键   D. $(sp\text{-}s)π$ 键

4. 下列分子或离子中,中心原子的杂化轨道与 NH_3 分子的中心原子杂化轨道最相似的是(   )。
   A. H_2O B. H_3O^+ C. NH_4^+ D. BCl_3

5. 下列分子或离子中哪个不具有孤对电子(   )。
   A. H_2O B. NH_3 C. NH_4^+ D. H_2S

6. 当 H 原子和 F 原子沿 Z 轴结合成 HF 分子时,F 原子中和 H 原子对称性不一致的轨道是（　　）。

　　A. 1s　　　　　　B. 2s　　　　　　C. $2p_x$　　　　　　D. $2p_z$

7. 下列说法中不正确的是（　　）。

　　A. σ键比π键的键能大

　　B. σ键比π键的键能小

　　C. 在相同原子间形成双键比形成单键的键长要短

　　D. 双键和叁键都是重键

8. 下列原子轨道中各有一个自旋方向相反的不成对电子，则沿 x 轴方向可形成σ键的是（　　）。

　　A. $2s$-$4d_{z^2}$　　　B. $2p_x$-$2p_x$　　　C. $2p_y$-$2p_y$　　　D. $3d_{xy}$-$3d_{xy}$

9. 下列分子或离子中的中心原子采取等性 sp^3 杂化的是（　　）。

　　A. H_2O　　　　B. NH_3　　　　C. H_2S　　　　D. NH_4^+

10. 有π键存在的化合物是（　　）。

　　A. H_2O　　　　B. NH_3　　　　C. HCl　　　　D. $NaCN$

11. 按"MO"法，键级最大的是（　　）。

　　A. O_2　　　　B. O_2^+　　　　C. O_2^{2-}　　　　D. O_2^-

12. 要有效组成分子轨道需满足成键哪三原则？（　　）。

　　A. 对称性匹配、能量相近、电子配对

　　B. 对称性匹配、能量相近、最大重叠

　　C. 能量相近、最大重叠、电子配对

　　D. 对称性匹配、最大重叠、电子配对

13. 下列分子或离子中为反磁性的是（　　）。

　　A. B_2　　　　B. N_2　　　　C. N_2^{2-}　　　　D. O_2

14. NO_2 分子的 O—N—O 键角应该是（　　）。

　　A. 大于 120°　　　　　　　　　　B. 等于 120°

　　C. 小于 120°但大于 109°　　　　D. 等于或小于 109°

15. 根据价层电子对互斥理论推测下列分子或离子的空间构型不为四面体的是（　　）。

　　A. SF_4　　　　B. NH_4^+　　　　C. PH_4^+　　　　D. $[BH_4]^-$

16. 按分子轨道理论，O_2 分子中最高能量的电子所处的分子轨道是（　　）。

　　A. π_{2p}　　　　B. π_{2p}^*　　　　C. σ_{2p}　　　　D. σ_{2p}^*

17. 下列说法中正确的是（　　）。

　　A. 共价键仅存在于共价型化合物中

　　B. 由极性键形成的分子一定是极性分子

　　C. O_3 具有微弱的极性

　　D. 离子键有方向性但没有饱和性

18. 下列关于键参数的说法正确的是（　　）。

　　A. 键能等于键的离解能

　　B. 同一主族元素氢化物的键角毫无相似之处

　　C. 键有极性，分子的偶极矩一定不为零

D. 两个相同原子形成的化学键,键级越高,键能越大,键长越短

19. N_2、O_2 的键级和稳定性次序正确的是(　　)。
   A. 3,2；$N_2 < O_2$ B. 2,3；$N_2 < O_2$
   C. 3,2；$N_2 > O_2$ D. 2,3；$N_2 > O_2$

20. 已知 SiC 的熔点温度是 2700℃,它有可能是(　　)。
   A. 原子晶体   B. 离子晶体   C. 分子晶体   D. 混合型晶体

二、填空题(每空 1 分,共 30 分。将正确的答案填在横线上)

1. BF_3 和 PF_3 中 B 和 P 的杂化轨道分别是_____杂化和_____杂化,_____是极性分子。

2. 在 N_2 分子中,有一条_____键,两条_____键,键级为_____；O_2^{2-} 的分子轨道表达式为_____,对成键有贡献的分子轨道是_____,键级为_____,在磁场中表现为_____。

3. ① BCl_3、② NH_3、③ H_2O、④ PCl_4^+ 和 ⑤ $HgCl_2$ 分子或离子的空间构型分别是_____、_____、_____、_____ 和 _____,中心原子的杂化方式分别为_____、_____、_____、_____ 和 _____,键角由小到大排列的顺序是_____。

4. NF_3 与 NH_3 分子的空间构型均为_____,但 NF_3 分子中的键角要比 NH_3 分子中的键角_____,因为_____。

5. 成键电子的_____如能重叠越多,所形成的_____就越牢固。

6. 键能可用来比较_____的强度。键长和键角是描述_____的两个要素。

7. 分子结构包括的两个方面是_____和_____。

三、判断题(每题 1 分,共 10 分。错误的打"×",正确的打"√")

1. 一般来说,π 键只能与 σ 键同时存在,在共价双键和三键中,只能有一个 σ 键(　　)。
2. BCl_3 和 NCl_3 均具有平面三角形的空间构型(　　)。
3. 杂化轨道的几何构型决定了分子的几何构型(　　)。
4. sp^2 杂化轨道是由同一原子中 1s 和 2p 轨道混合而成(　　)。
5. CS_2 和 H_2S 分子中的 C 和 S 均是以 sp 杂化轨道成键的(　　)。
6. NH_3 的空间构型为三角锥体,但其电子构型为四面体(　　)。
7. 任何原子轨道均能有效地组成分子轨道(　　)。
8. C—C 单键的键能是 C=C 双键键能的一半(　　)。
9. 能形成共价分子的主族元素,其原子的内层 d 轨道均能被电子占满,所以不可能用内层 d 轨道参与形成杂化轨道(　　)。
10. 根据原子基态电子构型,可以判断若有多少个未成对电子就能形成多少条共价键(　　)。

四、简答题(每题 8 分,共 40 分)

1. σ 键和 π 键在形成时有什么区别?
2. 试用杂化轨道理论解释 BBr_3 和 NCl_3 分子的空间构型。
3. CH_4 分子的键角为 109°28′,NH_3 分子的键角为 107.3°,H_2O 分子的键角为 104.5°,试用杂化轨道理论解释:C、N、O 采取的均为 sp^3 杂化方式,其键角却不同的原因。

4. 根据价层电子对互斥理论,对于 $IBrCl_3^-$:
(1) 计算其中心原子的价层电子对数;
(2) 指出孤电子对数;
(3) 给出 $IBrCl_3^-$ 几何构型的名称。
5. 根据分子轨道理论:
(1) 说明 He_2^+ 是否存在以及是否具有顺磁性;
(2) 解释 B_2 为顺磁性物质,而 Ne_2 不存在;
(3) 说明 O_2^- 是否存在以及是否具有顺磁性;
(4) 写出 N_2 和 O_2 的分子轨道式,并计算键级,比较它们的稳定性。

配位键和配位化合物

一、选择题(每题1分,共25分。选择一个正确的答案写在括号里)

1. 下列配合物的命名不正确的是(　　)。
   A. $K_3[Co(NO_2)_3Cl_3]$　三氯·三硝基合钴(Ⅲ)酸钾
   B. $K_3[Co(NO_2)_3Cl_3]$　三硝基·三氯合钴(Ⅲ)酸钾
   C. $[Co(H_2O)(NH_3)_3Cl_2]Cl$　氯化二氯·三氨·一水合钴(Ⅲ)
   D. $H_2[PtCl_6]$　六氯合铂(Ⅳ)酸
2. $[Cr(py)_2(H_2O)Cl_3]$ 的名称是(　　)。
   A. 三氯化一水·二吡啶合铬(Ⅲ)　　　B. 一水合三氯化二吡啶合铬(Ⅲ)
   C. 三氯·一水·二吡啶合铬(Ⅲ)　　　D. 一水·二吡啶·三氯合铬(Ⅲ)
3. 下列离子中能较好地掩蔽水溶液中 Fe^{3+} 的是(　　)。
   A. F^-　　　B. Cl^-　　　C. Br^-　　　D. I^-
4. $[Cu(NH_3)_4]^{2+}$ 的几何构型是(　　)。
   A. 变形四面体　B. 正四面体　C. 四棱锥　D. 平面正方形
5. 形成体或中心原子采取 dsp^2 杂化的分子或离子是(　　)。
   A. NH_3　　B. $[Ni(CN)_4]^{2-}$　　C. $[Zn(NH_3)_4]^{2+}$　　D. NH_4^+
6. 下列配合物中,CO_3^{2-} 最有可能作为双齿配体的是(　　)。
   A. $[Co(NH_3)_5CO_3]^+$　　　　　B. $[Co(NH_3)_4CO_3]^+$
   C. $[Pt(en)(NH_3)CO_3]$　　　　　D. $[Pt(en)_2(NH_3)CO_3]^{2+}$
7. 已知 $[Co(NH_3)_6]Cl_3$ 是反磁性物质,则其形成体的杂化类型是(　　)。
   A. sp^3d　　B. d^2sp^3　　C. sp^3d^2　　D. dsp^2
8. $[Fe(H_2O)_6]^{3+}$ 中的配位原子的孤对电子,填入了 Fe^{3+} 的什么杂化轨道(　　)。
   A. sp^3d^2　　B. d^2sp^3　　C. ds^2p^3　　D. sp^2d^3
9. $NH_2—CH_2—CH_2—NH_2$ 能与金属离子形成下列哪种物质(　　)。
   A. 聚合物　　B. 沉淀物　　C. 螯合物　　D. 简单配合物
10. $[Ni(CN)_4]^{2-}$ 的几何构型是(　　)。
    A. 正四面体　B. 正方锥形　C. 平面正方形　D. 变形四面体

11. 下列说法正确的是(　　)。
   A. 配合物的内界与外界之间主要以共价键结合
   B. 形成体与配位原子之间的化学键是配位键
   C. 配位个体的形成体只能是金属正离子
   D. 在螯合物中没有离子键

12. 下列哪一因素能使形成体的配位数增加(　　)。
   A. 形成体半径减小　　　　　　　　B. 形成体电荷减小
   C. 配位体半径减小　　　　　　　　D. 配位体半径增加

13. EDTA 与金属离子形成螯合物一般是(　　)。
   A. 五配位的,形成 1∶1 的螯合物,具有六个五元环
   B. 六配位的,形成 1∶1 的螯合物,具有五个六元环
   C. 五配位的,形成 1∶1 的螯合物,具有五个五元环
   D. 六配位的,形成 1∶1 的螯合物,具有五个五元环

14. 在 $K[Co(C_2O_4)_2(en)]$ 中,形成体的配位数为(　　)。
   A. 3　　　　　　B. 4　　　　　　C. 6　　　　　　D. 7

15. 下列铁化合物或配位个体中,具有最大磁矩的是(　　)。
   A. $[Fe(CN)_6]^{3-}$　　　　　　　　B. $[Fe(CN)_6]^{4-}$
   C. $(NH_4)_2Fe(SO_4)_2·6H_2O$　　　D. $[FeF_6]^{3-}$

16. 下列各离子在强八面体场和弱八面体场中,d 电子分布方式均相同的是(　　)。
   A. Co^{2+}　　　B. Fe^{2+}　　　C. Mn^{2+}　　　D. Ni^{2+}

17. 配位个体的稳定性与其配位键类型有关,根据价键理论,可以判断下列配合物稳定性的大小,指出正确的是(　　)。
   A. $[Fe(CN)_6]^{3-} < [Fe(H_2O)_6]^{3+}$　　　B. $[Fe(CN)_6]^{3-} > [Fe(H_2O)_6]^{3+}$
   C. $[Ag(CN)_2]^- = [Ag(NH_3)_2]^+$　　　　D. $[Ag(CN)_2]^- < [Ag(NH_3)_2]^+$

18. 某金属离子在八面体弱场中的磁矩是 4.90B.M,而在八面体强场中的磁矩为 0,该金属离子可能是(　　)。
   A. Cr^{3+}　　　B. Mn^{2+}　　　C. Mn^{3+}　　　D. Fe^{2+}

19. 在八面体场中,形成体 d 轨道在配位体场的作用下分裂成(　　)。
   A. 能量不等的 5 组轨道
   B. 能量较高的 $d_{x^2-y^2}$、d_{z^2} 和能量较低的 d_{xy}、d_{yz}、d_{xz}
   C. 能量不等的 4 组轨道
   D. 能量较高的 d_{xy}、d_{yz}、d_{xz} 和能量较低的 $d_{x^2-y^2}$、d_{z^2}

20. 已知 $[Co(CN)_6]^{4-}$ 磁矩为 1.73B.M,按照晶体场理论,形成体的 d 电子排布式为(　　)。
   A. $t_{2g}^4 e_g^3$　　　B. $t_{2g}^5 e_g^2$　　　C. $t_{2g}^6 e_g^1$　　　D. $t_{2g}^3 e_g^4$

21. $[Fe(CN)_6]^{4-}$ 是内轨型配合物,则形成体未成对电子数和杂化轨道类型是(　　)。
   A. 4, sp^3d^2　　　　　　　　　B. 4, d^2sp^3
   C. 0, sp^3d^2　　　　　　　　　D. 0, d^2sp^3

22. 根据晶体场理论,高自旋配合物的理论判据是(　　)。
   A. 电离能大于成对能　　　　　　　B. 分裂能小于成对能

C. 分裂能大于成对能 　　　　　　　D. 成键能大于分裂能

23. 形成体的 3d 电子排布为 $t_{2g}^3 e_g^0$ 的八面体配合物是(　　)。
 A. $[Cr(H_2O)_6]^{3+}$ 　　　　　　　B. $[Mn(H_2O)_6]^{2+}$
 C. $[FeF_6]^{3-}$ 　　　　　　　　　D. $[Co(CN)_6]^{3-}$

24. Fe 的原子序数为 26,配合物 $K_3[FeF_6]$ 的磁矩为 5.9 B.M,而 $K_3[Fe(CN)_6]$ 的磁矩为 1.7 B.M,这种差别的原因是(　　)。
 A. 铁在这两种配合物中有不同的氧化数
 B. CN^- 比 F^- 引起的晶体场分裂能更大
 C. F 比 C 或 N 具有更小的电负性
 D. $K_3[FeF_6]$ 不是配位化合物

25. Fe^{3+} 具有 $3d^5$ 电子构型,在八面体场中要使配合物为低自旋态,则分裂能 Δ_o 和电子成对能 P_o 所要满足的条件是(　　)。
 A. Δ_o 和 P_o 越大越好 　　　　　B. $\Delta_o < P_o$
 C. $\Delta_o > P_o$ 　　　　　　　　　D. $\Delta_o = P_o$

二、填空题(每空 1 分,共 25 分。将正确的答案填在横线上)

1. 配合物 $K_3[Fe(CN)_5(CO)]$ 中配位个体的电荷数应为_____,空间构型为_____,配位体为_____配位原子为_____,形成体的配位数为_____。电子在 t_{2g} 和 e_g 轨道上的排布方式为_____,形成体所采取的轨道杂化方式为_____,该配合物属_____磁性分子。

2. 系统命名 $[CoCl(NH_3)_3(H_2O)_2]Cl_2$ 为_____,三羟基·一水·一乙二胺合铬(Ⅲ)的化学式为_____。

3. $[Ni(NH_3)_4]^{2+}$ 的磁矩_____零,$[Ni(CN)_4]^{2-}$ 的磁矩_____零,则前者的空间构型是_____,杂化方式是_____,后者的空间构型是_____,杂化方式是_____;稳定性:$[Ni(NH_3)_4]^{2+}$ _____ $[Ni(CN)_4]^{2-}$。

4. 在过渡金属离子的八面体配合物中,当 $\Delta_o > P_o$ 时,可形成_____自旋配合物,$\Delta_o < P_o$,可形成_____自旋配合物。

5. 根据价键理论,$[Zn(NH_3)_4]^{2+}$ 为_____构型;$[Cu(NH_3)_4]^{2+}$ 为_____构型;$[Fe(CN)_6]^{4-}$ 具有_____磁性,Fe^{2+} 的杂化轨道类型为_____;而 $[FeF_6]^{4-}$ 具有_____磁性,Fe^{2+} 的杂化轨道类型为_____。

三、判断题(每题 1 分,共 10 分。错误的打"×",正确的打"√")

1. 配位化合物中,内界的形成体和配体之间的结合力总是比内界与外界之间的结合力大。因为溶在水中的内界与外界可以解离,内界中的形成体与配体不解离。(　　)

2. 任何形成体配位数为 4 的配位个体,均有四面体结构。(　　)

3. 多齿配体与形成体生成的配合物一定成环,所以它生成的配合物都是螯合物。(　　)

4. 能作为配体的分子或离子,它们共同的特点是能提供共用电子对。(　　)

5. 价键理论认为,只有形成体空的价电子轨道与具有孤对电子的配位原子的原子轨道重叠时才能形成配位键。(　　)

6. 配合物的内、外轨型主要取决于形成体的电子构型、离子所带电荷和配位原子的电负性的大小。(　　)

7. 分裂能相当于一个电子由 e_g 轨道跃迁到 t_{2g} 轨道所需要的能量。（　　）
8. 光谱化学序是通过配合物的光谱实验确定的。（　　）
9. 配合物的高、低自旋取决于分裂能和电子成对能的相对大小。（　　）
10. 配位数就是配位体的数目。（　　）

四、简答题（每题 8 分，共 40 分）

1. 试用价键理论解释：
(1) $[Ni(CN)_4]^{2-}$ 为平面正方形，而 $[Zn(NH_3)_4]^{2+}$ 为正四面体；
(2) $[Fe(CN)_6]^{4-}$ 为反磁性，而 $[FeF_6]^{4-}$ 为顺磁性。
2. 解释 $[Co(NH_3)_6]^{3+}$ 较 $[Co(NH_3)_6]^{2+}$ 稳定的原因。
3. $[Ni(CO)_4]$ 与 $[Ni(CN)_4]^{2-}$ 磁矩均为零，试从形成体的核外电子排布方式推测出这两种配合物的杂化方式及空间构型分别是什么？
4. 计算 d^4 金属离子在八面体场中的晶体场稳定化能（用晶体场分裂能和电子成对能表示）。
5. 已知 $[Fe(H_2O)_6]^{2+}$ 的 $\Delta_o=10400\ cm^{-1}$，$P_o=15000\ cm^{-1}$。写出形成体的 d 电子在 t_{2g} 和 e_g 轨道上的排布，计算磁矩 μ 为多少，并指出高低自旋情况。

金属键和金属晶体，分子间作用力、氢键和分子晶体

一、选择题（每题 1 分，共 20 分。选择一个正确的答案写在括号里）

1. 下面堆积方式中，不可能形成最密堆积结构的是（　　）。
   A. ABCABC—　　B. ABAB—　　C. ABBA—　　D. ACAC—
2. 以分子间作用力结合的晶体是（　　）。
   A. KBr(s)　　B. CO_2(s)　　C. $CuCl_2$(s)　　D. SiC(s)
3. 固态的 NH_3 熔点高于 PH_3，这是因为（　　）。
   A. NH_3 是原子晶体，PH_3 是分子晶体
   B. NH_3 的极性小于 PH_3
   C. NH_3 分子间存在氢键
   D. NH_3 分子间色散力大于 PH_3 的色散力
4. 下列化合物中，键的极性最弱的是（　　）。
   A. $FeCl_3$　　B. $AlCl_3$　　C. PCl_3　　D. $SiCl_4$
5. 不同分子之间存在取向力的是（　　）。
   A. H_2S 与 H_2　　B. H_2S 与 NH_3　　C. BF_3 与 PH_3　　D. H_2S 与 CH_4
6. 具有饱和性和方向性的是（　　）。
   A. 氢键　　B. 离子键　　C. 分子间力　　D. 金属键
7. 下列物质以液态存在时，分子之间有氢键的是（　　）。
   A. HF　　B. HCl　　C. HBr　　D. HI
8. 偶极矩不为零的分子是（　　）。
   A. PCl_5(g)　　B. NF_3　　C. $SiCl_4$　　D. $BeCl_2$(g)

9. 不存在分子间或分子内氢键的分子是(　　)。
   A. NH$_3$　　　　B. 对羟基苯甲酸　　　　C. CF$_3$H　　　　D. HNO$_3$
10. 甲醇和水分子之间存在的分子间作用力有(　　)。
    A. 取向力　　　　　　　　　　　　　　B. 氢键
    C. 色散力和诱导力　　　　　　　　　　D. 以上几种作用力都存在
11. 下列现象与氢键有关的是(　　)。
    A. HI 的沸点高于 HCl　　　　　　　　B. H$_2$O 的沸点高于 HF
    C. 乙醇易溶于水而乙醚难溶于水　　　　D. 碳族氢化物沸点变化有规律
12. 下列物质(假设均处于液态),只需克服色散力就能使之沸腾的是(　　)。
    A. HCl　　　　B. Cu　　　　C. CH$_2$Cl$_2$　　　　D. CS$_2$
13. 下列分子中,偶极矩等于零的是(　　)。
    A. CS$_2$　　　　B. NH$_3$　　　　C. HF　　　　D. HI
14. 下列溶剂最能溶解离子型物质的是(　　)。
    A. CCl$_4$　　　　B. CH$_3$OH　　　　C. C$_5$H$_{12}$　　　　D. (C$_2$H$_6$)O
15. HCl、HBr、HI 三种物质的沸点依次升高的主要原因是(　　)。
    A. 范德华力减小　　B. 取向力增大　　C. 诱导力增大　　D. 色散力增大
16. 下列化合物中哪一个氢键表现得最强(　　)。
    A. NH$_3$　　　　B. H$_2$O　　　　C. HCl　　　　D. HF
17. 通过测定 AB$_2$ 型分子的偶极矩,总能判定(　　)。
    A. 元素的电负性差　　　　　　　　　　B. 分子的几何形状
    C. A—B 键的极性　　　　　　　　　　D. 以上 3 种都可以
18. SiF$_4$、SiCl$_4$、SiBr$_4$ 和 SiI$_4$ 熔点由高到低顺序正确的是(　　)。
    A. SiF$_4$>SiCl$_4$>SiBr$_4$>SiI$_4$　　　　B. SiI$_4$>SiBr$_4$>SiF$_4$>SiCl$_4$
    C. SiBr$_4$>SiI$_4$>SiCl$_4$>SiF$_4$　　　　D. SiI$_4$>SiBr$_4$>SiCl$_4$>SiF$_4$
19. 石墨晶体中,层与层之间的结合力为(　　)。
    A. 金属键　　　　B. 共价键　　　　C. 分子间力　　　　D. 离子键
20. 对于金属键叙述不正确的是(　　)。
    A. 金属晶体中有独立存在的分子　　　　B. 金属键是一种改性的共价键
    C. 金属键无方向性和饱和性　　　　　　D. 金属的很多物理共性和它有关

二、填空题(每空 1 分,共 30 分。将正确的答案填在横线上)

1. 在金属晶体中最常见的 3 种堆积方式有:①配位数为 8 的_____密堆积,②配位数为_____的面心立方密堆积,③配位数为_____的_____密堆积。其中_____和_____的空间占有率相等,_____以 ABAB 方式密堆积,_____以 ABCABC 方式密堆积,就金属原子的堆积层来看,二者的区别是在第_____层。

2. 在金属键的能带理论中,依据电子占据能带的情况,将能带分为_____带、_____带、_____带和禁带。

3. CO、HBr、H$_2$O 等化合物,在它们各自的分子间作用力分布中,取向力最大的是_____,最小的是_____,色散力最大的是_____;分子间存在氢键的是_____。

4. 形成结构为 X—H…Y 形式的氢键,要求原子 X、Y_____,氢键可分为_____和_____。

5. 分子之间存在着_____键,致使 HF 的沸点远_____于 HCl、HBr 和 HI。HF 分子之间还存在的作用力有_____、_____和_____,其中以_____为主,这是因为 HF 有_____(较大或较小)的偶极矩。

6. BBr_3 熔点 $-46℃$,属_____晶体;KF 熔点 $880℃$,属_____晶体;Si 熔点 $1423℃$,属_____晶体。石墨属于_____晶体。

三、**判断题**(每题 1 分,共 10 分。错误的打"×",正确的打"√")

1. 原子之间以极性共价键结合成的分子为极性分子。(   )
2. 化合物的沸点随着相对分子质量的增加而升高。(   )
3. 氢键是有方向性和饱和性的一类化学键。(   )
4. 所有含氢的化合物分子间都存在着氢键。(   )
5. 由于 HF 比 HCl 相对分子质量小,分子间力小,故熔沸点 HF<HCl。(   )
6. NH_3 与 H_2O 分子间存在着色散力、诱导力、取向力和氢键。(   )
7. 直线形分子 X—Y—Z 是非极性的。(   )
8. 非极性分子中只有非极性共价键,极性分子中的化学键都有极性。(   )
9. 相对分子质量越大,分子间力越大。(   )
10. 偶极矩是一个向量,其方向规定为从正电荷指向负电荷。(   )

四、**简答题**(每题 8 分,共 40 分)

1. 请给出ⅥA族元素氢化物 H_2O、H_2S、H_2Se、H_2Te 的沸点由低到高的正确顺序,并作出解释。

2. 判断下列各组分子之间存在什么形式的作用力?
   (1) C_6H_6 和 CH_4 (2) He 和 H_2O
   (3) C_2H_5OH 和 HBr (4) H_2O 和 $NH_3·H_2O$

3. 试判断下列各组物质沸点的高低顺序,并作简单说明。
   (1) CI_4、CF_4、CBr_4、CCl_4 (2) H_2、CO、Ne、HF

4. 下列化合物中,哪些存在氢键?是分子内氢键还是分子间氢键?
   (1) 固体硼酸 (2) 邻羟基苯甲醛
   (3) 乙醇和氢溴酸 (4) H_2O 和 CH_3OH

5. 在下列情况下,要克服哪种类型的吸引力?
   (1) 冰融化   (2) NaCl 溶于水   (3) $MgCO_3$ 分解为 MgO   (4) 硫溶于 CCl_4 中

第 3 章

化学反应中的能量变化

【基本要求】

1. 理解化学热力学中的常用术语和概念,明确反应进度的含义。
2. 理解热力学第一定律、恒压反应热与焓变的关系,熟悉热化学方程式的书写方法,掌握反应热的理论计算。
3. 理解标准摩尔生成焓 $\Delta_f H_m^{\ominus}$ 的概念,会用 $\Delta_f H_m^{\ominus}$ 计算标准摩尔反应焓变 $\Delta_r H_m^{\ominus}$。

【学习小结】

系统是人们将其作为研究对象的那部分物质或空间。系统以外,与系统密切相关的部分或与系统相互影响可及的部分称为环境。系统和环境是根据研究问题的需要人为进行的划分,二者之间需有一个具体的或假想的边界。根据系统与环境之间物质和能量的交换情况不同,可将系统分为敞开系统、封闭系统和隔离系统。系统发生的一切变化称为过程。根据过程发生的条件不同可分为等压过程、等容过程、等温过程、绝热过程和循环过程。系统的物理性质和化学性质的综合表现称为系统的状态,描述或规定系统状态的性质或宏观物理量称为状态函数,状态函数的主要特征是其变化值只取决于系统的始态和终态,而与变化所经历的具体途径无关,状态函数的集合(和、差、积、商)也是状态函数。系统的广度性质是与物质的量有关的性质,具有加和性;系统的强度性质是与物质的量无关的性质,不具有加和性。

系统中化学反应进行了多少,可以用反应进度 ξ 来表示。其定义为

$$\xi = \frac{n_B(\xi) - n_B(0)}{\nu_B} = \frac{\Delta n_B}{\nu_B} \quad (\xi \text{ 的 SI 单位是 mol})$$

反应进度 ξ 的数值与选用何种物质的量的变化进行计算没有关系,但与化学反应计量式的写法有关。所以,反应进度必须对应于具体的化学反应计量式。

任何物理、化学过程都涉及能量的变化。当封闭系统从一种状态变到另一种状态时,其能量变化的两种形式是热和功:热是由于温差的存在而在系统与环境间交换或传递的能量,规定吸热为正(热由环境传给系统);放热为负(热由系统传给环境)。除热以外,系统与环境以其他形式传递的能量叫做功,规定系统对环境做功,功为负值;环境对系统做功,功为正值。热和功两种能量的变化都表现为物质热力学能的变化。热力学第一定律的数学表示式表达了热力学能、功和热三个因素的关系:

$$\Delta U = U_2 - U_1 = Q + W$$

热力学第一定律的实质是能量守恒与转化定律,它是一个经验定律。其意义是系统的热力学能变等于系统所吸收的热与环境对系统所做功的代数和。ΔU 是状态函数的变量,Q

和 W 是与途径有关的过程量。由热力学第一定律表示式可以得到下列各过程中的特殊形式。

孤立系统：因为 $Q=0,W=0$，所以 $\Delta U=0$。即孤立系统的热力学能没有变化。

绝热过程：因为 $Q=0$，所以 $\Delta U=W$。即热力学能的增量等于环境对系统所做的绝热功。

循环过程：系统由始态经一系列变化又恢复到始态，$\Delta U=0$，所以 $Q=-W$。

恒容条件、只做体积功：$\Delta V=0,W=0$，所以 $\Delta U=Q$。即系统所吸收的热等于热力学能的增量。

焓的定义式是 $H=U+PV$。焓和热力学能是描述系统状态的两个重要的热力学函数。在恒压只做体积功的条件下，$\Delta H=Q_p$，用焓变 ΔH 表示恒压反应热效应在讨论化学反应的能量变化时更为方便一些。根据热化学反应的规律——Hess 定律：在恒容或恒压条件下，不管化学反应是一步完成还是分几步完成，整个过程的热效应是一样的，在讨论化学反应热效应时可以用已知有关的反应热来计算，也可通过摩尔生成焓来计算。

对于任一化学反应　　　$a\mathrm{A}+c\mathrm{C}=\!\!=\!\!=g\mathrm{G}+d\mathrm{D}$

标准摩尔反应焓变的计算公式为

$$\Delta_r H_m^\ominus = [g\Delta_f H_m^\ominus(\mathrm{G}) + d\Delta_f H_m^\ominus(\mathrm{D})] - [a\Delta_f H_m^\ominus(\mathrm{A}) + c\Delta_f H_m^\ominus(\mathrm{C})]$$

或表示为

$$\Delta_r H_m^\ominus = \sum \nu_i \Delta_f H_m^\ominus(\text{生成物}) + \sum \nu_i \Delta_f H_m^\ominus(\text{反应物})$$

【温馨提示】

1. $\Delta H = Q_p$ 的重要意义：非状态函数的热，在特定条件下，热的数值像状态函数一样，只与系统的始、终态有关，而与途径无关。

2. 标准（状）态和标准状况的区别：

	区　别		联　系
	适用范围	温度	
标准状况	气态	0℃	压力均为 $p^\ominus$
标准（状）态	气态、液态、固态	未规定温度	

【思习解析】

思 考 题

3-1　什么是系统？什么是环境？选择系统的原则是什么？

解：系统又称体系，是人们将其作为研究对象的那部分物质或空间。系统以外，与系统密切相关的部分（或与系统相互影响可及的部分）称为环境。选择系统的原则是研究问题的方便和需要。系统和环境是根据研究问题的需要人为划分的，二者之间应有一个边界，这个边界可以是具体的，也可以是假想的。

3-2　热力学中的标准状态是如何规定的？标准状态与标准状况有何不同？

解：按照 GB 3102.8—1993 中的规定，标准状态时的压力为标准压力 $p^\ominus = 100$ kPa，由此规定：

(1) 纯理想气体的标准态是该气体处于标准压力 $p^{\ominus}$ 下的状态，混合理想气体中任一组分的标准态是指该气体组分的分压力为 $p^{\ominus}$ 的状态；

(2) 纯液体(或纯固体)物质的标准态就是标准压力 $p^{\ominus}$ 下的纯液体(或纯固体)的状态；

(3) 对于溶液中各组分的标准态，规定为各组分浓度均为 $c^{\ominus}=1 \text{ mol} \cdot \text{dm}^{-3}$ 的理想溶液的状态。

应当注意的是在规定标准态时只规定了压力为 $p^{\ominus}$(100 kPa)，而没有规定温度，也就是说温度可以是任意的，但国际纯粹与应用化学联合会(International Union of Pure and Applied Chemistry, IUPAC)推荐选择的参考温度是 298.15 K。所以我们通常从手册或专著查到的有关热力学数据大都是 298.15 K 时的数据。

标准状态与标准状况的不同在于：①标准状态的温度没有规定，可以是任意的；而标准状况的温度规定为 273.15 K。②标准状况适用于气体，而标准状态适用于气态、液态和固态。

3-3 什么是状态函数？状态函数有哪些特征？

解：系统的状态是系统的物理性质和化学性质的综合表现，描述或规定系统状态的这些性质或宏观物理量称为状态函数。状态函数的主要特征是当系统的状态发生变化时，状态函数的变化值只取决于系统的始态和终态，而与变化所经历的具体途径无关。在循环过程中，因系统经过变化后又回到始态，所以状态函数的变化值为零。此外，状态函数的集合(和、差、积、商)也是状态函数。

3-4 功和热都是能量传递的形式，两者有何区别？为什么功和热只在过程中才有意义？

解：热和功虽然都是在系统和环境之间被传递的能量。但热是系统与环境之间由于温差的存在而交换或传递的能量，而功则是除热以外，系统与环境之间以其他形式传递的能量。

功和热都不是状态函数，不是系统自身的性质，因此只有在系统发生变化时才能表现出来。即功和热只有在过程中才有意义。

3-5 什么是恒容反应热和恒压反应热？两者有什么关系？在什么情况下两者相等？

解：一个化学反应在恒容条件下发生，如果反应物和产物的温度相同，且在过程中不做非体积功，这种在恒容条件下，吸收或放出的热量称为化学反应的恒容反应热，用符号 Q_V 表示。

若化学反应是在恒压条件下进行，如果反应物和产物的温度相同，且在过程中不做非体积功，此过程吸收或放出的热量称为恒压反应热，用符号 Q_P 表示。

两者的关系为：$Q_P = Q_V + \Delta n(RT)$

Q_P 与 Q_V 的差值是恒压条件下的体积功，当化学反应的反应物和生成物都是液体或固体时，反应过程中的体积变化很小，$p\Delta V$ 值可以忽略不计，在数值上 $Q_P \approx Q_V$。

3-6 热力学能变与恒容反应热，焓变与恒压反应热之间有什么关系？

解：热力学能变与恒容反应热的关系：$\Delta U = Q_V$

焓变与恒压反应热的关系：$\Delta H = Q_P$

3-7 热力学能变与焓变之间有什么关系？在什么情况下两者相等？

解：热力学能变与焓变之间的关系：$\Delta H = \Delta U + \Delta n(RT)$

当化学反应的反应物和生成物都是液体或固体时,反应过程中的体积变化很小,$p\Delta V$值可以忽略不计,在数值上焓变近似等于热力学能变,即 $\Delta H \approx \Delta U$。

3-8 什么是盖斯定律?它与热力学第一定律有什么联系?

解：盖斯定律是说一个化学反应不管是一步完成,还是分几步完成,其热效应是相同的。盖斯定律是热力学第一定律在热化学上的体现。

3-9 热不是状态函数,为什么恒压(或恒容)反应热与途径无关?

解：虽然热不是状态函数,但恒压反应热或恒容反应热反映了状态函数的变化值,即$Q_P = \Delta H$, $Q_V = \Delta U$,故其大小只与系统的始态和终态有关,而与反应的途径无关。

3-10 化学反应方程式的系数与化学计量数有何不同?

解：对某一化学反应来说,化学反应方程式的系数与化学计量数的绝对值相同,但化学反应方程式的系数无论是反应物还是生成物均为正值;而化学计量数反应物的为负值,生成物的为正值。

3-11 下列纯态单质中,哪些单质的标准摩尔生成焓等于零?

(1) 金刚石　(2) O_3(臭氧)　(3) $Br_2(l)$　(4) $Fe(s)$　(5) $Hg(g)$　(6) 石墨

解：标准摩尔生成焓是在标准状态和指定温度下由参考状态的单质生成单位物质的量的某物质的焓变,参考状态一般是指每种单质在所讨论的温度及标准压力时最稳定的状态或指定状态,处于标准状态下的参考状态单质的标准摩尔生成焓为零。由此可得(3)(4)(6)的标准摩尔生成焓等于零。

3-12 判断下列说法是否正确。

(1) 系统的焓等于恒压反应热;

(2) 反应进度 ξ 的数值与选用何种物质的量的变化进行计算有关;

(3) 标准状态下的参考状态单质的标准摩尔生成焓为零;

(4) 热的物体比冷的物体含有更多的热量;

(5) 同一系统同一状态可能有多个热力学能值;

(6) 物体的温度越高,则所含的热量越多;

(7) 反应进度 ξ 的数值与化学计量数无关;

(8) 同一系统不同状态可能有相同的热力学能值;

(9) 系统的焓变等于恒压反应热;

(10) 热力学能就是系统整体运动时的动能。

解：(1)错　(2)错　(3)对　(4)错　(5)错　(6)错　(7)错　(8)对　(9)对　(10)错

习　题

3-1 计算下列系统的热力学能变：

(1) 系统吸收了 100 J 热量,并且系统对环境做了 480 J 功;

(2) 系统放出 100 J 热量,并且环境对系统做了 575 J 功。

解：(1) 因为 $Q = 100$ J　$W = -480$ J　所以 $\Delta U = Q + W = 100 + (-480) = -380$ (J)

(2) 因为 $Q = -100$ J　$W = 575$ J　所以 $\Delta U = Q + W = -100 + 575 = 475$ (J)

3-2 已知：

(1) $C(s) + O_2(g) = CO_2(g)$ $\Delta_r H_{m1}^{\ominus} = -393.5 \text{ kJ} \cdot \text{mol}^{-1}$

(2) $H_2(g) + \frac{1}{2}O_2(g) = H_2O(l)$ $\Delta_r H_{m2}^{\ominus} = -285.9 \text{ kJ} \cdot \text{mol}^{-1}$

(3) $CH_4(g) + 2O_2(g) = CO_2(g) + 2H_2O(l)$ $\Delta_r H_{m3}^{\ominus} = -890.0 \text{ kJ} \cdot \text{mol}^{-1}$

试求反应 $C(s) + 2H_2(g) = CH_4(g)$ 的 $\Delta_r H_m^{\ominus}$。

解：设所求反应为(4)，则(4) = (1) + 2×(2) - (3)

所以 $\Delta_r H_m^{\ominus} = \Delta_r H_{m1}^{\ominus} + 2\Delta_r H_{m2}^{\ominus} - \Delta_r H_{m3}^{\ominus}$
$= -393.5 + 2 \times (-285.9) - (-890.0)$
$= -75.3 \text{ (kJ} \cdot \text{mol}^{-1}\text{)}$

3-3 已知下列热化学反应方程式：

(1) $C_2H_2(g) + \frac{5}{2}O_2(g) = 2CO_2(g) + H_2O(l)$ $\Delta_r H_{m1}^{\ominus} = -1300 \text{ kJ} \cdot \text{mol}^{-1}$

(2) $C(s) + O_2(g) = CO_2(g)$ $\Delta_r H_{m2}^{\ominus} = -393.5 \text{ kJ} \cdot \text{mol}^{-1}$

(3) $H_2(g) + \frac{1}{2}O_2(g) = H_2O(l)$ $\Delta_r H_{m3}^{\ominus} = -285.9 \text{ kJ} \cdot \text{mol}^{-1}$

计算 $\Delta_f H_m^{\ominus}(C_2H_2, g)$。

解：$\Delta_f H_m^{\ominus}(CO_2, g) = \Delta_r H_{m2}^{\ominus} = -393.5 \text{ kJ} \cdot \text{mol}^{-1}$

$\Delta_f H_m^{\ominus}(H_2O, l) = \Delta_r H_{m3}^{\ominus} = -285.9 \text{ kJ} \cdot \text{mol}^{-1}$

$\Delta_r H_{m1}^{\ominus} = 2\Delta_f H_m^{\ominus}(CO_2, g) + \Delta_f H_m^{\ominus}(H_2O, l) - \Delta_f H_m^{\ominus}(C_2H_2, g) - \frac{5}{2}\Delta_f H_m^{\ominus}(O_2, g)$

$-1300 = 2 \times (-393.5) + (-285.9) - \Delta_f H_m^{\ominus}(C_2H_2, g) - 5/2 \times 0$

解出 $\Delta_f H_m^{\ominus}(C_2H_2, g) = 227.1 \text{ (kJ} \cdot \text{mol}^{-1}\text{)}$

3-4 已知下列物质的标准摩尔生成焓：

	$NH_3(g)$	$NO(g)$	$H_2O(g)$
$\Delta_f H_m^{\ominus}/(\text{kJ} \cdot \text{mol}^{-1})$	-46.11	90.25	-241.818

计算在 298.15 K 时，5 mol $NH_3(g)$ 氧化为 $NO(g)$ 及 $H_2O(g)$ 的反应热效应。

解：反应方程式为：$4NH_3 + 5O_2 = 4NO + 6H_2O$

$\Delta_r H_m^{\ominus} = 4\Delta_f H_m^{\ominus}(NO, g) + 6\Delta_f H_m^{\ominus}(H_2O, g) - 4\Delta_f H_m^{\ominus}(NH_3, g) - 5\Delta_f H_m^{\ominus}(O_2, g)$
$= 4 \times 90.25 + 6 \times (-241.818) - 4 \times (-46.11)$
$= -905.468 \text{(kJ} \cdot \text{mol}^{-1}\text{)}$

5 mol $NH_3(g)$ 氧化为 $NO(g)$ 及 $H_2O(g)$ 的反应热效应：

$$-905.468 \times \frac{5}{4} = -1131.84 \text{(kJ)}$$

3-5 已知 $Ag_2O(s) + 2HCl(g) = 2AgCl(s) + H_2O(l)$，$\Delta_r H_m^{\ominus} = -324.9 \text{ kJ} \cdot \text{mol}^{-1}$ 及 $\Delta_f H_m^{\ominus}(Ag_2O, s) = -30.57 \text{ kJ} \cdot \text{mol}^{-1}$，试求 AgCl 的标准摩尔生成焓。

解：$\Delta_r H_m^{\ominus} = 2\Delta_f H_m^{\ominus}(AgCl, s) + \Delta_f H_m^{\ominus}(H_2O, l) - \Delta_f H_m^{\ominus}(Ag_2O, s) - 2\Delta_f H_m^{\ominus}(HCl, g)$

$-324.9 = 2\Delta_f H_m^{\ominus}(AgCl, s) + (-285.9) - (-30.57) - 2 \times (-92.307)$

解出 $\Delta_f H_m^{\ominus}(AgCl, s) = -127.092 \text{ (kJ} \cdot \text{mol}^{-1}\text{)}$

3-6 在一敞口试管内加热氯酸钾晶体，发生下列反应：

$$2KClO_3(s) = 2KCl(s) + 3O_2(g)$$

并放出 80.5 kJ 热量(298.15 K)。试求 298.15 K 下该反应的 $\Delta_r H_m^{\ominus}$ 和 $\Delta_r U_m^{\ominus}$。

解：$\Delta_r H_m^{\ominus} = Q_P = -80.5$ kJ

$\Delta_r U_m^{\ominus} = \Delta_r H_m^{\ominus} - \Delta n(RT) = -80.5 - (3-0) \times 8.314 \times 10^{-3} \times 298.15 = -87.9$ (kJ)

3-7 油酸甘油酯在人体中代谢时发生下列反应：

$$C_{57}H_{104}O_6(s) + 80O_2(g) = 57CO_2(g) + 52H_2O(l)$$

$\Delta_r H_m^{\ominus} = -3.35 \times 10^4$ kJ·mol^{-1}，计算消耗这种脂肪 1 kg 时，反应进度是多少？将有多少热量释放出？

解：$M(C_{57}H_{104}O_6) = 885.61$ g·mol^{-1}

$$\xi(C_{57}H_{104}O_6) = \frac{1}{\nu(C_{57}H_{104}O_6)}\Delta n(C_{57}H_{104}O_6) = \frac{1}{-1} \times \left(-\frac{1000}{885.61}\right) = 1.13 \text{(mol)}$$

$\Delta_r H_m^{\ominus} = -3.35 \times 10^4 \times 1.13 = -3.79 \times 10^4$ (kJ)

3-8 设有 20 mol N$_2$(g) 和 40 mol H$_2$(g) 在合成氨装置中混合，反应后有 10 mol NH$_3$(g) 生成，试分别按下列反应计量式中各物质的化学计量数(ν_B)和物质的量的变化(Δn_B)计算反应进度并做出结论。

(1) $\frac{1}{2}N_2(g) + \frac{3}{2}H_2(g) = NH_3(g)$

(2) $N_2(g) + 3H_2(g) = 2NH_3(g)$

解：(1) $\frac{1}{2}N_2(g) + \frac{3}{2}H_2(g) = NH_3(g)$

始态 n /mol   20   40   0

终态 n/mol   20−5   40−15   10

$$\xi(N_2) = \frac{1}{\nu(N_2)}\Delta n(N_2) = \frac{1}{-\frac{1}{2}} \times (-5.0) = 10 \text{(mol)}$$

$$\xi(H_2) = \frac{1}{\nu(H_2)}\Delta n(H_2) = \frac{1}{-\frac{3}{2}} \times (-15) = 10 \text{(mol)}$$

$$\xi(NH_3) = \frac{1}{\nu(NH_3)}\Delta n(NH_3) = \frac{1}{1} \times 10 = 10 \text{(mol)}$$

$$N_2(g) + 3H_2(g) = 2NH_3(g)$$

始态 n/mol   20   40   0

终态 n/mol   20−5   40−15   10

$$\xi(N_2) = \frac{1}{\nu(N_2)}\Delta n(N_2) = \frac{1}{-1} \times (-5) = 5 \text{(mol)}$$

$$\xi(H_2) = \frac{1}{\nu(H_2)}\Delta n(H_2) = \frac{1}{-3} \times (-15) = 5 \text{(mol)}$$

$$\xi(NH_3) = \frac{1}{\nu(NH_3)}\Delta n(NH_3) = \frac{1}{2} \times 10 = 5 \text{(mol)}$$

结论：反应进度(ξ)的值与选用反应计量式中的哪个物质的量的变化来进行计算无关，但与反应计量式的写法有关。

【综合测试】

一、选择题（每空 2 分，共 30 分。选择一个正确的答案填在括号里）

1. 某系统在失去 15 kJ 热给环境后，系统的热力学能增加了 5 kJ，则系统作功是(　　)。
   A. 20 kJ　　　B. 10 kJ　　　C. −10 kJ　　　D. −20 kJ

2. 下列对于功和热的叙述中，正确的是(　　)。
   A. 都是途径函数，对应于某一状态有一确定值
   B. 都是途径函数，无确定的变化途径就无确定的数值
   C. 都是状态函数，变化量与途径无关
   D. 都是状态函数，始终态确定，其值也确定

3. 反应 $2HCl(g) \Longrightarrow Cl_2(g) + H_2(g)$，$\Delta_r H_m^{\ominus} = 184.9 \text{ kJ} \cdot \text{mol}^{-1}$ 这意味着(　　)。
   A. 如果该反应在恒温恒压下进行，必须吸热
   B. 生成物平均能量的和大于反应物平均能量的和
   C. $HCl(g)$ 的标准摩尔生成焓是负值
   D. 上述三点都对

4. 下列反应中，$\Delta_r H_m^{\ominus}$ 与产物的 $\Delta_f H_m^{\ominus}$ 不同的是(　　)。
   A. $H_2(g) + \frac{1}{2}O_2(g) \Longrightarrow H_2O(l)$　　　B. $NO(g) + \frac{1}{2}O_2(g) \Longrightarrow NO_2(g)$
   C. $\frac{1}{2}N_2(g) + \frac{1}{2}O_2(g) \Longrightarrow NO(g)$　　　D. $H_2(g) + \frac{1}{2}O_2(g) \Longrightarrow H_2O(g)$

5. 下列叙述中正确的是(　　)。
   A. 热的物体比冷的物体含有更多的热量
   B. 物体的温度越高，则所含热量越多
   C. 热是一种传递中的能量
   D. 同一系统、同一状态可能有多个内能值

6. 下列变化为绝热过程的是(　　)。
   A. 系统温度不变　　　　　　　B. 系统不从环境吸收能量
   C. 系统与环境无热量交换　　　D. 系统的内能保持不变

7. 已知 $\frac{1}{2}O_2(g) + MnO(s) \Longrightarrow MnO_2(s)$　　$\Delta_r H_m^{\ominus} = -134.8 \text{ kJ} \cdot \text{mol}^{-1}$，
   $MnO_2(s) + Mn(s) \Longrightarrow 2MnO(s)$　　$\Delta_r H_m^{\ominus} = -250.1 \text{ kJ} \cdot \text{mol}^{-1}$
   则 MnO_2 的标准摩尔生成热 $\Delta_f H_m^{\ominus}/\text{kJ} \cdot \text{mol}^{-1}$ 为(　　)。
   A. 519.7　　　B. −317.5　　　C. −519.7　　　D. 317.5

8. 在下列反应中，放出热量最多的是(　　)。
   A. $CH_4(l) + 2O_2(g) \Longrightarrow CO_2(g) + 2H_2O(g)$
   B. $CH_4(g) + 2O_2(g) \Longrightarrow CO_2(g) + 2H_2O(g)$
   C. $CH_4(g) + 2O_2(g) \Longrightarrow CO_2(g) + 2H_2O(l)$
   D. $CH_4(g) + 3/2 O_2(g) \Longrightarrow CO(g) + 2H_2O(l)$

9. ΔH 是系统的(　　)。
   A. 反应热　　　B. 吸收的热量　　　C. 焓的增量　　　D. 生成热

10. 下列反应方程式中，能正确表示 AgBr(s) 的 $\Delta_f H_m^\ominus$ 的是（　　）。
   A. Ag(s)+1/2Br$_2$(g)══AgBr(s)　　B. Ag(s)+1/2Br$_2$(l)══AgBr(s)
   C. 2Ag(s)+Br$_2$(g)══2AgBr(s)　　D. Ag$^+$(aq)+Br$^-$(aq)══AgBr(s)
11. 下列各种物质中，298.15 K 时标准摩尔生成焓为零的是（　　）。
   A. C(金刚石)　　B. N$_2$(l)　　C. Br$_2$(l)　　D. O$_3$(g)
12. 下列变化为循环过程的是（　　）。
   A. 系统温度不变　　　　　　　　　B. 系统不从环境吸收能量
   C. 系统与环境无热量交换　　　　　D. 系统的热力学能保持不变
13. 如果 x 是原子，x_2 是实际存在的分子，反应 $2x(g) \longrightarrow x_2(g)$ 的 $\Delta_f H_m^\ominus$ 应该是（　　）。
   A. 负值　　B. 正值　　C. 零　　D. 不确定
14. 系统与环境之间无热量交换的过程是（　　）。
   A. 恒温过程　　B. 循环过程　　C. 绝热过程　　D. 恒压过程
15. 恒温恒压下，反应 A ⟶ 2B 的反应热为 ΔH_1，C ⟶ 4B 的反应热为 ΔH_2，则反应 2A ⟶ C 的反应热 ΔH_3 为（　　）。
   A. $\Delta H_2 - 2\Delta H_1$　　B. $\Delta H_1 + \Delta H_2$　　C. $2\Delta H_1 - \Delta H_2$　　D. $2\Delta H_1 + \Delta H_2$

二、填空题（每空 1 分，共 25 分。将正确的答案写在横线上）

1. 系统和环境的总和在热力学上称为_____。根据系统与环境之间物质和能量的交换情况，可将系统分为_____、_____和_____ 3 种类型。

2. 热是由于_____而引起的能量传递形式，除热以外的其他能量传递形式称为_____。

3. 系统的状态是系统的物理性质和化学性质的_____，描述或规定系统状态的这些性质或宏观物理量称为_____。

4. 状态函数既是研究_____的基础，又是进行_____的依据。

5. 热和功都是在_____之间被传递的能量，它们只有在_____才能表现出来。功和热都不是_____的性质，它们都不是状态函数。

6. 焓（H）是_____函数，属_____性质，具有加和性；焓和热力学能一样，_____无法确定，变化值在恒压和只做体积功的条件下，等于_____。

7. 参考状态一般是指每种单质在所讨论的_____及_____时最稳定的状态或指定状态。N$_2$ 的最稳定的状态是_____；Hg 的最稳定的状态是_____。石墨、金刚石、无定形碳和 C$_{60}$ 等，_____是最稳定的；O$_2$(g) 和 O$_3$(g)，_____是最稳定的。磷单质中最稳定的是_____，但热力学上却规定_____为参考状态的单质。

三、简答题（每题 5 分，共 25 分）

1. 通过计算判断下列各过程中，哪个的 ΔU 最大？
   (1) 系统放出了 60 kJ 热，并对环境做了 40 kJ 功；
   (2) 系统吸收了 60 kJ 热，环境对系统做了 40 kJ 功；
   (3) 系统吸收了 40 kJ 热，并对环境做了 60 kJ 功；
   (4) 系统放出了 40 kJ 热，环境对系统做了 60 kJ 功。

2. 状态函数具有的主要特征是什么？

3. 什么是 Hess 定律？它与热力学第一定律有什么关系？

4. 为什么不能说"系统含有多少热或多少功"？

5. 简述下面同一反应、写法不同，反应进度不同的原因。

(1) $N_2(g)+3H_2(g) = 2NH_3(g)$ (2) $\frac{1}{2}N_2(g)+\frac{3}{2}H_2(g) = NH_3(g)$

四、计算题(每题 10 分,共 20 分)

1. 已知 $CaO(s)+CO_2(g) = CaCO_3(s)$ 的 $\Delta_r H_m^\ominus = -178.26 \text{ kJ}\cdot\text{mol}^{-1}$，$\Delta_f H_m^\ominus(CaCO_3) = -1206.9 \text{ kJ}\cdot\text{mol}^{-1}$，$\Delta_f H_m^\ominus(CaO) = -635.13 \text{ kJ}\cdot\text{mol}^{-1}$，求 $\Delta_f H_m^\ominus(CO_2)$ 为多少 $\text{kJ}\cdot\text{mol}^{-1}$？

2. 求反应 $3Fe_2O_3(s)+CO(g) = 2Fe_3O_4(s)+CO_2(g)$ 的 $\Delta_r H_m^\ominus$。已知 $\Delta_f H_m^\ominus(Fe_2O_3, s) = -824.2 \text{ kJ}\cdot\text{mol}^{-1}$，$\Delta_f H_m^\ominus(CO, g) = -137.168 \text{ kJ}\cdot\text{mol}^{-1}$，$\Delta_f H_m^\ominus(Fe_3O_4, s) = -1118.4 \text{ kJ}\cdot\text{mol}^{-1}$，$\Delta_f H_m^\ominus(CO_2, g) = -393.51 \text{ kJ}\cdot\text{mol}^{-1}$。

第4章

化学反应的方向、速率和限度

【基本要求】

1. 理解标准摩尔熵和标准摩尔生成吉布斯函数的概念,掌握化学反应的焓变、熵变和吉布斯函数变与反应方向的关系及有关计算。

2. 掌握计算 $\Delta_r G_m^{\ominus}$ 和 $\Delta_r G_m$ 的几种方法(公式)及 $\Delta_r G_m$ 和 $\Delta_r G_m^{\ominus}$ 的关系式,会用 $\Delta_r G_m$ 判断化学反应进行的方向。

3. 了解化学反应速率的几种表示方法,能用活化能和活化分子的概念解释浓度或分压、温度和催化剂对反应速率的影响。

4. 掌握质量作用定律,会根据基元反应和实验数据写速率方程,求反应级数和速率常数。掌握阿伦尼乌斯公式,会用 k_1、k_2、T_1 和 T_2 计算 E_a。

5. 理解化学平衡的概念、特征和平衡常数的意义,掌握经验平衡常数与标准平衡常数的区别和多重平衡原理。

6. 掌握平衡常数与标准吉布斯函数变的关系,理解浓度、压力和温度对化学平衡移动的影响。

【学习小结】

在一定条件下不需外界做功,一经引发就能自动进行的过程,称为自发过程。自发过程具有单向性、做功能力和一定限度的特点。

化学反应的方向与焓变、熵变和吉布斯函数变有关。熵变是衡量系统混乱度的变化的物理量。在孤立系统中,当熵变大于 0 时,反应能自发进行;当熵变等于 0 时,反应处于平衡状态;当熵变小于 0 时,反应不能自发进行。表明孤立系统中,只有熵增加的变化,也就是混乱度增大的变化才能自发进行。在 298.15 K 时化学反应的标准熵变 $\Delta_r S_m^{\ominus}$ 可根据状态函数的特征进行计算:

任一反应
$$aA + bB \rightleftharpoons gG + dD$$
$$\Delta_r S_m^{\ominus} = [gS_m^{\ominus}(G) + dS_m^{\ominus}(D)] - [aS_m^{\ominus}(A) + bS_m^{\ominus}(B)]$$

或表示为
$$\Delta_r S_m^{\ominus} = \sum \nu_i S_m^{\ominus}(\text{生成物}) + \sum \nu_i S_m^{\ominus}(\text{反应物})$$

吉布斯函数变又称吉布斯自由能,是能做有用功的能。在恒温、恒压条件下,当系统状态发生变化时,其吉布斯函数变 $\Delta G = \Delta H - T\Delta S$。吉布斯提出:在恒温、恒压条件下,$\Delta G$ 可作为过程或反应自发性的判据。即

$\Delta G < 0$ 自发过程

$\Delta G = 0$ 平衡状态

$\Delta G > 0$ 非自发过程

ΔH、ΔS 及 T 对反应方向的影响通常有下表所示的几种情况：

ΔH、ΔS 及 T 对反应方向的影响

ΔH	ΔS	T	ΔG	反应类型	反应情况
<0	>0	任意值	<0	放热、混乱度↑	任何温度下均为自发反应
<0	<0	$<\left|\dfrac{\Delta H}{\Delta S}\right|$	<0	放热、混乱度↓	低温下为自发
>0	>0	$>\left|\dfrac{\Delta H}{\Delta S}\right|$	<0	吸热、混乱度↑	高温下为自发
>0	<0	任意值	>0	吸热、混乱度↓	任何温度下均为非自发反应

系统的能量降低和混乱度增大是使化学反应能自发进行的两个因素，将两个因素统一起来变成一个总因素是化学反应总是朝着系统的 G 减小的方向进行，即系统的吉布斯函数降低是化学反应自发进行的推动力。

吉布斯函数变的计算通常有以下 3 种方法：

（1）用标准摩尔生成吉布斯函数计算

任一反应

$$aA + bB \Longrightarrow gG + dD$$

$$\Delta_r G_m^\ominus = [g\Delta_f G_m^\ominus(G) + d\Delta_f G_m^\ominus(D)] - [a\Delta_f G_m^\ominus(A) + b\Delta_f G_m^\ominus(B)]$$

或表示为

$$\Delta_r G_m^\ominus = \sum \nu_i \Delta_f G_m^\ominus(\text{生成物}) + \sum \nu_i \Delta_f G_m^\ominus(\text{反应物})$$

（2）用 $\Delta_r G_m^\ominus = \Delta_r H_m^\ominus - T\Delta_r S_m^\ominus$ 计算

（3）用化学等温方程式计算

$$\Delta_r G_m(T) = \Delta_r G_m^\ominus(T) + RT \ln J$$

化学反应速率是指在一定条件下，某化学反应的反应物转变为生成物的速率。化学反应速率通常用单位时间内反应物浓度的减少或生成物浓度的增加表示。化学反应速率分为平均速率、瞬时速率和转化速率。

分子碰撞理论认为：反应物分子的相互碰撞是使反应发生的必要条件，发生有效碰撞必须具备的两个条件是反应物分子必须具有足够的能量和合适的碰撞方向。

过渡态理论认为：反应物分子彼此靠近时便引起内部结构的变化，先形成活化配合物的中间过渡态，然后才能分解成产物。

在分子碰撞理论中，能发生有效碰撞的反应物分子叫做活化分子。活化分子具有的最低能量与反应物分子具有的平均能量之差叫做活化能。在过渡状态理论中，活化能是活化配合物的平均能量与反应物平均能量之差，是反应进行所必须克服的势能垒。

一步完成的化学反应叫做基元反应。在基元反应中需要同时碰撞才能发生反应的分子数叫做反应分子数。浓度对化学反应速率的影响可用质量作用定律表达式（对于基元反应）或反应速率方程式（根据实验结果）来表达：

对于基元反应　　$xA+yB=gG+dD$　　　　　　　$v=k·c^x(A)·c^y(B)$

$(x+y)$叫做反应级数，k是该温度下的速率常数。

温度对化学反应速率的影响可用范特霍夫经验规则和阿伦尼乌斯方程式表示：

$$\frac{k_{t+10}}{k_t}=r$$一般为$2\sim4$（r称为v的温度系数）

$$k=Ae^{-\frac{E_a}{RT}} \text{ 或 } \ln k=-\frac{E_a}{RT}+\ln A \text{ 或 } \lg k=-\frac{E_a}{2.303RT}+\lg A$$

通过阿伦尼乌斯方程式可以计算反应的活化能和不同温度的k值。

催化剂是一种能改变反应速率而其本身在反应前后的质量和化学组成都无变化的物质。催化剂能加速化学反应速率，主要是由于催化剂参与了变化过程，生成了中间产物，改变了原来的反应途径，降低了反应的活化能。使更多的反应物分子变为活化分子，从而使活化分子百分数和有效碰撞的次数增多，导致反应速率增大。因为催化剂只能改变反应机制，并不改变反应的始态、终态，对正、逆反应速率的影响相同，所以，并不改变平衡状态，只是缩短了达到平衡的时间。

化学反应达到平衡时的最主要特征是可逆反应的正、逆反应速率相等，但不等于零，说明化学平衡是一种动态平衡，是可逆反应的最大限度。平衡时各生成物平衡浓度幂的乘积与各反应物平衡浓度幂的乘积之比值为一常数，称为化学平衡常数。平衡常数的大小表示反应进行的限度，它与反应的本性和温度有关，而与系统内物质的浓度和压力无关。平衡常数的数值与温度和反应方程式的书写形式有关（同一反应，方程式的写法不同，则平衡常数的数值不同），与浓度和分压无关。

$\Delta_rG_m^\ominus$和$K^\ominus$之间的关系：$\Delta_rG_m^\ominus=-RT\ln K^\ominus$，此式为得到一些化学反应的平衡常数提供了可行的方法。

温度对化学平衡的影响与浓度和压力对化学平衡的影响有本质的区别。当化学反应达到平衡以后，改变浓度和压力并不影响$K^\ominus$，而是通过改变反应商J，使$K^\ominus\neq J$，导致化学平衡发生移动；而改变温度时，$K^\ominus$随之发生改变，使$K^\ominus\neq J$，从而导致化学平衡发生移动。标准平衡常数与温度之间的定量关系如下：

$$\ln\frac{K_2^\ominus}{K_1^\ominus}=\frac{\Delta_rH_m^\ominus}{R}·\frac{T_2-T_1}{T_1T_2}$$

化学平衡是一种动态平衡，平衡是相对的，如果平衡系统的条件发生改变，平衡就要发生移动，改变平衡系统的任意条件，则平衡向着减小这种改变的方向移动。

【温馨提示】

1. 熵是描述物质混乱程度的物理量。混乱程度越大，熵值越高。一般来说，同一物质的$S_{m(g)}^\ominus>S_{m(l)}^\ominus>S_{m(s)}^\ominus$，$S_{m(高温)}^\ominus>S_{m(低温)}^\ominus$，摩尔质量相同的物质$S_{m(结构复杂的)}^\ominus>S_{m(结构简单的)}^\ominus$，同类物质$S_{m(摩尔质量大的)}^\ominus>S_{m(摩尔质量小的)}^\ominus$，同一气体$S_{m(低压)}^\ominus>S_{m(高压)}^\ominus$。任何纯净的、完整晶态物质在$0K$时的熵值规定为零；标准摩尔熵是标准态时某单位物质的量的纯物质的熵值（简称标准熵）。

2. 标准摩尔熵$S_m^\ominus$和标准摩尔生成焓$\Delta_fH_m^\ominus$以及标准摩尔生成吉布斯函数$\Delta_fG_m^\ominus$的三点区别：①$S_m^\ominus$为绝对值，而$\Delta_fH_m^\ominus$和$\Delta_fG_m^\ominus$为相对值，所以$S_m^\ominus$前面无增量符号"Δ"，而后两者有；②单位不同：$S_m^\ominus$的单位为$J·mol^{-1}·K^{-1}$，$\Delta_fH_m^\ominus$和$\Delta_fG_m^\ominus$的单位为$kJ·mol^{-1}$；

③ 298.15 K、标准态时,参考状态单质的 $S_m^\ominus > 0$（为什么?）,而此条件下 $\Delta_f H_m^\ominus = 0$,$\Delta_f G_m^\ominus = 0$。

3. 化学反应的速率方程和速率常数都是通过实验测定得到的,当一个化学反应的速率方程中各反应物浓度的幂指数与该化学反应方程式中各反应物的系数一致时,只能说该反应可能为基元反应,不能说一定是基元反应。

4. 实验平衡常数与标准平衡常数的区别:任何可逆反应,不管反应始态如何,在一定温度下达到平衡时,各生成物平衡浓度幂的乘积与各反应物平衡浓度幂的乘积之比值为一常数,称为化学平衡常数。将实验测定值直接代入平衡常数表达式中计算所得的平衡常数为实验平衡常数或经验平衡常数,其数值和量纲随分压和浓度所用单位不同而异,一般量纲不为 1,除非 $\Delta n = 0$ 时量纲为 1。与实验平衡常数相比,当每种溶质的平衡浓度项均除以标准浓度 $c^\ominus (\text{mol} \cdot \text{dm}^{-3})$,每种气体物质的平衡分压均除以标准压力 $P^\ominus (\text{kPa})$,使其各项消去单位后所得的平衡常数为标准平衡常数(旧称热力学平衡常数);标准平衡常数数值的大小表明了反应的限度,它是温度的函数,与各物质的浓度无关,与化学计量式相对应,是量纲为 1 的量。

5. 温度对速率常数 k 和平衡常数 $K^\ominus$ 的影响是有区别的。对于 k,不管 $\Delta_r H_m^\ominus > 0$ 或 $\Delta_r H_m^\ominus < 0$,只要温度升高,则 k 必然增大（根据阿伦尼乌斯公式）；对于 $K^\ominus$,当 $\Delta_r H_m^\ominus > 0$ 时,即对于吸热反应,温度升高对反应有利,则 $K^\ominus$ 增大；当 $\Delta_r H_m^\ominus < 0$ 时,即放热反应,温度升高对反应不利,$K^\ominus$ 减小。

标准平衡常数与温度之间的定量关系:$\lg \dfrac{K_2^\ominus}{K_1^\ominus} = \dfrac{\Delta_r H_m^\ominus}{2.303 R} \left(\dfrac{T_2 - T_1}{T_1 T_2} \right)$

速率常数与温度之间的定量关系:$\lg \dfrac{k_2}{k_1} = \dfrac{E_a}{2.303 R} \left(\dfrac{T_2 - T_1}{T_1 T_2} \right)$

注意两个公式的不同。标准平衡常数对应的是标准摩尔反应焓变,而速率常数对应的是化学反应的活化能。一般情况下,化学反应的标准摩尔反应焓变可正可负,而化学反应的活化能均为正值。

【思习解析】

思 考 题

4-1 在 H、U、S 和 G 的状态函数中,哪些没有明确的物理意义? 具有明确物理意义的,请说明其物理意义。

解:H 是焓,没有明确的物理意义,其定义式为

$$H = U + PV$$

式中 U 是热力学能,是系统内部能量的总和；S 是熵,是描述系统混乱度大小的物理量,物质或系统的混乱度越大,对应的熵值就越大；G 是吉布斯函数,又称吉布斯自由能,是能做有用功的能,其定义式为

$$G = H - TS$$

4-2 物质的混乱度和熵有什么关系? 其大小有何规律?

解:物质的混乱度越大,对应的熵值就越大。常见物质的标准摩尔熵值大小的规律如下:

(1) 同一物质 $S_{m(g)}^{\ominus} > S_{m(l)}^{\ominus} > S_{m(s)}^{\ominus}$，如 $S_{m(H_2O,g)}^{\ominus} > S_{m(H_2O,l)}^{\ominus} > S_{m(H_2O,s)}^{\ominus}$；

(2) 同类物质 $S_{m(摩尔质量大的)}^{\ominus} > S_{m(摩尔质量小的)}^{\ominus}$，如 $S_{m(I_2,g)}^{\ominus} > S_{m(Br_2,g)}^{\ominus} > S_{m(Cl_2,g)}^{\ominus} > S_{m(F_2,g)}^{\ominus}$；

(3) 摩尔质量相同的物质 $S_{m(结构复杂的)}^{\ominus} > S_{m(结构简单的)}^{\ominus}$，如 $S_{m(CH_3CH_2OH,l)}^{\ominus} > S_{m(CH_3OCH_3,l)}^{\ominus}$；

(4) 同一物质 $S_{m(高温)}^{\ominus} > S_{m(低温)}^{\ominus}$，如 $S_{m(H_2O,g,373K)}^{\ominus} > S_{m(H_2O,g,273K)}^{\ominus}$；

(5) 同一气体 $S_{m(低压)}^{\ominus} > S_{m(高压)}^{\ominus}$，如 $S_{m(NH_3,g,100kPa)}^{\ominus} > S_{m(NH_3,g,200kPa)}^{\ominus}$。

4-3 预测下列过程系统的 ΔS 符号：

(1) 盐从过饱和溶液中结晶出来　　(2) 水变成水蒸气

(3) 苯与甲苯相溶　　(4) 活性炭表面吸附氧气

(5) $2Na(s)+Cl_2(g) = 2NaCl(s)$　　(6) $2NH_3(g) = N_2(g)+3H_2(g)$

解：系统的 $\Delta S > 0$，用"$+$"表示；$\Delta S < 0$，用"$-$"表示。则：

(1) $-$，(2) $+$，(3) $+$，(4) $-$，(5) $-$，(6) $+$。

4-4 计算化学反应在 298.15 K 时的标准摩尔吉布斯函数变有几种方法？其他温度时的标准摩尔吉布斯函数变如何计算？当反应不在标准状态时，吉布斯函数变如何计算？

解：计算化学反应在 298.15K 时的标准摩尔吉布斯函数变有两种方法，分别用标准摩尔生成吉布斯函数计算：$\Delta_r G_m^{\ominus} = \sum \nu_i \Delta_f G_m^{\ominus}(生成物) + \sum \nu_i \Delta_f G_m^{\ominus}(反应物)$ 和用 $\Delta_r G_m^{\ominus} = \Delta_r H_m^{\ominus} - T \Delta_r S_m^{\ominus}$ 计算；其他温度时的标准摩尔吉布斯函数变用 $\Delta_r G_m^{\ominus} = \Delta_r H_m^{\ominus} - T \Delta_r S_m^{\ominus}$ 计算；当反应不在标准状态时，吉布斯函数变用化学等温方程式计算：$\Delta_r G_m(T) = \Delta_r G_m^{\ominus}(T) + RT \ln J$。

4-5 反应速率的碰撞理论和过渡态理论的基本要点是什么？两者有什么区别？

解：碰撞理论的基本要点：在一定的温度下，反应物分子之间的碰撞是使反应进行的必要条件；反应物分子发生的有效碰撞频率越高，化学反应的速率就越快；反应物分子发生有效碰撞要具备的两个条件是具有足够的能量和合适的碰撞方向。

过渡态理论的基本要点：化学反应不只是通过反应物分子之间的简单碰撞就能完成的，而是在发生碰撞后先形成一个中间的过渡状态，即反应物分子先形成活化配合物，然后再分解成产物。

二者对活化能的定义不同：碰撞理论中的活化能 E_a 是指活化分子所具有的平均能量与反应物分子所具有的平均能量之差。过渡态理论中的活化能 E_a 是指活化配合物的平均能量与反应物平均能量之差，是反应进行所必须克服的势能垒。

4-6 影响化学反应速率的因素有哪些？速率常数受哪些因素影响？

解：影响化学反应速率的主要因素可从以下两个方面考虑：即反应物本身的性质对反应速率的影响和浓度、温度及催化剂对反应速率的影响。

化学反应不同，速率常数值各不相同，对于某一确定的反应来说，速率常数与反应温度和催化剂等因素有关，而与浓度无关，即不随浓度而变化。

4-7 什么是基元反应？什么是质量作用定律？已知 $A+B \longrightarrow C$ 是一个二级反应，能否认为该反应是一个基元反应？

解：基元反应是反应物分子经碰撞后直接一步转化为产物的反应。

质量作用定律：在一定温度下，基元反应的反应速率与各反应物浓度幂的乘积成正比，浓度的幂次在数值上恰好等于化学计量方程式中反应物的化学计量数的绝对值。如：

$$a\mathrm{A} + b\mathrm{B} = g\mathrm{G} + d\mathrm{D}$$

$$v = k \cdot c^a(A) \cdot c^b(B)（称质量作用定律表达式或反应速率方程）$$

化学反应的速率方程是通过实验测定出来的。

A+B ⟶ C 虽是一个二级反应,但不能认为该反应就是一个基元反应。

4-8 试解释浓度、温度和催化剂加速化学反应的原因。

解:浓度加速化学反应的原因可用活化分子的概念得到解释。对某一化学反应来讲,活化分子的数目与反应物浓度和活化分子百分数有关:

$$活化分子的数目 = 反应物浓度 \times 活化分子百分数$$

在一定的温度下,活化分子百分数是一定的。因此,当增加反应物浓度,即增加活化分子的数目,单位时间内的有效碰撞次数也随之增加,导致反应速率加快。由于气体的分压与浓度成正比,因而增加反应物气体的分压,反应速率加快。

温度加速化学反应的原因是温度升高,活化分子数增多,单位时间内有效碰撞次数增多。从反应速率方程式来看,温度对反应速率的影响,表现在反应速率常数 k 上。也就是说,反应速率常数 k 会随着温度的升高而增大。

催化剂加速反应的原因主要是由于催化剂参与了变化过程,生成了中间产物,改变了原来的反应途径,降低了反应的活化能,从而使更多的反应物分子变为活化分子。

4-9 已知基元反应 2A ⟶ B 的反应热为 $\Delta_r H^{\ominus}$,活化能为 E_a,而 B ⟶ 2A 的活化能为 E_a',问:

(1) E_a 和 E_a' 有什么关系?

(2) 加催化剂,E_a 和 E_a' 各有何变化?

(3) 提高温度,E_a 和 E_a' 各有何变化?

(4) 增加起始浓度,E_a 和 E_a' 各有何变化?

解:(1) 因为 $\Delta_r H^{\ominus} = E_a - E_a'$,所以 E_a 和 E_a' 的关系为 $E_a = \Delta_r H^{\ominus} + E_a'$。

(2) E_a 和 E_a' 均降低。

(3) 基本不变。

(4) 不变。

4-10 指出下列说法的正确与错误:

(1) 催化剂能加快化学反应速率,所以能改变平衡系统中生成物和反应物的相对含量;

(2) 在一定条件下,某化学反应的 $\Delta G > 0$,故要寻找合适的催化剂促使反应正向进行;

(3) 正催化剂加快了正反应速率,负催化剂加快了逆反应速率;

(4) 提高温度可使反应速率加快,其主要原因是分子运动速度加快,分子间碰撞频率增加。

解:(1) 错误,(2) 错误,(3) 错误,(4) 错误。

4-11 写出下列可逆反应的平衡常数 K_c、K_p 或 K 及相应的 $K^{\ominus}$ 表达式:

(1) $2NOCl(g) \rightleftharpoons 2NO(g) + Cl_2(g)$

(2) $Zn(s) + 2H^+(aq) \rightleftharpoons Zn^{2+}(aq) + H_2(g)$

(3) $Cr_2O_7^{2-}(aq) + H_2O(l) \rightleftharpoons 2CrO_4^{2-}(aq) + 2H^+(aq)$

解:(1) 此反应为气相反应,平衡常数可表示为

$$K_p = \frac{(p_{NO})^2 (p_{Cl_2})}{(p_{NOCl})^2}, \quad K^{\ominus} = \frac{(p_{NO}/p^{\ominus})^2 (p_{Cl_2}/p^{\ominus})}{(p_{NOCl}/p^{\ominus})^2}$$

(2) 此反应为多相反应,平衡常数可表示为

$$K = \frac{[Zn^{2+}](p_{H_2})}{[H^+]^2} \quad K^{\ominus} = \frac{([Zn^{2+}]/c^{\ominus})(p_{H_2}/p^{\ominus})}{([H^+]/c^{\ominus})^2}$$

(3) 此反应为水溶液中的反应,平衡常数可表示为

$$K_c = \frac{[CrO_4^{2-}]^2[H^+]^2}{[Cr_2O_7^{2-}]} \quad K^{\ominus} = \frac{([CrO_4^{2-}]/c^{\ominus})^2([H^+]/c^{\ominus})^2}{([Cr_2O_7^{2-}]/c^{\ominus})}$$

4-12 化学反应的标准平衡常数 $K^{\ominus}$ 与 $\Delta_r G_m^{\ominus}$ 之间的关系如何?

解:由 $K^{\ominus}$ 与 $\Delta_r G_m^{\ominus}$ 之间的关系:$\Delta_r G_m^{\ominus} = -RT \ln K^{\ominus}$ 可知,$\Delta_r G_m^{\ominus}$ 越小,$K^{\ominus}$ 越大,说明化学反应达到平衡时所得产物越多,反应进行的越完全。

4-13 已知合成氨反应处于平衡状态,当遇到下列情况时,该反应的平衡常数及平衡移动的方向如何变化?

(1) 升高温度;(2) 降低压力;(3) 加入产物 NH_3;(4) 加入惰性气体。

解:合成氨反应的反应方程式:

$$N_2(g) + 3H_2(g) \rightleftharpoons 2NH_3(g) \quad \Delta_r H_m^{\ominus} = -46.11 \text{ kJ} \cdot \text{mol}^{-1} < 0,\text{所以}$$

(1) 升高温度:平衡常数降低,平衡逆向移动;

(2) 降低压力:平衡常数不变,平衡逆向移动;

(3) 加入产物 NH_3:平衡常数不变,平衡逆向移动;

(4) 加入惰性气体:平衡常数不变,平衡不移动。

4-14 CO 是汽车尾气的主要污染源,有人设想以加热分解的方法来消除之:

$$CO(g) \xrightarrow{\triangle} C(s) + \frac{1}{2}O_2(g)$$

试从热力学角度判断该想法能否实现?

解:查表得上述反应中各物质的 $\Delta_f G_m^{\ominus}$

$$CO(g) \xrightarrow{\triangle} C(s) + \frac{1}{2}O_2(g)$$

$\Delta_f G_m^{\ominus}/\text{ kJ} \cdot \text{mol}^{-1}$ -137.168 0   0

因为 $\Delta_r G_m^{\ominus} = \Delta_f G_m^{\ominus}(C) + \frac{1}{2}\Delta_f G_m^{\ominus}(O_2) - \Delta_f G_m^{\ominus}(CO) = 137.168 \text{ (kJ} \cdot \text{mol}^{-1}) > 0$

所以从热力学角度判断该想法不能实现。

4-15 可逆反应 $A(g) + B(g) \rightleftharpoons 2C(g)$,$\Delta_r H_m^{\ominus}(298.15K) > 0$,达到平衡时如果改变下述各项条件,试将其他各项发生的变化填入表中。

	$k_{正}$	$k_{逆}$	$v_{正}$	$v_{逆}$	平衡常数	平衡移动方向
增加 A 的分压						
升高温度						
加催化剂						

解：据题意填表如下：

	$k_正$	$k_逆$	$v_正$	$v_逆$	平衡常数	平衡移动方向
增加 A 的分压	不变	不变	增大	增大	不变	向右移动
升高温度	增大	增大	增大	增大	增大	向右移动
加催化剂	增大	增大	增大	增大	不变	不移动

习　题

4-1　利用下列反应的 $\Delta_r G_m^{\ominus}$(298.15 K)值，计算 $Fe_3O_4(s)$ 在 298.15 K 时的标准摩尔生成吉布斯函数。

(1) $2Fe(s)+\dfrac{3}{2}O_2(g)\Longrightarrow Fe_2O_3(s)$；$\Delta_r G_m^{\ominus}$(298.15K)$=-742.2$ kJ·mol^{-1}

(2) $4Fe_2O_3(s)+Fe(s)\Longrightarrow 3Fe_3O_4(s)$；$\Delta_r G_m^{\ominus}$(298.15K)$=-77.7$ kJ·mol^{-1}

解：因为反应方程式(1)×4+(2)得：$9Fe(s)+6O_2(g)\Longrightarrow 3Fe_3O_4(s)$

$$3Fe(s)+2O_2(g)\Longrightarrow Fe_3O_4(s)$$

所以 $Fe_3O_4(s)$ 在 298.15 K 时：

$$\Delta_f G_m^{\ominus}=\dfrac{1}{3}[4\Delta_r G_m^{\ominus}(1)+\Delta_r G_m^{\ominus}(2)]=\dfrac{1}{3}[4\times(-742.2)+(-77.7)]$$

$$=-1015.5\ (kJ\cdot mol^{-1})$$

4-2　求下列反应的 $\Delta_r H_m^{\ominus}$、$\Delta_r G_m^{\ominus}$ 和 $\Delta_r S_m^{\ominus}$，并用这些数据讨论利用此反应净化汽车尾气中 NO 和 CO 的可能性。

$$CO(g)+NO(g)\Longrightarrow CO_2(g)+\dfrac{1}{2}N_2(g)$$

解：　　　　　　　　$CO(g)+NO(g)\Longrightarrow CO_2(g)+\dfrac{1}{2}N_2(g)$

$\Delta_f H_m^{\ominus}$/kJ·mol^{-1}　　-110.525　90.25　-393.51　0

$S_m^{\ominus}$/J·K^{-1}·mol^{-1}　　197.674　210.761　213.74　191.61

$\Delta_f G_m^{\ominus}$/kJ·mol^{-1}　　-137.168　86.55　-394.359　0

$\Delta_r H_m^{\ominus}=\Delta_f H_m^{\ominus}(CO_2)+\dfrac{1}{2}\Delta_f H_m^{\ominus}(N_2)-\Delta_f H_m^{\ominus}(CO)-\Delta_f H_m^{\ominus}(NO)$

$$=-393.51+\dfrac{1}{2}\times 0-(-110.525)-90.25$$

$$=-373.235\ (kJ\cdot mol^{-1})$$

$\Delta_r S_m^{\ominus}=S_m^{\ominus}(CO_2)+\dfrac{1}{2}S_m^{\ominus}(N_2)-S_m^{\ominus}(CO)-S_m^{\ominus}(NO)$

$$=213.74+\dfrac{1}{2}\times 191.61-197.674-210.761$$

$$=-98.89\ (J\cdot K^{-1}\cdot mol^{-1})$$

$$\Delta_r G_m^\ominus = \Delta_f G_m^\ominus(CO_2) + \frac{1}{2}\Delta_f G_m^\ominus(N_2) - \Delta_f G_m^\ominus(CO) - \Delta_f G_m^\ominus(NO)$$

$$= -394.359 + \frac{1}{2} \times 0 - (-137.168) - 86.55$$

$$= -343.741 (kJ \cdot mol^{-1})$$

因为 $\Delta_r G_m^\ominus < 0$，所以可利用此反应净化汽车尾气中的 NO 和 CO。

4-3 在 298.15K 标准态下，反应 $CaO(s) + SO_3(g) \rightleftharpoons CaSO_4(s)$ 的 $\Delta_r H_m^\ominus = -402$ kJ·mol^{-1}，$\Delta_r S_m^\ominus = -189.6$ J·mol^{-1}·K^{-1}，试求：

(1) 上述反应自发进行的方向？逆反应的 $\Delta_r G_m^\ominus$ 为多少？

(2) 升温还是降温有利于上述反应正向进行？

(3) 计算上述反应逆向进行所需的最低温度。

解： (1) 因为

$$\Delta_r G_m^\ominus = \Delta_r H_m^\ominus - T\Delta_r S_m^\ominus$$

$$= -402 - 298.15 \times (-189.6) \times 10^{-3}$$

$$= -345.47 (kJ \cdot mol^{-1}) < 0$$

所以反应向右进行。逆反应的 $\Delta_r G_m^\ominus$ 为 345.47 kJ·mol^{-1}

(2) 因上述反应的 $\Delta_r H_m^\ominus < 0$，$\Delta_r S_m^\ominus < 0$，所以降温有利于上述反应正向进行。

(3) 若反应逆向进行，则 $\Delta_r H_m^\ominus = 402$ kJ·mol^{-1}，$\Delta_r S_m^\ominus = 189.6$ J·mol^{-1}·K^{-1}

$$\Delta_r G_m^\ominus = \Delta_r H_m^\ominus - T\Delta_r S_m^\ominus < 0$$

$$T > \frac{\Delta H_m^\ominus}{\Delta S_m^\ominus} = \frac{402}{189.6 \times 10^{-3}} = 2120.25 (K)$$

上述反应逆向进行所需的最低温度为 2120.25 K。

4-4 在某温度下，测定下列反应 $\frac{dc(Br_2)}{dt} = 4.0 \times 10^{-5}$ mol·dm^{-3}·s^{-1}，

$$4HBr(g) + O_2(g) \rightleftharpoons 2H_2O(g) + 2Br_2(g)$$

求：(1) 此时的 $\frac{dc(O_2)}{dt}$ 和 $\frac{dc(HBr)}{dt}$；

(2) 此时的反应速率 v。

解： (1) $\frac{dc(O_2)}{dt} = \frac{1}{2}\frac{dc(Br_2)}{dt} = \frac{1}{2} \times 4.0 \times 10^{-5} = 2.0 \times 10^{-5}$ (mol·dm^{-3}·s^{-1})

因为 $\frac{1}{4}\frac{dc(HBr)}{dt} = \frac{1}{2}\frac{dc(Br_2)}{dt}$

所以 $\frac{dc(HBr)}{dt} = 2\frac{dc(Br_2)}{dt} = 2 \times 4.0 \times 10^{-5} = 8.0 \times 10^{-5}$ (mol·dm^{-3}·s^{-1})

(2) $v = \frac{1}{2}\frac{dc(Br_2)}{dt} = \frac{1}{2} \times 4.0 \times 10^{-5} = 2.0 \times 10^{-5}$ (mol·dm^{-3}·s^{-1})

4-5 在 298.15 K 时，用反应 $S_2O_8^{2-}(aq) + 2I^-(aq) \rightleftharpoons 2SO_4^{2-}(aq) + I_2(aq)$ 进行实验，得到的数据列表如下：

实验序号	$c(S_2O_8^{2-})/(\text{mol} \cdot \text{dm}^{-3})$	$c(I^-)/(\text{mol} \cdot \text{dm}^{-3})$	$v/(\text{mol} \cdot \text{dm}^{-3} \cdot \text{min}^{-1})$
1	1.0×10^{-4}	1.0×10^{-2}	0.65×10^{-6}
2	2.0×10^{-4}	1.0×10^{-2}	1.30×10^{-6}
3	2.0×10^{-4}	0.50×10^{-2}	0.65×10^{-6}

求：(1) 反应速率方程；

(2) 速率常数；

(3) $c(S_2O_8^{2-}) = 5.0 \times 10^{-4}$ mol·dm^{-3}，$c(I^-) = 5.0 \times 10^{-2}$ mol·dm^{-3} 时的反应速率。

解：(1) 对比实验序号 1、2 发现，当保持 $c(I^-)$ 一定时，若 $c(S_2O_8^{2-})$ 扩大 2 倍，则反应速率相应扩大 2 倍。表明反应速率与 $c(S_2O_8^{2-})$ 成正比：

$$v \propto c(S_2O_8^{2-})$$

对比实验序号 2、3 发现，当 $c(S_2O_8^{2-})$ 保持一定时，若 $c(I^-)$ 降低 $\frac{1}{2}$ 倍，则反应速率相应降低 $\frac{1}{2}$ 倍。表明反应速率与 $c(I^-)$ 也成正比：

$$v \propto c(I^-)$$

综合考虑 $c(I^-)$ 和 $c(S_2O_8^{2-})$ 对反应速率的影响，得

$$v = k \cdot c(S_2O_8^{2-}) \cdot c(I^-)$$

(2) 将实验数据代入速率方程：

$0.65 \times 10^{-6} = k_1 \times 1.0 \times 10^{-4} \times 1.0 \times 10^{-2}$ 得 $k_1 = 0.65$ (mol^{-1}·dm^3·min^{-1})

$1.30 \times 10^{-6} = k_2 \times 2.0 \times 10^{-4} \times 1.0 \times 10^{-2}$ 得 $k_2 = 0.65$ (mol^{-1}·dm^3·min^{-1})

$0.65 \times 10^{-6} = k_3 \times 2.0 \times 10^{-4} \times 0.5 \times 10^{-2}$ 得 $k_3 = 0.65$ (mol^{-1}·dm^3·min^{-1})

$k = \frac{1}{3}(k_1 + k_2 + k_3) = 0.65$ (mol^{-1}·dm^3·min^{-1})

(3) $v = k \cdot c(S_2O_8^{2-}) \cdot c(I^-) = 0.65 \times 5.0 \times 10^{-4} \times 5.0 \times 10^{-2} = 1.63 \times 10^{-5}$ (mol·dm^{-3}·min^{-1})

4-6 室温(25℃)下，对于许多反应来说，温度升高 10℃，反应速率增大到原来的 2~4 倍。试问遵循此规律的活化能应在什么范围？升高相同温度对活化能高的反应还是活化能低的反应的反应速率影响更大些？

解：因为 $\frac{k_{t+10}}{k_t}$ 为 2~4 $\lg \frac{k_2}{k_1} = \frac{E_a}{2.303R}\left(\frac{T_2 - T_1}{T_1 T_2}\right)$

所以 $\lg 2 = \frac{E_a}{2.303 \times 8.314 \times 10^{-3}}\left(\frac{308.15 - 298.15}{298.15 \times 308.15}\right)$ 解出 $E_a = 52.96$ (kJ·mol^{-1})

$\lg 4 = \frac{E_a}{2.303 \times 8.314 \times 10^{-3}}\left(\frac{308.15 - 298.15}{298.15 \times 308.15}\right)$ 解出 $E_a = 105.91$ (kJ·mol^{-1})

遵循此规律的活化能应在 52.96~105.91 kJ·mol^{-1} 范围。

升高相同温度，由公式 $\lg \frac{k_2}{k_1} = \frac{E_a}{2.303R}\left(\frac{T_2 - T_1}{T_1 T_2}\right)$ 可知 $\lg \frac{k_2}{k_1} \propto E_a$，所以对活化能高的反应的反应速率影响更大些。

4-7 在 301 K 时鲜牛奶大约 4 h 变酸，但在 278 K 时的冰箱中可保持 48 h。假定反应速率与牛奶变酸时间成反比，求牛奶变酸反应的活化能。

解：$T_1 = 301$ K, $t_1 = 4$ h, $T_2 = 278$ K, $t_2 = 48$ h, $k \propto \dfrac{1}{t}$

$$\lg \dfrac{k_2}{k_1} = \lg \dfrac{t_1}{t_2} = \dfrac{E_a}{2.303R}\left(\dfrac{T_2 - T_1}{T_2 T_1}\right)$$

$$\lg \dfrac{4}{48} = \dfrac{E_a}{2.303 \times 8.314 \times 10^{-3}} \times \dfrac{278 - 301}{278 \times 301} \quad \text{解出 } E_a = 75.18 \text{ (kJ·mol}^{-1})$$

4-8 分别用标准摩尔生成吉布斯函数和 $\Delta_r G_m^\ominus = \Delta_r H_m^\ominus - T\Delta_r S_m^\ominus$ 关系式计算反应 $H_2(g) + Cl_2(g) \rightleftharpoons 2HCl(g)$ 的标准摩尔吉布斯函数变 $\Delta_r G_m^\ominus$。

解：化学反应　　　　　　$H_2(g)$　　+　　$Cl_2(g)$　　$\rightleftharpoons$　　$2HCl(g)$

$\Delta_f H_m^\ominus / \text{kJ·mol}^{-1}$　　　　 0　　　　　　 0　　　　　　 −92.307

$S_m^\ominus / \text{J·K}^{-1}\text{·mol}^{-1}$　　　130.684　　　223.066　　　186.908

$\Delta_f G_m^\ominus / \text{kJ·mol}^{-1}$　　　　 0　　　　　　 0　　　　　　 −95.299

$$\Delta_r H_m^\ominus = 2\Delta_f H_m^\ominus(\text{HCl}) - \Delta_f H_m^\ominus(\text{H}_2) - \Delta_f H_m^\ominus(\text{Cl}_2)$$
$$= 2 \times (-92.307) - 0 - 0 = -184.614 \text{ (kJ·mol}^{-1})$$

$$\Delta_r S_m^\ominus = 2S_m^\ominus(\text{HCl}) - S_m^\ominus(\text{H}_2) - S_m^\ominus(\text{Cl}_2)$$
$$= 2 \times 186.908 - 130.684 - 223.066 = 20.066 \text{ (J·K}^{-1}\text{·mol}^{-1})$$

$$\Delta_r G_m^\ominus = 2\Delta_f G_m^\ominus(\text{HCl}) - \Delta_f G_m^\ominus(\text{H}_2) - \Delta_f G_m^\ominus(\text{Cl}_2)$$
$$= 2 \times (-95.299) - 0 - 0 = -190.598 \text{ (kJ·mol}^{-1})$$

$$\Delta_r G_m^\ominus = \Delta_r H_m^\ominus - T\Delta_r S_m^\ominus$$
$$= -184.614 - 298.15 \times 20.066 \times 10^{-3} = -190.597 \text{ (kJ·mol}^{-1})$$

4-9 已知下列反应的平衡常数：

(1) $\text{HCN} \rightleftharpoons \text{H}^+ + \text{CN}^-$　　　　　　$K_a^\ominus = 4.9 \times 10^{-10}$

(2) $\text{NH}_3 + \text{H}_2\text{O} \rightleftharpoons \text{NH}_4^+ + \text{OH}^-$　　$K_b^\ominus = 1.8 \times 10^{-10}$

(3) $\text{H}_2\text{O} \rightleftharpoons \text{H}^+ + \text{OH}^-$　　　　　$K_w^\ominus = 1.0 \times 10^{-14}$

试计算下面反应的平衡常数：$\text{NH}_3 + \text{HCN} \rightleftharpoons \text{NH}_4^+ + \text{CN}^-$

解：设所求反应的平衡常数为 $K^\ominus$，相应的反应为(4)。

因为 (4) = (1) + (2) − (3)

所以 $K^\ominus = K_a^\ominus K_b^\ominus / K_w^\ominus = \dfrac{4.9 \times 10^{-10} \times 1.8 \times 10^{-10}}{1.0 \times 10^{-14}} = 8.82 \times 10^{-6}$

4-10 298.15 K 时，计算下列反应的 $K^\ominus$。

$$\text{NiSO}_4 \cdot 6\text{H}_2\text{O(s)} \rightleftharpoons \text{NiSO}_4\text{(s)} + 6\text{H}_2\text{O}$$

已知：$\Delta_f G_m^\ominus(\text{NiSO}_4 \cdot 6\text{H}_2\text{O, s}) = -2221.7$ kJ·mol^{-1}，$\Delta_f G_m^\ominus(\text{NiSO}_4, \text{s}) = -773.6$ kJ·mol^{-1}，$\Delta_f G_m^\ominus(\text{H}_2\text{O}) = -228.4$ kJ·mol^{-1}。

解：$\Delta_r G_m^\ominus = \Delta_f G_m^\ominus(\text{NiSO}_4) + 6\Delta_f G_m^\ominus(\text{H}_2\text{O}) - \Delta_f G_m^\ominus(\text{NiSO}_4 \cdot 6\text{H}_2\text{O})$

$$= -773.6 + 6 \times (-228.4) - (-2221.7)$$
$$= 77.7 \text{ (kJ·mol}^{-1})$$

$$\Delta_r G_m^\ominus = -2.303 RT \lg K^\ominus$$

$$\lg K^\ominus = -\dfrac{\Delta_r G_m^\ominus}{2.303 RT} = -\dfrac{77.7 \times 10^3}{2.303 \times 8.314 \times 298.15} = -13.61$$

$$K^{\ominus} = 2.45 \times 10^{-14}$$

4-11 反应 $2NaHCO_3(s) \rightleftharpoons Na_2CO_3(s) + CO_2(g) + H_2O(g)$ 的标准摩尔反应热为 1.29×10^2 kJ·mol^{-1}。若 303K 时 $K^{\ominus} = 1.66 \times 10^{-5}$,计算 393K 时的 $K^{\ominus}$。

解:$\lg \dfrac{K_2^{\ominus}}{K_1^{\ominus}} = \dfrac{\Delta_r H_m^{\ominus}}{2.303R} \left(\dfrac{T_2 - T_1}{T_2 T_1} \right)$

$$\lg \dfrac{K_2^{\ominus}}{1.66 \times 10^{-5}} = \dfrac{1.29 \times 10^2}{2.303 \times 8.314 \times 10^{-3}} \times \dfrac{393 - 303}{393 \times 303} = 5.09$$

$$K_2^{\ominus} = 2.04$$

4-12 已知下列反应:

$$Fe(s) + CO_2(g) \rightleftharpoons FeO(s) + CO(g) \quad 标准平衡常数为 K_1^{\ominus}$$

$$Fe(s) + H_2O(g) \rightleftharpoons FeO(s) + H_2(g) \quad 标准平衡常数为 K_2^{\ominus}$$

在不同温度时反应的标准平衡常数值如下:

T/K	$K_1^{\ominus}$	$K_2^{\ominus}$
973	1.47	2.38
1073	1.81	2.00

试计算在上述各温度时,反应 $CO_2(g) + H_2(g) \rightleftharpoons H_2O(g) + CO(g)$ 的标准平衡常数 $K^{\ominus}$,并通过计算说明此反应是放热反应还是吸热反应。

解:设已知反应 $Fe(s) + CO_2(g) \rightleftharpoons FeO(s) + CO(g)$ (1)

$\qquad\qquad\qquad Fe(s) + H_2O(g) \rightleftharpoons FeO(s) + H_2(g)$ (2)

所求反应 $\qquad CO_2(g) + H_2(g) \rightleftharpoons H_2O(g) + CO(g)$ (3)

则:(3) = (1) − (2) $\quad K^{\ominus} = K_1^{\ominus}/K_2^{\ominus}$

973 K 时: $K^{\ominus} = K_1^{\ominus}/K_2^{\ominus} = 1.47/2.38 = 0.62$

1073 K 时: $K^{\ominus} = K_1^{\ominus}/K_2^{\ominus} = 1.81/2.00 = 0.91$

计算结果表明:温度升高,平衡常数增大,所求反应为一吸热反应。

【综合测试】

一、选择题(每空 1 分,共 25 分。选择一个正确的答案填在括号里)

1. 一个热力学系统经过一个循环过程,其状态函数变化值( )。
   A. ΔG 等于零,ΔS、ΔU、ΔH 不等于零
   B. ΔG、ΔU、ΔH、ΔS 均为零
   C. ΔG、ΔU 等于零,ΔS、ΔH 不等于零
   D. 只是 ΔS 不为零

2. 将固体 NH_4NO_3 溶于水中,溶液变冷,则该过程的 ΔG、ΔH、ΔS 的符号依次是( )。
   A. +、−、−   B. +、+、−
   C. −、+、−   D. −、+、+

3. 已知笑气(N_2O)按下式分解:$2N_2O(g) \longrightarrow 2N_2(g) + O_2(g) \quad E_a = 245$ kJ·mol^{-1} 若用 Pt 和 Au 分别作催化剂时,其活化能为 136 kJ·mol^{-1} 和 121 kJ·mol^{-1}。则浓度、温度相同时,N_2O 分解速率最大的是( )。
   A. 不用催化剂   B. 用 Au 作催化剂

C. 用 Pt 作催化剂   D. 难以确定

4. 已知下列各反应的平衡常数：$N_2(g)+3H_2(g) \rightleftharpoons 2NH_3(g)$……$K_1$，$1/2N_2(g)+3/2H_2(g) \rightleftharpoons NH_3(g)$……$K_2$，$1/3N_2(g)+H_2(g) \rightleftharpoons 2/3NH_3(g)$……$K_3$，则它们的关系是(　　)。

   A. $K_1=K_2=K_3$ B. $K_1=1/2K_2=1/3K_3$
   C. $K_1=(K_2)^{1/2}=(K_3)^{1/3}$ D. $K_1=(K_2)^2=(K_3)^3$

5. 下列过程中，$\Delta G=0$ 的是(　　)。

   A. 氨在水中解离达到平衡   B. 理想气体向真空膨胀
   C. 乙醇溶于水   D. 炸药爆炸

6. 对反应 $2N_2O_5 \longrightarrow 4NO_2+O_2$ 而言，当 $-\dfrac{dc(N_2O_5)}{dt}=0.25\ \text{mol}\cdot\text{dm}^{-3}\cdot\text{min}^{-1}$ 时，$\dfrac{dc(NO_2)}{dt}$ 的数值为(　　)。

   A. 0.06   B. 0.13   C. 0.50   D. 0.25

7. 有一基元反应，从 10℃ 加热至 40℃，速率增大至 8 倍，如 40℃ 反应完成需 4 min，则 10℃ 反应完成需(　　)。

   A. 4 min   B. 8 min   C. 16 min   D. 32 min

8. 对于一个化学反应，下列说法正确的是(　　)。

   A. $\Delta_r S_m^{\ominus}$ 越小，反应速率越快   B. $\Delta_r H_m^{\ominus}$ 越小，反应速率越快
   C. 活化能越大，反应速率越快   D. 活化能越小，反应速率越快

9. 已知某化学反应是吸热反应，欲使此化学反应的速率常数 k 和标准平衡常数 $K^{\ominus}$ 都增加，则反应的条件是(　　)。

   A. 恒温下，增加反应物浓度   B. 升高温度
   C. 恒温下，加催化剂   D. 恒温下，改变总压力

10. 已知反应 $FeO(s)+C(s) \longrightarrow CO(g)+Fe(s)$ 的 $\Delta_r H_m^{\ominus}>0$，$\Delta_r S_m^{\ominus}>0$，(假设 $\Delta_r H_m^{\ominus}$、$\Delta_r S_m^{\ominus}$ 不随温度变化而改变)下列说法正确的是(　　)。

   A. 低温下为自发过程，高温下为非自发过程
   B. 高温下为自发过程，低温下为非自发过程
   C. 任何温度下都为非自发过程
   D. 任何温度下都为自发过程

11. 反应 $H_2(g)+Br_2(g) \rightleftharpoons 2HBr(g)$ 在 800 K 时 $K^{\ominus}=3.8\times10^5$，1000 K 时 $K^{\ominus}=1.8\times10^3$，则此反应是(　　)。

   A. 吸热反应   B. 放热反应
   C. 无热效应的反应   D. 无法确定是吸热反应还是放热反应

12. $A \longrightarrow B+C$ 是吸热的可逆基元反应，正反应的活化能为 $E_{a正}$，逆反应的活化能为 $E_{a逆}$，那么(　　)。

   A. $E_{a正}<E_{a逆}$ B. $E_{a正}>E_{a逆}$ C. $E_{a正}=E_{a逆}$ D. 无法比较

13. 已知下列反应的平衡常数：$H_2(g)+S(s) \rightleftharpoons H_2S(g)$……$K_1^{\ominus}$，$O_2(g)+S(s) \rightleftharpoons SO_2(g)$……$K_2^{\ominus}$，则反应：$H_2(g)+SO_2(g) \rightleftharpoons O_2(g)+H_2S(g)$ 的平衡常数为(　　)。

A. $K_1^\ominus - K_2^\ominus$ B. $K_1^\ominus \cdot K_2^\ominus$ C. $K_2^\ominus / K_1^\ominus$ D. $K_1^\ominus / K_2^\ominus$

14. 当反应 $A_2 + B_2 \longrightarrow 2AB$ 的速率方程为 $v = k \cdot c(A_2) \cdot c(B_2)$ 时,则此反应(　　)。
    A. 一定是基元反应
    B. 一定是非基元反应
    C. 不能肯定是否是基元反应
    D. 反应为一级反应

15. 催化剂是通过改变反应进行的历程来加速反应速率。这一历程将(　　)。
    A. 增大碰撞频率
    B. 降低反应的活化能
    C. 减小速率常数
    D. 增大平衡常数值

16. 反应 $2AB(g) \rightleftharpoons A_2(g) + B_2(g)$ 正反应的活化能 $E_a = 44.3\ kJ \cdot mol^{-1}$,AB 生成热 $\Delta_f H_m^\ominus = 1.35\ kJ \cdot mol^{-1}$,逆反应的活化能是(　　)。
    A. $44.3\ kJ \cdot mol^{-1}$
    B. $1.35\ kJ \cdot mol^{-1}$
    C. $88.6\ kJ \cdot mol^{-1}$
    D. $41.6\ kJ \cdot mol^{-1}$

17. $N_2(g) + 3H_2(g) \rightleftharpoons 2NH_3(g)$,$K^\ominus = 0.63$,反应达到平衡时,若再通入一定量的 $N_2(g)$,则 $K^\ominus$、J 和 $\Delta_r G_m^\ominus$ 的关系是(　　)。
    A. $J = K^\ominus$,$\Delta_r G_m^\ominus = 0$
    B. $J > K^\ominus$,$\Delta_r G_m^\ominus > 0$
    C. $J < K^\ominus$,$\Delta_r G_m^\ominus < 0$
    D. $J < K^\ominus$,$\Delta_r G_m^\ominus > 0$

18. 下列反应中 $\Delta_r S_m^\ominus > 0$ 的是(　　)。
    A. $2H_2(g) + O_2(g) == 2H_2O(g)$
    B. $N_2(g) + 3H_2(g) == 2NH_3(g)$
    C. $NH_4Cl(s) == NH_3(g) + HCl(g)$
    D. $C(s) + O_2(g) == CO_2(g)$

19. 当一个化学反应处于平衡时,则(　　)。
    A. 平衡混合物中各种物质的浓度都相等
    B. 正反应和逆反应速率都是零
    C. 反应混合物的组成不随时间而改变
    D. 反应的焓变是零

20. 可逆反应达到平衡后,若反应速率常数 k 发生变化时,则标准平衡常数(　　)。
    A. 一定发生变化   B. 不变   C. 不一定变化   D. 与 k 无关

21. 已知:$Mg(s) + Cl_2(g) == MgCl_2(s)$ ……$\Delta_r H_m^\ominus = -642\ kJ \cdot mol^{-1}$,则(　　)。
    A. 在任何温度下,正向反应都是自发的
    B. 在任何温度下,正向反应都是非自发的
    C. 高温下,正向反应是非自发的;低温下,正向反应是自发的
    D. 高温下,正向反应是自发的;低温下,正向反应是非自发的

22. 下列过程中 ΔS 为负值的是(　　)。
    A. 液态溴蒸发成气态溴
    B. $SnO_2(s) + 2H_2(g) = Sn(s) + 2H_2O(l)$
    C. 电解水生成 H_2 和 O_2
    D. 公路上撒盐使冰融化

23. 下列哪一种物质的 $\Delta_f G_m^\ominus$ 等于零(　　)。
    A. $Br_2(g)$ B. $Br(aq)$ C. $Br_2(l)$ D. $Br_2(aq)$

24. 条件相同的同一反应有两种写法:(1) $H_2(g) + Br_2(g) \rightleftharpoons 2HBr(g)$ ……$\Delta_r G_{m1}^\ominus$,(2) $\frac{1}{2}H_2(g) + \frac{1}{2}Br_2(g) \rightleftharpoons HBr(g)$ ……$\Delta_r G_{m2}^\ominus$,这里,$\Delta_r G_{m1}^\ominus$ 和 $\Delta_r G_{m2}^\ominus$ 的关系是(　　)。

    A. $\Delta_r G_{m1}^\ominus = \Delta_r G_{m2}^\ominus$
    B. $\Delta_r G_{m1}^\ominus = \frac{1}{2}\Delta_r G_{m2}^\ominus$
    C. $\Delta_r G_{m1}^\ominus = 2\Delta_r G_{m2}^\ominus$
    D. $\Delta_r G_{m1}^\ominus = (\Delta_r G_{m2}^\ominus)^2$

25.

	$\Delta_f H_m^\ominus/(kJ \cdot mol^{-1})$	$S_m^\ominus/(J \cdot mol^{-1} \cdot K^{-1})$
石墨	0.0	5.74
金刚石	1.88	2.39

上表给出了 298.15 K 时石墨和金刚石的标准摩尔生成焓和标准摩尔熵,在 298.15 K 和 100 kPa 下,下列叙述真实的是(　　)。

A. 根据焓的观点,石墨比金刚石稳定;根据熵的观点,金刚石比石墨更稳定
B. 根据焓和熵的观点,金刚石比石墨更稳定
C. 根据熵的观点,金刚石比石墨稳定
D. 根据焓和熵的观点,石墨比金刚石更稳定

二、填空题(每空 1 分,共 25 分。将正确的答案写在横线上)

1. 反应 $C(s) + H_2O(g) \rightleftharpoons CO(g) + H_2(g)$,$\Delta H^\ominus > 0$。达到平衡后,提高温度,平衡向_____移动;加入催化剂,平衡_____移动;通入水蒸气,平衡向_____移动。

2. $N_2O_2 + H_2 \rightleftharpoons N_2O + H_2O$ 在一定温度范围内为基元反应,则该反应的速率方程为_____,反应的总级数是_____。

3. 化学反应速率和化学平衡是两个不同的概念,前者属于_____问题,后者属于_____范围的问题。

4. 若 A $\longrightarrow$ 2B 的活化能为 E_a,2B $\longrightarrow$ A 的活化能为 E_a'。加催化剂后 E_a 和 E_a'_____;加不同的催化剂,E_a 的数值变化_____;提高反应温度,E_a 和 E_a' 值_____;改变起始浓度后,E_a_____。

5. 已知各基元反应的活化能如下表。

序　号	A	B	C	D	E
正反应的活化能/(kJ·mol⁻¹)	40	20	70	16	20
逆反应的活化能/(kJ·mol⁻¹)	45	80	20	30	35

在相同的温度时:
(1) 正反应是吸热反应的是_____;
(2) 放热最多的反应是_____;
(3) 正反应速率常数最大的反应是_____;
(4) 反应可逆程度最大的反应是_____;
(5) 正反应的速率常数 k 随温度变化最大的是_____。

6. 化学反应自发进行的推动力有两个因素,即_____和_____。将这两个因素统一起来,变成了一个总因素,即_____是化学反应在_____下自发进行的推动力。

7. 反应 $2O_3(g) \longrightarrow 3O_2(g)$ 的活化能为 117 kJ·mol⁻¹,O_3 的 $\Delta_f H_m^\ominus$ 为 142 kJ·mol⁻¹,则该反应的反应热为_____,逆反应的活化能为_____。

8. 由阿伦尼乌斯公式 $\ln k = -\dfrac{E_a}{RT} + \ln A$ 可以看出,升高温度,反应速率常数 k 将_____;使用催化剂时,反应速率常数 k 将_____;而改变反应物或生成物浓度时,反

应速率常数 k _____。

三、简答题(每题 4 分,共 20 分)

1. 研究指出下列反应在一定温度范围内为基元反应:$2NO(g)+Cl_2(g) \Longrightarrow 2NOCl(g)$
   (1) 写出该反应的速率方程,指出该基元反应的总级数和反应分子数。
   (2) 其他条件不变,如果将容器的体积增加到原来的 2 倍,反应速率如何变化?
   (3) 如果容器体积不变而将 NO 的浓度增加到原来的 3 倍,反应速率又将怎样变化?
2. 试述 $\Delta G = \Delta H - T \cdot \Delta S$ 方程中,T 对 ΔG 的影响。
3. 简述催化剂加速化学反应速率的主要原因?
4. 反应 $H_2(g)+S(s) \Longrightarrow H_2S(g)$ 的平衡常数为 K_1,$H_2(g)+SO_2(g) \Longrightarrow O_2(g)+H_2S(g)$ 的平衡常数为 K_2,则反应 $S(s)+O_2(g) \Longrightarrow SO_2(g)$ 的平衡常数 K_3 与 K_1、K_2 有何关系?
5. 简述平均速率、瞬时速率和转化速率的不同。

四、计算题(每题 6 分,共 30 分)

1. 实验测得反应 $CO(g)+NO_2(g) \Longrightarrow CO_2(g)+NO(g)$ 在 650 K 时的动力学数据见下表。

实验编号	$c(CO)/(mol \cdot dm^{-3})$	$c(NO_2)/(mol \cdot dm^{-3})$	$v/(mol \cdot dm^{-3} \cdot s^{-1})$
1	0.025	0.040	2.2×10^{-4}
2	0.050	0.040	4.4×10^{-4}
3	0.025	0.120	6.6×10^{-4}

   (1) 计算并写出反应的速率方程;
   (2) 求 650 K 的速率常数;
   (3) 当 $c(CO)=0.10$ mol·dm^{-3},$c(NO_2)=0.16$ mol·dm^{-3} 时,求 650 K 时的反应速率;
   (4) 若 800 K 时的速率常数为 23.0 mol^{-1}·dm^3·s^{-1},求反应的活化能。

2. 反应 $aA+bB \Longrightarrow gG+dD$ 正反应的活化能为 60 kJ·mol^{-1},逆反应的活化能为 120 kJ·mol^{-1},求在 600 K 时的 $v_{正}$ 与 $v_{逆}$ 各为 300 K 时的多少倍?根据计算结果可以得出什么结论?

3. 在 298 K 时,由氢气和氧气合成氨。已知 $\Delta_f H_m^{\ominus}(NH_3) = -46.19$ kJ·mol^{-1}

	N_2	H_2	NH_3
$S_m^{\ominus}/(J \cdot K^{-1} \cdot mol^{-1})$	191.61	130.684	192.45

   求 (1) 298 K 时的 $\Delta_f G_m^{\ominus}(NH_3)$;
   (2) 计算反应 $N_2(g)+3H_2(g) \Longrightarrow 2NH_3(g)$ 在 298 K 时的 $K^{\ominus}$ 值。

4. 反应 $H_2(g)+Br_2(g) \Longrightarrow 2HBr(g)$,在 800 K 时 $K^{\ominus}=3.8 \times 10^5$,1000 K 时 $K^{\ominus}=1.8 \times 10^3$,则该反应的 $\Delta_r H_m^{\ominus}$ 为多少?

5. 根据下列热力学数据,计算分解 $Na_2CO_3(s)$ 的最低温度。

	Na_2CO_3	$\longrightarrow$	$Na_2O(s)$	$+$	$CO_2(g)$
$\Delta_f H_m^{\ominus}/(kJ \cdot mol^{-1})$	-1130.68		-414.2		-393.51
$S_m^{\ominus}/(J \cdot mol^{-1} \cdot K^{-1})$	134.98		75.04		213.74

第 5 章

溶 液

【基本要求】

1. 理解稀溶液的依数性、饱和蒸气压、沸点、凝固点、渗透现象和渗透压的基本概念。掌握稀溶液的蒸气压下降公式、沸点升高公式、凝固点降低公式和渗透压公式。

2. 了解酸碱理论的演变过程,理解酸碱质子理论中酸碱的定义、强度和反应的实质,了解酸碱电子理论。

3. 掌握一元弱酸、一元弱碱和二元弱酸溶液 pH 值的计算,理解解离度、稀释定律、同离子效应和盐效应的基本概念并掌握其相关计算。

4. 理解缓冲溶液的组成、作用原理、缓冲容量和缓冲溶液的配制,掌握缓冲溶液的选择和 pH 值的计算。

5. 掌握难溶电解质溶液的溶度积和溶解度的相互换算,理解溶度积规则,会根据溶度积规则判断沉淀的生成和溶解。理解分步沉淀和沉淀转化的概念,掌握混合离子分离的有关计算。

6. 掌握配合物溶液的有关计算,理解酸度、沉淀剂对配位解离平衡的影响。了解配合物的应用。

【学习小结】

各类难挥发非电解质稀溶液具有蒸气压下降($\Delta p = Km$)、沸点升高($\Delta T_b = K_b m$)、凝固点降低($\Delta T_f = K_f m$)和渗透压($\Pi = cRT \approx mRT$)等一些共同的性质,这些性质只与溶液的浓度(粒子数)有关,而与溶质的本性无关,这类性质称为稀溶液的依数性。

酸碱质子理论中的酸是能释放出质子的物质,碱是能与质子结合的物质。共轭酸碱对的关系是酸(HB)$\rightleftharpoons$碱(B^-)+质子(H^+)。共轭酸碱对的 $K_a^\ominus K_b^\ominus = K_w^\ominus$。酸碱反应的实质是共轭酸碱对之间的质子转移反应。反应总是朝着较强的酸与较强的碱作用转化为较弱的共轭碱和较弱的共轭酸的方向进行。酸碱的强度除与其本性有关外,还与反应对象或溶剂的性质有关,水溶液中最强的酸为 H_3O^+,最强的碱为 OH^-。

酸和碱在水溶液中存在质子转移平衡。水本身也存在质子自递作用。在 298.15K 时纯水或稀的水溶液中$[H^+][OH^-] = K_w^\ominus$ 或 pH+pOH=14。

计算一元弱酸溶液中$[H^+]$的最简公式为$[H^+] = \sqrt{K_a^\ominus c}$ $\left(\text{适用条件是} \dfrac{c}{K_a^\ominus} > 400\right)$,计算一元弱碱溶液中$[OH^-]$的最简公式为$[OH^-] = \sqrt{K_b^\ominus c}$ $\left(\text{适用条件是} \dfrac{c}{K_b^\ominus} > 400\right)$,计算多元弱酸溶液的酸度比较复杂,但忽略第二步以后的解离,可以获得近似结果:

$$[H^+] = \sqrt{K_{a1}^\ominus c} \left(条件是 K_{a2}^\ominus \ll K_{a1}^\ominus, \frac{c}{K_{a1}^\ominus} > 400\right)$$

弱电解质在水溶液中,达到解离平衡时的解离百分率叫解离度。

$$解离度(\alpha) = \frac{解离部分的弱电解质浓度(x)}{解离前弱电解质浓度(c)} \times 100\%$$

解离度与解离常数的关系:

$$\alpha = \sqrt{\frac{K_a^\ominus}{c}} \quad 或 \quad \alpha = \sqrt{\frac{K_b^\ominus}{c}}(稀释定律表达式)$$

同离子效应使弱酸或弱碱的解离度下降,酸度或碱度也下降;盐效应则使酸度或碱度有所上升。当二者同时存在时,同离子效应显得尤为明显。

缓冲溶液是一种能够抵抗外加少量强酸、少量强碱或稍加稀释时,溶液的 pH 值基本保持不变的溶液。利用缓冲公式 $pH = pK_a^\ominus + \lg \frac{c(共轭碱)}{c(共轭酸)}$ 可以计算缓冲溶液的近似 pH 值。缓冲溶液抗酸、抗碱能力的大小通常用缓冲容量来衡量。当缓冲溶液的总浓度一定时,缓冲比越接近 1:1,缓冲容量越大;当缓冲比一定时,缓冲溶液的总浓度越大,缓冲容量越大。缓冲容量越大,缓冲溶液抗酸、抗碱的能力越强。缓冲溶液的有效缓冲范围一般为 $pK_a^\ominus \pm 1$。配制缓冲溶液首先应选择合适的缓冲系($pH \approx pK_a^\ominus$),按缓冲公式计算并量取所需共轭酸和共轭碱的量,用水稀释至所需体积并用 pH 计进行校正。

严格来讲,在水中绝对不溶的物质是没有的。一定温度下,将难溶电解质(A_mB_n)放入水中时,在溶液中就会建立一个沉淀溶解平衡。据此得出的溶度积常数表达通式为 $K_{sp}^\ominus = [A^{n+}]^m [B^{m-}]^n$。难溶电解质的溶解度受多种因素影响,其中的同离子效应使溶解度降低,盐效应使溶解度升高。

难溶电解质的溶解度和溶度积之间可以换算。在纯水溶液(不含与难溶电解质相同的离子)中,难溶电解质的 $K_{sp}^\ominus$ 和 s 相互换算的公式如下:

对于 AB 型难溶电解质,s 与 $K_{sp}^\ominus$ 之间的关系为 $s = \sqrt{K_{sp}^\ominus}$;

对于 AB_2 型或 A_2B 型难溶电解质,s 与 $K_{sp}^\ominus$ 之间的关系为 $s = \sqrt[3]{\frac{K_{sp}^\ominus}{4}}$;同理,可得 A_mB_n 型难溶电解质的 s 与 $K_{sp}^\ominus$ 之间的关系为 $s = \sqrt[m+n]{\frac{K_{sp}^\ominus}{m^m n^n}}$。

在含有相同离子的难溶电解质溶液中,必须考虑同离子效应,再根据沉淀溶解平衡进行溶解度和溶度积之间的换算。

根据溶度积规则,沉淀生成的必要条件是 $J > K_{sp}^\ominus$,常采用的方法有加入过量的沉淀剂和控制溶液的 pH 值。在进行沉淀反应时,为确保沉淀完全(被沉淀的离子浓度小于 1.0×10^{-5} mol·dm^{-3}),可加入适当过量的沉淀剂(一般过量 20%~50%),利用同离子效应使反应向生成沉淀的方向移动。沉淀溶解的必要条件是 $J < K_{sp}^\ominus$,常采用的方法有酸、碱溶解法、氧化还原溶解法、配合溶解法、混合(几种方法同时使用)溶解法和沉淀的转化(一种沉淀在适当条件下,可转化为另一种更难溶的沉淀)。

可溶性配合物在水中的解离有两种情况:一种发生在内界与外界之间的解离,全部解离;另一种是发生在配位个体中的形成体与配体之间的解离,部分解离,存在配位解离平衡和平衡常数。

溶液中配位个体的形成与解离会达到平衡,配位个体越难解离者,其 $K_稳^\ominus$ 越大,$K_{不稳}^\ominus$ 越小;改变溶液的 pH 值,加入沉淀剂和配位个体的形成都可使配位平衡发生移动。配位平衡与酸碱平衡、沉淀溶解平衡和氧化还原平衡(下章讲解)也可以互相转化。

【温馨提示】

1. 溶液的沸点升高和凝固点降低的根本原因是溶液的蒸气压下降。而溶液蒸气压下降的程度与溶液的浓度成正比,因此溶液的沸点升高和凝固点降低也与溶液的浓度成正比。稀溶液的渗透压,在一定体积和一定温度下,与溶液中所含溶质的物质的量成正比,而与溶质的本性无关。渗透现象产生的条件是半透膜的存在和膜两侧溶液的浓度不等。

2. 酸浓度、酸度和酸强度 3 个概念的区别:这是 3 个不同的概念,酸浓度是指以溶质酸的量计算而得到的浓度,如 HAc 溶液的浓度为 $0.1\ \text{mol} \cdot \text{dm}^{-3}$,指的是将 0.1 mol HAc 溶在水中制成的 1dm^3 HAc 溶液。酸度是指溶液中的[H^+]或溶液的 pH 值。酸强度则是指酸的相对强弱,指的是酸的 $K_a^\ominus$ 值的大小。

酸碱质子理论中的酸碱相对强弱必须以同一个溶剂作为比较标准,若不指明溶剂,视为以 H_2O 作为溶剂。

3. 盐类水解是盐的离子与溶液中水发生质子转移产生弱电解质的反应。是酸碱中和反应的逆反应,水解常数用 $K_h^\ominus$ 表示。强酸弱碱盐(如 NH_4Cl)溶液中的$[\text{H}^+] = \sqrt{K_h^\ominus c} = \sqrt{\dfrac{K_w^\ominus}{K_b^\ominus} \cdot c}$ $\left(\text{条件是}\dfrac{c}{K_h^\ominus} > 400\right)$;强碱弱酸盐(如 NaAc)溶液中的$[\text{OH}^-] = \sqrt{K_h^\ominus c} = \sqrt{\dfrac{K_w^\ominus}{K_a^\ominus} \cdot c}$ $\left(\text{条件是}\dfrac{c}{K_h^\ominus} > 400\right)$;弱酸弱碱盐溶液中的$[\text{H}^+] = \sqrt{\dfrac{K_w^\ominus K_a^\ominus}{K_b^\ominus}}$。

4. 注意离子积 J 与溶度积 $K_{sp}^\ominus$ 的不同。难溶电解质的离子积表示的是任一时刻溶液中离子浓度幂的乘积,而难溶电解质的溶度积表示的是沉淀溶解达到平衡时饱和溶液中离子浓度幂的乘积。利用离子积 J 与溶度积 $K_{sp}^\ominus$ 的相对大小可以判断沉淀的生成、溶解和转化:当 $J = K_{sp}^\ominus$ 时,溶液是饱和的,既无沉淀析出也无沉淀溶解;当 $J < K_{sp}^\ominus$ 时,溶液是未饱和的,系统中有固体存在,会继续溶解,直至溶液达到饱和为止;当 $J > K_{sp}^\ominus$ 时,溶液为过饱和,将有沉淀析出,直至溶液达到饱和为止。

5. 注意下面一类化学反应的平衡常数的求法:

$\text{BaSO}_4(\text{s}) + \text{CO}_3^{2-}(\text{aq}) \rightleftharpoons \text{BaCO}_3(\text{s}) + \text{SO}_4^{2-}(\text{aq})$

$K^\ominus = \dfrac{[\text{SO}_4^{2-}]}{[\text{CO}_3^{2-}]} = \dfrac{[\text{SO}_4^{2-}]}{[\text{CO}_3^{2-}]} \times \dfrac{[\text{Ba}^{2+}]}{[\text{Ba}^{2+}]} = \dfrac{K_{sp}^\ominus(\text{BaSO}_4)}{K_{sp}^\ominus(\text{BaCO}_3)}$

$[\text{Ag}(\text{NH}_3)_2]^+ + 2\text{CN}^- \rightleftharpoons [\text{Ag}(\text{CN})_2]^- + 2\text{NH}_3$

$K^\ominus = \dfrac{[\text{Ag}(\text{CN})_2^-][\text{NH}_3]^2}{[\text{Ag}(\text{NH}_3)_2^+][\text{CN}^-]^2} = \dfrac{[\text{Ag}(\text{CN})_2^-][\text{NH}_3]^2}{[\text{Ag}(\text{NH}_3)_2^+][\text{CN}^-]^2} \times \dfrac{[\text{Ag}^+]}{[\text{Ag}^+]} = \dfrac{K_稳^\ominus([\text{Ag}(\text{CN})_2]^-)}{K_稳^\ominus([\text{Ag}(\text{NH}_3)_2]^+)}$

$\text{AgCl} + 2\text{NH}_3 \rightleftharpoons [\text{Ag}(\text{NH}_3)_2]^+ + \text{Cl}^-$

$K^\ominus = \dfrac{[\text{Ag}(\text{NH}_3)_2^+][\text{Cl}^-]}{[\text{NH}_3]^2} \times \dfrac{[\text{Ag}^+]}{[\text{Ag}^+]} = K_稳^\ominus\ K_{sp}^\ominus$

即分子、分母同时乘以相同的离子浓度,使其转化为相关常数的相除或乘积。

6. 大部分配位个体形成的化学反应,因为 $K_稳^\ominus$ 值相对较大,反应进行的限度很大,所以在做这样一类题时,按下列程序做较为方便:先设形成体全部转化为配位个体,然后形成的

配位个体再发生解离,达到平衡时[形成体]=x。如:

已知 $K_稳^⊖([Ag(NH_3)_2]^+)=1.1×10^7$,将 0.1 mol 的硝酸银溶于 1 dm³ 2.0 mol·dm⁻³ 氨水中,溶液中[Ag^+]和[$Ag(NH_3)_2^+$]是多少?

解:设 Ag^+ 全部转化为[$Ag(NH_3)_2$]⁺,平衡时溶液中的[Ag^+]=x。

$$Ag^+ + 2NH_3 \rightleftharpoons [Ag(NH_3)_2]^+$$

[初始]　　　0　　　2.0−2×0.10　　　0.10

[平衡]　　　x　　　1.8+2x　　　0.10−x

$$K_稳^⊖ = \frac{[Ag(NH_3)_2^+]}{[Ag^+][NH_3]^2} = \frac{0.10-x}{x·(1.8+2x)^2} = 1.1×10^7$$

解出 $x=2.8×10^{-9}$,即[Ag^+]=$2.8×10^{-9}$ mol·dm⁻³。

$$[Ag(NH_3)_2^+] = 0.10-x ≈ 0.10 \text{ mol·dm}^{-3}$$

【思习解析】

思 考 题

5-1 溶液蒸气压下降的原因是什么?如何用蒸气压下降解释溶液的沸点升高及凝固点降低?

解:溶液蒸气压下降的原因,可用分子运动论来解释。一定温度下,水(或其他纯溶剂)的饱和蒸气压是一个定值。如果在水中加入一种难挥发的溶质,溶液的表面将或多或少地被溶质分子(严格地说是溶质的溶剂化物)占据着,减少了单位面积上溶剂的分子数。因此同一温度下,溶液表面单位时间里逸出液面的溶剂分子数,相应地比纯溶剂减少。当达到平衡状态时,液面上单位体积内溶剂分子的数目比纯溶剂的少,所以,溶液的蒸气压比纯溶剂低。

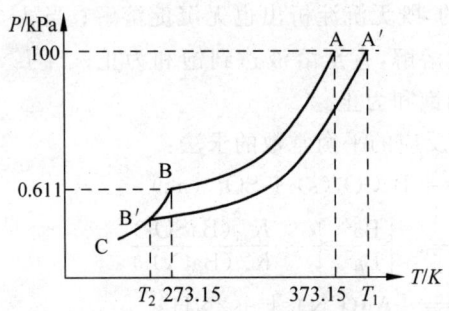

冰、水、水溶液的饱和蒸气压图

在 373.15 K 时,水的饱和蒸气压等于外界大气压强(100 kPa),故 373.15 K 是 H_2O 的沸点,如图中的 A 点。在该温度下,溶液的饱和蒸气压小于 100 kPa,溶液未达到沸点。只有当温度达到 T_1(T_1>373.15 K,A′点)时,溶液的饱和蒸气压等于外界大气压强(100 kPa)时,溶液才沸腾。可见,溶液饱和蒸气压的下降导致沸点升高,即溶液的沸点高于纯水的沸点。

冰线和水线的交点(图中的 B 点)处,冰和水的饱和蒸气压相等。此点的温度为

273.15 K，$p \approx 0.611$ kPa，是 H_2O 的凝固点，即为冰点。在此温度时，溶液饱和蒸气压低于冰的饱和蒸气压，即 p(冰)$>p$(溶)，当两种物质共存时，冰要融化(熔解)，或者说，溶液此时尚未达到凝固点。只有降温到 $T_2(T_2<273.15$ K)时，冰线和溶液线相交(B'点)，即 p(冰)$=p$(溶液)，溶液开始结冰，达到凝固点。溶液的蒸气压下降，导致冰点降低，使溶液的凝固点低于纯水的冰点。

5-2 相同质量的葡萄糖($C_6H_{12}O_6$)和甘油($C_3H_8O_3$)分别溶于 100 g 水中，比较所得溶液的凝固点、沸点和渗透压。

解：二者均为非电解质，葡萄糖($C_6H_{12}O_6$)摩尔质量大于甘油($C_3H_8O_3$)的摩尔质量，故相同质量的葡萄糖和甘油分别溶于 100 g 水中，得到的葡萄糖溶液的质量摩尔浓度小于甘油溶液。按依数性原则，凝固点：葡萄糖溶液＞甘油溶液；沸点：葡萄糖溶液＜甘油溶液；渗透压：葡萄糖溶液＜甘油溶液。

5-3 酸碱电离理论、质子理论和电子理论都是怎样定义酸碱的？

解：酸碱电离理论认为：酸是在水溶液中经电离只生成 H^+ 一种阳离子的物质；碱是在水溶液中经电离只生成 OH^- 一种阴离子的物质。也就是说，能电离出 H^+ 是酸的特征，能电离出 OH^- 是碱的特征。酸碱的中和反应生成盐和水。

酸碱质子理论认为：凡是能给出质子(H^+)的分子或离子都是酸，酸是质子的给予体；凡是能接受质子(H^+)的分子或离子都是碱，碱是质子的接受体。酸碱反应的实质是质子转移。

酸碱电子理论认为：凡是可以接受电子对的分子、离子或原子称为酸，酸是电子对的接受体。凡是可以给出电子对的分子、离子或原子称为碱，碱是电子对的给予体。酸碱反应的实质是以共用电子对形式结合形成配位键生成酸碱配合物。

5-4 什么是同离子效应和盐效应？它们对弱酸或弱碱的解离平衡有何影响？缓冲溶液的作用机理与哪种效应有关？同离子效应对难溶电解质的溶解度有何影响？

解：在弱电解质溶液中加入与弱电解质具有相同离子的易溶强电解质，使弱电解质的解离度降低的现象称为同离子效应。

在弱电解质溶液中加入与弱电解质无关的强电解质盐类而使弱电解质的解离度增大的效应，称为盐效应。

同离子效应使弱酸或弱碱的解离度降低，盐效应使弱酸或弱碱的解离度升高。当两者效应同时存在时，同离子效应是主要的。

缓冲溶液的作用机理与同离子效应有关。

同离子效应使难溶电解质的溶解度降低。

5-5 在氨水中加入下列物质时，$NH_3 \cdot H_2O$ 的解离度和溶液的 pH 值将如何变化？

(1) NH_4Cl　(2) $NaOH$　(3) HCl　(4) 加水稀释

解：(1) NH_4Cl：使 $NH_3 \cdot H_2O$ 的解离度下降，溶液的 pH 值减小；

(2) $NaOH$：使 $NH_3 \cdot H_2O$ 的解离度下降，溶液的 pH 值升高；

(3) HCl：使 $NH_3 \cdot H_2O$ 的解离度增大，溶液的 pH 值减小；

(4) 加水稀释：使 $NH_3 \cdot H_2O$ 的解离度增大，pH 值变化与加水量的多少有关。

5-6 相同浓度的 $NH_3 \cdot H_2O$ 和 NaOH 溶液 pH 值是否相同？pH 值相同的 $NH_3 \cdot H_2O$ 和 NaOH 溶液的浓度是否相同？

解：相同浓度的 $NH_3 \cdot H_2O$ 和 NaOH 溶液的 pH 值不同，pH 值相同的 $NH_3 \cdot H_2O$ 和 NaOH 溶液的浓度也不相同。

这是由于两种电解质的类型不同，NaOH 是强电解质，溶液中的 $[OH^-] = c(NaOH)$；而 $NH_3 \cdot H_2O$ 是弱电解质，溶液中的 $[OH^-] \propto \sqrt{c(NH_3 \cdot H_2O)}$。

5-7 构成缓冲溶液的必要条件是什么？$NH_3 \cdot H_2O$ 溶液中也同时含有 NH_3 和 NH_4^+，为何不是缓冲溶液？

解：构成缓冲溶液的必要条件是缓冲溶液中必须同时含有大量的能够抵抗外来少量强酸的组分和能够抵抗外来少量强碱的组分。

$NH_3 \cdot H_2O$ 溶液中虽然同时含有 NH_3 和 NH_4^+，但 NH_4^+ 的量太少不能起到抵抗外来少量强碱的作用，所以 $NH_3 \cdot H_2O$ 不是缓冲溶液。

5-8 何谓缓冲溶液和缓冲容量？决定缓冲溶液 pH 值和缓冲容量的主要因素有哪些？如何确定缓冲溶液的缓冲范围？

解：缓冲溶液是一种能够抵抗外加少量强酸、少量强碱或稍加稀释时，溶液的 pH 值基本保持不变的溶液。

缓冲溶液具有的缓冲能力大小用缓冲容量衡量。缓冲容量是一个比值，在数值上等于使 1 dm^3 缓冲溶液的 pH 值改变 1 个单位时，所需加入的一元强碱或一元强酸的物质的量。

$$\beta = \frac{dn_b}{VdpH} = -\frac{dn_a}{VdpH}$$

缓冲溶液 pH 值的大小取决于缓冲溶液中的共轭酸解离常数和缓冲比。缓冲容量的大小与缓冲溶液的总浓度 (c(共轭碱) + c(共轭酸)) 和缓冲比 $\left(\frac{c(共轭碱)}{c(共轭酸)}\right)$ 有关。同一共轭酸碱对组成的缓冲溶液，当缓冲比相同时，缓冲溶液的总浓度越大，缓冲容量越大，抗酸、抗碱能力越强；当缓冲溶液的总浓度一定时，缓冲比越接近 1:1，缓冲容量越大。

缓冲溶液的缓冲范围可用 $pH = pK_a^{\ominus} \pm 1$ 或 $\frac{c(共轭碱)}{c(共轭酸)} = \frac{1}{10} \sim \frac{10}{1}$ 来确定。

5-9 什么是溶度积？什么是溶解度？两者之间有何关系？

解：溶度积是指在一定温度下，难溶电解质在其饱和溶液中各离子浓度幂的乘积，用 $K_{sp}^{\ominus}$ 表示。

溶解度是指在一定温度下，1 dm^3 饱和溶液中已溶解的溶质的物质的量，即摩尔溶解度，单位为 $mol \cdot dm^{-3}$。

对于 AB 型难溶电解质，s 与 $K_{sp}^{\ominus}$ 之间的关系为 $s = \sqrt{K_{sp}^{\ominus}}$；对于 AB_2 型或 A_2B 型难溶电解质，s 与 $K_{sp}^{\ominus}$ 之间的关系为 $s = \sqrt[3]{\frac{K_{sp}^{\ominus}}{4}}$；同理，可得 A_mB_n 型难溶电解质的 s 与 $K_{sp}^{\ominus}$ 之间的关系为 $s = \sqrt[m+n]{\frac{K_{sp}^{\ominus}}{m^m n^n}}$。

5-10 难溶电解质的离子积和溶度积之间有什么区别？

解：在一定温度下，离子积是难溶电解质在任一时刻溶液中离子浓度幂的乘积；溶度积是难溶电解质在饱和溶液中离子浓度幂的乘积。

5-11 何为溶度积规则？如何应用溶度积规则判断沉淀的生成和溶解？

解：溶度积规则是指：当 $J>K_{sp}^\ominus$ 时，将有沉淀生成，此时为过饱和溶液；当 $J=K_{sp}^\ominus$ 时，无沉淀析出，此时为饱和溶液，是沉淀生成的"临界点"；当 $J<K_{sp}^\ominus$ 时，溶液未饱和，如果溶液中有沉淀物质存在，则沉淀将溶解，直到溶液达到饱和状态。

一定条件下可以运用溶度积规则判断沉淀的生成和溶解。据溶度积规则，生成沉淀的必要条件是 $J>K_{sp}^\ominus$，可通过加入沉淀剂和控制溶液 pH 值的方法使其离子积大于溶度积，使该离子从溶液中沉淀出来。沉淀溶解的必要条件是 $J<K_{sp}^\ominus$，常用的方法有酸碱溶解法、氧化还原法、配合溶解法、混合溶解法和沉淀的转化。

5-12 解释下列现象：

(1) Ag_2CrO_4 在 $0.0010\ mol\cdot dm^{-3}\ AgNO_3$ 溶液中的溶解度较在 $0.0010\ mol\cdot dm^{-3}$ K_2CrO_4 溶液中的溶解度小；

(2) MgF_2 在 NH_4Cl 溶液中的溶解度比在水中大；

(3) AgCl 在 $0.001\ mol\cdot dm^{-3}$ HCl 中的溶解度比在水中小，而在 $1\ mol\cdot dm^{-3}$ HCl 中的溶解度比在水中大。

解：(1) $AgNO_3$ 和 K_2CrO_4 溶液的浓度相同，对 Ag_2CrO_4 的溶解都起同离子效应，但 $K_{sp}^\ominus(Ag_2CrO_4)\propto[Ag^+]^2$，$K_{sp}^\ominus(Ag_2CrO_4)\propto[CrO_4^{2-}]$，所以 Ag_2CrO_4 在 $0.0010\ mol\cdot dm^{-3}$ $AgNO_3$ 溶液中的溶解度较在 $0.0010\ mol\cdot dm^{-3}\ K_2CrO_4$ 溶液中的溶解度小。

(2) NH_4Cl 对 MgF_2 的溶解起盐效应，所以 MgF_2 在 NH_4Cl 溶液中的溶解度比在水中大。

(3) $0.001\ mol\cdot dm^{-3}$ 的 HCl 对 AgCl 的溶解起同离子效应，而 $1\ mol\cdot dm^{-3}$ HCl 对 AgCl 的溶解起配位效应，形成 $[AgCl_2]^-$。所以 AgCl 在 $0.001\ mol\cdot dm^{-3}$ 的 HCl 中溶解度比在水中小，而在 $1\ mol\cdot dm^{-3}$ HCl 中的溶解度比在水中大。

5-13 已知 $[Cu(NH_3)_4]^{2+}$ 的逐级稳定常数的对数值分别为 4.22、3.67、3.04 和 2.30，试求该配合物的稳定常数 $K_{稳}^\ominus$ 及不稳定常数 $K_{不稳}^\ominus$。

解：因为 $\lg K_{稳}^\ominus = \lg K_{稳1}^\ominus + \lg K_{稳2}^\ominus + \lg K_{稳3}^\ominus + \lg K_{稳4}^\ominus$
$= 4.22 + 3.67 + 3.04 + 2.30$
$= 13.23$

所以 $K_{稳}^\ominus = 1.7\times 10^{13}$，$K_{不稳}^\ominus = \dfrac{1}{K_{稳}^\ominus} = \dfrac{1}{1.7\times 10^{13}} = 5.9\times 10^{-14}$

5-14 下列说法中哪些不正确？说明理由。

(1) 某一配位个体的 $K_{稳}^\ominus$ 值越大，该配位个体的稳定性越差；

(2) 某一配位个体的 $K_{不稳}^\ominus$ 值越大，该配位个体的稳定性越差；

(3) 对于不同类型的配位个体，$K_{稳}^\ominus$ 值大者，配位个体更稳定。

解：(1) 不正确。$K_{稳}^\ominus$ 值越大，说明该配位个体越难解离，即稳定性越好。

(2) 正确。

(3) 不正确。不同类型的配位个体不能按 $K_{稳}^\ominus$ 值的大小比较稳定性的大小。

5-15 向含有 $[Ag(NH_3)_2]^+$ 的溶液中分别加入下列物质：

(1) 稀 HNO_3 (2) $NH_3\cdot H_2O$ (3) Na_2S 溶液

试指出下列平衡的移动方向。

$$[Ag(NH_3)_2]^+ \rightleftharpoons Ag^+ + 2NH_3$$

解：(1) 加入稀 HNO_3，平衡向右移动；
(2) 加入 $NH_3 \cdot H_2O$，平衡向左移动；
(3) 加入 Na_2S 溶液，平衡向右移动。

习　题

5-1 溶解 3.24 g 硫于 40 g 苯中，苯的沸点升高 0.81 K，已知苯的 $K_b=2.53$ K·kg·mol^{-1}，问硫在此溶液中的分子是由几个硫原子组成的？

解：设硫分子的摩尔质量为 M(g·mol^{-1})，据

$$\Delta T_b = K_b m$$

$$m = \frac{\Delta T_b}{K_b} = \frac{0.81}{2.53} = 0.32 \text{ (mol·kg}^{-1}\text{)}$$

又因为 $m = \frac{3.24}{M} \times \frac{1000}{40}$，则

$$M = 253.125 \text{ (g·mol}^{-1}\text{)}$$

因为硫相对原子质量是 32，$\frac{253.125}{32} = 7.91$，所以硫分子是由 8 个硫原子组成，即 S_8。

5-2 为了防止水在仪器内结冰，可以加入甘油以降低其凝固点，如需冰点降至 271K，则在 100 g 水中应加入甘油($C_3H_8O_3$)多少克？

解：甘油的摩尔质量为 92 g·mol^{-1}，据

$$\Delta T_f = K_f \cdot m$$

$$m = \frac{273.15 - 271}{1.86} = 1.16 \text{ (mol·kg}^{-1}\text{)}$$

所以应加入甘油为 $1.16 \times 92 \times 100/1000 = 10.67$（g）。

5-3 四氢呋喃(C_4H_8O)曾被建议用作防冻剂，应往水中加入多少克四氢呋喃才能使它的凝固点降低值与加 1 g 乙二醇($C_2H_6O_2$)作用相当？

解：四氢呋喃和乙二醇均为非电解质，故两者物质的量相等时，它们的水溶液的 ΔT_f 相同。

C_4H_8O 的摩尔质量为 72 g·mol^{-1}，$C_2H_6O_2$ 的摩尔质量为 62 g·mol^{-1}，各需 C_4H_8O 为 G 克，则 $1/62 = G/72$，解得 $G = 1.16$(g)。

5-4 试比较下列溶液的凝固点的高低(苯的凝固点 5.5℃，$K_f = 5.12$ K·kg·mol^{-1}，水的 $K_f = 1.86$ K·kg·mol^{-1})：

(1) 0.1 mol·dm^{-3} 蔗糖的水溶液　　　　(2) 0.1 mol·dm^{-3} 甲醇的水溶液
(3) 0.1 mol·dm^{-3} 甲醇的苯溶液　　　　(4) 0.1 mol·dm^{-3} 氯化钠的水溶液

解：据 $\Delta T_f = K_f m \approx K_f c$，因为稀溶液 $c \approx m$。按题意，分别计算各种溶液的 T_f：
(1) $\Delta T_f = 1.86 \times 0.1 = 0.186$ (K)　　$T_f = 273.15 - 0.186 = 272.96$ (K)
(2) $\Delta T_f = 1.86 \times 0.1 = 0.186$ (K)　　$T_f = 273.15 - 0.186 = 272.96$ (K)
(3) $\Delta T_f = 5.12 \times 0.1 = 0.512$ (K)　　$T_f = (273.15 + 5.5) - 0.512 = 278.14$ (K)
(4) $\Delta T_f = 1.86 \times 0.2 = 0.372$ (K)　　$T_f = 273.15 - 0.372 = 272.78$ (K)

所以上述 4 种溶液的凝固点由高到低的顺序为：$T_f(3) > T_f(1) = T_f(2) > T_f(4)$。

5-5 1.0 dm³ 溶液中含 5.0 g 牛的血红素，在 298.15 K 时测得溶液的渗透压为 0.182 kPa，求牛的血红素的摩尔质量。

解：据 $\Pi = cRT$

$$c = \frac{\Pi}{RT} = \frac{0.182}{8.314 \times 298.15} = 7.34 \times 10^{-5} (\text{mol} \cdot \text{dm}^{-3})$$

所以牛的血红素的摩尔质量

$$M = \frac{5.0}{7.34 \times 10^{-5}} = 6.81 \times 10^4 (\text{g} \cdot \text{mol}^{-1})$$

5-6 临床上输液时要求输入的液体和血液渗透压相等（即等渗液）。临床上用的葡萄糖等渗液的凝固点降低为 0.543 K。试求此葡萄糖溶液的质量分数和血液的渗透压（水的 $K_f = 1.86$ K·kg·mol⁻¹，葡萄糖的摩尔质量为 180 g·mol⁻¹，血液的温度为 310 K）。

解：据 $\Delta T_f = K_f m$，先求 m，后计算质量分数：

$$m = \frac{\Delta T_f}{K_f} = \frac{0.543}{1.86} = 0.29 (\text{mol} \cdot \text{kg}^{-1})$$

$$\text{质量分数} = \frac{0.29 \times 180}{0.29 \times 180 + 1000} = 0.05$$

$$\Pi = mRT = 0.29 \times 8.314 \times 310 = 747.43 (\text{kPa})$$

5-7 写出下列分子或离子的共轭碱的化学式：

$$NH_4^+, \quad HAc, \quad H_2O, \quad HPO_4^{2-}, \quad HCO_3^-$$

解：上述分子或离子的共轭碱的化学式依次为 NH_3，Ac^-，OH^-，PO_4^{3-}，CO_3^{2-}。

5-8 写出下列分子或离子的共轭酸的化学式：

$$HS^-, \quad H_2O, \quad H_2PO_4^-, \quad NH_3, \quad SO_3^{2-}$$

解：上述分子或离子的共轭酸的化学式依次为 H_2S，H_3O^+，H_3PO_4，NH_4^+，HSO_3^-。

5-9 按酸碱质子理论，下列分子或离子在水溶液中，哪些只是酸？哪些只是碱？哪些是酸碱两性物质？

$$H_2S, \quad HSO_3^-, \quad PO_4^{3-}, \quad OH^-, \quad H_2O, \quad NO_3^-, \quad NH_3$$

解：按酸碱质子理论，在水溶液中只是酸的是 H_2S，只是碱的是 PO_4^{3-}、OH^-、NO_3^- 和 NH_3，是酸碱两性物质的是 HSO_3^- 和 H_2O。

5-10 计算下列溶液的 $[H^+]$、$[OH^-]$ 和溶液的 pH 值。

(1) 0.010 mol·dm⁻³ $NH_3 \cdot H_2O$ 溶液　　(2) 0.050 mol·dm⁻³ HAc 溶液

(3) 0.04 mol·dm⁻³ H_2CO_3 溶液　　(4) 0.010 mol·dm⁻³ H_2SO_4 溶液

解：(1) 298.15 K 时，$NH_3 \cdot H_2O$ 的 $K_b^\ominus = 1.8 \times 10^{-5}$。

因为 $\dfrac{c}{K_b^\ominus} = \dfrac{0.010}{1.8 \times 10^{-5}} = 555.6 > 400$，所以

$$[OH^-] = \sqrt{K_b^\ominus c} = \sqrt{1.8 \times 10^{-5} \times 0.010} = 4.2 \times 10^{-4} (\text{mol} \cdot \text{dm}^{-3})$$

$$\text{pH} = 14 - \text{pOH} = 14 + \lg[OH^-] = 14 + \lg 4.2 \times 10^{-4} = 10.62$$

(2) 298.15 K 时，HAc 的 $K_a^\ominus = 1.8 \times 10^{-5}$。

因为 $\dfrac{c}{K_a^\ominus} = \dfrac{0.050}{1.8 \times 10^{-5}} = 2.78 \times 10^3 > 400$，所以

$$[H^+] = \sqrt{K_a^\ominus c} = \sqrt{1.8 \times 10^{-5} \times 0.050} = 9.49 \times 10^{-4} (\text{mol} \cdot \text{dm}^{-3})$$
$$pH = -\lg[H^+] = -\lg 9.49 \times 10^{-4} = 3.02$$

(3) H_2CO_3 为二元弱酸,已知 $K_{a1}^\ominus = 4.3 \times 10^{-7}$,$K_{a2}^\ominus = 5.6 \times 10^{-11}$。

因为 $K_{a2}^\ominus \ll K_{a1}^\ominus$,且 $\dfrac{c}{K_{a1}^\ominus} = \dfrac{0.04}{4.3 \times 10^{-7}} = 9.3 \times 10^4 > 400$,所以

$$[H^+] = \sqrt{K_{a1}^\ominus c} = \sqrt{4.3 \times 10^{-7} \times 0.04} = 1.3 \times 10^{-4} (\text{mol} \cdot \text{dm}^{-3})$$
$$pH = -\lg[H^+] = -\lg 1.3 \times 10^{-4} = 3.89$$

(4) H_2SO_4 是二元强酸,第一步全部解离,第二步部分解离,已知 $K_{a2}^\ominus = 1.2 \times 10^{-2}$。

$$H_2SO_4 \Longrightarrow H^+ + HSO_4^-$$
$$HSO_4^- \Longleftrightarrow H^+ + SO_4^{2-}$$

[平衡] $0.010 - x$ $0.010 + x$ x

$$K_{a2}^\ominus = \dfrac{[H^+][SO_4^{2-}]}{[HSO_4^-]} = \dfrac{x(0.010 + x)}{0.010 - x} = 1.2 \times 10^{-2}$$

整理得 $x^2 + 2.2 \times 10^{-2} x - 1.2 \times 10^{-4} = 0$

$$x = \dfrac{-2.2 \times 10^{-2} + \sqrt{(2.2 \times 10^{-2})^2 + 4 \times 1.2 \times 10^{-4}}}{2} = 4.5 \times 10^{-3}$$

所以 $[H^+] = 0.010 + 4.5 \times 10^{-3} = 1.45 \times 10^{-2} (\text{mol} \cdot \text{dm}^{-3})$

$$pH = -\lg[H^+] = -\lg 1.45 \times 10^{-2} = 1.84$$

5-11 实验测得氨水的 pH 值为 11.26,已知氨水的 $K_b^\ominus = 1.8 \times 10^{-5}$,求氨水的浓度。

解:pH = 11.26,pOH = 14 − pH = 14 − 11.26 = 2.74

$$[OH^-] = 1.82 \times 10^{-3} (\text{mol} \cdot \text{dm}^{-3})$$

若 $\dfrac{c}{K_b^\ominus} > 400$,则 $[OH^-] = \sqrt{K_b^\ominus c(NH_3 \cdot H_2O)}$

$$1.82 \times 10^{-3} = \sqrt{1.8 \times 10^{-5} c(NH_3 \cdot H_2O)}$$

解得

$$c(NH_3 \cdot H_2O) = 0.184 (\text{mol} \cdot \text{dm}^{-3})$$

5-12 现有 $0.2 \text{ mol} \cdot \text{dm}^{-3}$ HCl 溶液,(1) 如改变其酸度为 pH = 4.0,应该加入 HAc 还是 NaAc?(2) 如果向 HCl 溶液中加入等体积的 $2.0 \text{ mol} \cdot \text{dm}^{-3}$ NaAc 溶液,则混合液的 pH 值又是多少?(3) 如果向 HCl 溶液加入等体积的 $2.0 \text{ mol} \cdot \text{dm}^{-3}$ NaOH 溶液,则混合液的 pH 值是多少?

解:(1) 如改变其酸度为 pH = 4.0,应该加入 NaAc。

(2) 加入等体积的 $2.0 \text{ mol} \cdot \text{dm}^{-3}$ NaAc 溶液后,HCl 和 NaAc 溶液的浓度减半,同时溶液中 HCl 转变为 HAc,HAc-NaAc 构成缓冲溶液。

所以 $pH = pK_a^\ominus + \lg \dfrac{[Ac^-]}{[HAc]} = -\lg 1.8 \times 10^{-5} + \lg \dfrac{1.0 - 0.1}{0.1} = 5.69$

(3) 加入等体积的 $2.0 \text{ mol} \cdot \text{dm}^{-3}$ NaOH 溶液后,HCl 和 NaOH 溶液的浓度减半,同时发生酸碱中和反应。

$$[OH^-] = [NaOH]_{剩余} = 1.0 - 0.1 = 0.9 (\text{mol} \cdot \text{dm}^{-3})$$
$$pH = 14 - pOH = 14 + \lg[OH^-] = 14 + \lg 0.9 = 13.95$$

5-13 取 0.10 mol·dm^{-3} 某一元弱酸溶液 50.00 cm^3，与 0.10 mol·dm^{-3} KOH 溶液 20.00 cm^3 混合，将混合液加水稀释至 100.00 cm^3，测得其 pH 值为 5.25，试求此弱酸的解离常数。

解：某一元弱酸溶液与 KOH 溶液混合并加水稀释至一定体积后可构成缓冲溶液。

$$\mathrm{pH} = \mathrm{p}K_a^{\ominus} + \lg \frac{c(\text{共轭碱})}{c(\text{共轭酸})}$$

$$5.25 = \mathrm{p}K_a^{\ominus} + \lg \frac{0.10 \times 20.00/100}{(0.10 \times 50.00 - 0.10 \times 20.00)/100}$$

解出 $\mathrm{p}K_a^{\ominus} = 5.43$，所以 $K_a^{\ominus} = 3.72 \times 10^{-6}$。

5-14 用 0.10 mol·dm^{-3} 的 HAc 和 0.20 mol·dm^{-3} 的 NaAc 等体积混合配成缓冲溶液 0.50 dm^3。当加入 0.005 mol NaOH 后，此缓冲溶液的 pH 值变化如何？

解：由于 HAc 和 NaAc 两溶液等体积混合，所以在配成的缓冲溶液中，HAc 和 NaAc 的浓度均为它们原来浓度的 1/2。缓冲溶液的 pH 值：

$$\mathrm{pH}_1 = \mathrm{p}K_a^{\ominus} + \lg \frac{c(\mathrm{Ac}^-)}{c(\mathrm{HAc})} = -\lg 1.8 \times 10^{-5} + \lg \frac{0.10}{0.05} = 5.04$$

加入 0.005 mol NaOH 后，缓冲溶液的 pH 值：

$$\mathrm{pH}_2 = \mathrm{p}K_a^{\ominus} + \lg \frac{c(\mathrm{Ac}^-)}{c(\mathrm{HAc})} = -\lg 1.8 \times 10^{-5} + \lg \frac{0.10 \times 0.50 + 0.005}{0.05 \times 0.50 - 0.005} = 5.18$$

此缓冲溶液 pH 的变化值：

$$\Delta\mathrm{pH} = \mathrm{pH}_2 - \mathrm{pH}_1 = 5.18 - 5.04 = 0.14$$

即当加入 0.005 mol NaOH 后，此缓冲溶液的 pH 值升高了 0.14。

5-15 今用 0.067 mol·dm^{-3} 的 Na$_2$HPO$_4$ 和 0.067 mol·dm^{-3} 的 KH$_2$PO$_4$ 两种溶液配成 pH 值为 6.80 的缓冲溶液 100 cm^3，问需取上述溶液各多少 cm^3？

解：H$_2$PO$_4^-$-HPO$_4^{2-}$ 构成缓冲系的 $K_a^{\ominus} = K_{a2}^{\ominus}(\mathrm{H_3PO_4}) = 6.23 \times 10^{-8}$。设需取 Na$_2HPO_4$ 溶液 x cm^3，取 KH$_2$PO$_4$ 溶液 $(100-x)$ cm^3。

$$\mathrm{pH} = \mathrm{p}K_{a2}^{\ominus} + \lg \frac{c(\mathrm{HPO_4^{2-}})}{c(\mathrm{H_2PO_4^-})}$$

$$6.80 = -\lg 6.23 \times 10^{-8} + \lg \frac{0.067 x}{0.067(100-x)}$$

解得 $x = 28.21 \text{ (cm}^3) = V(\mathrm{Na_2HPO_4})$

$$V(\mathrm{KH_2PO_4}) = 100 - 28.21 = 71.79 \text{ (cm}^3)$$

需取 Na$_2$HPO$_4$ 28.21 cm^3，KH$_2$PO$_4$ 71.79 cm^3。

5-16 根据 PbI$_2$ 的溶度积 $K_{sp}^{\ominus} = 7.1 \times 10^{-9}$，计算：

（1）PbI$_2$ 在水中的溶解度（mol·dm^{-3}）；
（2）PbI$_2$ 饱和溶液中 Pb^{2+} 和 I$^-$ 的浓度；
（3）PbI$_2$ 在 0.01 mol·dm^{-3} KI 的饱和溶液中 Pb^{2+} 的浓度；
（4）PbI$_2$ 在 0.01 mol·dm^{-3} Pb(NO$_3$)$_2$ 溶液中的溶解度。

解：（1）$s = \sqrt[3]{\dfrac{K_{sp}^{\ominus}}{4}} = \sqrt[3]{\dfrac{7.1 \times 10^{-9}}{4}} = 1.2 \times 10^{-3} \text{ (mol·dm}^{-3})$

(2) $[Pb^{2+}] = s = 1.2 \times 10^{-3}$ mol·dm^{-3}

$[I^-] = 2s = 2.4 \times 10^{-3}$ mol·dm^{-3}

(3) $\qquad PbI_2(s) \rightleftharpoons Pb^{2+} + 2I^-$

平衡时 $\qquad\qquad s \qquad\qquad 2s+0.01$

$$K_{sp}^{\ominus} = [Pb^{2+}][I^-]^2 = s(2s+0.01)^2 = 7.1 \times 10^{-9}$$

解得 $\qquad s = [Pb^{2+}] = 7.1 \times 10^{-5}$ (mol·dm^{-3})

(4) $\qquad PbI_2(s) \rightleftharpoons Pb^{2+} + 2I^-$

平衡时 $\qquad\qquad s+0.01 \qquad 2s$

$$K_{sp}^{\ominus} = [Pb^{2+}][I^-]^2 = (s+0.01)(2s)^2 = 7.1 \times 10^{-9}$$

解得 $\qquad s = 4.2 \times 10^{-4}$ (mol·dm^{-3})

5-17 计算下列各难溶化合物的溶解度(不必考虑副反应):

(1) CaF_2 在 0.0010 mol·dm^{-3} $CaCl_2$ 溶液中;

(2) Ag_2CrO_4 在 0.010 mol·dm^{-3} $AgNO_3$ 溶液中。

解:查表得 $K_{sp}^{\ominus}(CaF_2) = 1.46 \times 10^{-10}$,$K_{sp}^{\ominus}(Ag_2CrO_4) = 1.12 \times 10^{-12}$

(1) $\qquad CaF_2(s) \rightleftharpoons Ca^{2+}(aq) + 2F^-(aq)$

平衡时 $\qquad\qquad s+0.0010 \qquad 2s$

$$K_{sp}^{\ominus} = [Ca^{2+}][F^-]^2 = (s+0.0010)(2s)^2 = 1.46 \times 10^{-10}$$

解得 $\quad s = 1.91 \times 10^{-4}$ (mol·dm^{-3})

即 CaF_2 在 0.0010 mol·dm^{-3} $CaCl_2$ 溶液中的溶解度为 1.91×10^{-4} mol·dm^{-3}。

(2) $\qquad Ag_2CrO_4(s) \rightleftharpoons 2Ag^+(aq) + CrO_4^{2-}(aq)$

平衡时 $\qquad\qquad 2s+0.010 \qquad s$

$$K_{sp}^{\ominus} = [Ag^+]^2[CrO_4^{2-}] = (2s+0.010)^2 \cdot s = 1.12 \times 10^{-12}$$

解得 $\qquad s = 1.12 \times 10^{-8}$ (mol·dm^{-3})

即 Ag_2CrO_4 在 0.010 mol·dm^{-3} $AgNO_3$ 溶液中的溶解度为 1.12×10^{-8} mol·dm^{-3}。

5-18 一种混合离子溶液中含有 0.020 mol·dm^{-3} Pb^{2+} 和 0.010 mol·dm^{-3} Fe^{3+},若向溶液中逐滴加入 NaOH 溶液(忽略加入 NaOH 后溶液体积的变化),问:

(1) 哪种离子先沉淀?

(2) 欲使两种离子分离,应将溶液的 pH 值控制在什么范围?

解:查表得 $K_{sp}^{\ominus}(Fe(OH)_3) = 4.0 \times 10^{-38}$,$K_{sp}^{\ominus}(Pb(OH)_2) = 1.2 \times 10^{-15}$

(1) $Fe(OH)_3$ 开始沉淀所需$[OH^-]$

$$[OH^-] > \sqrt[3]{\frac{K_{sp}^{\ominus}(Fe(OH)_3)}{[Fe^{3+}]}} = \sqrt[3]{\frac{4.0 \times 10^{-38}}{0.010}} = 1.6 \times 10^{-12} \text{(mol·dm}^{-3})$$

$Pb(OH)_2$ 开始沉淀所需$[OH^-]$

$$[OH^-] > \sqrt{\frac{K_{sp}^{\ominus}(Pb(OH)_2)}{[Pb^{2+}]}} = \sqrt{\frac{1.2 \times 10^{-15}}{0.020}} = 2.4 \times 10^{-7} \text{(mol·dm}^{-3})$$

因为 $Fe(OH)_3$ 沉淀所需$[OH^-]$小于 $Pb(OH)_2$ 沉淀所需$[OH^-]$,所以 Fe^{3+} 先沉淀。

(2) $Fe(OH)_3$ 沉淀完全时溶液的 pH 值

$$[OH^-] > \sqrt[3]{\frac{K_{sp}^{\ominus}(Fe(OH)_3)}{[Fe^{3+}]}} = \sqrt[3]{\frac{4.0 \times 10^{-38}}{1.0 \times 10^{-5}}} = 1.6 \times 10^{-11} \text{(mol·dm}^{-3})$$

$$pH = 14 - pOH = 14 + \lg[OH^-] = 14 + \lg 1.6 \times 10^{-11} = 3.20$$

$Pb(OH)_2$ 不产生沉淀溶液的 pH 值:

$$pH = 14 - pOH = 14 + \lg[OH^-] = 14 + \lg 2.4 \times 10^{-7} = 7.38$$

欲使两种离子分离，应将溶液的 pH 值控制在 3.20～7.38。

5-19 已知 FeS，CdS 的 $K_{sp}^{\ominus}$ 分别为 6.3×10^{-18}、8.0×10^{-27}，当溶液中 Fe^{2+}、Cd^{2+} 的浓度分别为 2.1×10^{-2} mol·dm^{-3} 和 4.0×10^{-2} mol·dm^{-3} 时，在 $P = P^{\ominus}$ 条件下，通入 H_2S 气体于该溶液中，使其浓度为 0.10 mol·dm^{-3}。问哪种离子首先析出沉淀？能否通过控制溶液的酸度使两者分离？

解：(1) 因为 FeS 沉淀所需 $[S^{2-}]$：

$$[S^{2-}] > \frac{K_{sp}^{\ominus}}{[Fe^{2+}]} = \frac{6.3 \times 10^{-18}}{2.1 \times 10^{-2}} = 3.0 \times 10^{-16} (mol \cdot dm^{-3})$$

CdS 沉淀所需 $[S^{2-}]$：

$$[S^{2-}] > \frac{K_{sp}^{\ominus}}{[Cd^{2+}]} = \frac{8.0 \times 10^{-27}}{4.0 \times 10^{-2}} = 2.0 \times 10^{-25} (mol \cdot dm^{-3})$$

所以 CdS 先沉淀。

(2) CdS 沉淀完全时，溶液中 $[S^{2-}]$

$$[S^{2-}] > \frac{K_{sp}^{\ominus}}{[Cd^{2+}]} = \frac{8.0 \times 10^{-27}}{1.0 \times 10^{-5}} = 8.0 \times 10^{-22} (mol \cdot dm^{-3})$$

所以应控制 8.0×10^{-22} mol·dm^{-3} < $[S^{2-}] \leqslant 3.0 \times 10^{-16}$ mol·dm^{-3}

溶液中的 $[S^{2-}]$ 由 $H_2S \rightleftharpoons 2H^+ + S^{2-}$ 的解离平衡决定

$$K^{\ominus} = K_{a1}^{\ominus} \cdot K_{a2}^{\ominus} = \frac{[H^+]^2 \cdot [S^{2-}]}{[H_2S]}$$

所以 $[H^+] = \sqrt{\dfrac{K_{a1}^{\ominus} \cdot K_{a2}^{\ominus} \cdot [H_2S]}{[S^{2-}]}} = \sqrt{\dfrac{9.5 \times 10^{-8} \times 1.3 \times 10^{-14} \times 0.10}{[S^{2-}]}}$

将 $[S^{2-}]$ 分别代入上式可得：

$$[H^+] = \sqrt{\frac{K_{a1}^{\ominus} \cdot K_{a2}^{\ominus} \cdot [H_2S]}{[S^{2-}]}} = \sqrt{\frac{9.5 \times 10^{-8} \times 1.3 \times 10^{-14} \times 0.10}{8.0 \times 10^{-22}}} = 0.39 (mol \cdot dm^{-3})$$

$$[H^+] = \sqrt{\frac{K_{a1}^{\ominus} \cdot K_{a2}^{\ominus} \cdot [H_2S]}{[S^{2-}]}} = \sqrt{\frac{9.5 \times 10^{-8} \times 1.3 \times 10^{-14} \times 0.10}{3.0 \times 10^{-16}}}$$
$$= 6.4 \times 10^{-4} (mol \cdot dm^{-3})$$

故分离 Cd^{2+}、Fe^{2+} 应控制的酸度范围为 6.4×10^{-4}～0.39 mol·dm^{-3}。

5-20 溶液中 Fe^{3+} 和 Co^{2+} 浓度均为 0.10 mol·dm^{-3}，加入 NaOH 溶液使两者分离。请问溶液的 pH 值应控制在什么范围？

解：根据 $K_{sp}^{\ominus}(Fe(OH)_3) = 4.0 \times 10^{-38}$，$K_{sp}^{\ominus}(Co(OH)_2) = 1.09 \times 10^{-15}$，则 $Fe(OH)_3$ 开始沉淀所需的 $[OH^-]$：

$$[OH^-] > \sqrt[3]{\frac{K_{sp}^{\ominus}(Fe(OH)_3)}{[Fe^{3+}]}} = \sqrt[3]{\frac{4.0 \times 10^{-38}}{0.10}} = 7.4 \times 10^{-13} (mol \cdot dm^{-3})$$

$Co(OH)_2$ 开始沉淀的 $[OH^-]$：

$$[OH^-] > \sqrt{\frac{K_{sp}^{\ominus}(Co(OH)_2)}{[Co^{2+}]}} = \sqrt{\frac{1.09 \times 10^{-15}}{0.10}} = 1.04 \times 10^{-7} (mol \cdot dm^{-3})$$

因为 $Fe(OH)_3$ 沉淀所需 $[OH^-]$ 小于 $Co(OH)_2$ 沉淀所需 $[OH^-]$，所以 Fe^{3+} 先沉淀。

$Fe(OH)_3$ 沉淀完全时溶液的 pH 值：

$$[OH^-] > \sqrt[3]{\frac{K_{sp}^{\ominus}(Fe(OH)_3)}{[Fe^{3+}]}} = \sqrt[3]{\frac{4.0 \times 10^{-38}}{1.0 \times 10^{-5}}} = 1.6 \times 10^{-11} (mol \cdot dm^{-3})$$

$$pH = 14 - pOH = 14 + \lg[OH^-] = 14 + \lg 1.6 \times 10^{-11} = 3.20$$

$Co(OH)_2$ 不产生沉淀溶液的 pH 值：

$$pH = 14 - pOH = 14 + \lg[OH^-] = 14 + \lg 1.04 \times 10^{-7} = 7.02$$

由此可见，只要控制溶液的 pH 值在 3.20～7.02，即可使 Fe^{3+} 沉淀完全，而 Co^{2+} 不产生沉淀。

5-21 通过计算说明：

(1) 在 100 cm^3 0.15 $mol \cdot dm^{-3}$ 的 $K[Ag(CN)_2]$ 溶液中加入 50 cm^3 0.10 $mol \cdot dm^{-3}$ 的 KI 溶液，是否有 AgI 沉淀产生？

(2) 在上述混合溶液中加入 50 cm^3 0.20 $mol \cdot dm^{-3}$ 的 KCN 溶液，是否有 AgI 沉淀产生？

解：查表得：$K_{sp}^{\ominus}(AgI) = 8.3 \times 10^{-17}$，$K_{稳}^{\ominus} = 1.30 \times 10^{21}$

(1) 溶液中 $[Ag(CN)_2^-] = \dfrac{0.15 \times 100}{100 + 50} = 0.10$ (mol·dm^{-3})

$$[I^-] = \frac{0.10 \times 50}{100 + 50} = 0.033 \ (mol \cdot dm^{-3})$$

设平衡时溶液中的 $[Ag^+] = x$ mol·dm^{-3}

$$Ag^+ + 2CN^- \rightleftharpoons [Ag(CN)_2]^-$$

平衡时　　　　　　　　x　　$2x$　　　$0.10-x$

$$K_{稳}^{\ominus} = \frac{[Ag(CN)_2^-]}{[Ag^+][CN^-]^2} = \frac{0.10-x}{x(2x)^2} = 1.30 \times 10^{21}$$

解得　$x = 2.68 \times 10^{-8}$

$$[Ag^+] = 2.68 \times 10^{-8} \ mol \cdot dm^{-3}$$

因为 $[Ag^+][I^-] = 2.68 \times 10^{-8} \times 0.033 = 8.84 \times 10^{-10} > K_{sp}^{\ominus}(AgI)$

所以有 AgI 沉淀产生。

(2) 溶液中 $[Ag(CN)_2^-] = \dfrac{0.15 \times 100}{100 + 50 + 50} = 0.075$ (mol·dm^{-3})

$$[I^-] = \frac{0.10 \times 50}{100 + 50 + 50} = 0.025 \ (mol \cdot dm^{-3})$$

$$[CN^-] = \frac{0.20 \times 50}{100 + 50 + 50} = 0.050 \ (mol \cdot dm^{-3})$$

设平衡时溶液中的 $[Ag^+] = y$ mol·dm^{-3}

$$Ag^+ + 2CN^- \rightleftharpoons [Ag(CN)_2]^-$$

平衡时　　　　　　　　y　$0.050+2y$　$0.075-y$

$$K_{稳}^{\ominus} = \frac{[Ag(CN)_2^-]}{[Ag^+][CN^-]^2} = \frac{0.075-y}{y(0.050+2y)^2} = 1.30 \times 10^{21}$$

解得　$y = 2.31 \times 10^{-20}$

$$[Ag^+] = 2.31 \times 10^{-20} \ mol \cdot dm^{-3}$$

因为$[Ag^+][I^-] = 2.31 \times 10^{-20} \times 0.025 = 5.78 \times 10^{-22} < K_{sp}^{\ominus}(AgI)$
所以没有 AgI 沉淀产生。

5-22 通过计算说明，当溶液中$[CN^-] = [Ag(CN)_2^-] = 0.10 \text{ mol} \cdot dm^{-3}$时，加入固体 KI，使$[I^-] = 0.10 \text{ mol} \cdot dm^{-3}$，能否产生 AgI 沉淀。

解：设溶液中的$[Ag^+] = x \text{ mol} \cdot dm^{-3}$

$$[Ag(CN)_2]^- \rightleftharpoons Ag^+ + 2CN^-$$

平衡时   0.10 x 0.10

$$K_{稳}^{\ominus} = \frac{[Ag(CN)_2^-]}{[Ag^+][CN^-]^2} = \frac{0.10}{x(0.10)^2} = 1.3 \times 10^{21}$$

解得 $x = 7.69 \times 10^{-21}$

即溶液中$[Ag^+] = 7.69 \times 10^{-21} \text{ mol} \cdot dm^{-3}$，此时溶液中

$$[Ag^+][I^-] = 7.69 \times 10^{-21} \times 0.10 = 7.69 \times 10^{-22} < K_{sp}^{\ominus}(AgI)$$

故不能产生 AgI 沉淀。

5-23 AgBr 在下列相同浓度的溶液中，溶解度最大的是哪一个？

           KCN， $Na_2S_2O_3$，   KSCN， $NH_3 \cdot H_2O$

解：AgBr 若在上列相同浓度的溶液中溶解，生成的配位个体分别为$[Ag(CN)_2]^-$、$[Ag(S_2O_3)_2]^{3-}$、$[Ag(SCN)_2]^-$、$[Ag(NH_3)_2]^+$，其$K_{稳}^{\ominus}$值分别为1.30×10^{21}、2.88×10^{13}、3.72×10^7、1.1×10^7，形成的上述配位个体类型相同，$K_{稳}^{\ominus}$值大的配位个体更稳定，由此得出 AgBr 在 KCN 溶液中的溶解度最大。

5-24 将 40 cm^3 $0.10 \text{ mol} \cdot dm^{-3}$ $AgNO_3$ 溶液和 20 cm^3 $6.0 \text{ mol} \cdot dm^{-3}$ 氨水混合并稀释至 100 cm^3。

(1) 求平衡时溶液中 Ag^+、$[Ag(NH_3)_2]^+$ 和 NH_3 的浓度；

(2) 向混合稀释后的溶液中加入 0.010 mol KCl 固体，是否有 AgCl 沉淀产生？

解：(1) 设 Ag^+ 与氨水反应全部形成了$[Ag(NH_3)_2]^+$，$[Ag(NH_3)_2]^+$ 解离达到平衡时溶液中的$[Ag^+] = x \text{ mol} \cdot dm^{-3}$

$$[Ag(NH_3)_2^+] = \frac{0.10 \times 40}{100} = 0.040 \text{ (mol} \cdot dm^{-3})$$

$$[NH_3] = \frac{6.0 \times 20}{100} - 2 \times \frac{0.10 \times 40}{100} = 1.12 \text{ (mol} \cdot dm^{-3})$$

$$Ag^+ + 2NH_3 \rightleftharpoons [Ag(NH_3)_2]^+$$

平衡时 x $2x+1.12$ $0.040-x$

$$K_{稳}^{\ominus} = \frac{[Ag(NH_3)_2^+]}{[Ag^+][NH_3]^2} = \frac{0.040-x}{x(2x+1.12)^2} = 1.1 \times 10^7$$

解得

$$x = 2.9 \times 10^{-9}$$

故

$$[Ag^+] = 2.9 \times 10^{-9} \text{ mol} \cdot dm^{-3}$$
$$[Ag(NH_3)_2^+] = 0.040 - 2.9 \times 10^{-9} \approx 0.040 \text{ (mol} \cdot dm^{-3})$$
$$[NH_3] = 1.12 + 2 \times 2.9 \times 10^{-9} \approx 1.12 \text{ (mol} \cdot dm^{-3})$$

(2) $K_{sp}^{\ominus}(AgCl) = 1.8 \times 10^{-10}$

$$[Cl^-] = \frac{0.010}{100/1000} = 0.10 (mol \cdot dm^{-3})$$

因为 $[Ag^+][Cl^-] = 2.9 \times 10^{-9} \times 0.10 = 2.9 \times 10^{-10} > K_{sp}^{\ominus}(AgCl)$

所以有 AgCl 沉淀产生。

5-25 计算下列反应的平衡常数,并判断反应进行的方向:

(1) $AgCl(s) + 2NH_3 \rightleftharpoons [Ag(NH_3)_2]^+ + Cl^-$

已知:$K_{sp}^{\ominus}(AgCl) = 1.8 \times 10^{-10}$,$K_{稳}^{\ominus}([Ag(NH_3)_2]^+) = 1.1 \times 10^7$

(2) $AgI(s) + 2CN^- \rightleftharpoons [Ag(CN)_2]^- + I^-$

已知:$K_{sp}^{\ominus}(AgI) = 8.3 \times 10^{-17}$,$K_{稳}^{\ominus}([Ag(CN)_2]^-) = 1.30 \times 10^{21}$

(3) $[HgCl_4]^{2-} + 4I^- \rightleftharpoons [HgI_4]^{2-} + 4Cl^-$

已知:$K_{稳}^{\ominus}([HgCl_4]^{2-}) = 1.17 \times 10^{15}$,$K_{稳}^{\ominus}([HgI_4]^{2-}) = 6.76 \times 10^{29}$

(4) $[Cu(CN)_2]^- + 2NH_3 \rightleftharpoons [Cu(NH_3)_2]^+ + 2CN^-$

已知:$K_{稳}^{\ominus}([Cu(CN)_2]^-) = 1.0 \times 10^{24}$,$K_{稳}^{\ominus}([Cu(NH_3)_2]^+) = 7.24 \times 10^{10}$

(5) $2AgI(s) + CO_3^{2-} \rightleftharpoons Ag_2CO_3(s) + 2I^-$

已知:$K_{sp}^{\ominus}(AgI) = 8.3 \times 10^{-17}$,$K_{sp}^{\ominus}(Ag_2CO_3) = 8.1 \times 10^{-12}$

(6) $2AgI(s) + S^{2-} \rightleftharpoons Ag_2S(s) + 2I^-$

已知:$K_{sp}^{\ominus}(AgI) = 8.3 \times 10^{-17}$,$K_{sp}^{\ominus}(Ag_2S) = 2.0 \times 10^{-49}$

解:(1) $AgCl(s) + 2NH_3 \rightleftharpoons [Ag(NH_3)_2]^+ + Cl^-$

$$K^{\ominus} = \frac{[Ag(NH_3)_2^+][Cl^-]}{[NH_3]^2} \times \frac{[Ag^+]}{[Ag^+]} = K_{稳}^{\ominus} K_{sp}^{\ominus} = 1.8 \times 10^{-10} \times 1.1 \times 10^7 = 1.98 \times 10^{-3}$$

$K^{\ominus}$ 值较小,AgCl 具有一定的溶解度。

(2) $AgI(s) + 2CN^- \rightleftharpoons [Ag(CN)_2]^- + I^-$

$$K^{\ominus} = \frac{[Ag(CN)_2^-][I^-]}{[CN^-]^2} \times \frac{[Ag^+]}{[Ag^+]} = K_{稳}^{\ominus} K_{sp}^{\ominus} = 1.30 \times 10^{21} \times 8.3 \times 10^{-17} = 1.1 \times 10^5$$

$K^{\ominus}$ 值较大,故反应向右进行。

(3) $[HgCl_4]^{2-} + 4I^- \rightleftharpoons [HgI_4]^{2-} + 4Cl^-$

$$K^{\ominus} = \frac{[HgI_4^{2-}][Cl^-]^4}{[HgCl_4^{2-}][I^-]^4} \times \frac{[Hg^{2+}]}{[Hg^{2+}]} = \frac{K_{稳}^{\ominus}([HgI_4]^{2-})}{K_{稳}^{\ominus}([HgCl_4]^{2-})} = \frac{6.76 \times 10^{29}}{1.17 \times 10^{15}} = 5.78 \times 10^{14}$$

$K^{\ominus}$ 值很大,故反应向右进行。

(4) $[Cu(CN)_2]^- + 2NH_3 \rightleftharpoons [Cu(NH_3)_2]^+ + 2CN^-$

$$K^{\ominus} = \frac{[Cu(NH_3)_2^+][CN^-]^2}{[Cu(CN)_2^-][NH_3]^2} \times \frac{[Cu^+]}{[Cu^+]} = \frac{K_{稳}^{\ominus}([Cu(NH_3)_2]^+)}{K_{稳}^{\ominus}([Cu(CN)_2]^-)} = \frac{7.24 \times 10^{10}}{1.0 \times 10^{24}} = 7.24 \times 10^{-14}$$

$K^{\ominus}$ 值很小,故反应向左进行。

(5) $2AgI(s) + CO_3^{2-} \rightleftharpoons Ag_2CO_3(s) + 2I^-$

$$K^{\ominus} = \frac{[I^-]^2}{[CO_3^{2-}]} \times \frac{[Ag^+]^2}{[Ag^+]^2} = \frac{\{K_{sp}^{\ominus}(AgI)\}^2}{K_{sp}^{\ominus}(Ag_2CO_3)} = \frac{(8.3 \times 10^{-17})^2}{8.1 \times 10^{-12}} = 8.5 \times 10^{-22}$$

$K^{\ominus}$ 值很小,故反应向左进行。

(6) $2AgI(s) + S^{2-} \rightleftharpoons Ag_2S(s) + 2I^-$

$$K^{\ominus} = \frac{[I^-]^2}{[S^{2-}]} \times \frac{[Ag^+]^2}{[Ag^+]^2} = \frac{\{K_{sp}^{\ominus}(AgI)\}^2}{K_{sp}^{\ominus}(Ag_2S)} = \frac{(8.3 \times 10^{-17})^2}{2.0 \times 10^{-49}} = 3.4 \times 10^{16}$$

$K^{\ominus}$ 值很大,故反应向右进行。

【综合测试】

稀 溶 液

一、选择题(每题 2 分,共 30 分。选择一个正确的答案写在括号里)

1. 一定温度下,等体积的甲醛($HCHO$)溶液和葡萄糖($C_6H_{12}O_6$)溶液的渗透压相等,溶液中甲醛和葡萄糖的质量比是(   )。
   A. 6∶1   B. 1∶6   C. 1∶3   D. 3∶1

2. 下列相同浓度的稀溶液,蒸气压最高的是(   )。
   A. HAc 溶液   B. $CaCl_2$ 溶液
   C. 蔗糖($C_{12}H_{22}O_{11}$)水溶液   D. NaCl 水溶液

3. 取相同质量的下列物质融化路面的冰雪,效果最好的是(   )。
   A. 氯化钠   B. 葡萄糖   C. 蔗糖   D. 尿素[$CO(NH_2)_2$]

4. 室温 25℃时,0.1 $mol \cdot dm^{-3}$ 蔗糖水溶液的渗透压为(   )。
   A. 25 kPa   B. 101.3 kPa   C. 248 kPa   D. 227 kPa

5. 盐碱地的农作物长势不良,甚至枯萎,其主要原因为(   )。
   A. 天气太热   B. 很少下雨
   C. 肥料不足   D. 水分从植物向土壤倒流

6. 37℃,人体血液的渗透压为 780 kPa,与血液具有相同渗透压的葡萄糖静脉注射液浓度是(   )。
   A. 85 $g \cdot dm^{-3}$ B. 5.4 $g \cdot dm^{-3}$ C. 54 $g \cdot dm^{-3}$ D. 8.5 $g \cdot dm^{-3}$

7. 有一半透膜,将水和某溶质水溶液隔开,其结果是(   )。
   A. 水向溶液渗透,并建立渗透平衡   B. 溶液向水渗透,并建立渗透平衡
   C. 水向溶液渗透,不能建立渗透平衡 D. 不能确定

8. 将 0.45 g 非电解质溶于 30 g 水中,使水的凝固点降低 0.15℃,已知 H_2O 的 $K_f=$ 1.86 $K \cdot kg \cdot mol^{-1}$,则该非电解质的摩尔质量($g \cdot mol^{-1}$)是(   )。
   A. 100   B. 83.2   C. 186   D. 204

9. 某难挥发非电解质稀的水溶液的沸点为 100.400℃(H_2O 的 $K_b=0.52$ $K \cdot kg \cdot mol^{-1}$,$K_f=1.86$ $K \cdot kg \cdot mol^{-1}$),则其凝固点为(   )。
   A. -0.110℃   B. -0.400℃   C. -0.746℃   D. -1.431℃

10. 20℃时水的蒸气压为 2.34 kPa,若将 62.0 g 乙二醇[$C_2H_4(OH)_2$](不挥发)溶于 72.0 g 水中,则此时水溶液的蒸气压为(   )。
    A. 1.87 kPa   B. 2.34 kPa   C. 2.93 kPa   D. 9.36 kPa

11. 每 dm^3 含甘油(相对分子质量 92.0)46.0 g 的水溶液,在 27℃时的渗透压为(   )。
    A. 112 kPa   B. 1.13×10^3 kPa
    C. 1.25×10^3 kPa   D. 2.49×10^3 kPa

12. 将 0.900 g 某物质溶于 60.0 g 水中,使溶液的凝固点降低了 0.150℃,这物质的相对分子质量是(水的 $K_f=1.86$ $K \cdot kg \cdot mol^{-1}$)(   )。

A. 204　　　　B. 186　　　　C. 83.2　　　　D. 51.2

13. 2000 g 水中溶解 0.1 mol 食盐的水溶液与 2000 g 水中溶解 0.1 mol 甘油的水溶液。在 100 kPa 下,下列哪种关于沸点的说法是正确的(　　)。

A. 都高于 100℃,食盐水比甘油水溶液还低

B. 都高于 100℃,食盐水比甘油水溶液还高

C. 食盐水低于 100℃,甘油水溶液高于 100℃

D. 沸点高低不能确定

14. 每升含甘油(摩尔质量为 92 g·mol^{-1})46 g 的水溶液,在 273 K 时的渗透压为(　　)。

A. $2.27×10^3$ kPa　　　　　　　　B. $1.13×10^3$ kPa

C. $1.13×10^4$ kPa　　　　　　　　D. $2.27×10^4$ kPa

15. 在 200 g 水中含 9 g 某非电解质的溶液,其凝固点为 −0.465℃,则溶质的摩尔质量(g·mol^{-1})为(　　)。

A. 135　　　　B. 172.4　　　　C. 90　　　　D. 180

二、**填空题**(每空 2 分,共 20 分。将正确的答案写在横线上)

1. 将 2 g 甲醇(摩尔质量为 32 g·mol^{-1})溶于 50 g 水中,此溶液的质量摩尔浓度应为_____。

2. 相同质量的葡萄糖($C_6H_{12}O_6$)和蔗糖($C_{12}H_{22}O_{12}$)分别溶于一定量水中,则蒸气压为_____(比较大小)。

3. 若溶液 A、B(均为非电解质溶液)的凝固点顺序为 $T_A > T_B$,则沸点顺序为_____,蒸气压顺序为_____。

4. 已知水的凝固点下降常数 $K_f = 1.86$ K·kg·mol^{-1},则 m_B 为 0.1 mol·kg^{-1} 的葡萄糖水溶液的凝固点为_____℃,m_B 为 0.1 mol·kg^{-1} 的蔗糖水溶液的凝固点为_____℃;将上述两种溶液等体积混合后,所得溶液凝固点为_____℃,溶液的凝固点下降是由于其蒸气压_____的结果。

5. 25℃,用一半透膜,将 0.01 mol·dm^{-3} 和 0.001 mol·dm^{-3} 糖水溶液隔开,欲使系统达平衡在_____溶液上方施加的压力为_____kPa。

三、**问答题**(每题 5 分,共 20 分)

1. 产生稀溶液依数性的根本原因是什么?说明稀溶液依数性有哪些。

2. 在冬天抢修土建工程时,常用掺盐水泥砂浆,为什么?

3. 人体输液时,所用的盐水和葡萄糖溶液浓度是否可以任意改变,为什么?

4. 渗透压产生的条件是什么?如何用渗透现象解释盐碱地难以生长农作物?

四、**计算题**(每题 5 分,共 30 分)

1. 将 2.50 g 葡萄糖(摩尔质量为 180 g·mol^{-1})溶解在 100 g 乙醇中,乙醇的沸点升高了 0.143℃,而某有机物 2.00 g 溶于 100 g 乙醇时沸点升高了 0.125℃,已知乙醇的 $K_f = 1.86$ K·kg·mol^{-1}。求:

(1) 该有机物乙醇溶液的 ΔT_f 是多少?

(2) 25℃时,该有机物乙醇溶液的渗透压约是多少?

2. 在 53.2 g 的氯仿($CHCl_3$)中溶有 0.804 g 萘($C_{10}H_8$)的溶液,其沸点比氯仿的沸点升高 0.445℃。求氯仿的沸点升高常数。

3. 烟草的有害成分尼古丁的实验式是 C_5H_7N，现将 496 mg 尼古丁溶于 10.0 g 水中，所得溶液在 100 kPa 下的沸点是 100.17℃。求尼古丁的分子式（已知水的沸点升高常数为 $0.52\ \text{K}\cdot\text{kg}\cdot\text{mol}^{-1}$）。

4. 树木内部树汁的上升是由渗透压造成的，设树汁浓度为 $0.20\ \text{mol}\cdot\text{dm}^{-3}$，树汁小管外部的水中含非电解质浓度为 $0.01\ \text{mol}\cdot\text{dm}^{-3}$（1 kPa＝10.2 cm 水柱高），则在 25℃时树汁能上升的最大高度是多少？

5. 现有两种溶液，其一为 1.50 g 尿素[$CO(NH_2)_2$]溶于 200 g 水中，另一为 42.75 g 某非电解质溶于 $1.0\ \text{dm}^3$ 水中。实验测得，这两种溶液的凝固点相同，则该非电解质的摩尔质量为多少？

6. 一种化合物含碳 40.00%，氢 6.60%，氧 53.30%。实验表明，9.00 g 这种化合物溶解于 500 g 水中时，水的沸点升高了 0.0510℃。求该化合物的 ①相对分子质量；②分子式（已知水的沸点升高常数为 $0.52\ \text{K}\cdot\text{kg}\cdot\text{mol}^{-1}$）。

酸碱理论和弱电解质溶液

一、选择题（每题1分，共25分。选择一个正确的答案写在括号里）

1. 下列物质中，不属于共轭酸碱的是（　　）。
   A. NH_4^+-NH_3　　B. HF-H_2F^+　　C. NH_3-NH_2^-　　D. H_3O^+-OH^-

2. 关于缓冲溶液的性质，正确的说法是（　　）。
   A. 在醋酸溶液中加入过量氢氧化钠，所得溶液有缓冲作用
   B. 在氢氧化钠溶液中加入过量醋酸，所得溶液有缓冲作用
   C. 在盐酸溶液中加入过量氢氧化钠，所得溶液有缓冲作用
   D. 在氢氧化钠溶液中加入过量盐酸，所得溶液有缓冲作用

3. $0.20\ \text{mol}\cdot\text{dm}^{-3}$ $NH_3\cdot H_2O$ 溶液中的[OH^-]是 $0.10\ \text{mol}\cdot\text{dm}^{-3}$ $NH_3\cdot H_2O$ 溶液中的[OH^-]多少倍（　　）。
   A. $\sqrt{2}$　　B. $\frac{\sqrt{2}}{2}$　　C. 2　　D. 无法确定

4. 配制 pH＝7 的缓冲溶液时，选择最合适的缓冲对是（　　）。
   （HAc 的 $K_a^\ominus=1.8\times10^{-5}$，$NH_3\cdot H_2O$ 的 $K_b^\ominus=1.8\times10^{-5}$，$H_2CO_3$ 的 $K_{a1}^\ominus=4.3\times10^{-7}$，$K_{a2}^\ominus=5.6\times10^{-11}$；$H_3PO_4$ 的 $K_{a1}^\ominus=7.52\times10^{-3}$，$K_{a2}^\ominus=6.23\times10^{-8}$，$K_{a3}^\ominus=4.4\times10^{-13}$）
   A. HAc-NaAc　　　　　　　　B. NH_3-NH_4Cl
   C. NaH_2PO_4-Na_2HPO_4　　D. $NaHCO_3$-Na_2CO_3

5. 已知 $NH_3\cdot H_2O$ 的 $K_b^\ominus=1.8\times10^{-5}$，则其共轭酸 $K_a^\ominus$ 的值为（　　）。
   A. 1.8×10^{-9}　　B. 1.8×10^{-10}　　C. 5.6×10^{-10}　　D. 5.6×10^{-5}

6. 按照酸碱电子理论，通常的中和反应是生成（　　）。
   A. 一种配合物的反应　　　　B. 另一种较稳定配合物的反应
   C. 两种新的配合物的反应　　D. 中性分子酸或碱的反应

7. $0.1\ \text{mol}\cdot\text{dm}^{-3}$ 的 H_2S 溶液中，$K_{a1}^\ominus=9.5\times10^{-8}$，$K_{a2}^\ominus=1.3\times10^{-14}$，下列关系正确的是（　　）。

A. $[H^+]>[H_2S]>[HS^-]>[S^{2-}]$ B. $[H_2S]>[H^+]>[HS^-]>[S^{2-}]$
C. $[H^+]=2[S^{2-}]$ D. $[H_2S]>[HS^-]>[H^+]>[S^{2-}]$

8. 常温下,往 1.0 dm^3 0.10 $mol \cdot dm^{-3}$ 的 HAc 溶液中加入一些 NaAc 晶体并使其溶解,可能发生的变化是(   )。
A. $K_a^\ominus$(HAc)增大 B. $K_a^\ominus$(HAc)减小
C. 溶液 pH 增大 D. 溶液 pH 减小

9. 一元弱酸 HA($K_a^\ominus = 10^{-5}$)在 pH=5.0 的水溶液中,A^- 这种形式所占的百分比是(   )。
A. 10% B. 25% C. 50% D. 75%

10. pH=2 的溶液比 pH=6 的溶液酸度高(   )倍。
A. 12 B. 4 C. 10 000 D. 400

11. 下列不符合酸碱质子理论的反应是(   )。
A. $NH_3+H_2O \longrightarrow$ B. $Ac^-+H_2O \longrightarrow$
C. $NH_2^-+NH_4^+ \longrightarrow$ D. $Zn^{2+}+NH_3 \longrightarrow$

12. 0.010 $mol \cdot dm^{-3}$ 的一元弱碱($K_b^\ominus = 1.0 \times 10^{-8}$)溶液与等体积水混合后,溶液的 pH 值为(   )。
A. 8.7 B. 8.85 C. 9.0 D. 10.5

13. 血液是一种水溶液,它的 $pK_w^\ominus$(37℃)为 13.6,如在中性时,则(   )。
A. pH=7 pOH=6.8 B. pOH=7 pH=7
C. pOH=6.8 pH=6.8 D. pH=6.6 pOH=7

14. 将 0.20 $mol \cdot dm^{-3}$ HCl 10 cm^3 与 0.20 $mol \cdot dm^{-3}$ 氨水 20 cm^3 混合,则该溶液为(   )。
A. 强碱性溶液 B. 强酸性溶液
C. 中性溶液 D. 缓冲溶液

15. 一个一元弱酸浓度为 c 时解离度为 α,当浓度降低一半时解离度为(   )。
A. $\dfrac{\alpha}{2}$ B. $\sqrt{2}\alpha$ C. $\dfrac{1}{2}\sqrt{\alpha}$ D. α

16. 在 HAc-NaAc 组成的缓冲溶液中,若 $[HAc]>[Ac^-]$,则该缓冲溶液抵抗酸或碱的能力为(   )。
A. 抗酸能力>抗碱能力 B. 抗酸能力<抗碱能力
C. 抗酸抗碱能力相同 D. 无法判断

17. 在 H_2S 和 HCl 的混合溶液中,H_2S($K_{a1}^\ominus=9.5 \times 10^{-8}$,$K_{a2}^\ominus=1.3 \times 10^{-14}$)的浓度为 0.1 $mol \cdot dm^{-3}$,$[H^+]$ 为 0.24 $mol \cdot dm^{-3}$,这时溶液中的 $[S^{2-}]$ 为(   )。
A. 1.3×10^{-14} $mol \cdot dm^{-3}$ B. 1.1×10^{-7} $mol \cdot dm^{-3}$
C. 1.7×10^{-19} $mol \cdot dm^{-3}$ D. 2.1×10^{-21} $mol \cdot dm^{-3}$

18. 以下说法正确的是(   )。
A. 酸性水溶液中不含 OH^-,碱性水溶液中不含 H^+
B. 1×10^{-5} $mol \cdot dm^{-3}$ 的 HCl 溶液冲稀 1000 倍,溶液的 pH 值等于 8.0
C. 在一定的温度下,改变溶液的 pH 值,水的离子积不变

D. H_2S 水溶液中 $[H^+]=2[S^{2-}]$

19. 在下列溶液中 HCN 解离度最大的是(　　)。
   A. 0.10 mol·dm^{-3} KCN
   B. 0.20 mol·dm^{-3} NaCl
   C. 0.10 mol·dm^{-3} KCN 和 0.10 mol·dm^{-3} KCl 混合溶液
   D. 0.10 mol·dm^{-3} KCl 和 0.20 mol·dm^{-3} NaCl 混合溶液

20. 在氨水中,溶入氯化铵后,则(　　)。
   A. 氨水的解离常数减小   B. 氨水的解离常数增大
   C. 氨水的解离度减小   D. 氨水的解离度增大

21. 0.1 mol·dm^{-3} 某二元弱酸 H_2A 的 $K_{a1}^{\ominus}$ 为 4.0×10^{-7},$K_{a2}^{\ominus}$ 为 8.0×10^{-10},则该溶液的 A^{2-} 离子浓度(mol·dm^{-3})约为(　　)。
   A. 3.2×10^{-16}　　B. 2.0×10^{-4}　　C. 8.0×10^{-10}　　D. 4.0×10^{-10}

22. H_2O、HAc、HCN 的共轭碱的碱性强弱顺序是(　　)。
   A. $OH^->Ac^->CN^-$ B. $OH^->CN^->Ac^-$
   C. $CN^->OH^->Ac^-$ D. $CN^->Ac^->OH^-$

23. NH_4Cl 水溶液的酸碱性取决于(　　)。
   A. Cl^- 结合质子能力的大小   B. NH_4Cl 解离度的大小
   C. $NH_3·H_2O$ $K_b^{\ominus}$ 的大小   D. 导电能力的大小

24. 0.1 mol·dm^{-3} 和 0.05 mol·dm^{-3} 的 H_2S 水溶液中(　　)。
   A. 两者的 H^+ 浓度近似相等   B. 两者的 S^{2-} 浓度近似相等
   C. 前者的 H^+ 浓度是后者的两倍   D. 前者的 S^{2-} 浓度是后者的两倍

25. 已知 H_2CO_3 的 $K_{a1}^{\ominus}=4.3\times10^{-7}$,$K_{a2}^{\ominus}=5.6\times10^{-11}$;$H_2S$ 的 $K_{a1}^{\ominus}=9.5\times10^{-8}$,$K_{a2}^{\ominus}=1.3\times10^{-14}$。将相同浓度的 H_2S 和 H_2CO_3 等体积混合,则下列选项正确的是(　　)。
   A. $[CO_3^{2-}]>[S^{2-}]$ B. $[CO_3^{2-}]<[S^{2-}]$
   C. $[HCO_3^-]<[S^{2-}]$ D. $[S^{2-}]=[CO_3^{2-}]$

二、填空题(每空 1 分,共 25 分。将正确的答案写在横线上)

1. 根据酸碱质子理论,下列物质中,_____是酸;_____是碱;_____是两性物质。
   NH_4^+、$[Fe(H_2O)_5(OH)]^{2+}$、PO_4^{3-}、HSO_3^-、CO_3^{2-}、HS^-、SCN^-、H_3PO_4、$H_2PO_4^-$、HPO_4^{2-}、OH^-、NO_2^-、H_2O、H_2S。

2. 0.1 mol·dm^{-3} NaAc 溶液的 pH 值小于 0.1 mol·dm^{-3} NaCN 溶液的 pH 值,这是因为_____比_____大。

3. 根据酸碱质子理论,H_2SO_4 在 H_2O 中的酸性比它在 HAc 中的酸性_____;HF 在液态 HAc 中的酸性比它在液 NH_3 中的酸性_____,NH_3 在 H_2O 中的碱性比它在 HF 中的碱性_____。

4. 在 0.1 mol·dm^{-3} HCN 溶液中加入适量固体 NaCN 后,则 HCN 溶液中的 $[H^+]$_____,解离度_____,pH_____,但 $K_a^{\ominus}$_____。

5. 根据酸碱质子理论,NH_4^+ 是_____,其共轭_____是_____;CO_3^{2-} 是_____,其共轭_____是_____;酸碱反应的实质是_____。

6. OH^-、Ac^-、CN^- 的共轭酸的酸性强弱顺序是_____。

7. 溶液的酸碱性取决于溶液中$[H^+]$与$[OH^-]$的_____大小；$K_w^\ominus$与其他平衡常数一样，是_____的函数，不同_____下，水的离子积不同。

8. 含有缓冲混合物的缓冲溶液实际上就是存在_____的弱酸或弱碱溶液，因此 pH 的计算方法与_____的计算方法相同。

三、简答题（每题 4 分，共 20 分）

1. 向 HAc 溶液加入下列物质时，HAc 的解离度和溶液的 pH 值将如何变化？
   (1) NaAc   (2) NaOH   (3) HCl   (4) 加水稀释

2. 写出稀释定律表达式，并简述其物理意义。

3. HAc 溶液中同时含有 HAc 和 Ac^-，为何不是缓冲液？

4. 缓冲容量的大小与哪些因素有关？在什么条件下缓冲溶液具有最大缓冲容量？

5. pH 值相同的 HAc 和 HCl 溶液，其浓度是否相同？相同浓度的 HAc 和 HCl 溶液，其 pH 值是否相同？为什么？

四、计算题（每题 6 分，共 30 分）

1. 在 $0.2\ mol\cdot dm^{-3}\ NH_3\cdot H_2O$ 溶液中，加入固体 NH_4Cl，使 NH_4Cl 溶解后的浓度为 $0.1\ mol\cdot dm^{-3}$，求加入 NH_4Cl 固体前后，$NH_3\cdot H_2O$ 溶液中的$[OH^-]$和解离度（已知 $K_b^\ominus = 1.8\times 10^{-5}$）。

2. 计算 25℃ 时，$0.04\ mol\cdot dm^{-3}\ H_2CO_3$ 溶液的 pH，$[HCO_3^-]$ 和 $[CO_3^{2-}]$各为多少（$K_{a1}^\ominus = 4.3\times 10^{-7}$，$K_{a2}^\ominus = 5.6\times 10^{-11}$）？

3. 取 $0.10\ mol\cdot dm^{-3}$ 某一元弱酸溶液 $50.0\ cm^3$，与 $20.0\ cm^3\ 0.10\ mol\cdot dm^{-3}\ NaOH$ 溶液混合，将混合液加水稀释至 $100.0\ cm^3$，测得其 pH 值为 5.25，试求此弱酸的解离常数。

4. 已知 $K_a^\ominus(HAc) = K_b^\ominus(NH_3\cdot H_2O) = 1.8\times 10^{-5}$，计算下列情况下溶液的 pH 值。
   (1) $10.0\ cm^3\ 0.10\ mol\cdot dm^{-3}\ HAc$ 溶液
   (2) $10.0\ cm^3\ 0.10\ mol\cdot dm^{-3}\ NH_3\cdot H_2O$ 溶液
   (3) $20.0\ cm^3\ 0.10\ mol\cdot dm^{-3}\ HAc$ 与 $10.0\ cm^3\ 0.10\ mol\cdot dm^{-3}\ NaOH$ 的混合溶液

5. 欲配制 $250.0\ cm^3\ pH=5.00$ 的缓冲溶液，问在 $125.0\ cm^3\ 1.0\ mol\cdot dm^{-3}$ 的 NaAc 溶液中需加入多少体积 $6.0\ mol\cdot dm^{-3}$ 的 $HAc(K_a^\ominus = 1.8\times 10^{-5})$ 溶液？

难溶电解质溶液

一、选择题（每题 1 分，共 20 分。选择一个正确的答案写在括号里）

1. $Ca(OH)_2$ 在纯水中达到溶解平衡时，它的溶解度是（   ）。
   A. $(K_{sp}^\ominus)^{1/3}$ B. $(1/4 K_{sp}^\ominus)^{1/3}$ C. $(1/4 K_{sp}^\ominus)^{1/2}$ D. $K_{sp}^\ominus / K_w^\ominus \cdot [H_3O^+]$

2. 已知 $Sr_3(PO_4)_2$ 的溶解度为 $1.0\times 10^{-6}\ mol\cdot dm^{-3}$，则该化合物的溶度积常数为（   ）。
   A. 1.0×10^{-30} B. 1.1×10^{-28} C. 5.0×10^{-30} D. 1.0×10^{-12}

3. AgCl 在下列溶液中的溶解度最小的是（   ）。
   A. 水
   B. $0.010\ mol\cdot dm^{-3}\ CaCl_2$
   C. $0.010\ mol\cdot dm^{-3}\ NaCl$
   D. $0.050\ mol\cdot dm^{-3}\ AgNO_3$

4. 已知 $Zn(OH)_2$ 的溶度积常数 1.2×10^{-17}，则 $Zn(OH)_2$ 在水中的溶解度为(　　)。
   A. 1.4×10^{-6} mol·dm^{-3}　　　　B. 2.3×10^{-6} mol·dm^{-3}
   C. 1.4×10^{-9} mol·dm^{-3}　　　　D. 2.3×10^{-9} mol·dm^{-3}

5. 下列各种效应中，不能使难溶电解质溶解度增大的是(　　)。
   A. 盐效应　　　B. 同离子效应　　　C. 酸效应　　　D. 配位效应

6. 已知 $K_{sp}^{\ominus}(Ag_3PO_4)=1.4\times10^{-16}$，其溶解度为(　　)。
   A. 1.1×10^{-4} mol·dm^{-3}　　　　B. 4.8×10^{-5} mol·dm^{-3}
   C. 1.2×10^{-8} mol·dm^{-3}　　　　D. 8.3×10^{-5} mol·dm^{-3}

7. 在下列难溶银盐的饱和溶液中(括号内为溶度积)，$[Ag^+]$ 最大的是(　　)。
   A. $AgCl(1.8\times10^{-10})$　　　　B. $Ag_2C_2O_4(5.4\times10^{-12})$
   C. $Ag_2CrO_4(1.12\times10^{-12})$　　　D. $AgBr(5.0\times10^{-13})$

8. $AgCl$ 和 Ag_2CrO_4 的溶度积分别为 1.8×10^{-10} 和 1.12×10^{-12}，则下面叙述正确的是(　　)。
   A. $AgCl$ 与 Ag_2CrO_4 的溶解度相等
   B. $AgCl$ 的溶解度大于 Ag_2CrO_4
   C. 两者类型不同，不能由 $K_{sp}^{\ominus}$ 大小直接判断溶解度大小
   D. 都是难溶盐，溶解度无意义

9. 下列说法正确的是(　　)。
   A. 溶解度较大的沉淀易转化为溶解度小的沉淀
   B. 所谓沉淀完全，就是指溶液中被沉淀的离子浓度≤10^{-8} mol·dm^{-3}
   C. 溶度积大的化合物溶解度肯定大
   D. $AgCl$ 水溶液的导电性很弱，所以 $AgCl$ 为弱电解质

10. HgS 可溶解于下列哪一物质中(　　)。
    A. 王水　　　B. 浓 Na_2S 溶液　　　C. 浓 HNO_3　　　D. 浓 HCl

11. 把少量 $Pb(NO_3)_2$ 浓溶液加到饱和 PbI_2 的溶液中，由此推断下列结论正确的是(　　)。
    A. 将使 PbI_2 沉淀减少　　　　B. 将使 PbI_2 的溶解度增大
    C. 使 PbI_2 溶解度降低　　　　D. 降低了 PbI_2 溶度积

12. 将 0.02 mol·dm^{-3} $AgNO_3$ 与 0.02 mol·dm^{-3} Na_2SO_4 溶液等量混合，已知 $K_{sp}^{\ominus}(Ag_2SO_4)=1.4\times10^{-5}$，由此推断下列结论正确的是(　　)。
    A. 有 Ag_2SO_4 沉淀生成
    B. 无 Ag_2SO_4 沉淀生成
    C. 混合溶液是 Ag_2SO_4 的饱和溶液
    D. 混合溶液中 Ag_2SO_4 的浓度大于其溶解度

13. Ag_2CrO_4 固体加到 Na_2S 溶液中，大部分 Ag_2CrO_4 转化为 Ag_2S，其原因是(　　)。
    A. S^{2-} 的半径比 CrO_4^{2-} 半径小　　　B. CrO_4^{2-} 的氧化性比 S^{2-} 的强
    C. Ag_2CrO_4 的溶解度比 Ag_2S 的小　　　D. $K_{sp}^{\ominus}(Ag_2S)$ 远小于 $K_{sp}^{\ominus}(Ag_2CrO_4)$

14. 已知 $K_{sp}^{\ominus}(Ag_2SO_4)=1.4\times10^{-5}$，$K_{sp}^{\ominus}(Ag_2CO_3)=8.45\times10^{-12}$，$K_{sp}^{\ominus}(AgCl)=1.8\times10^{-10}$，$K_{sp}^{\ominus}(AgI)=8.3\times10^{-17}$。在下列各银盐饱和溶液中，$[Ag^+]$ 由大到小的顺序正确的

是（　　）。

  A. $Ag_2SO_4 > AgCl > Ag_2CO_3 > AgI$ B. $Ag_2SO_4 > Ag_2CO_3 > AgCl > AgI$

  C. $Ag_2SO_4 > AgCl > AgI > Ag_2CO_3$ D. $Ag_2SO_4 > Ag_2CO_3 > AgI > AgCl$

15. 已知 $K_{sp}^{\ominus}(BaSO_4) = 1.1 \times 10^{-10}$，$K_{sp}^{\ominus}(AgCl) = 1.8 \times 10^{-10}$，现将等体积的 0.002 mol·dm^{-3} BaCl$_2$ 溶液与 2.0×10^{-5} mol·dm^{-3} Ag$_2$SO$_4$ 溶液混合，会出现（　　）。

  A. BaSO$_4$ 与 AgCl 共沉淀   B. 仅有 AgCl 沉淀

  C. 仅有 BaSO$_4$ 沉淀   D. 无沉淀

16. 下列叙述错误的是（　　）。

  A. 溶解度和溶度积都可用来表示难溶电解质的溶解能力

  B. 加入的沉淀剂越多，被沉淀的离子沉淀得越完全

  C. BaCO$_3$ 在水中的溶解度小于在 0.01 mol·dm^{-3} NaCl 溶液中的溶解度

  D. 溶度积规则适用于难溶电解质溶液

17. 向饱和 AgCl 溶液中加水，下列叙述中正确的是（　　）。

  A. AgCl 的溶解度增大   B. AgCl 的溶解度和 $K_{sp}^{\ominus}$ 均不变

  C. AgCl 的 $K_{sp}^{\ominus}$ 增大   D. AgCl 的溶解度和 $K_{sp}^{\ominus}$ 均增大

18. CaF$_2$ 在下列溶液中的溶解度最小的是（　　）。

  A. 0.1 mol·dm^{-3} CaCl$_2$ B. 0.1 mol·dm^{-3} NaF

  C. H$_2$O   D. 0.1 mol·dm^{-3} NaCl

19. Mg(OH)$_2$ 沉淀能溶于下列溶液（　　）。

  A. MgCl$_2$ B. NH$_4$Cl

  C. Pb(Ac)$_2$ D. NH$_3$·H$_2$O

20. 将 0.20 mol·dm^{-3} Pb(NO$_3$)$_2$ 溶液与 0.20 mol·dm^{-3} NaBr 溶液等量混合，已知 $K_{sp}^{\ominus}(PbBr_2) = 6.6 \times 10^{-6}$，则正确的选项是（　　）。

  A. 混合液中无 PbBr$_2$ 沉淀出现   B. 混合液中有 PbBr$_2$ 沉淀出现

  C. 反应完成时，$J > K_{sp}^{\ominus}$ D. 反应完成时，$J < K_{sp}^{\ominus}$

二、填空题（每空 1 分，共 20 分。将正确的答案写在横线上）

1. 已知 AgBr 在室温下的 $K_{sp}^{\ominus} = 5.0 \times 10^{-13}$，则 AgBr 在水中的溶解度为 _____ mol·dm^{-3}；AgBr 在 0.10 mol·dm^{-3} NaBr 溶液中的溶解度为 _____ mol·dm^{-3}，使 AgBr 溶解度减小的原因是 _____ 效应。

2. 某溶液中含有 Ag$^+$、Pb^{2+}、Ba^{2+} 和 Sr^{2+}，各种离子浓度均为 0.10 mol·dm^{-3}，如果加入 K$_2$CrO$_4$ 固体，试说明上述离子的铬酸盐开始沉淀的次序。已知：$K_{sp}^{\ominus}(Ag_2CrO_4) = 1.12 \times 10^{-12}$，$K_{sp}^{\ominus}(PbCrO_4) = 2.8 \times 10^{-13}$，$K_{sp}^{\ominus}(BaCrO_4) = 1.2 \times 10^{-10}$，$K_{sp}^{\ominus}(SrCrO_4) = 2.2 \times 10^{-5}$。_____。

3. 已知 Mg(OH)$_2$ 的 $K_{sp}^{\ominus} = 1.8 \times 10^{-11}$，则在 Mg(OH)$_2$ 的饱和水溶液中，[Mg^{2+}] = _____ mol·dm^{-3}，[OH$^-$] = _____ mol·dm^{-3}。

4. Mg(OH)$_2$(s) + 2NH$_4^+$ $\rightleftharpoons$ Mg^{2+} + 2NH$_3$·H$_2$O 的平衡常数表达式是（用 $K_{sp}^{\ominus}(Mg(OH)_2)$ 和 $K_b^{\ominus}(NH_3·H_2O)$ 表示）_____。

5. 已知 $K_{sp}^{\ominus}(FeS) = 6.0 \times 10^{-18}$，$K_{a1}^{\ominus}(H_2S) = 9.5 \times 10^{-8}$，$K_{a2}^{\ominus}(H_2S) = 1.3 \times 10^{-14}$，则反应 FeS(s) + 2H$^+$ $\rightleftharpoons$ Fe^{2+}(aq) + H$_2$S 的 $K^{\ominus}$ = _____。

6. 向含有固体 AgI 的饱和溶液中,加入固体 $AgNO_3$,则$[I^-]$变_____;若改加更多的 AgI,则$[Ag^+]$将_____;若改加 AgBr 固体,则$[I^-]$变_____,而$[Ag^+]$_____。

7. 已知 $K_{sp}^{\ominus}(ZnS)=2.0\times10^{-22}$,$K_{sp}^{\ominus}(CdS)=8.0\times10^{-27}$。在$[Zn^{2+}]$和$[Cd^{2+}]$相同的两溶液中分别通入 H_2S 至饱和,_____离子在酸度较大时生成沉淀,而_____离子在酸度较小时生成沉淀。

8. 类型相同的难溶电解质,_____难溶电解质容易转化为_____难溶电解质;沉淀转化程度取决于两种难溶电解质_____。

9. 难溶弱酸盐的_____越大,对应弱酸的_____越小,难溶弱酸盐越容易被_____溶解。

三、简答题(共 30 分)

1. $BaSO_4(s) \rightleftharpoons Ba^{2+}(aq)+SO_4^{2-}(aq)$ 溶解-沉淀达到平衡时,$BaSO_4(s)$ 的量将会发生什么变化?说明原因。(8 分)
  (1) 加入过量水
  (2) 加入 Na_2SO_4
  (3) 加入 $NaNO_3$
  (4) 加入 $BaCl_2$

2. 沉淀产生或溶解的必要条件是什么?(4 分)

3. 举例说明沉淀溶解的 4 种方法?并写出反应方程式。(12 分)

4. 溶度积相等的难溶盐,它们的溶解度必定相同吗?用溶解度与溶度积的关系式加以说明。(6 分)

四、计算题(每题 6 分,共 30 分)

1. 在 298.15K 时,$Mg(OH)_2$ 的 $K_{sp}^{\ominus}=1.8\times10^{-11}$,若在饱和溶液中完全溶解,试计算:
  (1) $Mg(OH)_2$ 饱和溶液中 Mg^{2+} 和 OH^- 的浓度;
  (2) 在 $0.010\ mol\cdot dm^{-3}\ NaOH$ 溶液中的溶解度;
  (3) 在 $0.010\ mol\cdot dm^{-3}\ MgCl_2$ 溶液中的溶解度。

2. 混合溶液中含有 $0.01\ mol\cdot dm^{-3}\ Pb^{2+}$ 和 $0.10\ mol\cdot dm^{-3}\ Ba^{2+}$,问能否用 K_2CrO_4 溶液将 Pb^{2+} 和 Ba^{2+} 有效分离?已知 $K_{sp}^{\ominus}(PbCrO_4)=2.8\times10^{-13}$,$K_{sp}^{\ominus}(BaCrO_4)=1.2\times10^{-10}$。

3. 一种混合溶液中含有 $3.0\times10^{-2}\ mol\cdot dm^{-3}\ Pb^{2+}$ 和 $2.0\times10^{-2}\ mol\cdot dm^{-3}\ Cr^{3+}$,若向其中逐滴加入浓 NaOH 溶液(忽略溶液体积的变化),Pb^{2+} 与 Cr^{3+} 均有可能形成氢氧化物沉淀。问:
  (1) 哪种离子先被沉淀?
  (2) 若要分离这两种离子,溶液的 pH 值应控制在什么范围?($Cr(OH)_3$ 的 $K_{sp}^{\ominus}=6.3\times10^{-31}$,$Pb(OH)_2$ 的 $K_{sp}^{\ominus}=1.2\times10^{-15}$)

4. 在含有 $0.20\ mol\cdot dm^{-3}\ Pb^{2+}$ 和 Zn^{2+} 的混合液中,通入 H_2S 气体于该溶液中,使其浓度为 $0.10\ mol\cdot dm^{-3}$。问哪一种沉淀首先析出?控制溶液的酸度能否使两者分离?($K_{sp}^{\ominus}(ZnS)=2.93\times10^{-25}$,$K_{sp}^{\ominus}(PbS)=8.0\times10^{-28}$,$H_2S$ 的 $K_{a1}^{\ominus}=9.5\times10^{-8}$,$K_{a2}^{\ominus}=1.3\times10^{-14}$)

5. 在 $1\ dm^3\ 4.8\times10^{-17}\ mol\cdot dm^{-3}\ Cu^{2+}$ 溶液中,加入 0.0010 mol NaOH,问有无 $Cu(OH)_2$ 沉淀生成?若加入 0.0010 mol Na_2S,有无 CuS 沉淀生成?(设溶液体积基本不变)

配合物溶液

一、选择题(每题 2 分,共 20 分。选择一个正确的答案写在括号里)

1. 已知 $K_{稳}^{\ominus}([Ag(NH_3)_2]^+) = 1.1 \times 10^7$,$K_{sp}^{\ominus}(AgCl) = 1.8 \times 10^{-10}$,则反应 $AgCl + 2NH_3 \rightleftharpoons [Ag(NH_3)_2]^+ + Cl^-$ 的平衡常数 $K^{\ominus} = ($)。
   A. 9.4×10^{16} B. $1.1 \times 10^7 + 1.8 \times 10^{-10}$
   C. 1.98×10^{-3} D. 1.06×10^{-17}

2. $K_{稳}^{\ominus}([A(NH_3)_6]^{3+})$ 和 $K_{稳}^{\ominus}([B(NH_3)_6]^{2+})$ 分别为 4×10^5 和 2×10^{10},则在水溶液中( )。
   A. $[A(NH_3)_6]^{3+}$ 更易解离 B. $[B(NH_3)_6]^{2+}$ 比 $[A(NH_3)_6]^{3+}$ 更易解离
   C. $[B(NH_3)_6]^{2+}$ 更易解离 D. 配位个体所带电荷不同无法判断

3. 已知 $[Ni(en)_3]^{2+}$ 的 $K_{稳}^{\ominus} = 2.14 \times 10^{18}$,将 $2.00\ mol \cdot dm^{-3}$ 的 en 溶液与 $0.20\ mol \cdot dm^{-3}$ 的 $NiSO_4$ 溶液等体积混合,则平衡时 $[Ni^{2+}](mol \cdot dm^{-3})$ 为( )。
   A. 1.36×10^{18} B. 2.91×10^{-18}
   C. 1.36×10^{-19} D. 4.36×10^{-20}

4. 对下列各对配合物稳定性的判断,不正确的是( )。
   A. $[Fe(CN)_6]^{3-} > [Fe(SCN)_6]^{3-}$ B. $[Ag(NH_3)_2]^+ > [Ag(CN)_2]^-$
   C. $[AlF_6]^{3-} > [AlBr_6]^{3-}$ D. $[Cu(NH_3)_4]^{2+} > [Zn(NH_3)_4]^{2+}$

5. 下列配合平衡反应中,平衡常数 $K^{\ominus} > 1$ 的是( )。
   A. $[Ag(CN)_2]^- + 2NH_3 \rightleftharpoons [Ag(NH_3)_2]^+ + 2CN^-$
   B. $[FeF_6]^{3-} + 6SCN^- \rightleftharpoons [Fe(SCN)_6]^{3-} + 6F^-$
   C. $[Cu(NH_3)_4]^{2+} + Zn^{2+} \rightleftharpoons [Zn(NH_3)_4]^{2+} + Cu^{2+}$
   D. $[HgCl_4]^{2-} + 4I^- \rightleftharpoons [HgI_4]^{2-} + 4Cl^-$

6. 下列两组配位个体,① $[Zn(NH_3)_4]^{2+}$ 与 $[Zn(CN)_4]^{2-}$,② $[Ni(NH_3)_4]^{2+}$ 与 $[Ni(CN)_4]^{2-}$,其稳定性是( )。
   A. ①组前小后大,②组则相反 B. ①组前大后小,②组则相反
   C. 两组都是前大后小 D. 两组都是前小后大

7. 已知 $[Ni(CN)_4]^{2-}$ 比 $[Zn(NH_3)_4]^{2+}$ 稳定,下列说法正确的是( )。
   A. $K_{稳}^{\ominus}([Ni(CN)_4]^{2-}) < K_{稳}^{\ominus}([Zn(NH_3)_4]^{2+})$
   B. $[Ni(CN)_4]^{2-}$ 是外轨型,$[Zn(NH_3)_4]^{2+}$ 是内轨型
   C. $K_{稳}^{\ominus}([Ni(CN)_4]^{2-}) > K_{稳}^{\ominus}([Zn(NH_3)_4]^{2+})$
   D. Ni^{2+} 为 sp^3,Zn^{2+} 为 dsp^2

8. 下列说法错误的是( )。
   A. 同一配位个体,$K_{稳}^{\ominus}$ 值越大,配位个体越稳定
   B. 同一配位个体,$K_{不稳}^{\ominus}$ 值越小,配位个体越稳定
   C. 任何一个配位个体的 $K_{稳}^{\ominus}$ 与其 $K_{不稳}^{\ominus}$ 是互为倒数关系
   D. 总稳定常数等于累积稳定常数的乘积

9. 下列不成立的关系式是( )。

A. $K_{稳}^{\ominus} = K_{稳1}^{\ominus} K_{稳2}^{\ominus} K_{稳3}^{\ominus} \cdots$
B. $K_{稳}^{\ominus} \cdot K_{不稳}^{\ominus} = K_w^{\ominus}$

C. $K_{稳}^{\ominus} = \dfrac{1}{K_{不稳}^{\ominus}}$
D. $K_{不稳}^{\ominus} = \dfrac{1}{K_{稳}^{\ominus}}$

10. Co^{3+} 的八面体配合物 $CoCl_m \cdot nNH_3$,若 1 mol 该配合物与过量 $AgNO_3$ 作用只能生成 1 mol AgCl 沉淀,则 m 和 n 的值是( )。

A. $m=1, n=5$
B. $m=3, n=4$
C. $m=5, n=1$
D. $m=4, n=5$

二、填空题(每空 2 分,共 20 分。将正确的答案写在横线上)

1. 已知 $[Ag(NH_3)_2]^+$ 的 $K_{稳}^{\ominus}$ 为 1.1×10^7,则 $K_{不稳}^{\ominus}$ 为_____,又若已知其 $K_{稳1}^{\ominus}$ 为 1.74×10^3,则其 $K_{稳2}^{\ominus}$ 为_____。

2. 向 $AgNO_3$ 溶液中加入 $NH_3 \cdot H_2O$ 时,首先出现白色的_____沉淀,继续加入 $NH_3 \cdot H_2O$,_____消失,形成无色_____溶液。此时若向溶液中加入 NaCl,则无_____沉淀产生;若加入 KI,则有_____沉淀生成。

3. 向含有 $[Ag(NH_3)_2]^+$ 的溶液中加入_____,会发生 $[Ag(NH_3)_2]^+ + 2CN^- \rightleftharpoons [Ag(CN)_2]^- + 2NH_3$ 反应;若加入 $Na_2S_2O_3$,将发生_____反应,该反应的 $K^{\ominus}$ 可表示为(用 $K_{稳}^{\ominus}$ 表示):_____。

三、简答题(每题 5 分,共 20 分)

1. 在 $Na_2S_2O_3(aq)$ 与 $AgNO_3(aq)$ 的反应中,为什么有时生成 Ag_2S 沉淀,而有时生成 $[Ag(S_2O_3)_2]^{3-}$ 配位个体?

2. 向 Hg^{2+} 溶液中加入 KI 溶液时有红色 HgI_2 生成,继续加入过量的 KI 溶液时 HgI_2 溶液得无色的 $[HgI_4]^{2-}$ 配位个体。请说明 HgI_2 有颜色而 $[HgI_4]^{2-}$ 无色的原因。

3. 在含 $[Ag(NH_3)_2]^+$ 的溶液中,加入 KBr,有浅黄色的 AgBr 沉淀生成。相反,在 AgBr 沉淀中,加入适当的配位剂 KCN,又可破坏沉淀溶解平衡,使平衡向生成 $[Ag(CN)_2]^-$ 的方向移动。请用平衡反应表达式表示上述过程。

4. 在含 $[Fe(C_2O_4)_3]^{3-}$ 的溶液中加入少量酸、少量碱时,会发生什么现象?

四、计算题(每题 8 分,共 40 分)

1. $10\ cm^3\ 0.10\ mol \cdot dm^{-3}\ CuSO_4$ 溶液与 $10\ cm^3\ 6.0\ mol \cdot dm^{-3}$ 的 $NH_3 \cdot H_2O$ 混合并达平衡,计算溶液中 Cu^{2+}、NH_3 及 $[Cu(NH_3)_4]^{2+}$ 的浓度各是多少?若向此混合溶液中加入 0.010 mol NaOH 固体,问是否有 $Cu(OH)_2$ 沉淀生成?已知:$K_{稳}^{\ominus}([Cu(NH_3)_4]^{2+}) = 2.09 \times 10^{13}$,$K_{sp}^{\ominus}(Cu(OH)_2) = 2.2 \times 10^{-20}$。

2. 在 $1\ dm^3\ 0.010\ mol \cdot dm^{-3}\ ZnCl_2$ 溶液中,加入 1.0 mol KCN 后,通入 H_2S 至饱和,求有 ZnS 沉淀产生时的 pH 值?已知:$K_{稳}^{\ominus}([Zn(CN)_4]^{2-}) = 5.0 \times 10^{16}$,$K_{sp}^{\ominus}(ZnS) = 2.93 \times 10^{-25}$,$K_{a1}^{\ominus}(H_2S) = 9.5 \times 10^{-8}$,$K_{a2}^{\ominus}(H_2S) = 1.3 \times 10^{-14}$。

3. 等体积混合 $0.30\ mol \cdot dm^{-3}\ NH_3$ 溶液、$0.30\ mol \cdot dm^{-3}\ NaCN$ 和 $0.030\ mol \cdot dm^{-3}\ AgNO_3$ 溶液,求平衡时 $[Ag(CN)_2]^-$ 和 $[Ag(NH_3)_2]^+$ 浓度比是多少?已知:$K_{稳}^{\ominus}([Ag(CN)_2]^-) = 1.30 \times 10^{21}$,$K_{稳}^{\ominus}([Ag(NH_3)_2]^+) = 1.1 \times 10^7$。

4. 在 pH=10 时,欲使 0.10 mol·dm^{-3} 的 Al^{3+} 溶液不生成 Al(OH)$_3$ 沉淀,问 NaF 浓度至少需多大?已知:$K_{sp}^{\ominus}$(Al(OH)$_3$)=1.3×10^{-33},$K_{稳}^{\ominus}$([AlF$_6$]$^{3-}$)=6.9×10^{19}。

5. 计算 298.15K 时,以下两种溶液中的[Ag$^+$]。当向以下两种溶液中加入 0.10 mol·dm^{-3} I$^-$ 时,能否产生 AgI 沉淀?

(1) 1 dm^3 0.10 mol·dm^{-3} [Ag(NH$_3$)$_2$]$^+$ 溶液中含有 0.10 mol·dm^{-3} NH$_3$·H$_2$O。

(2) 1 dm^3 0.10 mol·dm^{-3} [Ag(CN)$_2$]$^-$ 溶液中含有 0.10 mol·dm^{-3} KCN。

已知:$K_{稳}^{\ominus}$([Ag(NH$_3$)$_2$]$^+$)=1.1×10^7,$K_{稳}^{\ominus}$([Ag(CN)$_2$]$^-$)=1.3×10^{21},$K_{sp}^{\ominus}$(AgI)=8.3×10^{-17}。

第6章 氧化还原反应

【基本要求】

1. 熟悉原电池的构成,会写电极反应、电池反应和电池符号。了解电极电势的产生,理解电极电势的测定,掌握 Nernst 方程式和影响电极电势的因素。

2. 理解电池电动势或电极电势与氧化还原反应方向的关系并能正确地应用。掌握平衡常数与标准电池电动势的关系,并能进行相关的计算。熟悉元素电势图的应用,了解电势-pH 图。

3. 理解酸碱解离平衡、沉淀溶解平衡、氧化还原平衡和配位解离平衡之间的相互转化,掌握各种平衡相互转化的有关计算。

【学习小结】

任一自发的氧化还原反应,原则上都可设计成原电池。原电池是通过氧化还原反应将化学能转变为电能的装置。原电池必须有两个半电池组成,半电池上的反应称为电极反应,其正极起还原反应,负极起氧化反应;电极反应相加得电池反应。此外,要使原电池能持续不断地产生电流,必须有盐桥连接两个半电池溶液,以保持两边溶液的电中性。

用化学符号表示原电池一般把正极写在右边,负极写在左边。原电池之所以能产生电流,是由于原电池的正、负极的电极电势不同。消除液接电势后电池的电动势为 $E = E_+ - E_-$,标准状态下则有 $E^\ominus = E_+^\ominus - E_-^\ominus$。

指定温度,离子浓度为 1 mol·dm^{-3},气体分压为 100 kPa,固体、液体为纯物质时的电极电势称为标准电极电势。浓度对电极电势的影响可用 Nernst 方程式表示。任一电极反应可表示为 Ox + ne^- ⇌ Red,电极电势的 Nernst 方程式为

$$E = E^\ominus + \frac{0.0592}{n} \lg \frac{[\text{Ox}]}{[\text{Red}]}$$

从电极电势的 Nernst 方程式可以看出:在 298.15 K 时,电极电势的大小,不仅取决于电对的本性,还与[Ox]/[Red]的比值有关。电对中氧化型物质浓度增大或还原型物质浓度减少,E 值变大;反之,氧化型物质浓度减少或还原型物质浓度增大,E 值变小。由此可见,电对中的氧化型或还原型形成难溶电解质、配合物、弱酸或弱碱时都能改变电极电势的大小。

对于可逆电池,在恒温、恒压的可逆过程中,系统吉布斯函数变的降低等于电池所做的电功,即

$$\Delta G = -zEF \tag{6-1}$$

标准状态下

$$\Delta G^{\ominus} = -zE^{\ominus}F \qquad (6\text{-}2)$$

式(6-1)和式(6-2)将电化学和热力学联系了起来。由 ΔG 或 $\Delta G^{\ominus}$ 可求 E 或 $E^{\ominus}$；反之，由 E 或 $E^{\ominus}$ 也可求 ΔG 或 $\Delta G^{\ominus}$。

用 $E^{\ominus}(\text{Ox}/\text{Red})$ 的大小可判断氧化剂和还原剂的相对强弱：$E^{\ominus}(\text{Ox}/\text{Red})$ 越大，则电对中的氧化型物质是越强的氧化剂，与其共轭的还原型物质就是越弱的还原剂；$E^{\ominus}(\text{Ox}/\text{Red})$ 越小，则电对中的还原型物质是越强的还原剂，与其共轭的氧化型物质就是越弱的氧化剂。

用电池电动势的大小可以判断氧化还原反应进行的方向：当 E(或 $E^{\ominus}$)>0，即 ΔG(或 $\Delta G^{\ominus}$)<0 时，电池反应可自发进行；当 E(或 $E^{\ominus}$)<0，即 ΔG(或 $\Delta G^{\ominus}$)>0 时，表示逆向反应自发进行。

氧化还原反应的规律是：

$$\text{较强的氧化剂} + \text{较强的还原剂} \Longrightarrow \text{较弱的还原剂} + \text{较弱的氧化剂}$$

用标准电池电动势 $E^{\ominus}$ 可计算氧化还原反应的平衡常数，从而判断氧化还原反应进行的限度。298.15 K 时，

$$\lg K^{\ominus} = \frac{zE^{\ominus}}{0.0592} = \frac{z(E_+^{\ominus} - E_-^{\ominus})}{0.0592}$$

利用此式还可计算 $K_{sp}^{\ominus}$、$K_a^{\ominus}$ 或 $K_b^{\ominus}$ 和 $K_{稳}^{\ominus}$。

元素电势图是表示同一元素各种氧化数物质之间标准电极电势变化的关系图。任一元素的电势图如图 X-6-1 所示。

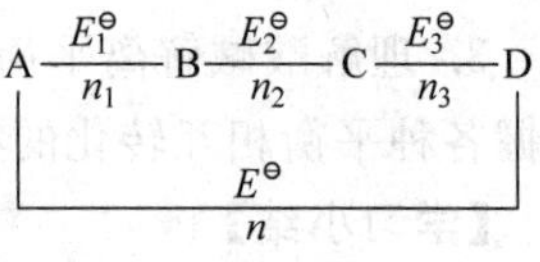

$$A \xrightarrow{\frac{E_1^{\ominus}}{n_1}} B \xrightarrow{\frac{E_2^{\ominus}}{n_2}} C \xrightarrow{\frac{E_3^{\ominus}}{n_3}} D$$
$$\underbrace{\qquad\qquad\qquad\qquad}_{\frac{E^{\ominus}}{n}}$$

图 X-6-1 元素电势图

利用元素电势图可从已知相邻电对的标准电极电势计算未知电对的标准电极电势：

$$E^{\ominus} = \frac{n_1 E_1^{\ominus} + n_2 E_2^{\ominus} + n_3 E_3^{\ominus}}{n}$$

n_1、n_2、n_3 和 n 分别代表各电对中对应元素氧化型与还原型的氧化数之差(均取正值)。

利用元素电势图也可判断某一氧化数物质能否发生歧化反应：若 $E_{右}^{\ominus} > E_{左}^{\ominus}$，则可发生歧化反应；反之，则发生逆歧化反应。

同时，利用元素电势图还可解释元素的氧化还原特性。

对于有 H^+ 或 OH^- 参与的电极反应，其电极电势还受溶液 pH 的影响。以 pH 为横坐标，以 $E(\text{Ox}/\text{Red})$ 为纵坐标作图，即得该电极反应的电势-pH 图。由电势-pH 图可以得出一个重要的结论：电对的电势-pH 线的上方，是该电对的氧化型的稳定区；电对的电势-pH 线的下方，是该电对的还原型的稳定区。电势-pH 图是讨论酸度对电极电势影响的 Nernst 方程在直角坐标系中的图像，用图像讨论问题比解析式直观。

【温馨提示】

1. 在用离子-电子法配平电极反应式时注意：在酸性介质中，若电极反应式两边的氧原子数不相等，可在多氧的一边加 H^+，在少氧的一边加 H_2O；反之，在碱性介质中，若电极反应式两边的氧原子数不相等，可在多氧的一边加 H_2O，少氧的一边加 OH^-。此法特别适用于含氧酸盐等复杂离子的配平，但是不适用于气相或固相反应式的配平。

2. 电池符号的书写规则：①负极"-"在左边，正极"+"在右边，盐桥"||"在中间。②半电池中两相界面用"|"分开，同相不同物种用","分开，溶液、气体要注明 c_i、p_i。③若电

极反应中有金属,则直接用金属作电极;若电极反应中无金属,则必须用惰性电极 Pt 或 C(石墨)。④凡电极反应中有沉淀、气体或纯液体,均将它们写在电极一边,并用","与电极隔开。⑤凡电极反应中有介质(H^+、OH^-)或沉淀剂、配位剂,均应写在有关半电池中。⑥电池符号中,物种后面小括号中的 c_1、c_2······ 符号表示该物种的浓度,若浓度已知,则标出具体数值。

3. 对于初学者来说,利用 E 值或 E_+ 和 E_- 判断氧化还原反应进行方向的一般步骤是:先假设一个反应方向(一般设反应向右进行);据假设的反应方向找出正、负极,算出 E 值或 E_+ 和 E_-;又据 E 的正、负或 E_+、E_- 的相对大小判断反应实际进行的方向。在标准状态下,可用 $E^\ominus$ 的正、负或 $E_+^\ominus$ 和 $E_-^\ominus$ 的相对大小判断。

当 $E^\ominus = |E_+^\ominus - E_-^\ominus| > 0.2$ V 时,一般可用标准电极电势 $E^\ominus$ 判断任意状态下的氧化还原反应的方向,因为这时反应物浓度的改变不足以改变 $E_+^\ominus > E_-^\ominus$ 的现状。但若 $E^\ominus = |E_+^\ominus - E_-^\ominus| < 0.2$ V,则改变氧化型或还原型的浓度就可能使 $E_+^\ominus < E_-^\ominus$,因而使反应方向改变,此时不能用标准电极电势判断反应方向,必须先根据 Nernst 方程式求任一状态下的电极电势,再根据 E 判断反应的方向。

4. 特别注意:$\lg K^\ominus = \dfrac{z(E_+^\ominus - E_-^\ominus)}{0.0592}$ 中的电极电势分别是 $E_+^\ominus$、$E_-^\ominus$,而不是 E_+ 和 E_-。只有标准态的($E_+^\ominus - E_-^\ominus$)才与 $\lg K^\ominus$ 有关系,因为氧化还原平衡常数 $K^\ominus$ 与其他平衡常数一样,只与温度有关,与浓度无关。若错记成 $\lg K^\ominus = \dfrac{z(E_+ - E_-)}{0.0592}$,则由于 E_+ 和 E_- 分别与氧化型和还原型浓度有关,就会导致 $K^\ominus$ 与浓度有关的错误结论。

【思习解析】

思 考 题

6-1 说出下列各组名词的含义:
(1) 氧化过程与还原过程　　　　　(2) 氧化剂与还原剂
(3) 电极反应与电池反应　　　　　(4) 电极电势与标准电极电势
(5) 原电池与半电池

解:(1) 在氧化还原反应中,失去电子使元素的氧化数升高的过程是氧化过程,本质是失去电子;与此同时,得到电子使元素的氧化数降低的过程是还原过程,本质是得到电子。

(2) 在氧化还原反应中,能使其他元素氧化数升高的物质称为氧化剂;能使其他元素氧化数降低的物质称为还原剂。

(3) 半电池中进行的反应称为电极反应。将两个电极反应合并所得到的总反应,称为电池反应。

(4) 在原电池中,把两个电极用导线连接并放入盐桥,导线中就有电流通过,说明两极之间有电势差存在,这种电极上所具有的电势称为电极电势。标准状态下的电极电势称为标准电极电势。

(5) 借助氧化还原反应将化学能转变为电能的装置称为原电池,原电池也可说成是使氧化还原反应产生电流的装置。原电池由两个半电池组成,每一个半电池都是由电极导体和电解质溶液组成。例如 Cu-Zn 原电池就是由 Zn 和 $ZnSO_4$ 溶液、Cu 和 $CuSO_4$ 溶液所构成的两个"半电池"组成。

6-2 怎样利用电对的电极电势判断原电池的正极和负极？写出电极电势的能斯特方程式。

解：在原电池中，电极电势值相对大的电极做正极，电极电势值相对小的电极做负极。298.15 K 时，电极电势的 Nernst 方程式可表示为

$$E = E^{\ominus} + \frac{0.0592}{n}\lg\frac{[Ox]}{[Red]} \quad (0.0592 \text{ 的单位为 V})$$

6-3 原电池符号中的正、负极是怎样规定的？书写电池符号时应注意哪些问题？

解：在原电池符号中习惯规定将负极写在左边，正极写在右边，分别用符号（－）和（＋）表示。

写电池符号时应注意：

两个半电池之间的盐桥用"‖"表示，电极与电极溶液之间的界面以"｜"表示。半电池中的同相不同物质用"，"隔开；溶液和气体要分别注明 c_i 和 p_i，并在该物质的后面用小括号标出；若浓度和压力已知，则标出具体数值。若电极反应中有金属存在，则直接用金属作电极导体；若电极反应中无金属存在，则必须用惰性电极 Pt 或 C（石墨）起导电作用。电极反应中的沉淀、气体或纯液体，需写在电极一边，并用"，"与电极隔开。电极反应中的介质（H^+、OH^-）或沉淀剂、配位剂，则写在有关半电池中。

6-4 根据电极电势解释下列现象：

（1）金属铁能置换 Cu^{2+}，而 $FeCl_3$ 溶液又能溶解铜；

（2）H_2S 溶液久置会变混浊；

（3）H_2O_2 溶液不稳定，易分解；

（4）分别用 $NaNO_3$ 溶液和稀 H_2SO_4 溶液均不能把 Fe^{2+} 氧化，但两者混合后就可将 Fe^{2+} 氧化；

（5）Ag 不能置换 $1.0\ mol \cdot dm^{-3}$ HCl 中的氢，但可置换 $1.0\ mol \cdot dm^{-3}$ HI 中的氢。

解：（1）因为 $E^{\ominus}(Fe^{2+}/Fe) < E^{\ominus}(Cu^{2+}/Cu)$，所以能发生 $Fe + Cu^{2+} \Longrightarrow Fe^{2+} + Cu$ 反应，即金属铁能置换 Cu^{2+}；又因为 $E^{\ominus}(Cu^{2+}/Cu) < E^{\ominus}(Fe^{3+}/Fe^{2+})$，所以可发生 $Fe^{3+} + Cu \Longrightarrow Cu^{2+} + Fe^{2+}$ 反应，即 $FeCl_3$ 溶液又能溶解铜。

（2）因为 $E^{\ominus}(S/H_2S) < E^{\ominus}(O_2/H_2O)$，所以可发生下列反应：

$$2H_2S + O_2 \Longrightarrow 2S\downarrow + 2H_2O$$

即 H_2S 可被空气中的 O_2 氧化为 S，所以 H_2S 溶液久置会变混浊。

（3）由氧的电势图 $O_2 \xrightarrow{0.695} H_2O_2 \xrightarrow{1.776} H_2O$ 可知，$E^{\ominus}_{右} > E^{\ominus}_{左}$，$H_2O_2$ 可发生歧化反应，所以 H_2O_2 溶液不稳定，易分解。

（4）因为 $NaNO_3$ 溶液呈中性，在中性溶液中 $E^{\ominus}(NO_3^-/NO) < E^{\ominus}(Fe^{3+}/Fe^{2+})$，又在稀 H_2SO_4 溶液中 $E^{\ominus}(SO_4^{2-}/H_2SO_3) < E^{\ominus}(Fe^{3+}/Fe^{2+})$，$E^{\ominus}(H^+/H_2) < E^{\ominus}(Fe^{3+}/Fe^{2+})$，所以它们都不能氧化 Fe^{2+}。如果将 $NaNO_3$ 和 H_2SO_4 混合，因酸度增加使 NO_3^- 氧化能力增强，造成 $E^{\ominus}(NO_3^-/NO) > E^{\ominus}(Fe^{3+}/Fe^{2+})$，所以两者混合后能氧化 Fe^{2+}。

（5）$E^{\ominus}(AgCl/Ag) = E(Ag^+/Ag) = E^{\ominus}(Ag^+/Ag) + 0.0592\lg[Ag^+]$
$= 0.80 + 0.0592\lg K^{\ominus}_{sp}(AgCl)$

$$= 0.80 + 0.0592 \lg 1.8 \times 10^{-10}$$
$$= 0.223 \text{ (V)}$$
$$E^{\ominus}(\text{AgI}/\text{Ag}) = E(\text{Ag}^+/\text{Ag}) = E^{\ominus}(\text{Ag}^+/\text{Ag}) + 0.0592 \lg [\text{Ag}^+]$$
$$= 0.80 + 0.0592 \lg K_{sp}^{\ominus}(\text{AgI})$$
$$= 0.80 + 0.0592 \lg 8.3 \times 10^{-17}$$
$$= -0.15 \text{ (V)}$$
$$E^{\ominus}(\text{H}^+/\text{H}_2) = 0.000 \text{ V}$$

因为 $E^{\ominus}(\text{AgCl}/\text{Ag}) > E^{\ominus}(\text{H}^+/\text{H}_2)$，所以不能发生 $2\text{Ag} + 2\text{HCl} = 2\text{AgCl} + \text{H}_2$ 反应；又因为 $E^{\ominus}(\text{AgI}/\text{Ag}) < E^{\ominus}(\text{H}^+/\text{H}_2)$，所以能发生 $2\text{Ag} + 2\text{HI} = 2\text{AgI} + \text{H}_2$ 的反应。

6-5 在含有 MnO_4^-、$\text{Cr}_2\text{O}_7^{2-}$ 和 Fe^{3+} 离子的酸性溶液中（各离子浓度均为 1 mol·dm^{-3}），慢慢通入 H_2S 气体后有 S 析出，根据标准电极电势，试判断反应的次序。

解：已知 $E^{\ominus}(\text{MnO}_4^-/\text{Mn}^{2+}) = 1.51$ V，$E^{\ominus}(\text{Cr}_2\text{O}_7^{2-}/\text{Cr}^{3+}) = 1.358$ V，$E^{\ominus}(\text{Fe}^{3+}/\text{Fe}^{2+}) = 0.77$ V，根据 MnO_4^-、$\text{Cr}_2\text{O}_7^{2-}$ 和 Fe^{3+} 在酸性溶液中的标准电极电势值可知，与 H_2S 反应的次序依次为 MnO_4^-、$\text{Cr}_2\text{O}_7^{2-}$ 和 Fe^{3+}。

6-6 指出下列物质哪些可作还原剂，哪些可作氧化剂，并根据标准电极电势排出它们还原能力和氧化能力大小的顺序，指出最强的氧化剂和还原剂。

$$\text{Fe}^{2+}, \quad \text{MnO}_4^-, \quad \text{Cl}^-, \quad \text{S}_2\text{O}_3^{2-}, \quad \text{Cu}^{2+}, \quad \text{Sn}^{2+}, \quad \text{Fe}^{3+}, \quad \text{Zn}$$

解：查表得：$E^{\ominus}(\text{Fe}^{2+}/\text{Fe}) = -0.441$ V，$E^{\ominus}(\text{MnO}_4^-/\text{Mn}^{2+}) = 1.51$ V，$E^{\ominus}(\text{Cl}_2/\text{Cl}^-) = 1.36$ V，$E^{\ominus}(\text{S}_4\text{O}_6^{2-}/\text{S}_2\text{O}_3^{2-}) = 0.08$ V，$E^{\ominus}(\text{S}_2\text{O}_3^{2-}/\text{S}) = 0.60$ V，$E^{\ominus}(\text{Cu}^{2+}/\text{Cu}) = +0.34$ V，$E^{\ominus}(\text{Sn}^{4+}/\text{Sn}^{2+}) = 0.151$ V，$E^{\ominus}(\text{Sn}^{2+}/\text{Sn}) = -0.137$ V，$E^{\ominus}(\text{Fe}^{3+}/\text{Fe}^{2+}) = 0.77$ V，$E^{\ominus}(\text{Zn}^{2+}/\text{Zn}) = -0.76$ V。

根据上述标准电极电势值从理论上可以判断：Fe^{2+}、Cl^-、$\text{S}_2\text{O}_3^{2-}$、$\text{Sn}^{2+}$、$\text{Zn}$ 可作还原剂；Fe^{2+}、MnO_4^-、$\text{S}_2\text{O}_3^{2-}$、$\text{Cu}^{2+}$、$\text{Sn}^{2+}$、$\text{Fe}^{3+}$ 可作氧化剂。

还原能力由大到小：Zn、$\text{S}_2\text{O}_3^{2-}$、$\text{Sn}^{2+}$、$\text{Fe}^{2+}$、$\text{Cl}^-$；

氧化能力由大到小：MnO_4^-、Fe^{3+}、$\text{S}_2\text{O}_3^{2-}$、$\text{Cu}^{2+}$、$\text{Sn}^{2+}$、$\text{Fe}^{2+}$；

最强的氧化剂是 MnO_4^-，最强的还原剂是 Zn。

6-7 根据下列反应，定性判断 Br_2/Br^-、I_2/I^-、$\text{Fe}^{3+}/\text{Fe}^{2+}$ 三个电对的电极电势的相对大小。

$$2\text{I}^- + 2\text{Fe}^{3+} = \text{I}_2 + 2\text{Fe}^{2+}$$
$$\text{Br}_2 + 2\text{Fe}^{2+} = 2\text{Br}^- + 2\text{Fe}^{3+}$$

解：由上述两个氧化还原反应可知：$E(\text{Br}_2/\text{Br}^-) > E(\text{Fe}^{3+}/\text{Fe}^{2+})$，$E(\text{Fe}^{3+}/\text{Fe}^{2+}) > E(\text{I}_2/\text{I}^-)$，所以 Br_2/Br^-、I_2/I^-、$\text{Fe}^{3+}/\text{Fe}^{2+}$ 三个电对的电极电势的相对大小为

$$E(\text{Br}_2/\text{Br}^-) > E(\text{Fe}^{3+}/\text{Fe}^{2+}) > E(\text{I}_2/\text{I}^-)$$

6-8 先查出下列电极反应的 $E^{\ominus}$ 值：

$$\text{MnO}_4^- + 8\text{H}^+ + 5\text{e}^- = \text{Mn}^{2+} + 4\text{H}_2\text{O}$$
$$\text{Cr}^{3+} + 3\text{e}^- = \text{Cr}$$
$$\text{Fe}^{2+} + 2\text{e}^- = \text{Fe}$$
$$\text{Ag}^+ + \text{e}^- = \text{Ag}$$

假设有关物质都处于标准态,试回答:

(1) 以上物质中,哪一个是最强的还原剂?哪一个是最强的氧化剂?

(2) 以上物质中,哪些可把 Fe^{2+} 还原成 Fe?

(3) 以上物质中,哪些可把 Ag 氧化成 Ag^+?

解:查表得:$E^{\ominus}(MnO_4^-/Mn^{2+})=1.51\ V, E^{\ominus}(Cr^{3+}/Cr)=-0.744\ V, E^{\ominus}(Fe^{2+}/Fe)=-0.441\ V, E^{\ominus}(Ag^+/Ag)=0.80\ V$。

(1) 以上物质中,Cr 是最强的还原剂,MnO_4^- 是最强的氧化剂;

(2) 以上物质中,Cr 可把 Fe^{2+} 还原成 Fe;

(3) 以上物质中,MnO_4^- 可把 Ag 氧化成 Ag^+。

6-9 同种金属及其盐溶液能否组成原电池?若能组成,则盐溶液的浓度必须满足什么条件?

解:同种金属及其盐溶液能组成原电池,是浓差电池;要求盐桥连接的两种盐溶液的浓度不相等。

6-10 分别往 Cu-Zn 原电池中的铜半电池或锌半电池中加入氨水,电池电动势怎样变化?

解:往 Cu-Zn 原电池中的铜半电池中加入氨水,可形成 $[Cu(NH_3)_4]^{2+}$,使 $[Cu^{2+}]$ 减小,Cu^{2+}/Cu 电极电势降低,导致 Cu-Zn 原电池的电池电动势降低。

往 Cu-Zn 原电池中的锌半电池中加入氨水,可形成 $[Zn(NH_3)_4]^{2+}$,使 $[Zn^{2+}]$ 减小,Zn^{2+}/Zn 电极电势降低,导致 Cu-Zn 原电池的电池电动势增大。

6-11 什么叫元素电势图?它有何主要用途?什么叫歧化反应?如何判断歧化反应能否发生?

解:表明元素各种氧化数之间标准电极电势关系的图叫做元素标准电极电势图,简称元素电势图。利用元素电势图可比较同一元素不同物质的氧化还原性强弱,计算未知的标准电极电势 $E^{\ominus}$,判断某一元素能否发生歧化反应及解释和推测元素的氧化还原特性。

同一元素的原子间发生的氧化还原反应叫做歧化反应。对于电势图:

$$M_1 \xrightarrow{E^{\ominus}(左)} M_2 \xrightarrow{E^{\ominus}(右)} M_3$$

当 $E^{\ominus}(右) > E^{\ominus}(左)$ 时,M_2 能发生歧化反应,即 $2M_2 \rightarrow M_1 + M_3$。

6-12 下列是氧元素的电势图。根据此图回答下列问题:

$$E_A^{\ominus}/V \quad O_2 \xrightarrow{+0.695} H_2O_2 \xrightarrow{?} H_2O \qquad E_B^{\ominus}/V \quad O_2 \xrightarrow{?} HO_2^- \xrightarrow{+0.88} OH^-$$
$$\underbrace{\qquad\qquad\qquad\qquad}_{1.23} \qquad\qquad\qquad \underbrace{\qquad\qquad\qquad\qquad}_{0.40}$$

(1) 计算后说明 H_2O_2 在酸性介质中的氧化性的强弱,在碱性介质中的还原性的强弱;

(2) 计算后说明 H_2O_2 在酸性介质中和碱性介质中的稳定性强弱。

解:在酸性介质中,因为 $2E^{\ominus}(O_2/H_2O) = E^{\ominus}(O_2/H_2O_2) + E^{\ominus}(H_2O_2/H_2O)$

$$2 \times 1.23 = 1 \times 0.695 + E^{\ominus}(H_2O_2/H_2O)$$

所以

$$E^{\ominus}(H_2O_2/H_2O) = 1.77\ V$$

在碱性介质中,因为 $2E^{\ominus}(O_2/OH^-) = E^{\ominus}(O_2/HO_2^-) + E^{\ominus}(HO_2^-/OH^-)$

$$2 \times 0.40 = E^{\ominus}(O_2/HO_2^-) + 0.88$$

所以
$$E^{\ominus}(O_2/HO_2^-) = -0.08 \text{ V}$$

(1) H_2O_2 在酸性介质中,氧化性强;在碱性介质中,还原性强。

(2) H_2O_2 在酸性和碱性介质中都不稳定,均能发生歧化反应。

习 题

6-1 写出下列化学反应的原电池符号:

(1) $Fe^{2+} + Ag^+ \Longrightarrow Fe^{3+} + Ag$

(2) $AgBr(s) \Longrightarrow Ag^+ + Br^-$

(3) $AgCl(s) + I^- \Longrightarrow AgI(s) + Cl^-$

(4) $Cd(s) + Cl_2 \Longrightarrow Cd^{2+} + 2Cl^-$

解:(1) 在 $Fe^{2+} + Ag^+ \Longrightarrow Fe^{3+} + Ag$ 反应中,因为 Ag^+/Ag 是正极,Fe^{3+}/Fe^{2+} 是负极,所以原电池符号为

$$(-)Pt \mid Fe^{2+}(c_1), Fe^{3+}(c_2) \parallel Ag^+(c_3) \mid Ag(+)$$

(2) $AgBr(s) \Longrightarrow Ag^+ + Br^-$ 反应由 $AgBr(s) + e^- \Longrightarrow Ag + Br^-$ 和 $Ag \Longrightarrow Ag^+ + e^-$ 两个反应相加得到。其中,$AgBr/Ag$ 是正极,Ag^+/Ag 是负极,所以原电池符号为

$$(-)Ag \mid Ag^+(c_1) \parallel Br^-(c_2) \mid AgBr(s), Ag(+)$$

(3) $AgCl(s) + I^- \Longrightarrow AgI(s) + Cl^-$ 反应由 $AgCl(s) + e^- \Longrightarrow Ag + Cl^-$ 和 $Ag + I^- \Longrightarrow AgI(s) + e^-$ 两个反应相加得到。其中,$AgCl/Ag$ 是正极,AgI/Ag 是负极,所以原电池符号为

$$(-)Ag, AgI(s) \mid I^-(c_1) \parallel Cl^-(c_2) \mid AgCl(s), Ag(+)$$

(4) 在 $Cd(s) + Cl_2 \Longrightarrow Cd^{2+} + 2Cl^-$ 反应中,因为 Cl_2/Cl^- 是正极,Cd^{2+}/Cd 是负极,所以原电池符号为

$$(-)Cd \mid Cd^{2+}(c_1) \parallel Cl^-(c_2) \mid Cl_2(p), Pt(+)$$

6-2 将铜片插入 $0.10 \text{ mol} \cdot \text{dm}^{-3}$ $CuSO_4$ 溶液中,银片插入 $0.10 \text{ mol} \cdot \text{dm}^{-3}$ $AgNO_3$ 溶液中组成原电池。

(1) 写出该原电池的符号;

(2) 写出电极反应和电池反应;

(3) 利用能斯特方程式计算两个电极的电极电势;

(4) 计算该原电池的电池电动势。

解:(1) 因为 $E(Ag^+/Ag) = E^{\ominus} + 0.0592\lg[Ag^+] = 0.80 + 0.0592\lg 0.10 = 0.74(V)$

$E(Cu^{2+}/Cu) = E^{\ominus} + \dfrac{0.0592}{2}\lg[Cu^{2+}] = 0.34 + \dfrac{0.0592}{2}\lg 0.10 = 0.31(V)$

所以 Ag^+/Ag 为正极,Cu^{2+}/Cu 为负极。该原电池的符号:

$$(-)Cu \mid Cu^{2+}(0.10 \text{ mol} \cdot \text{dm}^{-3}) \parallel Ag^+(0.10 \text{ mol} \cdot \text{dm}^{-3}) \mid Ag(+)$$

(2) 电极反应和电池反应:

电极反应: 负极 $Cu - 2e^- \Longrightarrow Cu^{2+}$

正极 $Ag^+ + e^- \Longrightarrow Ag$

电池反应： $Cu + 2Ag^+ \rightleftharpoons Cu^{2+} + 2Ag$

(3) 利用能斯特方程计算两个电极的电极电势：

$E(Cu^{2+}/Cu) = E^\ominus(Cu^{2+}/Cu) + \dfrac{0.0592}{2}\lg[Cu^{2+}] = 0.34 + \dfrac{0.0592}{2}\lg 0.10 = 0.31(V)$

$E(Ag^+/Ag) = E^\ominus(Ag^+/Ag) + 0.0592\lg[Ag^+] = 0.80 + 0.0592\lg 0.10 = 0.74(V)$

(4) $E = E(Ag^+/Ag) - E(Cu^{2+}/Cu) = 0.74 - 0.31 = 0.43$ (V)

6-3 有如下原电池：

(−)Pt, H_2(50 kPa) | H^+(0.50 mol·dm^{-3}) ‖ Sn^{4+}(1.0 mol·dm^{-3}), Sn^{2+}(0.50 mol·dm^{-3}) | Pt(+)

(1) 写出电极反应和电池反应；
(2) 计算两个电极的电极电势和电池电动势。

解：(1) 电极反应： 负极 $H_2 - 2e^- \rightleftharpoons 2H^+$

正极 $Sn^{4+} + 2e^- \rightleftharpoons Sn^{2+}$

电池反应： $H_2 + Sn^{4+} \rightleftharpoons 2H^+ + Sn^{2+}$

(2) 两个电极的电极电势：

$E(H^+/H_2) = E^\ominus + \dfrac{0.0592}{2}\lg\dfrac{[H^+]^2}{p(H_2)/p^\ominus} = 0.000 + \dfrac{0.0592}{2}\lg\dfrac{(0.50)^2}{50/100} = -0.0089(V)$

$E(Sn^{4+}/Sn^{2+}) = E^\ominus + \dfrac{0.0592}{2}\lg\dfrac{[Sn^{4+}]}{[Sn^{2+}]} = 0.151 + \dfrac{0.0592}{2}\lg\dfrac{1.0}{0.50} = 0.160(V)$

电池电动势：$E = E(Sn^{4+}/Sn^{2+}) - E(H^+/H_2) = 0.160 - (-0.0089) = 0.1689$ (V)

6-4 一个铜电极浸在一种含有 1.00 mol·dm^{-3} 氨和 1.00 mol·dm^{-3} [Cu(NH$_3$)$_4$]$^{2+}$ 配位个体的溶液中，若用标准氢电极作正极，经实验测得它和铜电极之间的电势差为 0.0300 V。试计算[Cu(NH$_3$)$_4$]$^{2+}$ 配位个体的稳定常数。

解： $[Cu(NH_3)_4]^{2+} \rightleftharpoons Cu^{2+} + 4NH_3$

平衡时 $\quad 1.00-x \qquad x \quad 1.00+4x$

$K_\text{稳}^\ominus = \dfrac{[Cu(NH_3)_4^{2+}]}{[Cu^{2+}][NH_3]^4} = \dfrac{1.00-x}{x(1.00+4x)^4}, \quad x = \dfrac{1}{K_\text{稳}^\ominus} = [Cu^{2+}]$

因为 $E = E^\ominus(H^+/H_2) - E(Cu^{2+}/Cu) = 0.0300$ V

所以 $E(Cu^{2+}/Cu) = -0.0300$ V

$E(Cu^{2+}/Cu) = E^\ominus(Cu^{2+}/Cu) + \dfrac{0.0592}{2}\lg[Cu^{2+}]$

$-0.0300 = 0.34 + \dfrac{0.0592}{2}\lg\dfrac{1}{K_\text{稳}^\ominus}$

解出 $K_\text{稳}^\ominus = 3.16 \times 10^{12}$

6-5 已知 $E^\ominus(Fe^{3+}/Fe^{2+}) = 0.77$ V，$E^\ominus([Fe(SCN)_5]^{2-}/Fe^{2+}) = 0.39$ V，求反应 $Fe^{3+} + 5SCN^- \rightleftharpoons [Fe(SCN)_5]^{2-}$ 的平衡常数。

解：以[Fe(SCN)$_5$]$^{2-}$/Fe^{2+} 为负极，以 Fe^{3+}/Fe^{2+} 为正极组成电池

电极反应： 负极 $Fe^{2+} + 5SCN^- \rightleftharpoons [Fe(SCN)_5]^{2-} + e^-$

正极 $Fe^{3+} + e^- \rightleftharpoons Fe^{2+}$

电池反应： $Fe^{3+} + 5SCN^- \rightleftharpoons [Fe(SCN)_5]^{2-}$

平衡时：$K^\ominus = \dfrac{[\text{Fe}(\text{SCN})_5^{2-}]}{[\text{Fe}^{3+}][\text{SCN}^-]^5} = K_稳^\ominus$

$$\lg K^\ominus = \lg K_稳^\ominus = \dfrac{z(E_+^\ominus - E_-^\ominus)}{0.0592} = \dfrac{0.77 - 0.39}{0.0592} = 6.42$$

解出 $K_稳^\ominus = 2.63 \times 10^6$

6-6 求下列原电池的以下各项：

$(-)\text{Pt} \mid \text{Fe}^{2+}(0.10\ \text{mol}\cdot\text{dm}^{-3}), \text{Fe}^{3+}(1.0\times10^{-5}\ \text{mol}\cdot\text{dm}^{-3}) \parallel \text{Cr}_2\text{O}_7^{2-}(0.10\ \text{mol}\cdot\text{dm}^{-3}), \text{Cr}^{3+}(1.0\times10^{-5}\ \text{mol}\cdot\text{dm}^{-3}), \text{H}^+(1.0\ \text{mol}\cdot\text{dm}^{-3}) \mid \text{Pt}(+)$

(1) 电极反应式；　　　(2) 电池反应式；　　　(3) 电池电动势；

(4) 电池反应的 $K^\ominus$；　(5) 电池反应的 $\Delta_r G_m^\ominus$。

解：(1) 电极反应式：负极　$\text{Fe}^{2+} == \text{Fe}^{3+} + e^-$

正极　$\text{Cr}_2\text{O}_7^{2-} + 14\text{H}^+ + 6e^- == 2\text{Cr}^{3+} + 7\text{H}_2\text{O}$

(2) 电池反应式：

$$6\text{Fe}^{2+} + \text{Cr}_2\text{O}_7^{2-} + 14\text{H}^+ == 6\text{Fe}^{3+} + 2\text{Cr}^{3+} + 7\text{H}_2\text{O}$$

(3) 电池电动势：

因为 $E_- = E_-^\ominus + 0.0592 \lg \dfrac{[\text{Fe}^{3+}]}{[\text{Fe}^{2+}]} = 0.77 + 0.0592 \lg \dfrac{1.0\times10^{-5}}{0.10} = 0.53\ (\text{V})$

$E_+ = E_+^\ominus + \dfrac{0.0592}{6} \lg \dfrac{[\text{Cr}_2\text{O}_7^{2-}][\text{H}^+]^{14}}{[\text{Cr}^{3+}]^2} = 1.358 + \dfrac{0.0592}{6} \lg \dfrac{0.10 \times 1.0^{14}}{(1.0\times10^{-5})^2} = 1.447\ (\text{V})$

所以　　　$E = E_+ - E_- = 1.447 - 0.53 = 0.917\ (\text{V})$

(4) 电池反应的 $K^\ominus$

$$\lg K^\ominus = \dfrac{z(E_+^\ominus - E_-^\ominus)}{0.0592} = \dfrac{6 \times (1.358 - 0.77)}{0.0592} = 59.59$$

解出　$K^\ominus = 3.89 \times 10^{59}$

(5) 电池反应的 $\Delta_r G_m^\ominus$

$\Delta_r G_m^\ominus = -zE^\ominus F = -6 \times (1.358 - 0.77) \times 96485 \times 10^{-3} = -340.4\ (\text{kJ}\cdot\text{mol}^{-1})$

6-7 已知 $\text{PbSO}_4 + 2e^- == \text{Pb} + \text{SO}_4^{2-}$　　$E^\ominus = -0.3553\ \text{V}$

$\text{Pb}^{2+} + 2e^- == \text{Pb}$　　　　$E^\ominus = -0.13\ \text{V}$

求 PbSO_4 的溶度积。

解：将 PbSO_4/Pb 和 Pb^{2+}/Pb 两个电对组成电池，并以 $E^\ominus$ 值大的电对作为原电池的正极。

电极反应：　　正极　$\text{Pb}^{2+} + 2e^- == \text{Pb}$

负极　$\text{Pb} + \text{SO}_4^{2-} == \text{PbSO}_4 + 2e^-$

电池反应：　$\text{Pb}^{2+} + \text{SO}_4^{2-} == \text{PbSO}_4$

平衡时　$K^\ominus = \dfrac{1}{[\text{Pb}^{2+}][\text{SO}_4^{2-}]} = \dfrac{1}{K_{sp}^\ominus}$

$$\lg K^\ominus = \lg \dfrac{1}{K_{sp}^\ominus} = -\lg K_{sp}^\ominus = \dfrac{zE^\ominus}{0.0592} = \dfrac{2 \times [-0.13 - (-0.3553)]}{0.0592} = 7.61$$

解出　$K_{sp}^\ominus = 2.45 \times 10^{-8}$

6-8 已知 $E^{\ominus}(Ag^+/Ag)=0.80$ V, $K_{sp}^{\ominus}(AgBr)=5.0\times 10^{-13}$,求下列电极反应的 $E^{\ominus}$:
$$AgBr+e^- \rightleftharpoons Ag+Br^-$$

解: $E^{\ominus}(AgBr/Ag)=E(Ag^+/Ag)=E^{\ominus}(Ag^+/Ag)+0.0592\lg[Ag^+]$

$$=0.80+0.0592\lg\frac{K_{sp}^{\ominus}}{[Br^-]}$$

$$=0.80+0.0592\lg 5.0\times 10^{-13}$$

$$=0.072 \text{ (V)}$$

6-9 根据给定条件判断下列反应自发进行的方向。

(1) 标准态下根据 $E^{\ominus}$ 值: $2Br^-+2Fe^{3+} \rightleftharpoons Br_2(l)+2Fe^{2+}$

(2) 实验测知 Cu-Ag 原电池的 E 值为 0.48 V,
$$(-)Cu \mid Cu^{2+}(0.052 \text{ mol}\cdot dm^{-3}) \parallel Ag^+(0.50 \text{ mol}\cdot dm^{-3}) \mid Ag(+)$$
$$Cu^{2+}+2Ag \rightleftharpoons Cu+2Ag^+$$

(3) $H_2+\frac{1}{2}O_2 \rightleftharpoons H_2O(l), \Delta_r G_m^{\ominus}=-237.129 \text{ kJ}\cdot mol^{-1}$

解: (1) 由反应方程式可知, Fe^{3+}/Fe^{2+} 为正极, Br_2/Br^- 为负极。
标准态下, $E^{\ominus}(Br_2/Br^-)=1.06$ V, $E^{\ominus}(Fe^{3+}/Fe^{2+})=0.77$ V
因为 $E^{\ominus}=E_+^{\ominus}-E_-^{\ominus}=E^{\ominus}(Fe^{3+}/Fe^{2+})-E^{\ominus}(Br_2/Br^-)=0.77-1.06=-0.29$ (V)<0
所以所给反应能自发向左进行。

(2) $E(Cu^{2+}/Cu)=E^{\ominus}+\frac{0.0592}{2}\lg[Cu^{2+}]=0.34+\frac{0.0592}{2}\lg 0.052=0.30(V)$

$E(Ag^+/Ag)=E^{\ominus}+0.0592\lg[Ag^+]=0.80+0.0592\lg 0.50=0.78(V)$

因为 Cu-Ag 原电池 E 值为 0.48 V,所以所给反应向左进行。

(3) 因为 $\Delta_r G_m^{\ominus}=-237.129 \text{ kJ}\cdot mol^{-1}<0$,所以所给反应能自发向右进行。

6-10 已知　　$Cu^{2+}+2e^- \rightleftharpoons Cu$　　　$E^{\ominus}=0.34$ V
　　　　　　$Cu^++e^- \rightleftharpoons Cu$　　　　$E^{\ominus}=0.52$ V
　　　　　　$Cu^{2+}+Br^-+e^- \rightleftharpoons CuBr$　$E^{\ominus}=0.64$ V

求 CuBr 的 $K_{sp}^{\ominus}$。

解: 据所给电极反应和标准电极电势可得 Cu 的电势图:

$$Cu^{2+} \xrightarrow{?} Cu^+ \xrightarrow{0.52} Cu$$
$$\underset{0.34}{\underline{\qquad\qquad\qquad}}$$

因为　　　　$2E^{\ominus}(Cu^{2+}/Cu)=E^{\ominus}(Cu^{2+}/Cu^+)+E^{\ominus}(Cu^+/Cu)$

$$2\times 0.34 = E^{\ominus}(Cu^{2+}/Cu^+)+0.52$$

所以 $E^{\ominus}(Cu^{2+}/Cu^+)=0.16$ (V)

以 $Cu^{2+}/CuBr$ 为正极,以 Cu^{2+}/Cu^+ 为负极,组成电池。

电极反应: 　负极　$Cu^+ \rightleftharpoons Cu^{2+}+e^-$　　　　　$E^{\ominus}=0.16$ V
　　　　　　正极　$Cu^{2+}+Br^-+e^- \rightleftharpoons CuBr$　　$E^{\ominus}=0.64$ V
电池反应: 　$Cu^++Br^- \rightleftharpoons CuBr$　　　　　　　$E^{\ominus}=0.48$ V

$$K^{\ominus}=\frac{1}{[Cu^+][Br^-]}=\frac{1}{K_{sp}^{\ominus}}$$

$$\lg K^{\ominus} = \lg \frac{1}{K_{sp}^{\ominus}} = -\lg K_{sp}^{\ominus} = \frac{zE^{\ominus}}{0.0592} = \frac{0.48}{0.0592} = 8.11$$

解得
$$K_{sp}^{\ominus} = 7.76 \times 10^{-9}$$

6-11 今有氢电极(氢气压力为 100 kPa),该电极所用的溶液由浓度均为 1.0 mol·dm^{-3} 的弱酸(HA)及其钾盐(KA)所组成。若将此氢电极与另一电极组成原电池,测得其电动势 $E=0.38$ V,并知氢电极为正极,另一电极的 $E=-0.65$ V。问该氢电极中溶液的 pH 和弱酸(HA)的解离常数各为多少?

解: $E = E(H^+/H_2) - E_-$

$0.38 = E(H^+/H_2) - (-0.65)$

故 $E(H^+/H_2) = -0.27(V)$

$$E(H^+/H_2) = E^{\ominus}(H^+/H_2) + \frac{0.0592}{2}\lg\frac{[H^+]^2}{p(H_2)/p^{\ominus}}$$

$$-0.27 = 0.0592 \lg[H^+]$$

解出 $[H^+] = 2.7 \times 10^{-5}$ (mol·dm^{-3}),pH = 4.57。

浓度均为 1.0 mol·dm^{-3} 的弱酸(HA)及其钾盐(KA)可构成缓冲溶液,

$$pH = pK_a^{\ominus} + \lg\frac{[A^-]}{[HA]}$$

$$4.57 = pK_a^{\ominus} + \lg\frac{1.0}{1.0}$$

解出 $K_a^{\ominus} = 2.7 \times 10^{-5}$

该氢电极中溶液的 pH 为 4.57,弱酸(HA)的解离常数为 2.7×10^{-5}。

6-12 已知氯在碱性介质中的电势图($E_B^{\ominus}$/ V)为:

$$\text{ClO}_4^- \xrightarrow{0.36} \text{ClO}_3^- \xrightarrow{0.33} \text{ClO}_2^- \xrightarrow{E_1^{\ominus}} \text{ClO}^- \xrightarrow{0.42} \text{Cl}_2 \xrightarrow{1.36} \text{Cl}^-$$
$$\text{ClO}_3^- \xrightarrow{\quad 0.50 \quad} \text{ClO}^- \qquad \text{ClO}^- \xrightarrow{E_2^{\ominus}} \text{Cl}^-$$

试求:(1) $E_1^{\ominus}$ 和 $E_2^{\ominus}$;
(2) 哪些离子能歧化?写出歧化反应方程式。

解: (1) $2E^{\ominus}(\text{ClO}_3^-/\text{ClO}_2^-) + 2E^{\ominus}(\text{ClO}_2^-/\text{ClO}^-) = 4E^{\ominus}(\text{ClO}_3^-/\text{ClO}^-)$

$2 \times 0.33 + 2E_1^{\ominus} = 4 \times 0.50$

解出
$$E_1^{\ominus} = 0.67(V)$$

$2E^{\ominus}(\text{ClO}^-/\text{Cl}^-) = E^{\ominus}(\text{ClO}^-/\text{Cl}_2) + E^{\ominus}(\text{Cl}_2/\text{Cl}^-)$

$2E_2^{\ominus} = 0.42 + 1.36$

解出
$$E_2^{\ominus} = 0.89(V)$$

(2) 当 $E^{\ominus}$(右) $>$ $E^{\ominus}$(左)时,可发生歧化反应。

所以下列离子能歧化:ClO_3^-、ClO_2^-、ClO^-、Cl_2。

歧化反应方程式分别为

$$3\text{ClO}_3^- \rightleftharpoons 2\text{ClO}_4^- + \text{ClO}^-$$

$$2ClO_2^- \rightleftharpoons ClO_3^- + ClO^-$$
$$2ClO^- \rightleftharpoons ClO_2^- + Cl^-$$
$$3ClO^- \rightleftharpoons ClO_3^- + 2Cl^-$$
$$Cl_2 + 2OH^- \rightleftharpoons Cl^- + ClO^- + H_2O$$

6-13 已知：$E_A^\ominus/V$：$Cr^{3+} \xrightarrow{-0.41} Cr^{2+} \xrightarrow{-0.91} Cr$

根据上面给出的部分 Cr 元素电势图，计算下列各原电池的电动势 $E^\ominus$ 及其电池反应的 $\Delta_r G_m^\ominus$。

(1) $(-)Cr \mid Cr^{2+}(c^\ominus) \parallel Cr^{3+}(c^\ominus), Cr^{2+}(c^\ominus) \mid Pt(+)$

(2) $(-)Cr \mid Cr^{3+}(c^\ominus) \parallel Cr^{3+}(c^\ominus), Cr^{2+}(c^\ominus) \mid Pt(+)$

(3) $(-)Cr \mid Cr^{2+}(c^\ominus) \parallel Cr^{3+}(c^\ominus) \mid Cr(+)$

解：由 $3E^\ominus(Cr^{3+}/Cr) = E^\ominus(Cr^{3+}/Cr^{2+}) + 2E^\ominus(Cr^{2+}/Cr)$ 得

$$E^\ominus(Cr^{3+}/Cr) = \frac{1}{3}[(-0.41) + 2 \times (-0.91)] = -0.74 \text{ (V)}$$

(1) 正极：$Cr^{3+} + e \rightleftharpoons Cr^{2+}$　　$E_+^\ominus = -0.41 \text{ V}$

　　负极：$Cr \rightleftharpoons Cr^{2+} + 2e^-$　　$E_-^\ominus = -0.91 \text{ V}$

电池反应：$2Cr^{3+} + Cr \rightleftharpoons 3Cr^{2+}$

$$E^\ominus = E_+^\ominus - E_-^\ominus = -0.41 - (-0.91) = 0.50 \text{ (V)}$$
$$\Delta_r G_m^\ominus = -zE^\ominus F = -2 \times 0.50 \times 96485 \times 10^{-3} = -96.5 \text{ (kJ} \cdot \text{mol}^{-1})$$

(2) 正极：$Cr^{3+} + e \rightleftharpoons Cr^{2+}$　　$E_+^\ominus = -0.41 \text{ V}$

　　负极：$Cr \rightleftharpoons Cr^{3+} + 3e^-$　　$E_-^\ominus = -0.74 \text{ V}$

电池反应：$2Cr^{3+} + Cr \rightleftharpoons 3Cr^{2+}$

$$E^\ominus = E_+^\ominus - E_-^\ominus = -0.41 - (-0.74) = 0.33 \text{ (V)}$$
$$\Delta_r G_m^\ominus = -zE^\ominus F = -3 \times 0.33 \times 96485 \times 10^{-3} = -95.5 \text{ (kJ} \cdot \text{mol}^{-1})$$

(3) 正极：$Cr^{3+} + 3e \rightleftharpoons Cr$　　$E_+^\ominus = -0.74 \text{ V}$

　　负极：$Cr \rightleftharpoons Cr^{2+} + 2e^-$　　$E_-^\ominus = -0.91 \text{ V}$

电池反应：$2Cr^{3+} + Cr \rightleftharpoons 3Cr^{2+}$

$$E^\ominus = E_+^\ominus - E_-^\ominus = -0.74 - (-0.91) = 0.17 \text{ (V)}$$
$$\Delta_r G_m^\ominus = -zE^\ominus F = -6 \times 0.17 \times 96485 \times 10^{-3} = -98.4 \text{ (kJ} \cdot \text{mol}^{-1})$$

6-14 试计算当 Cu^{2+} 与 Zn^{2+} 浓度成什么比值时，金属锌在 298.15 K 时的 $CuSO_4$ 溶液中溶解或铜的析出过程才会停止。已知：$E^\ominus(Cu^{2+}/Cu) = 0.34 \text{ V}, E^\ominus(Zn^{2+}/Zn) = -0.76 \text{ V}$。

解：$E(Cu^{2+}/Cu) = E^\ominus + \dfrac{0.0592}{2}\lg[Cu^{2+}] = 0.34 + \dfrac{0.0592}{2}\lg[Cu^{2+}]$

$$E(Zn^{2+}/Zn) = E^\ominus + \frac{0.0592}{2}\lg[Zn^{2+}] = -0.76 + \frac{0.0592}{2}\lg[Zn^{2+}]$$

当 $E(Cu^{2+}/Cu) = E(Zn^{2+}/Zn)$ 时，Zn 的溶解或 Cu 的析出过程才会停止，得

$$0.34 + \frac{0.0592}{2}\lg[Cu^{2+}] = -0.76 + \frac{0.0592}{2}\lg[Zn^{2+}]$$

$$\lg\frac{[Cu^{2+}]}{[Zn^{2+}]} = (-0.76 - 0.34) \times \frac{2}{0.0592} = -1.10 \times \frac{2}{0.0592} = -37.16$$

$$\frac{[Cu^{2+}]}{[Zn^{2+}]} = 6.92 \times 10^{-38}$$

即当 $\frac{[Cu^{2+}]}{[Zn^{2+}]} = 6.92 \times 10^{-38}$ 时，金属锌在 298.15 K 时的 $CuSO_4$ 溶液中溶解或铜的析出过程才会停止。

6-15 已知 HCl 和 HI 溶液都是强酸，但 Ag 不能从 HCl 溶液中置换出 H_2，却能从 HI 溶液中置换出 H_2。请通过计算加以解释。已知：$E^{\ominus}(Ag^+/Ag) = 0.80$ V，$K_{sp}^{\ominus}(AgCl) = 1.8 \times 10^{-10}$，$K_{sp}^{\ominus}(AgI) = 8.3 \times 10^{-17}$。

解：假设各物质均处于标准状态，$E^{\ominus}(H^+/H_2) = 0.00$ V

$$E^{\ominus}(AgCl/Ag) = E^{\ominus}(Ag^+/Ag) + 0.0592 \lg[Ag^+]$$
$$= 0.80 + 0.0592 \lg K_{sp}^{\ominus}(AgCl)$$
$$= 0.80 + 0.0592 \lg 1.8 \times 10^{-10} = 0.223 \text{ (V)}$$
$$E^{\ominus}(AgI/Ag) = E^{\ominus}(Ag^+/Ag) + 0.0592 \lg[Ag^+]$$
$$= 0.80 + 0.0592 \lg K_{sp}^{\ominus}(AgI)$$
$$= 0.80 + 0.0592 \lg 8.3 \times 10^{-17} = -0.152 \text{ (V)}$$

若 Ag 能从 HCl 溶液中置换出 H_2，则发生下列反应：

$$2Ag + 2HCl = 2AgCl + H_2$$

因为 $E^{\ominus} = E_+^{\ominus} - E_-^{\ominus} = E^{\ominus}(H^+/H_2) - E^{\ominus}(AgCl/Ag) = 0.00 - 0.223 = -0.223$ (V) <0
所以 Ag 不能与 HCl 反应生成 AgCl，故不能从 HCl 溶液中置换出 H_2。

若 Ag 能从 HI 溶液中置换出 H_2，则发生下列反应：

$$2Ag + 2HI = 2AgI + H_2$$

因为 $E^{\ominus} = E_+^{\ominus} - E_-^{\ominus} = E^{\ominus}(H^+/H_2) - E^{\ominus}(AgI/Ag) = 0.00 - (-0.152) = 0.152$ (V) >0
所以 Ag 能与 HI 反应生成 AgI，故能从 HI 溶液中置换出 H_2。

【综合测试】

一、选择题（每题 1 分，共 25 分。选择一个正确的答案写在括号里）

1. 两个半电池，电极相同，电解质溶液中物质也相同，但溶液的浓度不同。将这两个半电池用盐桥和导线联接起来，该电池的电动势符合（　　）。

　　A. $E^{\ominus} \neq 0, E \neq 0$　　　　　　　　B. $E^{\ominus} = 0, E \neq 0$
　　C. $E^{\ominus} = 0, E = 0$　　　　　　　　D. $E^{\ominus} \neq 0, E = 0$

2. $E_A^{\ominus}/V$：$Au^{3+} \xrightarrow{1.29} Au^+ \xrightarrow{1.68} Au$，根据上述电势图可预测能自发进行的反应是（　　）。

　　A. $Au^{3+} + 2Au = 3Au^+$　　　　　　B. $Au + Au^+ = 2Au^{3+}$
　　C. $2Au = Au^+ + Au^{3+}$　　　　　　D. $3Au^+ = Au^{3+} + 2Au$

3. 已知 $MnO_2 + 2e + 4H^+ = Mn^{2+} + 2H_2O$（$E^{\ominus} = 1.224$ V），$Cl_2 + 2e = 2Cl^-$（$E^{\ominus} = 1.36$ V），可用 MnO_2 和浓盐酸制备 Cl_2 的原因是（　　）。

　　A. 两个 $E^{\ominus}$ 值相差不大
　　B. 酸度增加，$E(MnO_2/Mn^{2+})$ 值增大
　　C. $[Cl^-]$ 增加，$E(Cl_2/Cl^-)$ 值减小
　　D. 上面 3 个因素都有

4. 用 Nernst 方程式计算 Br_2/Br^- 电对的电极电势，下列叙述中正确的是（　　）。

A. [Br_2]增大，E 值增大　　　　　　　B. [Br^-]增大，E 值减小

C. [H^+]增大，E 值减小　　　　　　　D. 温度升高对 E 无影响

5. 有一个原电池：$(-)Pt | Fe^{2+}(1\ mol·dm^{-3}),Fe^{3+}(1\ mol·dm^{-3}) \| Ce^{4+}(1\ mol·dm^{-3}),Ce^{3+}(1\ mol·dm^{-3}) | Pt(+)$，则该电池的电池反应是(　　)。

A. $Ce^{3+}+Fe^{3+}=Ce^{4+}+Fe^{2+}$　　　　B. $Ce^{4+}+Fe^{2+}=Ce^{3+}+Fe^{3+}$

C. $Ce^{3+}+Fe^{2+}=Ce^{4+}+Fe^{3+}$　　　　D. $Ce^{4+}+Fe^{3+}=Ce^{3+}+Fe^{2+}$

6. 已知 $E^{\ominus}(Sn^{4+}/Sn^{2+})=0.151\ V, E^{\ominus}(Fe^{3+}/Fe^{2+})=0.77\ V$，不能共存于同一溶液中的一对离子是(　　)。

A. Fe^{3+},Sn^{2+}　　B. Sn^{4+},Fe^{2+}　　C. Fe^{3+},Fe^{2+}　　D. Sn^{4+},Sn^{2+}

7. 已知电极反应 $ClO_3^-+6H^++6e^-\Longrightarrow Cl^-+3H_2O$ 的 $\Delta_r G_m^{\ominus}=-839.6\ kJ·mol^{-1}$，则 $E^{\ominus}(ClO_3^-/Cl^-)$ 值为(　　)。

A. 1.45 V　　　B. 0.73 V　　　C. 2.90 V　　　D. −1.45 V

8. 下列氧化还原电对中，$E^{\ominus}$ 值最小的是(　　)。

A. Cu^{2+}/CuI　　B. $Cu^{2+}/CuBr$　　C. $Cu^{2+}/CuCl$　　D. Cu^{2+}/Cu^+

9. 改变溶液的酸度，E 值将随之改变的电极反应是(　　)。

A. $Zn^{2+}+2e^-=Zn$　　　　　　　B. $MnO_4^-+8H^++5e^-=Mn^{2+}+4H_2O$

C. $Cl_2+2e^-=2Cl^-$　　　　　　　D. $Cr^{3+}+e^-=Cr^{2+}$

10. 已知 $E^{\ominus}(I_2/I^-)=+0.535\ V, E^{\ominus}(MnO_4^-/Mn^{2+})=+1.51\ V$，正确的原电池符号是(　　)。

A. $(-)\ I_2(s) | I^-(c) \| MnO_4^-(c),H^+(c),Mn^{2+}(c) | Pt\ (+)$

B. $(-)\ Pt | I_2(s),I^-(c) \| MnO_4^-(c),Mn^{2+}(c) | Pt\ (+)$

C. $(-)\ Pt,I_2(s) | I^-(c) \| MnO_4^-(c),H^+(c) | Pt\ (+)$

D. $(-)\ Pt,I_2(s) | I^-(c_1) \| MnO_4^-(c_2),Mn^{2+}(c_3),H^+(c_4) | Pt\ (+)$

11. 在元素电势图中，$E_A^{\ominus}/V$：$H_3IO_6^{2-} \xrightarrow{+0.70} IO_3^- \xrightarrow{+0.14} IO^- \xrightarrow{+0.45} I_2$ 有可能发生歧化反应的是(　　)。

A. $H_3IO_6^{2-}$　　B. IO_3^-　　C. IO^-　　D. I_2

12. 在标准条件下，下列反应均能正向进行：$2Fe^{3+}+Sn^{2+}\Longrightarrow 2Fe^{2+}+Sn^{4+}$，$Cr_2O_7^{2-}+6Fe^{2+}+14H^+\Longrightarrow 2Cr^{3+}+6Fe^{3+}+7H_2O$，它们中最强的氧化剂和最强的还原剂分别是(　　)。

A. Sn^{2+} 和 Fe^{3+}　　　　　　B. $Cr_2O_7^{2-}$ 和 Sn^{2+}

C. Cr^{3+} 和 Sn^{4+}　　　　　　D. $Cr_2O_7^{2-}$ 和 Fe^{3+}

13. 当一个氧化还原反应达到平衡时，则有(　　)。

A. 反应的 $K=0$　　　　　　　　B. 反应的 $K^{\ominus}=0$

C. 反应的 $E=0$　　　　　　　　D. 反应的 $E^{\ominus}=0$

14. 下列溶液中，不断增加 H^+ 浓度，氧化能力不增强的是(　　)。

A. MnO_4^-　　B. NO_3^-　　C. H_2O_2　　D. Cu^{2+}

15. 在标准铜锌原电池的 Cu^{2+}/Cu 半电池中，添加少量固体 $CuSO_4$，在 Zn^{2+}/Zn 半电池中，加入氨水。与标准电动势相比，下列结论正确的是(　　)。

A. 电动势增大　　　　　　　B. 电动势减小

C. 电动势不变   D. 无法确定

16. Sn^{4+}/Sn^{2+} 半电池中，Sn^{2+} 的浓度为 $0.1\ mol \cdot dm^{-3}$，Sn^{4+} 的浓度为 $0.01\ mol \cdot dm^{-3}$，其电极电势是（　　）。

   A. $E^{\ominus}(Sn^{4+}/Sn^{2+})+0.0592$ B. $E^{\ominus}(Sn^{4+}/Sn^{2+})-0.0592$

   C. $E^{\ominus}(Sn^{4+}/Sn^{2+})-\dfrac{0.0592}{2}$ D. $E^{\ominus}(Sn^{4+}/Sn^{2+})+\dfrac{0.0592}{2}$

17. 已知 H_2O_2 的电势图。酸性介质中：$O_2 \xrightarrow{0.695} H_2O_2 \xrightarrow{1.77} H_2O$，碱性介质中：$O_2 \xrightarrow{-0.08} HO_2^- \xrightarrow{0.88} OH^-$。说明 H_2O_2 的歧化反应（　　）。

   A. 只在酸性介质中发生   B. 只在碱性介质中发生
   C. 无论在酸碱介质中都能发生   D. 无论在酸碱介质中都不能发生

18. 下列电对中，标准电极电势值最大的是（　　）。

   A. Ag^+/Ag B. $[Ag(NH_3)_2]^+/Ag$
   C. AgI/Ag D. $[Ag(CN)_2]^-/Ag$

19. 下列电极反应中的有关离子浓度减小一半，电极电势值增加的是（　　）。

   A. $Cu^{2+}+2e^- \Longrightarrow Cu$ B. $I_2+2e^- \Longrightarrow 2I^-$
   C. $2H^++2e^- \Longrightarrow H_2$ D. $Fe^{3+}+e^- \Longrightarrow Fe^{2+}$

20. 非金属 I_2 在 $0.01\ mol \cdot dm^{-3}$ 的 I^- 溶液中，当加入少量 H_2O_2 时，碘的电极电势应该（　　）。

   A. 增大   B. 减小   C. 不变   D. 不能判断

21. 已知 $E^{\ominus}(Zn^{2+}/Zn)=-0.76\ V$，下列原电池反应的电动势为 $0.46\ V$，则氢电极溶液中的 pH 为（　　）。

   $Zn(s)+2H^+(a\ mol \cdot dm^{-3}) \Longrightarrow Zn^{2+}(1\ mol \cdot dm^{-3})+H_2(100\ kPa)$

   A. 10.2   B. 2.5   C. 3.0   D. 5.1

22. 已知 $E^{\ominus}(Ag^+/Ag)=0.80\ V$，$E^{\ominus}(I_2/I^-)=0.535\ V$，$E^{\ominus}(Cu^{2+}/Cu)=0.34\ V$，根据上述电极电势判断能起反应的是（　　）。

   A. $Ni^{2+}+Cu \rightarrow$ B. $Cu^{2+}+2I^- \rightarrow$
   C. $Ag+I^- \rightarrow$ D. $Ag^++Cu \rightarrow$

23. 电极电势与 pH 无关的电对是（　　）。

   A. H_2O_2/H_2O B. IO_3^-/I^-
   C. MnO_2/Mn^{2+} D. MnO_4^-/MnO_4^{2-}

24. 将标准氢电极与另一氢电极组成电池，若使电池的电动势最大，另一氢电极所采用的酸性溶液是（　　）

   A. $0.1\ mol \cdot dm^{-3}\ HCl$ B. $0.1\ mol \cdot dm^{-3}\ HAc+0.1\ mol \cdot dm^{-3}\ NaAc$
   C. $0.1\ mol \cdot dm^{-3}\ HAc$ D. $0.1\ mol \cdot dm^{-3}\ H_2SO_4$

25. 某电池$(-)A\ |\ A^{2+}(0.1\ mol \cdot dm^{-3})\ ||\ B^{2+}(1.0\times 10^{-2}\ mol \cdot dm^{-3})\ |\ B(+)$ 的电动势 E 为 $0.27\ V$，则该电池的标准电动势 $E^{\ominus}$ 为（　　）。

   A. 0.24 V   B. 0.27 V   C. 0.30 V   D. 0.33 V

二、填空题（每空 1 分，共 25 分。将正确的答案写在横线上）

1. 原电池是利用 _____ 反应产生电流的装置。原电池装置中盐桥的作用是_____和_____。

2. A(Ox)＋B(Red)⟶，假定 298.15 K 时，A、B 浓度均为 1.0 mol·dm^{-3}，此反应不能正向进行，则 $E^{\ominus}$(A)一定_____ $E^{\ominus}$(B)。

3. 原电池之所以能产生电流，是因为在原电池的_____和_____之间存在着_____。这个_____称为原电池的_____。

4. 随着溶液 pH 值的增加，电对 $Cr_2O_7^{2-}/Cr^{3+}$ 和 I_2/I^- 的电极电势将分别_____和_____。

5. 电对 Ag^+/Ag、$AgCl/Ag$、AgI/Ag 和 $AgBr/Ag$ 按标准电极电势 $E^{\ominus}$ 由小到大的顺序排列应为_____。

6. 已知 $E_A^{\ominus}$/V：$Cr_2O_7^{2-} \xrightarrow{+1.358} Cr^{3+} \xrightarrow{-0.41} Cr^{2+} \xrightarrow{-0.86} Cr$，则 $E^{\ominus}(Cr_2O_7^{2-}/Cr)$＝_____ V，$Cr^{3+}$ 不能发生_____反应。

7. 对给定的氧化还原反应来说，298.15 K 时的 $K^{\ominus}$ 值只与_____有关，而与_____无关。_____值越大，$K^{\ominus}$ 值越大，正向反应进行得_____。

8. 已知电对 $E^{\ominus}(Fe^{3+}/Fe^{2+})$＝0.77 V，$E^{\ominus}(MnO_4^-/Mn^{2+})$＝1.51 V，标准状态下将其组成原电池，该原电池正极发生的反应为_____，负极发生的反应为_____，电池反应为_____；电池符号为_____；电池反应的 $K^{\ominus}$ 是_____；电池反应的 $\Delta_r G_m^{\ominus}$ 是_____。

9. 已知 $E^{\ominus}(Co^{3+}/Co^{2+})$＝1.82 V，$E^{\ominus}([Co(CN)_6]^{3-}/[Co(CN)_6]^{4-})$＝－0.84 V，则 $[Co(CN)_6]^{3-}$ 和 $[Co(CN)_6]^{4-}$ 的稳定常数较大的是_____。

三、简答题（共 20 分）

1. 能否测出电极电势的绝对值？电极电势是一个什么样的值？它是怎样得到的？（4 分）

2. Fe^{3+} 能腐蚀 Cu，而 Cu^{2+} 又能腐蚀 Fe，这一事实是否矛盾？用有关电对的标准电极电势解释，并写出有关方程式。$Fe^{3+} \xrightarrow{0.771} Fe^{2+} \xrightarrow{-0.441} Fe$，$Cu^{2+} \xrightarrow{0.34} Cu$。（8 分）

3. 已知下列电极反应在酸性溶液中的 $E^{\ominus}$ 值：

$$MnO_4^- + 4H^+ + 3e^- \rightleftharpoons MnO_2(s) + 2H_2O \quad E^{\ominus} = 1.679 \text{ V}$$

$$MnO_4^- + e^- \rightleftharpoons MnO_4^{2-} \quad E^{\ominus} = 0.56 \text{ V}$$

（1）画出锰元素在酸性溶液中 $MnO_4^- \to MnO_2(s)$ 的电势图；（2 分）

（2）计算 $E^{\ominus}(MnO_4^{2-}/MnO_2)$ 值；（2 分）

（3）判断 MnO_4^{2-} 能否歧化，写出相应的反应方程式，计算 $\Delta_r G_m^{\ominus}$ 与 $K^{\ominus}$ 值（4 分）。

四、计算题（共 30 分）

1. 分别计算下列电池 pH＝1.00 和 pH＝4.00 时的电池电动势，写出电池反应式，并分别指出能够进行的反应方向。（8 分）

已知：$E^{\ominus}(Cl_2/Cl^-)$＝1.36 V，$E^{\ominus}(MnO_4^-/Mn^{2+})$＝1.51 V。

Pt，Cl_2(100 kPa)｜Cl^-(1.00 mol·dm^{-3})‖MnO_4^-(2.00 mol·dm^{-3})，Mn^{2+}(0.010 mol·dm^{-3})，H^+(pH)｜Pt

2. 已知 $E^{\ominus}(Au^+/Au)$＝1.68 V，$E^{\ominus}([Au(CN)_2]^-/Au)$＝－0.58 V，试求配位个体 $[Au(CN)_2]^-$ 的 $K_{稳}^{\ominus}$。（4 分）

3. 已知 $Cu^+ + e^- \rightleftharpoons Cu$ 的 $E^{\ominus}$＝＋0.52 V，CuCl 的 $K_{sp}^{\ominus}$＝1.7×10^{-7}。求电极反应

$CuCl+e^- \rightleftharpoons Cu+Cl^-$ 的标准电极电势 $E^{\ominus}$。(4 分)

4. 已知反应 $2Ag^+ + Zn \rightleftharpoons 2Ag + Zn^{2+}$,开始时 Ag^+ 和 Zn^{2+} 的浓度分别是 $0.10 \text{ mol} \cdot dm^{-3}$ 和 $0.30 \text{ mol} \cdot dm^{-3}$,$E^{\ominus}(Ag^+/Ag)=0.80 \text{ V}$,$E^{\ominus}(Zn^{2+}/Zn)=-0.76 \text{ V}$。

(1) 将上面氧化还原反应设计成原电池并写出原电池符号;(3 分)
(2) 求 $E(Ag^+/Ag)$,$E(Zn^{2+}/Zn)$ 和 E;(3 分)
(3) 计算反应的 $E^{\ominus}$ 和 $K^{\ominus}$;(2 分)
(4) 求平衡时溶液中的 $[Ag^+]$。(2 分)

5. 已知 $E^{\ominus}(HAc/H_2)=-0.28 \text{ V}$,$E^{\ominus}(H^+/H_2)=0.00 \text{ V}$,计算 HAc 的 $K_a^{\ominus}$ 值。(4 分)

第7章

元素概述

【基本要求】
1. 了解元素在自然界中的分布和存在形态。
2. 理解单质的熔点、沸点、硬度和导电性在元素周期表中存在的某些规律。
3. 理解金属单质的还原性和非金属单质的氧化还原性。了解单质的5种制取方法。

【学习小结】

元素化学是无机化学的主体部分。在已发现的112种元素中,天然存在的元素有92种,其余为人工合成元素。元素的单质在常温常压下,以气态存在的有11种,以液态存在的有2种,还有2种单质熔点很低、易形成过冷状态,其余元素的单质呈固态。在自然界中以游离态存在的元素有气态非金属单质、固态非金属单质和金属单质。大多数元素以氧化物、硫化物、氯化物、碳酸盐、磷酸盐、硫酸盐、硅酸盐、硼酸盐等化合态形式存在。

对第二、三周期来说,同一周期单质的熔点从左到右逐渐增高,至第Ⅳ主族为最高;然后突然急剧降低,至零族为最低;对第四、五、六周期来说,同一周期单质的熔点从左到右逐渐增高,至第Ⅵ副族附近为最高,然后变化较为复杂,总趋势是逐渐降低,至零族为最低。单质的沸点变化与其熔点的变化大致平行。氦的熔点、沸点是所有物质中最低的,Ar、He、Ne等常用做低温介质和保护气体。各周期两端元素的单质硬度小,而在周期中间元素(短周期的碳族、长周期中的铬副族)的单质硬度大。

单质的上述物理性质的变化主要取决于它们的晶体类型、晶格中粒子间的作用力和晶格能。s区元素的单质均为金属晶体;p区元素的中间部分有原子晶体、链状或层状的过渡型晶体和分子晶体不同类型,周期表最右方的非金属和稀有气体则全部为分子晶体。

各单质的导电性差别很大:金属都能导电,是电的良导体;银、铜、金、铝是最好的导电材料,银与金较昂贵,只用于一些特殊场合,铜和铝则广泛应用于电器工业中。许多非金属单质不能导电,是绝缘体;位于周期表p区右上部的元素(如Cl、O)及稀有气体元素(如Ne、Ar)的单质为绝缘体。介于导体与绝缘体之间的是半导体,位于周期表p区从B到At对角线附近的元素单质大都具有半导体的性质,其中硅和锗是公认最好的,其次是硒,其他半导体单质各有缺点。

金属单质最突出的性质是它们容易失去电子而表现出还原性,性质递变基本上符合周期系中元素金属性的递变规律及标准电极电势 $E^{\ominus}$ 的顺序。s区金属在空气中燃烧时除能生成正常的氧化物、过氧化物外,钾、铷、铯及钙、锶、钡等金属在过量的氧气中燃烧时还会生成超氧化物。过氧化物和超氧化物都是固体储氧物质,它们与水剧烈反应会放出氧气,又可吸收 CO_2 并产生 O_2,所以较易制备的 KO_2 常用于急救器或装在防毒面具中。p区金属的活泼性一般远比s区金属的要弱。d区的大部分金属和ds区金属的活泼性也较弱,同周期中各金属单质活泼性的变化情况与主族的相类似,即从左到右一般有逐渐减弱的趋势,但这种变化远没有主族的变化明显。同一族副族金属单质活泼性的递变规律与主族不同,副族金属单质的还原性往往有自上而下逐渐减弱的趋势。

s 区金属除铍、镁外,用 H_2O 作氧化剂即能将金属氧化为金属离子。

p 区(除锑、铋外)和第四周期 d 区金属(如铁、镍)以及锌能溶于盐酸或稀硫酸等非氧化性酸中而置换出氢气。而第五、六周期 d 区和 ds 区金属以及铜一些金属必须用氧化性酸(如硝酸)予以溶解。铂、金需用王水溶解,铌、钽、钌、铑、锇、铱等须用浓硝酸和浓氢氟酸组成的混合酸予以溶解。此外,p 区的铝、镓、锡、铅以及 d 区的铬、ds 区的锌等还能与碱溶液作用生成配位个体。

某些金属和合金在某种环境条件下丧失了化学活性的行为称为金属的钝化。铝、铬、镍和钛以及含有这些金属的合金容易产生钝化作用。铝制品可作为炊具,铁制的容器和管道能被用于储运浓 HNO_3 和浓 H_2SO_4,就是由于金属的钝化作用。金属的钝化对金属材料的制造、加工和选用具有重要的意义。

与金属单质不同,非金属单质的特性是易得电子,呈现氧化性,且其性质递变基本上符合周期系中非金属性递变规律及标准电极电势 $E^\ominus$ 的顺序。较活泼的非金属单质如 F_2、O_2、Cl_2、Br_2 具有强氧化性,常用做氧化剂。较不活泼的非金属单质如 C、H_2、Si 常用做还原剂,较不活泼的非金属单质在一般情况下还原性不强,不与盐酸或稀硫酸等作用。大多数非金属单质既具有氧化性又具有还原性,其中 Cl_2、Br_2、I_2、P_4、S_8 等能发生歧化反应。

根据元素的存在状态及其性质,单质的制取方法大致有物理分离法、热分解法、电解法、热还原法和氧化法。

【温馨提示】

1. 元素的发现和分类 元素周期表中的 112 种元素的发现、认识和利用,经历了漫长而曲折的过程,各元素的发现时期与分类如表 X-7-1 所示:

表 X-7-1 各元素的发现时期与分类

时期		金属	准金属	非金属	稀有气体	发现数目
古代		Cu Fe Ag Sn Au Hg Pb	Sb	C S		10
7 世纪			As			1
17 世纪		Zn		P		2
18 世纪		Ti Cr Mn Co Ni Sr Y Zr Mo W Pt Bi U	Te	H O N Cl Se		19
19 世纪上半叶		Li Be Na Mg Al K Ca V Nb Ru Rh Pd Cd Ba La Ce Tb Er Ta Os Ir Th	B Si	Br I		26
19 世纪下半叶		Sc In Ga Rb Cs Pr Nd Sm Gd Dy Ho Tm Yb Tl Po Ra Ac	Ge	F	He Ne Ar Kr Xe Rn	25
20 世纪	30 年代	Tc Eu Lu Hf Re Fr Pa				7
	40 年代	Np Pu Am Cm Bk Pm	At			7
	50 年代	Cf Es Fm Md No				5
	60 年代	Lr Rf				2
	70 年代	Db Sg				2
	80 年代至今	Bh Hs Mt Uun Uuu Uub				6
合计		88(其中人工合成元素 18 种)	7	11	6	112

2. 稀有元素的定义和分类　稀有元素一般是指在自然界中含量少或分布稀散；被人们发现较晚，难从矿物中提取以致在工业制备和应用较晚的元素。如钛在地壳中的丰度虽然不低，但它分布分散、难以提炼，直到 20 世纪 40 年代才被重视，并被归入稀有金属。通常稀有元素分为以下几类：

轻稀有元素：Li、Rb、Cs、Be；

高熔点稀有元素：Ti、Zr、Hf、V、Nb、Ta、Mo、W；

分散性稀有元素：Ga、In、Tl、Se、Te；

稀有气体：He、Ne、Ar、Kr、Xe、Rn；

稀土金属：Sc、Y、Lu、镧系元素；

铂系金属：Ru、Rh、Pd、Os、Ir、Pt；

放射性稀有元素：Fr、Ra、Tc、Po、Ac、锕系元素。

3. 丰度的概念、表示方法和地壳中分布最广的 10 种元素

元素在地壳中的含量称为丰度，丰度通常用质量百分数或原子百分数表示。地壳中含量最多的 10 种元素如图 X-7-2 所示：

图 X-7-2　地壳中含量最多的 10 种元素

元　　素	O	Si	Al	Fe	Ca	Na	K	Mg	H	Ti
质量百分数/％	48.6	26.3	7.73	4.75	3.45	2.74	2.47	2.00	0.76	0.42

10 种元素占地壳总质量的 99.2％，其余所有元素总共不超过 1％。

【思习解析】

思　考　题

7-1　在地壳中分布最广的是哪 10 种元素？

解：地壳中含量最多的 10 种元素如下表所示：

元　　素	O	Si	Al	Fe	Ca	Na	K	Mg	H	Ti
质量百分数/％	48.6	26.3	7.73	4.75	3.45	2.74	2.47	2.00	0.76	0.42

10 种元素占地壳总质量的 99.2％，其余所有元素总共不超过 1％。

7-2　元素按性质分几类？化学上又如何分类？稀有元素分为几类？

解：元素按其性质可分为金属、非金属、准金属和稀有气体 4 大类。

在化学上，将元素分为普通元素和稀有元素。稀有元素一般是指在自然界中含量少或分布稀散；被人们发现较晚，难从矿物中提取以致在工业制备和应用较晚的元素。

稀有元素通常可分为轻稀有元素、高熔点稀有元素、分散性稀有元素、稀有气体、稀土金属、铂系金属和放射性稀有元素。

7-3　试写出稀有气体元素的符号和名称。

解：稀有气体元素的符号和名称分别为

He(氦)、Ne(氖)、Ar(氩)、Kr(氪)、Xe(氙)、Rn(氡)。

7-4 单质的晶体结构及物理性质有何变化规律？

解：（1）单质的晶体结构：s区元素的单质均为金属晶体；p区元素的中间部分，其单质的晶体结构较为复杂，有的为原子晶体，有的是链状或层状的过渡型晶体，有的为分子晶体。周期表最右方的非金属和稀有气体则全部为分子晶体。总的来说，同一周期元素的单质，从左到右，由典型的金属晶体过渡到分子晶体，中间出现原子晶体、层状或链状结构等过渡型晶体。同一族元素单质由上而下，常由分子晶体或原子晶体过渡到金属晶体。

（2）单质的物理性质：对第二、三周期来说，同一周期单质的熔点、沸点从左到右逐渐增高，至第Ⅳ主族为最高，然后突然急剧降低，至零族为最低；对第四、五、六周期来说，同一周期单质的熔点从左到右逐渐增高，至第Ⅵ副族附近为最高，然后变化较为复杂，总趋势是逐渐降低，至零族为最低。各周期两端元素的单质硬度小，而在周期中间元素（短周期的碳族、长周期中的铬副族）的单质硬度大。各单质的导电性差别很大：金属都能导电，是电的良导体；许多非金属单质不能导电，是绝缘体；介于导体与绝缘体之间的是半导体，位于周期表p区从B到At对角线附近的元素单质大都具有半导体的性质。

7-5 试述元素单质的制备方法。

解：根据元素的存在状态及其性质，单质的制取大致有5种方法。

1. 物理分离法：物理分离法适用于天然单质的提取。一般是利用要提取的单质与杂质在密度、沸点等物理性质上的显著差异进行分离、提取。我们所熟悉的淘金、液态空气分馏等均属于物理分离法。

2. 热分解法：对于热稳定性差的某些金属化合物，如 Ag_2O、HgS、Au_2O_3、$[Ni(CO)_4]$ 等，受热易分解为金属单质。例如：

$$HgS(s) \xrightarrow[\triangle]{O_2} Hg(l) + SO_2(g)$$

热分解法还常用于制备一些高纯单质。

3. 电解法：电解法适用于活泼金属和非金属单质的制取。例如，电解熔融 NaCl 制备 Na：

$$2NaCl(熔体) \xrightarrow{电解} 2Na + Cl_2(g)$$

4. 热还原法：热还原法是使用还原剂还原化合物（如氧化物、硫化物等）制取金属单质的一种方法。一般常用焦炭、CO、H_2、活泼金属等作为还原剂。例如：

$$Fe_2O_3 + 2Al \xrightarrow{\triangle} 2Fe + Al_2O_3$$

5. 氧化法：氧化法是使用氧化剂制取单质的一种方法。例如，可用空气氧化法从黄铁矿中提取硫：

$$3FeS_2 + 6C + 8O_2 \xrightarrow{\triangle} Fe_3O_4 + 6CO_2(g) + 6S(g)$$

冷却硫蒸气可得粉末状的硫。

7-6 为什么常用铝代替铜制造电线，特别是高压电缆。

解：主族金属铝的电导率虽然只有铜的60%左右，但密度不到铜的一半。当铝制电线的导电能力与铜制的一样时，铝线的质量只有铜线的一半，因此常用铝代替铜来制造电线，特别是高压电缆。

7-7 为什么国外已有试用金属钠作导线？用钠作导线应注意什么问题？

解：钠的电导率仅为电导率最高的银的 1/3，而且钠的密度比铝的更小，钠的资源也十分丰富，价格仅为铜的 1/7。因此，目前国外已有试用金属钠作导线。由于钠十分活泼，因此用钠做导线时，表皮要用聚乙烯包裹，并用特殊装置连接。

习 题

7-1 CO_2 和 SiO_2 的化学式相似，但是性质完全不同，为什么？

解：CO_2 和 SiO_2 的化学式虽然相似，但两种物质的晶体类型不同。CO_2 为分子晶体，SiO_2 为共价晶体。因此，两者的性质完全不同。

7-2 写出下列物质中哪些是氧化物、哪些是过氧化物和超氧化物：
(1) SnO_2 (2) Na_2O_2 (3) KO_2 (4) RbO_2
(5) SrO_2 (6) MnO_2 (7) BaO_2 (8) Mn_2O_7

解：(1) SnO_2，(6) MnO_2，(3) Mn_2O_7 为氧化物；
(2) Na_2O_2，(5) SrO_2，(7) BaO_2 为过氧化物；
(3) KO_2，(4) RbO_2 为超氧化物。

7-3 画出元素周期表中各区金属单质的活泼性及其递变情况图。

解：各区金属单质的活泼性及其递变情况图如下：

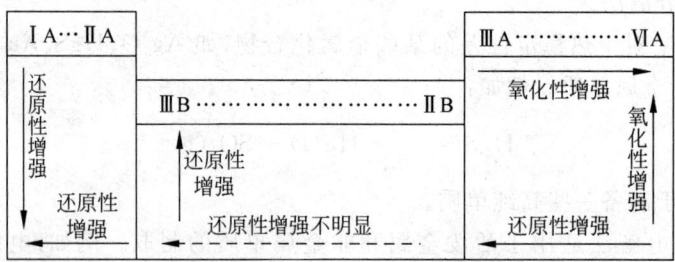

7-4 写出钾与氧气作用分别生成氧化物、过氧化物和超氧化物的化学反应方程式以及这些生成物与水反应的化学方程式。

解：钾与氧气作用生成氧化物：$2K + \dfrac{1}{2}O_2 \rightleftharpoons K_2O$

过氧化物：$2K + O_2 \rightleftharpoons K_2O_2$

超氧化物：$K + O_2 \rightleftharpoons KO_2$

上述生成物与水反应的化学方程式：

$$K_2O(s) + H_2O(l) \rightleftharpoons 2KOH(s)$$

$$2K_2O_2(s) + 2H_2O(g) \rightleftharpoons 4KOH(s) + O_2(g)$$

$$4KO_2(s) + 2H_2O(g) \rightleftharpoons 4KOH(s) + 3O_2(g)$$

7-5 写出下列反应的化学方程式，并指出这些酸中起氧化作用以及起配合作用的元素：
(1) 锌与稀硫酸   (2) 铜与浓硝酸   (3) 金与王水

解：(1) 锌与稀硫酸：Zn + H₂SO₄ ⇌ ZnSO₄ + H₂↑
(起氧化作用的元素是 H)

(2) 铜与浓硝酸：Cu + 4HNO₃ ⇌ Cu(NO₃)₂ + 2NO₂↑ + 2H₂O
(起氧化作用的元素是 N)

(3) 金与王水：Au + HNO₃ + 4HCl ⇌ H[AuCl₄] + NO↑ + 2H₂O
(N 起氧化作用，Cl 起配合作用)

7-6 H₂O₂ 在酸性介质中分别遇到 KI、Cl₂、KMnO₄ 和 K₂Cr₂O₇ 时，何者是氧化剂？根据标准电极电势来判断，写出反应方程式。

解：因为 $E^{\ominus}(O_2/H_2O_2) = 0.695$ V, $E^{\ominus}(H_2O_2/H_2O) = 1.776$ V, $E^{\ominus}(I_2/I^-) = 0.535$ V, $E^{\ominus}(Cl_2/Cl^-) = 1.36$ V, $E^{\ominus}(MnO_4^-/Mn^{2+}) = 1.51$ V, $E^{\ominus}(Cr_2O_7^{2-}/Cr^{3+}) = 1.358$ V,

所以在酸性介质中：

$$H_2O_2 + 2I^- + 2H^+ \rightleftharpoons I_2 + 2H_2O \quad\quad H_2O_2 \text{ 为氧化剂}$$

$$H_2O_2 + Cl_2 \rightleftharpoons 2HCl + O_2 \quad\quad Cl_2 \text{ 为氧化剂}$$

$$5H_2O_2 + 2MnO_4^- + 6H^+ \rightleftharpoons 2Mn^{2+} + 5O_2 + 8H_2O \quad\quad KMnO_4 \text{ 为氧化剂}$$

$$3H_2O_2 + Cr_2O_7^{2-} + 8H^+ \rightleftharpoons 2Cr^{3+} + 3O_2 + 7H_2O \quad\quad K_2Cr_2O_7 \text{ 为氧化剂}$$

【综合测试】

一、选择题(每题 2 分，共 20 分。选择一个正确的答案写在括号里)

1. 下列各金属中，熔点最高的是(　　)。
 A. Re　　　　B. Au　　　　C. Mo　　　　D. W

2. 下列金属中，硬度最大的是(　　)。
 A. Ag　　　　B. Na　　　　C. Cr　　　　D. Ti

3. 导电性最好的金属是(　　)。
 A. Cu　　　　B. Ag　　　　C. Al　　　　D. Pb

4. 地壳中丰度最高的元素是(　　)。
 A. 铁　　　　B. 硅　　　　C. 氧　　　　D. 氮

5. 下列物质中容易升华的是(　　)。
 A. 冰　　　　B. 氯化钠　　　C. 石墨　　　D. 碘

6. 下面金属中延展性最好的是(　　)。
 A. 金　　　　B. 铜　　　　C. 钠　　　　D. 锡

7. 下列盐类中，都能溶于水的是(　　)。
 A. 碳酸盐　　B. 硫酸盐　　C. 氯化物　　D. 硝酸盐

8. 下列说法错误的是(　　)。
 A. 地壳中丰度最高的金属是铝
 B. 地壳中丰度最高的元素是氧
 C. 地壳中含量最多的 10 种元素占地壳总质量的 80%
 D. 丰度是指元素在地壳中的含量

9. 下列说法正确的是(　　)。
 A. 金属铝的导电能力强于金属铜
 B. 金属铝的导电率只有铜的 60%

C. 当导电能力相同时,铜线的质量只有铝线的一半
D. 不能用金属铝代替铜制造电线

10. 下列物质中,属于超氧化物的是(　　)。
A. Mn_2O_7　　　B. RbO_2　　　C. BaO_2　　　D. MnO_2

二、填空题(每空 2 分,共 40 分。将正确的答案写在横线上)

1. 在自然界中以游离态存在的元素有_____单质、_____单质和_____单质。

2. 五种制取单质的方法分别为:_____、_____、_____、_____和_____。

3. 元素按其主要性质可分为_____、_____、_____和_____四大类。在化学上,将元素分为_____元素和_____元素。

4. 稀有元素通常又分为_____稀有元素、_____稀有元素、_____稀有元素、_____气体、_____金属、铂系金属和_____稀有元素。

三、简答题(每题 5 分,共 20 分)

1. 简述用铝代替铜制造高压电缆的原因。
2. 什么叫金属钝化?哪些金属易产生钝化作用?
3. 写出电解法制备 Al 和 Cl_2 的化学反应方程式。
4. 据下图简述金属单质的活泼性及其递变情况。

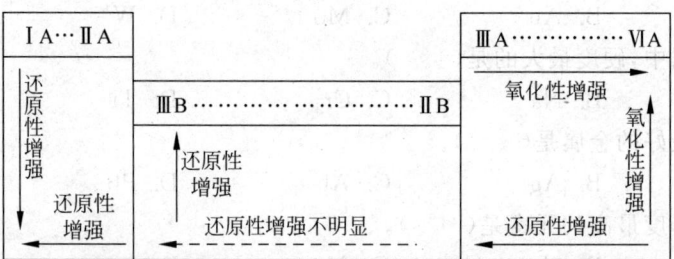

四、完成并配平下列反应方程式(每题 2 分,共 20 分)

(1) $Pt + HNO_3 + HCl \rightleftharpoons$

(2) $Au + HNO_3 + HCl \rightleftharpoons$

(3) $Cl_2 + I_2 + H_2O \rightleftharpoons$

(4) $Si + HF + HNO_3 \rightleftharpoons$

(5) $Si + NaOH + H_2O \rightleftharpoons$

(6) $Al + NaOH + H_2O \rightleftharpoons$

(7) $Sn + NaOH \rightleftharpoons$

(8) $S + HNO_3(浓) \rightleftharpoons$

(9) $H_2SO_4(浓) + C \rightleftharpoons$

(10) $Li + H_2 \rightleftharpoons$

第8章

s区和p区元素选述

【基本要求】

1. 了解氢原子的成键类型；掌握氢化物的类型和性质；了解氢能源的基本知识。

2. 掌握碱金属和碱土金属的重要氢化物、氧化物、过氧化物、超氧化物的生成和基本性质；理解碱金属和碱土金属氢氧化物碱性强弱的变化规律、重要盐类的溶解性和稳定性；了解锂、铍的特殊性和对角线规则。

3. 了解p区非金属元素单质的化学性质；理解卤素的歧化反应规律；理解碳单质的结构和硼原子的成键特性。

4. 理解p区非金属元素重要氢化物、氧化物的性质和空间构型；掌握H_2O_2、乙硼烷的结构和性质；掌握p区非金属元素含氧酸及其盐的性质、结构和递变规律等；了解稀有气体的基本知识。

5. 了解p区金属单质的性质；理解p区金属元素卤化物、氢氧化物的酸碱性；掌握铅的氧化物性质和p区金属重要硫化物的化学性质。

【学习小结】

s区元素包括氢和ⅠA族的碱金属及ⅡA族的碱土金属元素。

氢原子与其他元素原子可形成离子键、共价键以及特殊键型。氢几乎可与除稀有气体外的元素形成离子型、共价型和金属型3类氢化物。其中的金属氢化物多用作储氢材料，如$LaNi_5H_6$。氢能是21世纪最有希望的二级能源。

碱金属中的锂和所有碱土金属在空气中燃烧时，分别生成正常氧化物Li_2O和MO，其他碱金属的正常氧化物是用金属与它们的过氧化物或硝酸盐相作用而制得。除铍外，所有碱金属和碱土金属都能形成离子型过氧化物。除了锂、铍、镁外，碱金属和碱土金属都能形成超氧化物。此外，Rb和Cs还可形成低氧化物。

除$Be(OH)_2$为两性氢氧化物外，碱金属和碱土金属的氢氧化物多为强碱或中强碱。同一族元素，氢氧化物的碱性自上而下逐渐增强；在同一周期，氢氧化物的碱性从右到左依次增强。氢氧化物酸碱性递变规律可用R-O-H规则来说明。

碱金属、碱土金属的常见盐通常有较高的热稳定性；除$BeCl_2$为共价化合物外，其余均为离子晶体；碱金属盐一般易溶，碱土金属盐：Be盐易溶，Mg盐部分易溶，Ca盐、Sr盐和Ba盐一般难溶。

p区元素包括周期系中的ⅢA～ⅦA五个主族和零族元素，该区元素沿硼-硅-砷-碲-砹对角线将其分为两部分，对角线右上角为非金属元素（含对角线上的元素，其中砷和碲均表现为准金属），对角线左下角为金属元素。

卤素单质最突出的化学性质是氧化性。卤素与水可发生氧化反应和水解反应。其中 F_2 只能发生第一类反应,且反应激烈,Cl_2、Br_2、I_2 与水主要发生第二类反应。卤素的氧化性:$F_2>Cl_2>Br_2>I_2$;卤素离子的还原性:$F^-<Cl^-<Br^-<I^-$。O_2 和 O_3 是氧单质的两种同素异形体,O_3 的氧化性比 O_2 强,能氧化许多不活泼单质如 Hg、Ag、S 等。N_2 在常温下与锂直接反应生成 Li_3N,在高温时不但能和镁、钙、铝、硼、硅等化合生成氮化物,而且能与氧、氢直接化合。磷主要有白磷、红磷和黑磷 3 种同素异形体。砷的 3 种同素异形体(黄砷、黑砷和灰砷)化学性质完全相同,在高温时,砷可以和氧、硫、卤素等发生作用。碳有 3 种同素异形体:金刚石、石墨和 C_{60}。硼几乎与所有金属都生成金属型化合物。

绝大多数 p 区非金属元素能与氢形成共价型氢化物,且非金属与氢的电负性相差越远,所生成的氢化物越稳定。氢化物的热稳定性同一周期从左到右逐渐增加,同一族自上而下地减小。除了 HF 以外,其他 p 区非金属氢化物都有还原性,氢化物的还原性在周期表中,从右向左,自上而下地增强。氢化物的水溶液少数是碱,多数是酸。其酸性在周期表中,从左到右、自上而下地逐渐增强。

CO 作为一种配体,有非常微弱的酸性,能与ⅥB、ⅦB 和Ⅷ族的过渡金属形成羰基配合物。CO_2 是酸性氧化物,能与碱反应。NO 可以形成二聚物;NO_2 的氧化性较强,在低温下易聚合成二聚体 N_2O_4,而高温下则会分解。As_2O_3 是砷的重要化合物,俗称砒霜(剧毒),是两性略偏酸的物质;As_2O_5 是酸性氧化物。SO_2 分子中含有 Π_3^4 键;SO_3 分子中含有 Π_4^6 键,是强氧化剂,可以使单质磷燃烧,将碘化物氧化为单质碘。

卤素含氧酸均有较强的氧化性。同一元素随着卤原子氧化数的增高,氧化能力依次减弱($HClO>HClO_2>HClO_3>HClO_4$);同一氧化数的不同卤素,低氧化数含氧酸的氧化能力从 Cl 到 I 的顺序依次减弱($HClO>HBrO>HIO$);但溴的含氧酸出现一些反常($HClO_3<HBrO_3>HIO_3$)。卤素含氧酸的氧化性强于其含氧酸盐,许多中间氧化数物质容易发生歧化反应。

亚硫酸及其盐以还原性为主,也有氧化性;硫酸是二元酸中最强的酸。亚硝酸及其盐既具氧化性又具还原性;硝酸具有强的氧化性,硝酸以硝基($-NO_2$)取代有机化合物分子中的一个或几个氢原子的作用称为硝化作用。磷的含氧酸种类较多,其中磷酸为三元中强酸,次磷酸 H_3PO_2 是一元酸;磷酸盐有磷酸正盐、磷酸一氢盐和磷酸二氢盐三种类型;亚磷酸及其盐都是强还原剂、次磷酸及其盐也都是强还原剂,还原性比亚磷酸强。碳酸是二元弱酸,能生成碳酸盐和碳酸氢盐;碱金属的碳酸盐和碳酸氢盐在水溶液中均因水解而分别显强碱性和弱碱性;当可溶性碳酸盐作为沉淀剂与溶液中的金属离子作用时,根据相应金属碳酸盐和氢氧化物的溶解度大小,产物可能是正盐、碳酸氢盐或氢氧化物;碳酸盐的热稳定性较差。硅酸是二元弱酸,碱金属硅酸盐可溶于水,重金属硅酸盐难溶于水,并有特征颜色。硼酸 H_3BO_3 是一元弱酸,是典型的路易斯酸;最重要的硼酸盐是四硼酸钠,俗称硼砂,硼砂在熔融状态能溶解一些金属氧化物,并依金属的不同而显出特征的颜色(硼酸也有此性质)。

p 区金属元素的价层电子构型为 $ns^2np^{1\sim4}$,它们在化合物中常有两种氧化数,且其氧化数相差为 2。镓分族元素易溶于非氧化性酸和氧化性酸,镓是两性金属。锗分族元素在高温下都能与氧反应而生成氧化物。锑、铋能和许多金属形成化合物,在高温时能和氧、硫、卤素反应。

p 区金属氯化物遇水会有不同程度的水解。$AlCl_3$ 是共价型化合物,遇水强烈水解,解离为 $[Al(H_2O)_6]^{3+}$ 和 Cl^- 离子。$SbCl_3$ 和 $BiCl_3$ 在溶液中都会强烈地水解,生成难溶的 SbOCl 和 BiOCl 酰基盐。

p 区金属氢氧化物多为两性化合物。$Al(OH)_3$、$Ga(OH)_3$ 和 $In(OH)_3$ 都是典型的两性化合物。

铅的重要化合物有 PbO、PbO_2 和"混合氧化物"Pb_3O_4。PbO_2 是两性,其酸性大于碱性,与强碱共热可得铅酸盐。Pb(Ⅳ) 为强氧化剂,Pb_3O_4 的晶体中既有 Pb(Ⅳ) 又有 Pb(Ⅱ),化学式可以写为 $2PbO \cdot PbO_2$。

p 区金属的硫化物多难溶于水,都有不同程度的水解性。GeS_2 和 SnS_2 能溶解在碱金属硫化物的水溶液中,GeS 和 SnS 能溶于多硫化物溶液中;PbS 为黑色沉淀,不溶于稀酸和硫化钠溶液,但能溶于稀 HNO_3 或浓盐酸;Sb_2S_3 具有还原性,与多硫化物反应生成硫代酸盐,Sb_2S_3 还能溶于碱性硫化物如 Na_2S 或 $(NH_4)_2S$ 中。

【温馨提示】

1. 碱金属、碱土金属元素化合物以离子型为主,其中 Li、Be 的化合物具有一定的共价性。碱金属、碱土金属氢氧化物的酸碱性递变规律可用 R—O—H 规则来说明,但这一方法并不完全适用于其他元素的氢氧化物。

碱金属和碱土金属元素的过氧化物和超氧化物与 CO_2 反应均能放出 O_2,过氧化物与水或稀酸反应放出 H_2O_2;超氧化物与水或稀酸反应放出 H_2O_2 和 O_2。

2. 卤化氢的酸性、还原性按照 HF→ HCl→ HBr→ HI 的顺序逐渐增强,热稳定性逐渐减弱;而卤素含氧酸 HClO→ $HClO_3$ → $HClO_4$ 的酸性、热稳定性逐渐增强;氧化性逐渐减弱。

3. H_2O_2 分子中存在—O—O—基,过硫酸中也含有—O—O—基,因此,过硫酸可视为过氧化氢的衍生物。SO_2 和 SO_3、HNO_3 和 NO_3^- 的分子中都分别含有大 π 键,其中,SO_2、HNO_3 分子中的大 π 键是三中心四电子 Π_3^4 键,SO_3 和 NO_3^- 分子中的大 π 键是四中心六电子 Π_4^6 键,O_3 分子中也含有 Π_3^4 键。

4. 最简单的硼烷是乙硼烷(B_2H_6),不存在稳定的 BH_3,这是由硼原子的缺电子特征所决定的。B_2H_6 分子中含有氢桥键 3c-2e。H_3BO_3 之所以有酸性也是由于硼的缺电子性,并不是因为它本身给出了质子,而是它加合了来自 H_2O 分子的 OH^-,释放出了 H^+ 而显酸性。

【思习解析】

思 考 题

8-1 解释碱土金属碳酸盐的热稳定性变化规律。

解:碱土金属碳酸盐的热稳定性变化规律可用离子极化的概念来说明。CO_3^{2-} 体积较大,正离子极化力越大,越容易从 CO_3^{2-} 中夺取 O^{2-} 成为氧化物,同时放出 CO_2,则碳酸盐稳定性越差。碱土金属的 M^{2+} 自上而下随着半径依次递增(电荷相同),极化力递减,因此碳酸盐的稳定性依次递增。

8-2 为什么 Na_2O_2 常用作潜水艇中的供氧剂？

解：因为 Na_2O_2 可以与人呼出的 CO_2、水蒸气反应并放出氧气。
反应方程式为

$$2Na_2O_2 + 2CO_2 = 2Na_2CO_3 + O_2\uparrow$$

8-3 如何去除粗食盐中含有的杂质 Ca^{2+}、Mg^{2+} 和 SO_4^{2-}？

解：首先可在粗食盐溶液中加入 $BaCl_2$ 溶液，除去 SO_4^{2-}，反应式如下：

$$Ba^{2+} + SO_4^{2-} = BaSO_4\downarrow$$

再在溶液中加入 $NaOH$ 和 Na_2CO_3 溶液，除去 Ca^{2+}、Mg^{2+} 和过量的 Ba^{2+}，反应式如下：

$$Mg^{2+} + 2OH^- = Mg(OH)_2\downarrow$$
$$Ca^{2+} + CO_3^{2-} = CaCO_3\downarrow$$
$$Ba^{2+} + CO_3^{2-} = BaCO_3\downarrow$$

过量的 $NaOH$ 和 Na_2CO_3 溶液可以用盐酸中和除去。

8-4 如何鉴别下列各组物质：

(1) Na_2CO_3，$NaHCO_3$，$NaOH$；

(2) Na_2SO_4，$MgSO_4$；

(3) $Al(OH)_3$，$Mg(OH)_2$，$MgCO_3$。

解：鉴别上述各组物质有不同方法，现仅举一例供参考。

(1) 加入稀 HCl，无气体放出，则为 $NaOH$；有气体放出的两个物质为 Na_2CO_3 和 $NaHCO_3$，再分别使用 pH 试纸鉴定碱性强弱：碱性强的为 Na_2CO_3。

(2) 加入稀 $NaOH$ 溶液，有沉淀析出的是 $MgSO_4$，无沉淀产生的为 Na_2SO_4。

(3) 加入稀 HCl，有气体放出则为 $MgCO_3$；同时能溶于稀 HCl 和 $NaOH$ 溶液的物质是 $Al(OH)_3$；只溶于 HCl 不溶于 $NaOH$ 的物质为 $Mg(OH)_2$。

8-5 用反应式表示下列反应：

(1) 氯水逐滴加入 KBr 溶液中；

(2) 氯气通入热的石灰乳中；

(3) 用 $HClO_3$ 处理 I_2；

(4) 氯酸钾在无催化剂存在时加热分解。

解：(1) $2Br^- + Cl_2 = Br_2 + 2Cl^-$

(2) $6Ca(OH)_2(热) + 6Cl_2 = Ca(ClO_3)_2 + 5CaCl_2 + 6H_2O$

(3) $I_2 + 2HClO_3 = Cl_2 + 2HIO_3$

(4) $4KClO_3 \xrightarrow{\triangle} 3KClO_4 + KCl$

8-6 写出三个具有共价键的金属卤化物的分子式，并说明这种类型卤化物的共同特性。

解：3 个具有共价键的金属卤化物的分子式分别为：$AlCl_3$，$SnCl_4$，$TiCl_4$。

这些卤化物的共同特性是熔点、沸点一般较低，易挥发，能溶于非极性溶剂，在水中强烈水解。

8-7 用废铁屑制取硫酸铁铵复盐 $NH_4Fe(SO_4)_2·12H_2O$，选用哪种氧化剂最为合理：H_2O_2、$(NH_4)_2S_2O_8$、HNO_3、O_2？请简单解释并写出制取过程的化学反应式。

解：选用 $(NH_4)_2S_2O_8$ 最合理。因为 $(NH_4)_2S_2O_8$ 既可将 $FeSO_4$ 氧化为 $Fe_2(SO_4)_3$，又不引进其他杂质，而且 $(NH_4)_2S_2O_8$ 的还原产物 $(NH_4)_2SO_4$ 又是制取 $NH_4Fe(SO_4)_2·12H_2O$ 需要的物质，不必另外再加 $(NH_4)_2SO_4$。反应式如下：

$$Fe + H_2SO_4 = FeSO_4 + H_2\uparrow$$
$$2FeSO_4 + (NH_4)_2S_2O_8 = Fe_2(SO_4)_3 + (NH_4)_2SO_4$$
$$Fe_2(SO_4)_3 + (NH_4)_2SO_4 + 12H_2O = 2NH_4Fe(SO_4)_2·12H_2O$$

8-8 某红色固体粉末 X 与 HNO_3 作用得棕色沉淀物 A。把此沉淀分离后，在溶液中加入 K_2CrO_4，得黄色沉淀 B；向 A 中加入浓盐酸则有气体 C 发生，此气体有氧化性。问 X，A，B，C 各为何物？

解：据题意 X 为 Pb_3O_4，A 为 PbO_2，B 为 $PbCrO_4$，C 为 Cl_2。

8-9 向 $AlCl_3$ 溶液中加入下列物质，各有何反应？
(1) Na_2S 溶液　　　　　(2) 过量 NaOH 溶液
(3) 过量 NH_3 水　　　　(4) Na_2CO_3 溶液

解：(1) $2AlCl_3 + 6H_2O + 3Na_2S = 2Al(OH)_3\downarrow + 6NaCl + 3H_2S\uparrow$
(2) $AlCl_3 + 3NaOH = 3NaCl + Al(OH)_3\downarrow$
　　$Al(OH)_3 + NaOH(过量) = NaAlO_2 + 2H_2O$
　　总反应：$AlCl_3 + 4NaOH = 3NaCl + NaAlO_2 + 2H_2O$
(3) $AlCl_3 + 3NH_3 + 3H_2O = 3NH_4Cl + Al(OH)_3\downarrow$
(4) $2AlCl_3 + 3Na_2CO_3 + 3H_2O = 6NaCl + 2Al(OH)_3\downarrow + 3CO_2\uparrow$

8-10 为什么说乙硼烷 B_2H_6 是一个缺电子化合物？它的结构如何？

解：在 B_2H_6 分子中，两个 B 共有 8 个价电子轨道（即每个 B 原子有 1 个 2s，3 个 2p 轨道），可容纳 16 个电子，但是 B_2H_6 分子中只有 12 个成键电子，所以它是缺电子化合物。其结构是：在 B_2H_6 分子中，6 个氢原子中共有 4 个氢原子同 2 个 B 原子共价结合，处于同一平面，成键电子共 8 个，有两个氢原子，每个氢原子同时和 2 个硼原子靠两个电子互相结合成键，组成三中心－2 电子键形成了 B—H—B 氢桥键。

8-11 为什么不能采用加热 $AlCl_3·6H_2O$ 脱水的方法来制备无水氯化铝？

解：因为无水 $AlCl_3$ 水解性很强，甚至在空气中遇到微量的水气也强烈地发烟，产生 HCl 气体：

$$AlCl_3 + 3H_2O = Al(OH)_3\downarrow + 3HCl\uparrow$$

当加热 $AlCl_3·6H_2O$ 时，所带结晶水就边失水边同 $AlCl_3$ 作用，产生 $Al(OH)_3$、HCl，因此制备无水氯化铝不能用加热 $AlCl_3·6H_2O$ 的方法，而只能用在 HCl 或 Cl_2 气流内加热金属铝的方法。

8-12 为什么白磷在常温下有很高的化学活性？为什么在暗处可以看到白磷发光？

解：因为白磷分子中的 P—P 键角为 60°，张力大，化学活性高。白磷（又称黄磷）在与潮湿空气接触时发生缓慢氧化作用，部分的反应能量以光能的形式放出，故放在暗处可见到其发光。

8-13 如何鉴别正磷酸、焦磷酸和偏磷酸？在 PCl_5 完全水解后的产物中，加入 $AgNO_3$

只有白色沉淀,而无黄色沉淀,说明了什么?

解:向 3 种溶液中分别加入 $AgNO_3$,正磷酸会产生黄色的 Ag_3PO_4 沉淀,焦磷酸产生的沉淀 $Ag_4P_2O_7$ 是白色的,偏磷酸产生的沉淀 $AgPO_3$ 也是白色的,再取能产生白色沉淀的两种溶液,分别加蛋白,能使蛋白凝聚的是 HPO_3。

因为 PCl_5 完全水解后的产物酸性太强,$[PO_4^{3-}]$ 小,在此酸度下 $[Ag^+]^3[PO_4^{3-}]<K_{sp}^{\ominus}$,所以只有 AgCl 白色沉淀。

8-14 实验室配制及保存 $SnCl_2$ 溶液时应采取哪些措施?写出有关的方程式。

解:在配制 $SnCl_2$ 溶液时,首先将其溶解在少量浓 HCl 中,再加水稀释,以防止水解。在酸性条件下 Sn^{2+} 易被空气中的氧所氧化,为防止 Sn^{2+} 氧化,往往在新配制的溶液中加入少量锡粒。其反应方程如下:

$$SnCl_2 + H_2O = Sn(OH)Cl + HCl$$
$$2SnCl_2 + 4HCl + O_2 = 2SnCl_4 + 2H_2O$$

8-15 试解释下列现象:

(1) 硅没有类似于石墨的同素异形体;

(2) 氮没有五卤化氮,却有 +5 氧化数的 N_2O_5,HNO_3 及其盐,这两者是否有矛盾?

解:(1) Si 是第三周期元素,原子半径比 C 的大,Si—Si 键长大于 C—C 键长,垂直于键平面的 p 轨道不易侧向重叠形成 π 键,所以 Si 不能形成含有离域 π 键的类似石墨结构的同素异形体。

(2) N 元素的基态原子核外电子排布式为 $1s^2\,2s^2\,2p^3$,它的价电子层有 4 个价轨道,最大共价键数只能是 4,故不能形成含有 5 个共价键的 NX_5,在 N_2O_5,HNO_3 及其盐中,N 的共价键数并未超过 4,只是代表电荷偏移的氧化数为 +5 而已。

8-16 如何除去 NO 中微量的 NO_2 和 N_2O 中少量的 NO?

解:将含有微量 NO_2 的 NO 通入水中以吸收 NO_2(用碱液吸收更好),除去 NO 中微量的 NO_2。将含有少量 NO 的 N_2O 通入 $FeSO_4$ 溶液中,使 NO 与 $FeSO_4$ 反应生成 $Fe(NO)SO_4$,除去 N_2O 中少量的 NO。

8-17 试解释下列各组酸强度的变化顺序:

(1) HI>HBr>HCl>HF

(2) $HClO_4>H_2SO_4>H_3PO_4>H_4SiO_4$

(3) $HNO_3>HNO_2$

(4) $HIO_4>H_5IO_6$

(5) $H_2SeO_4>H_6TeO_6$

解:(1) 从 $I^-\to F^-$,氧化数相同,半径依次减小,负电荷密度增加,与质子的引力增强,故从 HI→HF 酸性减弱。

(2) 这些含氧酸中,从 Cl→S→P→Si 的氧化数逐渐减小,吸引羟基上的氧原子能力减小,O—H 键不易断裂,故酸性逐渐减弱。

(3) HNO_3 中的 N 的氧化数比 HNO_2 高,按 R—O—H 规则 HNO_3 的酸性比 HNO_2 的强。

(4) HIO_4 和 H_5IO_6 分子中的非羟基氧数目不同,前者有 3 个,后者有 1 个,故前者是强酸,后者是弱酸。

(5) H_6TeO_6 分子中无非羟基氧,而 H_2SeO_4 则有两个非羟基氧,故 H_6TeO_6 是弱酸, H_2SeO_4 是强酸。

8-18 为什么氟和其他卤素不同,没有多种可变的正氧化数?

解: 由于氟在所有元素中电负性最大,在形成化合物时,电子云总是偏向 F 原子,而且 F 原子价层没有空轨道,基态只有一个未成对电子,只能形成一个共价单键,因此,与其他卤素不同,氟没有多种可变的正氧化数。

习　题

8-1 完成下列反应方程式

(1) $Na + H_2 \xrightarrow{\triangle}$　　　　　　　(2) $CaH_2 + 2H_2O \longrightarrow$

(3) $LiH + AlCl_3 \xrightarrow{乙醚}$　　　　　(4) $XeF_2 + H_2O_2 \longrightarrow$

(5) $XeF_2 + H_2O \longrightarrow$　　　　　(6) $XeF_6 + 3H_2O \longrightarrow$

(7) $Xe + PtF_6 \longrightarrow$　　　　　　(8) $Na + NH_3 \longrightarrow$

(9) $KO_2 + H_2O \longrightarrow$　　　　　(10) $Na_2O_2 + CO_2 \longrightarrow$

(11) $KO_2 + CO_2 \longrightarrow$　　　　　(12) $Be(OH)_2 + OH^- \longrightarrow$

(13) $Mg(OH)_2 + NH_4^+ \longrightarrow$　　(14) $BaO_2 + H_2SO_4(稀) \longrightarrow$

解: (1) $2Na + H_2 \xrightarrow{\triangle} 2NaH$

(2) $CaH_2 + 2H_2O = Ca(OH)_2 + 2H_2\uparrow$

(3) $4LiH + AlCl_3 \xrightarrow{乙醚} Li[AlH_4] + 3LiCl$

(4) $XeF_2 + H_2O_2 = Xe + 2HF + O_2\uparrow$

(5) $XeF_2 + H_2O = Xe + 2HF + \frac{1}{2}O_2\uparrow$

(6) $XeF_6 + 3H_2O = XeO_3 + 6HF$

(7) $Xe + PtF_6 = Xe[PtF_6]$

(8) $2Na + 2NH_3 = 2NaNH_2 + H_2\uparrow$

(9) $2KO_2 + 2H_2O = 2KOH + H_2O_2 + O_2\uparrow$, $H_2O_2 = H_2O + \frac{1}{2}O_2\uparrow$

(10) $2Na_2O_2 + 2CO_2 = 2Na_2CO_3 + O_2\uparrow$

(11) $4KO_2 + 2CO_2 = 2K_2CO_3 + 3O_2\uparrow$

(12) $Be(OH)_2 + 2OH^- = [Be(OH)_4]^{2-}$

(13) $Mg(OH)_2 + 2NH_4^+ = Mg^{2+} + 2NH_3 \cdot H_2O$

(14) $BaO_2 + H_2SO_4(稀) = BaSO_4\downarrow + H_2O_2$, $H_2O_2 = H_2O + \frac{1}{2}O_2\uparrow$

8-2 以食盐、空气、碳、水为原料,制备下列化合物(写出反应式并注明反应条件)。

(1) Na　(2) Na_2O_2　(3) $NaOH$　(4) Na_2CO_3

解: (1) $2NaCl(s) \xrightarrow{电解} 2Na + Cl_2\uparrow$

(2) $2NaCl(s) \xrightarrow{电解} 2Na + Cl_2 \uparrow$；

$2Na + O_2 \xrightarrow{\triangle} Na_2O_2$

(3) $2NaCl + 2H_2O \xrightarrow{电解} 2NaOH + Cl_2 \uparrow + H_2 \uparrow$

(4) $2NaCl + 2H_2O \xrightarrow{电解} 2NaOH + Cl_2 \uparrow + H_2 \uparrow$

$C + O_2 \xrightarrow{燃烧} CO_2 \uparrow$

$2NaOH + CO_2 = Na_2CO_3 + H_2O$

8-3 某固体混合物中可能含有 $MgCO_3$、Na_2SO_4、$Ba(NO_3)_2$、$AgNO_3$ 和 $CuSO_4$。此固体溶于水后可得无色溶液和白色沉淀。无色溶液遇 HCl 无反应，其焰色反应呈黄色，白色沉淀溶于稀盐酸并放出气体。试判断存在、不存在的物质各是什么？

解：(1) 根据"此固体溶于水后可得无色溶液和白色沉淀"，可判断混合物中不含有 $CuSO_4$；

(2) 焰色反应呈黄色说明混合物中存在 Na_2SO_4，不存在 $Ba(NO_3)_2$，因为钡盐的焰色反应呈黄绿色；

(3) 白色沉淀能溶于稀盐酸并放出气体，可判断出混合物中存在 $MgCO_3$，不存在 $AgNO_3$，因为(2)中已判断出混合物中含有 Na_2SO_4，$AgNO_3$ 和 Na_2SO_4 生成不溶于稀盐酸的白色沉淀 Ag_2SO_4。

8-4 商品 NaOH 中为什么常含杂质 Na_2CO_3？如何检验？又如何除去？

解：商品 NaOH 中常含杂质 Na_2CO_3 是因为它易与空气中的 CO_2 反应。

取少量商品溶于水配成溶液，向其中加入澄清石灰水若有白色沉淀生成，则可检验其中含有 Na_2CO_3。

配制 NaOH 的饱和溶液，Na_2CO_3 因不溶于其中而沉淀除去，取上层清夜，用煮沸后冷却的新鲜水稀释到所需浓度即可。

8-5 下列各对物质在酸性溶液中能否共存？为什么？

(1) $FeCl_3$ 与 Br_2 水 (2) $FeCl_3$ 与 KI 溶液

(3) NaBr 与 $NaBrO_3$ 溶液 (4) KI 与 KIO_3 溶液

解：(1) $FeCl_3$ 与 Br_2 水能共存。

因 $E^{\ominus}(BrO_3^-/Br_2) = 1.5\ V > E^{\ominus}(Fe^{3+}/Fe^{2+}) = 0.771\ V$，所以 $FeCl_3$ 和 Br_2 不会发生氧化还原反应，也不发生其他反应，故能共存。

(2) $FeCl_3$ 与 KI 溶液不能共存。

因 $E^{\ominus}(Fe^{3+}/Fe^{2+}) = 0.771\ V > E^{\ominus}(I_2/I^-) = 0.535\ V$，故发生下面反应：

$$2Fe^{3+} + 2I^- = 2Fe^{2+} + I_2$$

(3) NaBr 与 $NaBrO_3$ 在酸性溶液中不能共存。

因 $E^{\ominus}(BrO_3^-/Br_2) = 1.5\ V > E^{\ominus}(Br_2/Br^-) = 1.06\ V$，故发生下面反应：

$$BrO_3^- + 5Br^- + 6H^+ = 3Br_2 + 3H_2O$$

(4) KI 与 KIO_3 在酸性溶液中不能共存。

因 $E^{\ominus}(IO_3^-/I_2) = 1.195\ V > E^{\ominus}(I_2/I^-) = 0.535\ V$，故发生下面反应：

$$IO_3^- + 5I^- + 6H^+ = 3I_2 + 3H_2O$$

8-6 鉴别下列五种固体,并写出有关反应式。

$Na_2S, Na_2S_2, Na_2SO_3, Na_2SO_4, Na_2S_2O_3$

解:可用稀 HCl 加以鉴别。五种固体各取少许分装于试管中,并加水配成溶液,再分别滴入 HCl。其中:

(1) 有臭气放出,该气体使湿润的 $Pb(Ac)_2$ 试纸变黑者为 Na_2S;

$Na_2S + 2HCl \Longrightarrow 2NaCl + H_2S \uparrow$(臭鸡蛋味)

$H_2S + Pb(Ac)_2 \Longrightarrow PbS \downarrow$(黑)$+ 2HAc$

(2) 有同上臭气放出且有黄色沉淀生成者为 Na_2S_2;

$Na_2S_2 + 2HCl \Longrightarrow 2NaCl + H_2S \uparrow + S \downarrow$(黄)

(3) 有使品红试纸褪色的气体产生者为 Na_2SO_3;

$Na_2SO_3 + 2HCl \Longrightarrow 2NaCl + H_2O + SO_2 \uparrow$(使品红试纸褪色)

(4) 有使品红试纸褪色的气体产生且有黄色沉淀生成者为 $Na_2S_2O_3$;

$Na_2S_2O_3 + 2HCl \Longrightarrow 2NaCl + H_2O + SO_2 \uparrow + S \downarrow$(黄)

(5) 无明显现象者为 Na_2SO_4。

8-7 某物质 X,其水溶液既有氧化性又有还原性:

(1) 向此溶液加入碱时生成盐;

(2) 将(1)所得溶液酸化,加入适量 $KMnO_4$,可使 $KMnO_4$ 褪色;

(3) 在(2)所得溶液中加入 $BaCl_2$ 得白色沉淀。

试判断 X 为何物。

解:X 为 SO_2 水溶液。有关反应式如下:

$$SO_2 + H_2O \Longrightarrow H_2SO_3$$

(1) $H_2SO_3 + 2OH^- \Longrightarrow SO_3^{2-} + 2H_2O$

(2) $5SO_3^{2-} + 2MnO_4^- + 6H^+ \Longrightarrow 2Mn^{2+} + 5SO_4^{2-} + 3H_2O$

(3) $Ba^{2+} + SO_4^{2-} \Longrightarrow BaSO_4 \downarrow$(白色)

8-8 用化学方法分离下列各组离子:

(1) $Ba^{2+}, Al^{3+}, Fe^{3+}$;

(2) $Mg^{2+}, Pb^{2+}, Zn^{2+}$;

(3) $Al^{3+}, Pb^{2+}, Bi^{3+}$。

解:(1)

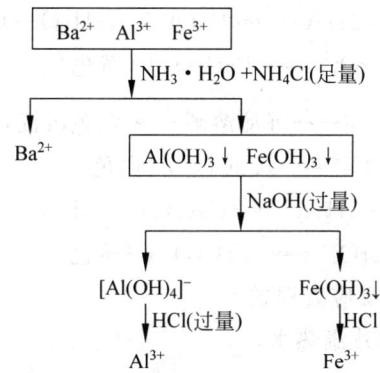

(2)

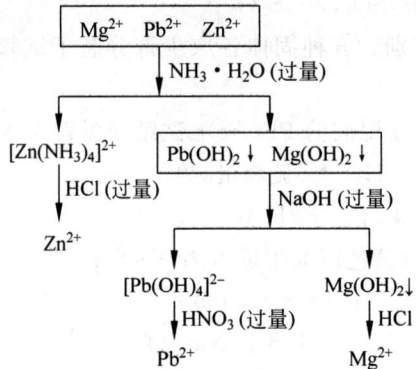

(3)

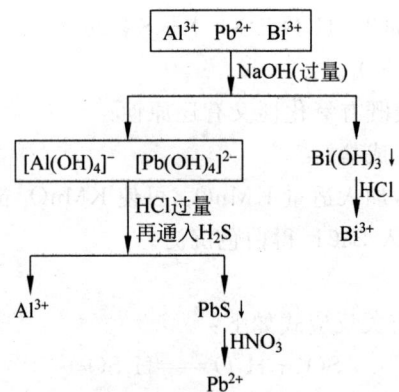

8-9 写出硼砂分别与 NiO、CuO 共熔时的反应式。

解：$Na_2B_4O_7 + NiO = Ni(BO_2)_2 \cdot 2NaBO_2$

$Na_2B_4O_7 + CuO = Cu(BO_2)_2 \cdot 2NaBO_2$

8-10 向 $BaCl_2$ 和 $CaCl_2$ 的水溶液中分别依次加入：(1) 碳酸铵；(2) 醋酸；(3) 铬酸钾，各有何现象发生？写出反应方程式。

解：(1) $BaCl_2$ 溶液 $\xrightarrow{(1)}$ 白色沉淀 $\xrightarrow{(2)}$ 沉淀溶解 $\xrightarrow{(3)}$ 黄色沉淀，发生的反应为：

$$Ba^{2+} + CO_3^{2-} = BaCO_3 \downarrow （白色）$$

$$BaCO_3 + 2HAc = Ba(Ac)_2 + H_2O + CO_2 \uparrow$$

$$Ba^{2+} + CrO_4^{2-} = BaCrO_4 \downarrow （黄色）$$

(2) $CaCl_2$ 溶液 $\xrightarrow{(1)}$ 白色沉淀 $\xrightarrow{(2)}$ 沉淀溶解 $\xrightarrow{(3)}$ 黄色沉淀，发生的反应为：

$$Ca^{2+} + CO_3^{2-} = CaCO_3 \downarrow （白色）$$

$$CaCO_3 + 2HAc = Ca(Ac)_2 + H_2O + CO_2 \uparrow$$

$$Ca^{2+} + CrO_4^{2-} = CaCrO_4 \downarrow （黄色）$$

8-11 写出下列各现象的反应方程式。

(1) 在 Na_2O_2 固体上滴加几滴热水；

(2) H_2S 通入 $FeCl_3$ 溶液中；

(3) 用盐酸酸化多硫化铵溶液。

解：(1) $2Na_2O_2 + 2H_2O == 4NaOH + O_2\uparrow$

(2) $H_2S + 2FeCl_3 == S\downarrow + 2FeCl_2 + 2HCl$

(3) $2H^+ + S_x^{2-} == H_2S\uparrow + (x-1)S\downarrow$

8-12 如何用实验的方法证明 Pb_3O_4 中铅有不同价态？

解：将 Pb_3O_4 与 HNO_3 反应可以证明 Pb_3O_4 中铅含不同价态，在晶体中有 2/3 的 Pb(Ⅱ) 和 1/3Pb(Ⅳ)。

$$Pb_3O_4 + 4HNO_3 == PbO_2 + 2Pb(NO_3)_2 + 2H_2O$$

8-13 解释下列方程式为什么与实验事实不符？

(1) $2Al(NO_3)_3 + 3Na_2CO_3 == Al_2(CO_3)_3 + 6NaNO_3$

(2) $PbO_2 + 4HCl == PbCl_4 + 2H_2O$

(3) $Bi_2S_3 + 3S_2^{2-} == 2BiS_4^{3-} + S$

解：(1) $Al_2(CO_3)_3$ 在水中几乎完全分解：

$$2Al^{3+} + 3CO_3^{2-} + nH_2O == Al_2O_3 \cdot nH_2O + 3CO_2\uparrow$$

(2) Pb(Ⅱ) 比 Pb(Ⅳ) 稳定，$PbCl_4$ 极不稳定，易分解为 $PbCl_2$ 和 Cl_2。

(3) Bi 虽然有 Ⅴ 价，但 Bi(Ⅲ) 很稳定，不能被多硫化物所氧化。

8-14 现有一白色固体 A，溶于水产生白色沉淀 B。B 可溶于浓盐酸。若将固体 A 溶于稀硝酸中(不发生氧化还原反应)，得无色溶液 C。将 $AgNO_3$ 溶液加入溶液 C，析出白色沉淀 D。D 溶于氨水得溶液 E，酸化溶液 E，又产生白色沉淀 D。将 H_2S 通入溶液 C，产生棕色沉淀 F。F 溶于 $(NH_4)_2S_2$，形成溶液 G。酸化溶液 G，得一黄色沉淀 H。少量溶液 C 加入 $HgCl_2$ 溶液得白色沉淀 I，继续加入溶液 C，沉淀 I 逐渐变灰，最后变成黑色沉淀 J。试确定各代号物质是什么？

解：A 是 $SnCl_2$，B 是 $Sn(OH)Cl$，C 是 $Sn(NO_3)_2$，D 是 AgCl，E 是 $[Ag(NH_3)_2]^+$，F 是 SnS，G 是 $(NH_4)_2SnS_3$，H 是 SnS_2，I 是 Hg_2Cl_2，J 是 Hg。有关反应式如下：

$$SnCl_2 + H_2O == Sn(OH)Cl\downarrow + HCl$$

$$Sn(OH)Cl + H^+ == Sn^{2+} + H_2O + Cl^-$$

$$SnCl_2 + 2HNO_3(稀) == Sn(NO_3)_2 + 2HCl$$

$$Ag^+ + Cl^- == AgCl\downarrow$$

$$AgCl + 2NH_3 == [Ag(NH_3)_2]^+ + Cl^-$$

$$[Ag(NH_3)_2]^+ + Cl^- + 2H^+ == AgCl\downarrow + 2NH_4^+$$

$$Sn^{2+} + H_2S == SnS\downarrow + 2H^+$$

$$SnS + (NH_4)_2S_2 == (NH_4)_2SnS_3$$

$$(NH_4)_2SnS_3 + 2H^+ == 2SnS_2\downarrow + H_2S\uparrow + 2NH_4^+$$

$$Sn^{2+} + 2Hg^{2+} + 2Cl^- == Hg_2Cl_2\downarrow + Sn^{4+}$$

$$Sn^{2+} + Hg_2Cl_2 == Sn^{4+} + 2Hg\downarrow + 2Cl^-$$

8-15 金属铝不溶于水，为什么它能溶于 NH_4Cl 和 Na_2CO_3 溶液中？

解：Al 的金属性不是很强，常温下不溶于水。因为 NH_4Cl 是弱碱盐，在水中会强烈水解产生大量的 H^+，Al 是两性金属可溶于其中。同理，Na_2CO_3 是弱酸盐，在水中会强烈水

解产生大量的 OH^-；Al 也可溶于其中。反应的方程式如下：

$$2Al+6NH_4Cl = 2AlCl_3+6NH_3+3H_2\uparrow$$

$$7H_2O+2Al+Na_2CO_3 = 2Na[Al(OH)_4]+CO_2\uparrow+3H_2\uparrow$$

8-16 某白色固体 A 不溶于水，当加热时，猛烈地分解而产生固体 B 和无色气体 C（此气体可使澄清的石灰水变浑浊）。固体 B 不溶于水，但溶解于 HNO_3 得溶液 D。向 D 溶液中加入 HCl 产生白色沉淀 E。E 易溶于热水，E 溶液与 H_2S 反应得黑色沉淀 F 和滤出液 G。沉淀 F 溶解于 60% HNO_3 中产生淡黄色沉淀 H、溶液 D 和无色气体 I，气体 I 在空气中转变成红棕色。根据以上实验现象，判断各代号物质的名称，并写出有关的反应式。

解：A 是 $PbCO_3$（或是 $Pb_2(OH)_2CO_3$），B 是 PbO，C 是 CO_2，D 是 $Pb(NO_3)_2$，E 是 $PbCl_2$，F 是 PbS，G 是 HCl，H 是 S，I 是 NO。

相关反应方程式：

$$PbCO_3 \xrightarrow{\triangle} PbO+CO_2\uparrow$$

$$PbO+2HNO_3 = Pb(NO_3)_2+H_2O$$

$$2Pb(NO_3)_2+16HCl = 2PbCl_2\downarrow+6Cl_2+4NO+8H_2O$$

$$PbCl_2+H_2S = PbS\downarrow+2HCl$$

$$3PbS+8HNO_3 = 3Pb(NO_3)_2+3S\downarrow+2NO\uparrow+4H_2O$$

8-17 完成并配平下列反应方程式（尽可能写出离子反应方程式）：

(1) $H_2O_2+KI+H_2SO_4 \longrightarrow$ 　　(2) $H_2O_2 \xrightarrow{\triangle}$

(3) $H_2O_2+KMnO_4+H_2SO_4 \longrightarrow$ 　　(4) $H_2S+H_2SO_3 \xrightarrow{共熔}$

(5) $Na_2S_2O_3+I_2 \longrightarrow$ 　　(6) $Na_2S_2O_3+Cl_2+H_2O \longrightarrow$

(7) $H_2S+FeCl_3 \longrightarrow$ 　　(8) $Al_2O_3+K_2S_2O_7 \longrightarrow$

(9) $AgBr+Na_2S_2O_3 \longrightarrow$ 　　(10) $Na_2S_2O_8+MnSO_4+H_2O \xrightarrow{Ag^+}$

解：(1) $H_2O_2+2I^-+2H^+ = I_2+2H_2O$

(2) $2H_2O_2 \xrightarrow{\triangle} 2H_2O+O_2\uparrow$

(3) $2MnO_4^-+5H_2O_2+6H^+ = 2Mn^{2+}+5O_2\uparrow+8H_2O$

(4) $H_2SO_3+2H_2S \xrightarrow{共熔} 3S\downarrow+3H_2O$

(5) $2S_2O_3^{2-}+I_2 = S_4O_6^{2-}+2I^-$

(6) $S_2O_3^{2-}+4Cl_2+5H_2O = 2SO_4^{2-}+8Cl^-+10H^+$

(7) $H_2S+2Fe^{3+} = S\downarrow+2Fe^{2+}+2H^+$

(8) $Al_2O_3+3S_2O_7^{2-} \xrightarrow{\triangle} Al_2(SO_4)_3+3SO_4^{2-}$

(9) $AgBr+2S_2O_3^{2-} = [Ag(S_2O_3)_2]^{3-}+Br^-$

(10) $2Mn^{2+}+5S_2O_8^{2-}+8H_2O \xrightarrow{Ag^+} 2MnO_4^-+10SO_4^{2-}+16H^+$

8-18 试说明硅为何不溶于氧化性的酸（如浓硝酸）溶液中，却分别溶于碱溶液及 HNO_3 与 HF 组成的混合溶液中。

解：在氧化性酸中，Si 被氧化时在其表面形成阻止进一步反应的致密的氧化物薄膜，故不溶于氧化性酸中。HF 的存在可消除 Si 表面的氧化物薄膜，生成可溶性的 $[SiF_6]^{2-}$，所以

Si 可溶于 HNO_3 和 HF 的混合溶液中。

Si 是非金属，可与碱反应放出 H_2，同时生成的碱金属硅酸盐可溶，也促使了反应的进行。

【综合测试】

一、选择题（每题 2 分，共 20 分。选择一个正确的答案写在括号里）

1. LiH 和 NaH 同属于（　　）。
   A. 共价型氢化物　　B. 金属型氢化物　　C. 离子型氢化物　　D. 分子型氢化物

2. K 在空气中燃烧的终产物是（　　）。
   A. K_2O　　B. KO_2　　C. K_2O_2　　D. KO_3

3. 周期表中元素 Li 与非同族元素性质相近似的是（　　）。
   A. Al　　B. Ca　　C. Be　　D. Mg

4. 向卤水（含 I^-）通入过量氯气，最终 I^- 将变为（　　）。
   A. IO_4^-　　B. IO_3^-　　C. IO_2^-　　D. I_2

5. 下列物质中，具有较强还原性的含氧酸是（　　）。
   A. HPO_3　　B. H_3PO_3　　C. H_3PO_2　　D. H_3BO_3

6. 鉴别 Sn^{4+} 和 Sn^{2+} 离子，加入的试剂为（　　）。
   A. 盐酸　　B. 硝酸　　C. 硫酸钠　　D. 硫化钠（过量）

7. 对于 H_2O_2 和 N_2H_4，下列叙述正确的是（　　）。
   A. 都是二元弱酸　　　　　　　　B. 都是二元弱碱
   C. 都具有氧化性和还原性　　　　D. 都可与氧气反应

8. 下列含氧酸盐热稳定性的大小顺序，正确的是（　　）。
   A. $BaCO_3>K_2CO_3$　　　　　　B. $CaCO_3<BeCO_3$
   C. $BaCO_3>MgCO_3$　　　　　　D. $Na_2SO_3>NaHSO_3$

9. PCl_3 的水解产物为（　　）。
   A. $POCl_3$ 和 HCl　　　　　　　B. H_3PO_3 和 HCl
   C. H_3PO_4 和 HCl　　　　　　　D. PH_3 和 HClO

10. 下列化合物酸性大小顺序不正确的是（　　）。
    A. $H_3PO_4<H_2SO_4<HClO_4$　　　B. $HClO<HClO_3<HClO_4$
    C. $HI>HBr>HCl$　　　　　　　　D. $HClO<HBrO<HIO$

二、填空题（每空 1 分，共 20 分。将正确的答案写在横线上）

1. 在乙硼烷分子中，B 原子采用不等性＿＿＿＿杂化，B 原子的 4 个 sp^3 杂化轨道中有 2 个与 2 个 H 原子的 s 轨道形成＿＿＿＿键，两个 B 原子之间利用每个 B 原子另 2 个 sp^3 杂化轨道同另 2 个 H 原子的 s 轨道形成 2 个＿＿＿＿键，也称为氢桥键。

2. C_{60} 是由 60 个碳原子组成的球形＿＿＿＿面体，即由＿＿＿＿个五边形和＿＿＿＿个六边形组成。

3. NO 在常温下极易与氧反应生成＿＿＿＿，其产物又与 NO 结合生成＿＿＿＿。

4. $SnCl_4$ 的水解产物为＿＿＿＿和＿＿＿＿；$SbCl_3$ 的水解产物为＿＿＿＿

和_____；$BiCl_3$ 的水解产物为_____和_____。

5. 保存 $SnCl_2$ 水溶液必须加入 Sn 粒的目的是防止_____。

6. 根据对角线规则，周期表中处于斜线位置的_____、_____、B 与 Si 性质十分相近。

7. 在含有硝酸的水溶液中，将 PO_4^{3-} 与过量的钼酸铵 $(NH_4)_2MoO_4$ 混合、加热，可用于鉴定 PO_4^{3-}，该反应的方程式为_____。

8. 卤素含氧酸的稳定性_____相应的盐。同种卤素含氧酸的稳定性随着卤素原子周围非羟基氧原子数目的增多而_____。

三、判断题（每题 1 分，共 10 分）

1. 由于 F 的电负性大于 Cl，所以 HF 的酸性大于 HCl。（　　）
2. 硝酸分子中，3 个 O—N 键长相等。（　　）
3. PH_3 的空间构型为平面三角形。（　　）
4. 硼酸分子中的硼原子是采用 sp^2 杂化。（　　）
5. H_2O_2 既有氧化性又有还原性。（　　）
6. 氯、溴、碘含氧酸的氧化性递变规律为 $HClO_4 < HBrO_4 < H_5IO_6$。（　　）
7. PbO_2 和浓盐酸作用可以生成 $PbCl_4$ 和 H_2O。（　　）
8. CO_3^{2-} 和 HCO_3^- 均可以水解，其溶液呈碱性。（　　）
9. SnS 溶于 Na_2S_2 溶液中，生成硫代亚锡酸钠。（　　）
10. 卤素的含氧酸中，卤素原子都采用 sp^3 杂化轨道与氧成键。（　　）

四、简答题（每题 5 分，共 30 分）

1. 简述 PbO_2 与 HCl 反应得不到 $PbCl_4$ 的原因。
2. 画出 SO_2 和 SO_3 的分子结构示意图，并说明其成键情况。
3. 为什么 H_3BO_3 是一元弱酸？
4. 分别写出碱金属和碱土金属氢氧化物酸碱性的递变规律，并用 R—O—H 规则简单解释。
5. 漂白粉长期暴露于空气中会失效，请解释原因。
6. 将 H_2S 通入 $Pb(NO_3)_2$ 溶液得到黑色沉淀，再加 H_2O_2，沉淀转为白色。请用反应方程式加以解释。

五、问答题（每题 5 分，共 20 分）

1. 某金属(A)与水反应激烈，生成的产物之一(B)呈碱性。(B)与某氢卤酸溶液(C)反应得到溶液(D)，(D)在无色火焰中燃烧呈黄色火焰。在(D)中加入 $AgNO_3$ 溶液有白色沉淀(E)生成，(E)可溶于氨水溶液。含元素(A)的黄色粉末状物质(F)与(A)反应生成(G)，(G)溶于水得到(B)。(F)溶于水则得到(B)和(H)的混合溶液，(H)的溶液可使酸化的高锰酸钾溶液褪色，并放出气体(I)。试确定各字母所代表的物质，并写出有关反应的反应方程式。

2. 下列各对离子能否共存于溶液中？不能共存者写出反应方程式。
   (1) Sn^{2+} 和 Fe^{2+} 　　　　(2) Sn^{2+} 和 Fe^{3+}

(3) Pb^{2+} 和 Fe^{3+} (4) SiO_3^{2-} 和 NH_4^+

(5) Pb^{2+} 和 $[Pb(OH)_4]^{2-}$ (6) $[PbCl_4]^{2-}$ 和 $[SnCl_4]^{2-}$

3. 现有 5 瓶无标签的白色固体粉末,分别是 $MgCO_3$、$BaCO_3$、无水 Na_2CO_3、无水 $CaCl_2$ 和 Na_2SO_4,试设法加以区别。

4. 有 9.43 g 的 $NaCl$、$CaCl_2$、KI 混合物,将其溶于水后,通入氯气使之反应。反应后将溶液蒸干,灼烧所得残留物重 6.22 g。再将残留物溶于水,加入足量 Na_2CO_3 溶液,所得沉淀经过滤、烘干后重 1.22 g。计算原混合物中各物质的质量。

第 9 章

d 区和 ds 区元素选述

【基本要求】
1. 理解 d 区元素的特性与其电子层结构的关系。
2. 掌握钛、铬、钼、钨、锰、铁、钴、镍和铂及其主要化合物的性质。
3. 了解 ds 区元素与 s 区元素性质上的异同,并能从结构上予以说明。
4. 理解 Cu(Ⅰ)-Cu(Ⅱ)和 Hg(Ⅰ)-Hg(Ⅱ)之间相互转化的条件。

【学习小结】
d 区和 ds 区元素统称为过渡元素(电子进入 d 轨道上的一系列元素),因都是金属元素,也称为过渡金属。通常将第四周期的过渡元素称为第一过渡系元素,而将第五、六周期的元素分别称为第二、三过渡系元素。

d 区元素原子的价层电子构型是 $(n-1)d^{1\sim9}ns^{1\sim2}$(有个别例外),最外层为 1~2 个电子,因此 d 区元素较易提供而较难接受电子。同族过渡元素ⅢB 族除外,其他各族自上而下金属活泼性均减弱。第一过渡系中 d 区金属都能溶于稀的盐酸或硫酸,第二、三过渡系 d 区金属大多较难发生类似反应;有些仅能溶于王水或氢氟酸中,有些甚至不溶于王水。d 区元素的单质能与卤素和氧直接形成化合物,与氢形成金属型氢化物。

d 区元素具有多种氧化数,随着原子序数的增加,最高氧化数逐渐升高,当 3d 轨道上的电子数超过 5 时,最高氧化数又逐渐降低。第二、三过渡系的 d 区元素,最高氧化数的化合物稳定,低氧化数的氧化物不常见。在同族中自上而下,高氧化数的化合物趋向稳定。过渡元素易形成配合物,所形成的配位个体大都具有颜色。因多数过渡元素的原子和离子具有未成对的电子存在,所以具有顺磁性,未成对的 d 电子数越多,磁矩越大。许多过渡元素及其化合物还具有独特的催化性能。

钛是ⅣB 族的第一个元素,是稀有金属,中国的钛储量约占世界的一半。常温下钛较稳定,受热时可与 O_2、N_2 和 Cl_2 等非金属反应生成 TiO_2、Ti_3N 和 $TiCl_4$。室温下钛与浓盐酸和热的稀盐酸、硝酸和氢氟酸反应生成相应的 $TiCl_3$、$H_2TiO_3 \downarrow$ 和 $[TiF_6]^{2-}$。钛被称为"亲生物金属",将是继铁、铝之后应用广泛的第三金属。

天然的 TiO_2 称为金红石,纯的 TiO_2 俗称"钛白",钛白无毒,是一种宝贵的白色颜料。TiO_2 溶于热的浓硫酸和浓氢氧化钠溶液,分别生成 $TiOSO_4$ 和 Na_2TiO_3,表明 TiO_2 为两性偏碱的氧化物。$TiCl_4$ 是钛的重要卤化物,具有刺激性的臭味,可用 $TiCl_4$ 与 H_2O 的反应制造烟幕弹。

铬、钼元素的价层电子构型为 $(n-1)d^5ns^1$,钨为 $5d^46s^2$。它们的熔点、沸点是同周期中最高的一族,3 种元素的硬度也都很大。

Cr_2O_3 微溶于水,具有两性。溶于 H_2SO_4 生成紫色的硫酸铬 $Cr_2(SO_4)_3$,溶于浓的强碱 NaOH 中生成绿色的亚铬酸钠 $Na[Cr(OH)_4]$ 或 $NaCrO_2$。

$Cr(OH)_3$ 难溶于水,具有两性,在溶液中存在如下平衡:

$$Cr^{3+} + 3OH^- \rightleftharpoons Cr(OH)_3 \rightleftharpoons H^+ + CrO_2^- + H_2O$$

   紫色   灰蓝色   绿色

CrO_3 溶于水生成黄色铬酸,铬酸是中强酸,存在于水溶液中。在溶液中,CrO_4^{2-} 与 $Cr_2O_7^{2-}$ 存在下列平衡:

$$2CrO_4^{2-} + 2H^+ \underset{OH^-}{\overset{H^+}{\rightleftharpoons}} Cr_2O_7^{2-} + H_2O$$

    黄色   橙色

CrO_4^{2-} 离子和 $Cr_2O_7^{2-}$ 离子的互相转化,取决于溶液的 pH 值。向重铬酸盐溶液中加入 Ba^{2+}、Pb^{2+} 和 Ag^+ 时,可使上述平衡向生成 CrO_4^{2-} 的方向移动,生成相应的 $BaCrO_4$(柠檬黄)、$PbCrO_4$(铬黄)和 Ag_2CrO_4(砖红色)沉淀。

在酸性溶液中,$Cr_2O_7^{2-}$ 是强氧化剂,能氧化 H_2S、H_2SO_3、KI、$FeSO_4$ 等许多物质,本身被还原为 Cr^{3+}。实验室中用于洗涤玻璃器皿的"洗液",是由 $K_2Cr_2O_7$ 的饱和溶液与浓 H_2SO_4 配制的混合物,称铬酸洗液。在酸性溶液中,$Cr_2O_7^{2-}$ 氧化 H_2O_2 的反应是检验铬(Ⅵ)和 H_2O_2 的灵敏反应。Cr^{3+} 的配合物有水合异构体和几何异构体存在。

锰是第ⅦB族第一个元素,是人体必需的微量元素。由锰的电势图可知:Mn^{2+} 较稳定,不易被氧化,也不易被还原。在酸性溶液中 Mn^{3+} 和 MnO_4^{2-} 均易发生歧化反应,MnO_4^- 和 MnO_4^{2-} 有强氧化性。在碱性介质中,$Mn(OH)_2$ 不稳定,易被空气中的氧气氧化为 MnO_2;MnO_4^{2-} 虽能发生歧化反应,但没有在酸性溶液中进行得完全。

锰的氧化物及其水合物随着锰的氧化数升高,对应氧化物及氢氧化物的酸性增强。MnO_2 是锰的最稳定的氧化物,在酸性介质中有强的氧化性,在碱性介质中,能被强氧化剂氧化成 Mn(Ⅵ)化合物,Mn_2O_7 极不稳定,有强氧化性,遇有机物(如酒精、乙醚等)立即燃烧,Mn_2O_7 溶于大量冷水生成紫色的高锰酸($HMnO_4$)。

在高酸度的热溶液中,H_5IO_6、NaBiO$_3$(s)、$(NH_4)_2S_2O_8$、PbO_2 强氧化剂能将 Mn^{2+} 氧化为 Mn^{7+}。MnO_4^- 的紫红色很深,在很稀溶液中仍可观察到,因此可用颜色的变化鉴定溶液中 Mn^{2+} 的存在。需要注意的是 Mn^{2+} 浓度不宜太大,且量不宜过多,否则会有 MnO_2 沉淀生成。$KMnO_4$ 是一种强氧化剂,其氧化能力随介质的酸性减弱而减弱,其还原产物也因介质的酸性不同而变化。

氧化数为 +6 的锰的化合物,仅以深绿色的锰酸根 MnO_4^{2-} 形式存在于强碱溶液中。

铁、钴、镍属于第一过渡系Ⅷ族元素,称为铁系元素,为中等活泼的金属。铁系元素的 FeO、CoO 和 NiO 均为碱性氧化物,难溶于水和碱,溶于酸形成相应的盐。Fe_2O_3 为难溶于水的两性氧化物,但以碱性为主,与酸反应生成相应的盐,Co_2O_3 和 Ni_2O_3 有强氧化性,与盐酸反应得不到相应的 Co(Ⅲ)和 Ni(Ⅲ)盐,而是被还原为钴(Ⅱ)和镍(Ⅱ)盐。铁系元素的氢氧化物均难溶于水,氧化还原性及其变化规律与铁系元素的氧化物相似。$M(OH)_2$(M=Fe、Co、Ni)的还原能力按铁、钴、镍依次减弱,而稳定性则依次增强。氧化数为 +3 的铁系元素水合氧化物的氧化能力,按铁、钴、镍顺序依次增强。铁系元素的 Fe^{2+}、Co^{2+}、Ni^{2+} 依顺序还原性减弱,稳定性增强。

CoCl₂·6H₂O 是常用的钴盐，在受热脱水过程中伴有颜色的变化：

$$CoCl_2·6H_2O \underset{}{\overset{325.4K}{\rightleftharpoons}} CoCl_2·2H_2O \underset{}{\overset{363K}{\rightleftharpoons}} CoCl_2·H_2O \underset{}{\overset{393K}{\rightleftharpoons}} CoCl_2$$

  粉红   紫色   蓝紫   蓝色

CoCl₂ 因有吸水色变这一性质而被用作变色硅胶干燥剂中的干湿指示剂。

  Fe^{2+}、Fe^{3+} 易形成配位数为 6 的配合物，Co^{3+}、Co^{2+}、Ni^{2+} 等可形成配位数为 6 或 4 的配合物。Co^{3+} 形成配合物后，在溶液中则是稳定的；Ni^{3+} 的配合物少见且不稳定。

  Co(Ⅱ)的两大类配合物在水溶液中有下述平衡存在：

$$[Co(H_2O)_6]^{2+} \underset{H_2O}{\overset{Cl^-}{\rightleftharpoons}} [CoCl_4]^{2-}$$

  粉红色（八面体） 蓝色（四面体）

  Co(Ⅱ)的八面体配合物大都是高自旋，Co(Ⅱ)配合物在水溶液中稳定性差。

  Ni(Ⅱ)的配合物主要是以 sp^3d^2 杂化轨道成键的八面体构型，其次是平面正方形和四面体构型。Ni^{2+} 与丁二肟在弱碱性条件下，生成难溶于水的鲜红色螯合物二丁二肟合镍(Ⅱ)沉淀，用于 Ni^{2+} 的鉴定。

  铂系元素是稀有金属，根据它们的密度分为轻金属和重金属。它们都几乎完全以单质状态存在，高度分散于各种矿石中，并共生在一起。铂系元素是难溶金属，金属的熔沸点从左到右逐渐降低，这种变化趋势与铁系金属相似。铂系金属对酸的稳定性比其他各族金属都高。铂溶于王水中，也溶于 HCl－H_2O_2、HCl－$HClO_4$ 的混合溶液中。热的浓硫酸能很慢地溶解铂生成 $Pt(OH)_2(HSO_4)_2$。所有铂系金属在有氧化剂存在时与碱一起熔融，都会变成可溶性化合物。铂系金属在常温下对于空气和氧是稳定的，且有很高的催化活性。

  $[Pt(C_2H_4)Cl_2]_2$ 是人们制得的第一个不饱和烃与金属的配合物，中性 $[Pt(C_2H_4)Cl_2]_2$ 是一个具有桥式结构的二聚物，两个乙烯分子的排布是反式的。

  ds 区元素包括铜族(ⅠB)和锌族(ⅡB)。铜族元素的外层电子构型为 $(n-1)d^{10}ns^1$，包括铜、银和金 3 种金属元素；锌族元素的外层电子构型为 $(n-1)d^{10}ns^2$，包括锌、镉、汞三种金属元素。铜族三元素和ⅠA族的碱金属元素的最外电子层中都只有一个电子，失去电子后都呈现＋1 氧化数；锌族和ⅡA 族碱土金属元素的最外电子层都有 2 个 s 电子，失去后都呈现＋2 氧化数。因此在氧化数和某些化合物的性质方面，ⅠB 与ⅠA、ⅡB 与ⅡA 族有一些相似之处，但由于ⅠB 族和ⅡB 族原子的次外层为 18 个电子，而ⅠA 和ⅡA 族原子的次外层为 8 个电子，所以又有一些显著的差异。铜(Ⅰ)和铜(Ⅱ)、汞(Ⅰ)和汞(Ⅱ)在一定的条件下可以相互转化。

【温馨提示】

1. 硫酸氧钛 $TiOSO_4$ 为白色粉末，可溶于冷水。在溶液或晶体内实际上不存在简单的 TiO^{2+}，而是以 TiO^{2+} 聚合形成的锯齿状长链 $(TiO)_n^{2n+}$ 形式存在的：

$$\begin{array}{c} \diagdown_{Ti}\diagup^O\diagdown_{Ti}\diagup^O\diagdown_{Ti}\diagup^O\diagdown_{Ti}\diagup^O\diagdown_{Ti}\diagup \\ O \qquad\qquad O \qquad\qquad \end{array}$$

在晶体中这些长链彼此之间由 SO_4^{2-} 连接起来。

2. 高锰酸钾 $KMnO_4$，俗称灰锰氧。在酸性、中性（或微碱性）、强碱性介质中的还原产物分别为 Mn^{2+}、MnO_2 及 MnO_4^{2-}。例如，在酸性溶液中，用过量还原剂如 SO_3^{2-} 可将

MnO_4^- 还原为 Mn^{2+}：
$$2MnO_4^- + 5SO_3^{2-} + 6H^+ = 2Mn^{2+} + 5SO_4^{2-} + 3H_2O$$
如果 MnO_4^- 过量，它可与 Mn^{2+} 发生如下反应：
$$2MnO_4^- + 3Mn^{2+} + 2H_2O = 5MnO_2 \downarrow + 4H^+$$
在中性或弱碱性溶液中，可被 SO_3^{2-} 还原为 MnO_2：
$$2MnO_4^- + 3SO_3^{2-} + H_2O = 2MnO_2 \downarrow + 3SO_4^{2-} + 2OH^-$$
在强碱性溶液中，MnO_4^- 过量时，可被 SO_3^{2-} 还原为 MnO_4^{2-}：
$$2MnO_4^- + 2OH^- + SO_3^{2-} = 2MnO_4^{2-} + SO_4^{2-} + H_2O$$
如果 MnO_4^- 量不足，则过剩的还原剂 SO_3^{2-} 可使 MnO_4^{2-} 还原，最后产物为 MnO_2：
$$MnO_4^{2-} + SO_3^{2-} + H_2O = MnO_2 \downarrow + SO_4^{2-} + 2OH^-$$

3. 在放有 Fe^{2+}（如 $FeSO_4$）的硝酸盐的混合溶液的试管中，小心地加入浓 H_2SO_4，在浓 H_2SO_4 与溶液的界面上出现"棕色环"。这是由于生成了配位个体 $[Fe(NO)(H_2O)_5]^{2+}$ 而呈现的颜色：
$$3Fe^{2+} + NO_3^- + 4H^+ = 3Fe^{3+} + NO + 2H_2O$$
$$[Fe(H_2O)_6]^{2+} + NO = \underset{棕色}{[Fe(NO)(H_2O)_5]^{2+}} + H_2O$$

这一反应用来鉴定 NO_3^- 和 NO_2^- 的存在（鉴定 NO_3^- 时用 H_2SO_4，鉴定 NO_2^- 时用 HAc）。配位个体中铁的氧化数为 +1，配位体为 NO^+。此配位个体是不稳定的，微热或振摇它的溶液，"棕色环"立即消失。

4. 在 Fe^{2+}、Fe^{3+} 的溶液中，分别加入 $K_3[Fe(CN)_6]$、$K_4[Fe(CN)_6]$ 的溶液，都能生成蓝色沉淀：
$$xFe^{2+} + xK^+ + x[Fe(CN)_6]^{3-} = \underset{腾氏蓝}{[KFe(CN)_6Fe]_x(s)}$$
$$xFe^{3+} + xK^+ + x[Fe(CN)_6]^{4-} = \underset{普鲁士蓝}{[KFe(CN)_6Fe]_x(s)}$$

这两个反应分别用来鉴定 Fe^{2+} 和 Fe^{3+}。近年来，实验证明腾氏蓝和普鲁士蓝的组成都是 $[KFe(CN)_6Fe]_x$。

【思习解析】

思 考 题

9-1 硫酸氧钛 $TiOSO_4$ 的结构有何特征？

解：在溶液或晶体内实际上不存在简单的 TiO^{2+}，而是以 TiO^{2+} 聚合形成的锯齿状长链 $(TiO)_n^{2n+}$ 形式存在：

$$\cdots O-Ti-O-Ti-O-Ti-O-Ti-O \cdots$$

在晶体中这些长链彼此之间由 SO_4^{2-} 连接起来。

9-2 为什么 $TiCl_4$ 在空气中冒烟?写出反应方程式。

解:$TiCl_4$ 在空气中冒烟是因为 $TiCl_4$ 与空气中的水汽发生了水解反应。反应方程式为

$$TiCl_4 + (2+x)H_2O == TiO_2 \cdot xH_2O + 4HCl$$

9-3 组成为 $CrCl_3 \cdot 6H_2O$ 的配合物有几种异构体?各为什么颜色?这样的异构体被称为什么异构体?

解:组成为 $CrCl_3 \cdot 6H_2O$ 的配合物有 3 种异构体,分别为:

$[Cr(H_2O)_6]Cl_3$ $[Cr(H_2O)_5Cl]Cl_2 \cdot H_2O$ $[Cr(H_2O)_4Cl_2]Cl \cdot 2H_2O$
　　紫色　　　　　　　　　　蓝绿色　　　　　　　　　　绿色

这样的异构体叫水合异构体。

9-4 为什么常用 $KMnO_4$ 和 $K_2Cr_2O_7$ 作试剂,而很少用 $NaMnO_4$ 和 $Na_2Cr_2O_7$ 作试剂?

解:因为 $NaMnO_4$ 和 $Na_2Cr_2O_7$ 一般含有结晶水,组成不固定,易潮解,溶解度大。不如相应钾盐稳定,纯度高。所以常用 $KMnO_4$ 和 $K_2Cr_2O_7$ 作试剂,而很少用 $NaMnO_4$ 和 $Na_2Cr_2O_7$ 作试剂。

9-5 如何实现 $Cr(Ⅵ)$ 和 $Cr(Ⅲ)$ 的相互转化?写出有关反应方程式。

解:酸性介质中,$Cr(Ⅵ)$ 以 $Cr_2O_7^{2-}$ 形式存在具有强氧化性,可用一般还原剂还原得到 Cr^{3+}。实现 $Cr(Ⅵ) \rightarrow Cr(Ⅲ)$ 的转化,如:

$$Cr_2O_7^{2-} + 14H^+ + 6I^- == 2Cr^{3+} + 3I_2 + 7H_2O$$

在碱性介质中,$Cr(Ⅲ)$ 有较强的还原性,可用氧化剂氧化得到 $Cr(Ⅵ)$。实现 $Cr(Ⅲ) \rightarrow Cr(Ⅵ)$ 的转化,如:

$$2Cr(OH)_4^- + 3Br_2 + 8OH^- == 2CrO_4^{2-} + 6Br^- + 8H_2O$$

9-6 解释下列现象和问题,并写出相应的反应方程式:

(1) 新沉淀的 $Mn(OH)_2$ 是白色的,但在空气中慢慢变成棕黑色;

(2) $KMnO_4$ 在酸性溶液中氧化性增强;

(3) 利用酸性条件下 $K_2Cr_2O_7$ 的强氧化性,使乙醇氧化,反应颜色由橙红变为绿色,据此来监测司机酒后驾车的情况;

(4) 制备 $Fe(OH)_2$ 时,如果试剂不除去氧,则得到的产物不是白色的;

(5) 在 Fe^{3+} 的溶液中加入 KSCN 时出现血红色,若加入少许 NH_4F 固体则血红色消失;

(6) 硫酸法是目前中国生产 TiO_2 的主要方法,请写出主要反应的方程式;

(7) $[Co(NH_3)_6]^{3+}$ 和 Cl^- 能共存于同一溶液中,而 Co^{3+} 和 Cl^- 不能共存于同一溶液中;

(8) Fe_2O_3 是难溶于水的两性氧化物,试写出 Fe_2O_3 与 HCl 和 Na_2CO_3 反应的反应方程式;

(9) HNO_3 与过量汞反应的产物是 $Hg_2(NO_3)_2$;

(10) 金子可以耐普通酸的腐蚀,却能溶解在王水中。

解:(1) 新沉淀的 $Mn(OH)_2$ 是白色,在空气中慢慢变成棕黑色的原因是 $Mn(OH)_2$ 被空气中的 O_2 氧化为 MnO_2。反应方程式为

$$2Mn(OH)_2 + O_2 =\!=\!= 2MnO_2 + 2H_2O$$

(2) $KMnO_4$ 在酸性溶液中将发生下面电极反应:$MnO_4^- + 8H^+ + 5e^- =\!=\!= Mn^{2+} + 4H_2O$,由电极电势 $E = E^{\ominus} + \dfrac{0.0592}{n}\lg\dfrac{[MnO_4^-][H^+]^8}{[Mn^{2+}]}$ 可知:$[H^+]$ 增加,溶液的酸性增强,E 值增大,说明 MnO_4^- 的氧化能力增强。所以,$KMnO_4$ 在酸性溶液中氧化性增强。

(3) $3C_2H_5OH + 2K_2Cr_2O_7 + 8H_2SO_4 =\!=\!= 3CH_3COOH + 2Cr_2(SO_4)_3 + 2K_2SO_4 + 11H_2O$
　　　　　　　(橙红色)　　　　　　　　　　　　　　　　　　　(绿色)

(4) 制备 $Fe(OH)_2$ 时,如果试剂不除去氧,则得到的产物不是白色的原因是试剂中的氧可将 $Fe(OH)_2$ 氧化为 $Fe(OH)_3$。反应方程式为
$$4Fe(OH)_2 + O_2 + 2H_2O =\!=\!= 4Fe(OH)_3$$

(5) 在 Fe^{3+} 的溶液中加入 KSCN 时出现血红色,说明 Fe^{3+} 与 SCN^- 反应生成了血红色的 $[Fe(SCN)_n]^{3-n}$($n=1\sim 6$)配位个体。若加入少许 NH_4F 固体血红色消失是因为发生了下面反应的结果。
$$[Fe(SCN)_n]^{3-n}(n=1\sim 6) + 6F^- =\!=\!= [FeF_6]^{3-} + nSCN^-$$

(6) 硫酸法生产 TiO_2 的主要反应方程式如下:
$$FeTiO_3 + 2H_2SO_4(浓) \xrightarrow[煮沸]{分解} FeSO_4 + TiOSO_4 + 2H_2O$$
　　钛铁矿　　　　　　　　　　　　　　　硫酸氧钛

$$TiOSO_4 + 2H_2O \xrightarrow[煮沸]{水解} H_2TiO_3\downarrow + H_2SO_4$$

$$H_2TiO_3 \xrightarrow[焙烧]{烘干} TiO_2 + H_2O$$

(7) 因为 $E^{\ominus}(Co^{3+}/Co^{2+}) = 1.83$ V,$E^{\ominus}(Cl_2/Cl^-) = 1.36$ V,Co^{3+} 与 Cl^- 可发生下列反应:
$$2Co^{3+} + 2Cl^- =\!=\!= 2Co^{2+} + Cl_2\uparrow$$
所以 Co^{3+} 和 Cl^- 不能共存于同一溶液中。

配位个体 $[Co(NH_3)_6]^{3+}$ 的形成,使 $E(Co^{3+}/Co^{2+})$ 降低,不能发生上述反应,所以 $[Co(NH_3)_6]^{3+}$ 和 Cl^- 能共存于同一溶液中。

(8) Fe_2O_3 与 HCl 反应的反应方程式:
$$Fe_2O_3 + 6HCl =\!=\!= 2FeCl_3 + 3H_2O$$
Fe_2O_3 与 Na_2CO_3 反应的反应方程式:
$$Fe_2O_3 + Na_2CO_3 \xrightarrow{熔融} 2NaFeO_2 + CO_2\uparrow$$

(9) HNO_3 与过量汞反应的反应方程式如下:
$$6Hg + 8HNO_3(稀) =\!=\!= 3Hg_2(NO_3)_2 + 2NO\uparrow + 4H_2O$$

(10) 金子能溶解在王水中的原因是发生了下列反应:
$$Au + 4HCl + HNO_3 =\!=\!= H[AuCl_4] + NO\uparrow + 2H_2O$$

9-7 实验测得 $K_4[Fe(CN)_6]$ 和 $[Co(NH_3)_6]Cl_3$ 具有反磁性,请推断这两个配合物的形成体以何种杂化轨道与配位体成键?

解:$K_4[Fe(CN)_6]$ 的形成体为 Fe^{2+},$[Co(NH_3)_6]Cl_3$ 的形成体为 Co^{3+},Fe^{2+} 和 Co^{3+} 具有相同的电子构型 $3d^6 4s^0 4p^0$,形成配合物时形成体(Fe^{2+} 和 Co^{3+})以 d^2sp^3 杂化轨道与配位体成键,由于没有未成对电子,$K_4[Fe(CN)_6]$ 和 $[Co(NH_3)_6]Cl_3$ 具有反磁性。

9-8 溶液的 pH 值对 CrO_4^{2-} 与 $Cr_2O_7^{2-}$ 存在的平衡有何影响？

解：在溶液中，CrO_4^{2-} 与 $Cr_2O_7^{2-}$ 存在下列平衡：

$$2CrO_4^{2-} + 2H^+ \underset{OH^-}{\overset{H^+}{\rightleftharpoons}} Cr_2O_7^{2-} + H_2O$$

黄色   橙色

实验证明：在碱性溶液中，CrO_4^{2-} 占优势，当 pH=11 时，Cr(Ⅵ)几乎 100% 以 CrO_4^{2-} 形式存在；而在酸性溶液中，$Cr_2O_7^{2-}$ 占优势，当 pH=1.2 时，Cr(Ⅵ)几乎 100% 以 $Cr_2O_7^{2-}$ 形式存在；在中性溶液中 $\dfrac{[Cr_2O_7^{2-}]}{[CrO_4^{2-}]}=1$。

9-9 氧化数为 +2 的铁系元素盐类，在性质上有何相似之处？

解：氧化数为 +2 的铁系元素盐类，在性质上有许多相似之处，表现在：

（1）与强酸形成的盐易溶于水，并有微弱水解使溶液显酸性；从溶液中结晶出来时常常带有结晶水，一般来说硫酸盐含 7 个结晶水、硝酸盐含 6 个结晶水。

（2）水合离子都带有颜色。如：$[Fe(H_2O)_6]^{2+}$ 为绿色，$[Co(H_2O)_6]^{2+}$ 为粉红色，而 $[Ni(H_2O)_6]^{2+}$ 为苹果绿色。

（3）它们的硫酸盐均能与碱金属或铵的硫酸盐形成复盐，如浅绿色的硫酸亚铁铵 $(NH_4)_2SO_4 \cdot FeSO_4 \cdot 6H_2O$ 称为摩尔盐，它是分析化学中常用的还原剂，用于标定 $K_2Cr_2O_7$ 或 $KMnO_4$ 溶液。

9-10 $CoCl_2 \cdot 6H_2O$ 是常用的钴盐，试写出 $CoCl_2 \cdot 6H_2O$ 受热脱水的温度和颜色变化。

解：$CoCl_2 \cdot 6H_2O$ 受热脱水的温度和颜色变化如下：

$$CoCl_2 \cdot 6H_2O \xrightleftharpoons{325.4K} CoCl_2 \cdot 2H_2O \xrightleftharpoons{363K} CoCl_2 \cdot H_2O \xrightleftharpoons{393K} CoCl_2$$

粉红   紫红   蓝紫   蓝色

习 题

9-1 写出钛与热的浓盐酸、氢氟酸反应的离子方程式。试解释两者差别的原因。

解：Ti 与热的浓盐酸反应：

$$2Ti + 6HCl = 2TiCl_3 + 3H_2 \uparrow$$

Ti 与氢氟酸反应：

$$Ti + 6HF = 2H^+ + [TiF_6]^{2-} + 2H_2 \uparrow$$

它们之间的差别显然是钛与热的浓盐酸的反应是氧化还原反应，而钛与氢氟酸的反应则是配合反应，由于生成了稳定的 $[TiF_6]^{2-}$ 配位个体，使得 $E^{\ominus}([TiF_6]^{2-}/Ti)$ 变得更小，金属钛的还原性更强。

9-2 试用实验事实说明 $KMnO_4$ 的氧化能力比 $K_2Cr_2O_7$ 强，写出有关反应方程式。

解：用浓盐酸与固体 $KMnO_4$ 反应可以制备 Cl_2，而用 $K_2Cr_2O_7$ 不能氧化 Cl^- 为 Cl_2。

$$2MnO_4^- + 10Cl^- + 16H^+ = 2Mn^{2+} + 5Cl_2 \uparrow + 8H_2O$$

$$Cr_2O_7^{2-} + 4Cl^- + 6H^+ = 2CrO_2Cl_2 + 3H_2O$$

$$CrO_2Cl_2 + 4OH^- = CrO_4^{2-} + 2Cl^- + 2H_2O$$

9-3 举出 4 种能将 Mn^{2+} 直接氧化为 MnO_4^- 的氧化剂，写出有关反应的方程式。

解：强氧化剂 H_5IO_6、$NaBiO_3(s)$、$(NH_4)_2S_2O_8$ 和 PbO_2 能将 Mn^{2+} 氧化为 MnO_4^-，反应方程式如下：

$$5H_5IO_6 + 2Mn^{2+} = 2MnO_4^- + 5HIO_3 + 6H^+ + 7H_2O$$

$$2Mn^{2+} + 14H^+ + 5NaBiO_3(s) = 2MnO_4^- + 5Bi^{3+} + 5Na^+ + 7H_2O$$

$$2Mn^{2+} + 5S_2O_8^{2-} + 8H_2O \xrightarrow{Ag} 2MnO_4^- + 10SO_4^{2-} + 16H^+$$

$$2Mn^{2+} + 4H^+ + 5PbO_2 = 2MnO_4^- + 5Pb^{2+} + 2H_2O$$

9-4 用反应方程式表示 $KMnO_4$ 在碱性介质中的分解反应以及 K_2MnO_4 在弱碱性（中性或酸性）介质中的歧化反应。

解：$KMnO_4$ 在碱性介质中的分解反应：

$$4KMnO_4 + 4KOH = 4K_2MnO_4 + O_2\uparrow + 2H_2O$$

K_2MnO_4 的歧化反应：

$$3K_2MnO_4 + 2H_2O = 2KMnO_4 + MnO_2 + 4KOH$$

9-5 完成并配平下列反应方程式

(1) $Ti + 4HNO_3 =$

(2) $(NH_4)_2Cr_2O_7 \xrightarrow{\triangle}$

(3) $(NH_4)_2MoO_4 + 2HCl =$

(4) $MoO_3 + 2NH_3 \cdot H_2O =$

(5) $Cr_2O_7^{2-} + 6Fe^{2+} + 14H^+ =$

(6) $Cr_2O_7^{2-} + 3H_2O_2 + 8H^+ =$

(7) $Cr_2O_7^{2-} + 4H_2O_2 + 2H^+ =$

(8) $2(NH_4)_2MoO_4 + 3Zn + 16HCl =$

(9) $3Mn_3O_4 + 8Al \xrightarrow{\triangle}$

(10) $3MnO_2 + 6KOH + KClO_3 \xrightarrow{熔融}$

(11) $2Ni(OH)_2 + Br_2 + 2OH^- =$

(12) $FeC_2O_4 \xrightarrow[\triangle]{隔绝空气}$

解：(1) $Ti + 4HNO_3 = H_2TiO_3\downarrow + 4NO_2\uparrow + H_2O$

(2) $(NH_4)_2Cr_2O_7 \xrightarrow{\triangle} Cr_2O_3 + N_2\uparrow + 4H_2O$

(3) $(NH_4)_2MoO_4 + 2HCl = H_2MoO_4\downarrow + 2NH_4Cl$

(4) $MoO_3 + 2NH_3 \cdot H_2O = (NH_4)_2MoO_4 + H_2O$

(5) $Cr_2O_7^{2-} + 6Fe^{2+} + 14H^+ = 2Cr^{3+} + 6Fe^{3+} + 7H_2O$

(6) $Cr_2O_7^{2-} + 3H_2O_2 + 8H^+ = 2Cr^{3+} + 3O_2\uparrow + 7H_2O$

(7) $Cr_2O_7^{2-} + 4H_2O_2 + 2H^+ = 2CrO_5 + 5H_2O$

(8) $2(NH_4)_2MoO_4 + 3Zn + 16HCl = 2MoCl_3 + 3ZnCl_2 + 4NH_4Cl + 8H_2O$

(9) $3Mn_3O_4 + 8Al \xrightarrow{\triangle} 9Mn + 4Al_2O_3$

(10) $3MnO_2 + 6KOH + KClO_3 \xrightarrow{熔融} 3K_2MnO_4(绿) + KCl + 3H_2O$

(11) $2Ni(OH)_2 + Br_2 + 2OH^- \Longrightarrow 2NiO(OH)\downarrow + 2Br^- + 2H_2O$

(12) $FeC_2O_4 \xrightarrow[\triangle]{\text{隔绝空气}} FeO + CO_2\uparrow + CO\uparrow$

9-6 向重铬酸钾溶液中加入 Ba^{2+}、Pb^{2+} 和 Ag^+ 时,将生成铬酸盐沉淀,试写出相应的化学反应方程式,并标出铬酸盐的颜色。

解: $\qquad Cr_2O_7^{2-} + 2Ba^{2+} + H_2O \Longrightarrow 2BaCrO_4\downarrow + 2H^+$
$\qquad\qquad\qquad\qquad\qquad\qquad\qquad$（柠檬黄）
$\qquad Cr_2O_7^{2-} + 2Pb^{2+} + H_2O \Longrightarrow 2PbCrO_4\downarrow + 2H^+$
$\qquad\qquad\qquad\qquad\qquad\qquad\qquad$（铬黄）
$\qquad Cr_2O_7^{2-} + 4Ag^+ + H_2O \Longrightarrow 2Ag_2CrO_4\downarrow + 2H^+$
$\qquad\qquad\qquad\qquad\qquad\qquad\qquad$（砖红色）

9-7 MnO_4^- 与 SO_3^{2-} 作用,条件不同,产物不同,写出下列情况下的反应方程式:

(1) 在酸性溶液中,SO_3^{2-} 过量;

(2) 在酸性溶液中,MnO_4^- 过量;

(3) 中性(或弱碱性)溶液中;

(4) 在强碱性溶液中,MnO_4^- 过量;

(5) 在强碱性溶液中,MnO_4^- 量不足。

解: (1) $2MnO_4^- + 5SO_3^{2-} + 6H^+ \Longrightarrow 2Mn^{2+} + 5SO_4^{2-} + 3H_2O$

(2) $2MnO_4^- + 5SO_3^{2-} + 6H^+ \Longrightarrow 2Mn^{2+} + 5SO_4^{2-} + 3H_2O$

过量的 MnO_4^- 可与生成的 Mn^{2+} 发生如下反应:
$\qquad\qquad 2MnO_4^- + 3Mn^{2+} + 2H_2O \Longrightarrow 5MnO_2\downarrow + 4H^+$

(3) $2MnO_4^- + 3SO_3^{2-} + H_2O \Longrightarrow 2MnO_2\downarrow + 3SO_4^{2-} + 2OH^-$

(4) $2MnO_4^- + 2OH^- + SO_3^{2-} \Longrightarrow 2MnO_4^{2-} + SO_4^{2-} + H_2O$

(5) 如果 MnO_4^- 量不足,则过剩的 SO_3^{2-} 可使 MnO_4^{2-} 还原,最后产物为 MnO_2:
$\qquad\qquad MnO_4^{2-} + SO_3^{2-} + H_2O \Longrightarrow MnO_2\downarrow + SO_4^{2-} + 2OH^-$

9-8 写出铜和汞的电势图,并计算铜(Ⅰ)和铜(Ⅱ)、汞(Ⅰ)和汞(Ⅱ)相互转化的 $\lg K^\ominus$。

解: 铜的电势图: $E^\ominus\quad A/V\quad Cu^{2+}\underline{\quad 0.153\quad}Cu^+\underline{\quad 0.52\quad}Cu$

由电势图可知 Cu^+ 能发生歧化反应,即 $2Cu^+ \Longrightarrow Cu^{2+} + Cu$

$$\lg K^\ominus = \frac{z(E_+^\ominus - E_-^\ominus)}{0.0592} = \frac{0.52 - 0.153}{0.0592} = 6.20$$

在酸性溶液中 Hg 的电势图为

$E^\ominus\quad A/V\qquad\qquad Hg^{2+}\underline{\quad 0.920\quad}Hg_2^{2+}\underline{\quad 0.792\quad}Hg$
$\qquad\qquad\qquad\qquad\qquad\qquad\underline{\qquad\quad 0.851\quad\qquad}$

由电势图可知 Hg_2^{2+} 在酸性溶液中不能发生歧化反应,而能发生歧化逆反应,即 Hg^{2+} 可氧化 Hg 而生成 Hg_2^{2+}:

$$Hg^{2+} + Hg \Longrightarrow Hg_2^{2+}$$

$$\lg K^\ominus = \frac{z(E_+^\ominus - E_-^\ominus)}{0.0592} = \frac{0.920 - 0.792}{0.0592} = 2.16$$

9-9 写出制备[Pt(C$_2$H$_4$)Cl$_2$]$_2$的反应方程式,画出[Pt(C$_2$H$_4$)Cl$_2$]$_2$二聚物具有的桥式结构。

解:[Pt(C$_2$H$_4$)Cl$_2$]$_2$是人们制得的第一个不饱和烃与金属的配合物。这个配合物是由氯亚铂酸盐[PtCl$_4$]$^{2-}$和乙烯在水溶液中反应制得:

$$[PtCl_4]^{2-} + C_2H_4 \rightleftharpoons [PtCl_3(C_2H_4)]^- + Cl^-$$

$$2[PtCl_3(C_2H_4)]^- \rightleftharpoons [Pt(C_2H_4)Cl_2]_2 + 2Cl^-$$

[Pt(C$_2$H$_4$)Cl$_2$]$_2$是一个具有桥式结构的二聚物,两个乙烯分子的排布是反式的。

$$\begin{array}{c} H_4C_2 \diagdown \quad Cl \diagdown \quad Cl \\ Pt \quad \quad Pt \\ Cl \diagup \quad Cl \diagup \quad C_2H_4 \end{array}$$

9-10 在放有FeSO$_4$的硝酸盐的混合溶液的试管中,小心地加入浓H$_2$SO$_4$,在浓H$_2$SO$_4$与溶液的界面上出现"棕色环",写出反应方程式。

解:反应方程式为:

$$3Fe^{2+} + NO_3^- + 4H^+ \rightleftharpoons 3Fe^{3+} + NO + 2H_2O$$

$$[Fe(H_2O)_6]^{2+} + NO \rightleftharpoons \underset{棕色}{[Fe(NO)(H_2O)_5]^{2+}} + H_2O$$

【综合测试】

一、选择题(每题1分,共20分。选择一个正确的答案写在括号里)

1. 钛与热浓盐酸反应,产物之一为( )。
   A. Ti(Ⅰ)   B. Ti(Ⅱ)   C. Ti(Ⅲ)   D. Ti(Ⅳ)

2. 下列钛的化合物中,作为颜料使用的是( )。
   A. TiCl$_4$ B. TiOSO$_4$ C. TiF$_4$ D. TiO$_2$

3. 对于锰的各种氧化数的化合物,下列说法中错误的是( )。
   A. Mn^{2+}在酸性溶液中是最稳定的
   B. MnO$_2$在碱性溶液中是强氧化剂
   C. Mn^{3+}在酸性或碱性溶液中很不稳定
   D. K$_2$MnO$_4$在中性溶液中发生歧化反应

4. 要洗净长期盛放过高锰酸钾试液的试剂瓶,应选用( )。
   A. 浓硫酸   B. 硝酸   C. 稀盐酸   D. 浓盐酸

5. Cr(CO)$_6$中的Cr原子采取的杂化轨道类型为( )。
   A. sp^{3}d^2 B. d^{2}sp^3 C. sp^{3}df   D. sp^{3}f^2

6. 已知在水溶液中铜元素的电势图为:
$$Cu^{2+} \xrightarrow{0.153} Cu^+ \xrightarrow{0.52} Cu$$
由此得出它们在水溶液中稳定性的大小是( )。
   A. Cu^{2+}<Cu$^+$ B. Cu^{2+}=Cu$^+$ C. Cu^{2+}>Cu$^+$ D. 无法比较

7. 在下列各离子对中,形成配合物的结构最有可能相同的是( )。
   A. Mn^{2+}、Pt^{2+} B. Pd^{2+}、Pt^{2+} C. Pd^{2+}、Cr^{3+} D. Pt^{2+}、Cr^{3+}

8. 下列描述[CoF$_6$]$^{3-}$和[Co(CN)$_6$]$^{3-}$的磁性,正确的是( )。
   A. 顺磁、顺磁   B. 反磁、反磁   C. 顺磁、反磁   D. 反磁、顺磁

9. 下列元素中,其化合物较多呈现颜色的是( )。
   A. 碱金属　　　　B. 碱土金属　　　　C. 卤素　　　　D. 过渡金属
10. 下列新制备出的氢氧化物沉淀在空气中放置,颜色不发生变化的是( )。
    A. $Fe(OH)_2$　　B. $Mn(OH)_2$　　C. $Ni(OH)_2$　　D. $Co(OH)_2$
11. 在 $K_2Cr_2O_7$ 溶液中加入 $BaCl_2$ 溶液,得到的沉淀是( )。
    A. $BaCr_2O_7$　　B. $BaCrO_4$　　C. $Ba(CrO_2)_2$　　D. CrO_2Cl_2
12. 在下列试剂中,用于鉴定镍离子的是( )。
    A. 丁二酮肟　　B. 二苯硫腙　　C. 磷钼酸铵　　D. 普鲁士蓝
13. 下列铁系氢氧化物的碱性强弱比较正确的是( )。
    A. $Fe(OH)_3>Co(OH)_3>Ni(OH)_3$　　B. $Ni(OH)_3>Fe(OH)_3>Co(OH)_3$
    C. $Co(OH)_3>Ni(OH)_3>Fe(OH)_3$　　D. $Ni(OH)_3>Co(OH)_3>Fe(OH)_3$
14. 下列铁系氢氧化物的氧化性强弱比较正确的是( )。
    A. $Fe(OH)_3>Co(OH)_3>Ni(OH)_3$　　B. $Ni(OH)_3>Co(OH)_3>Fe(OH)_3$
    C. $Co(OH)_3>Ni(OH)_3>Fe(OH)_3$　　D. $Ni(OH)_3>Fe(OH)_3>Co(OH)_3$
15. 为了制得比较稳定的 $FeSO_4$ 溶液,需在 $FeSO_4$ 溶液中( )。
    A. 加酸　　　　B. 加碱　　　　C. 加铜片　　　　D. 加酸并加入铁片
16. 下列叙述对于过渡元素来说,不正确的是( )。
    A. 它们都是金属　　　　　　　　B. 仅少数可以形成配合物
    C. 它们的离子大多数有颜色　　　D. 它们的原子多数有未成对的电子
17. 下列盐中,最稳定的是( )。
    A. Fe^{2+} 盐　　B. Fe^{3+} 盐　　C. Ni^{2+} 盐　　D. Co^{2+} 盐
18. 下列物质中,能与 SCN^- 作用生成蓝色配位个体的是( )。
    A. Fe^{2+}　　B. Fe^{3+}　　C. Ni^{2+}　　D. Co^{2+}
19. 在下列氢氧化物中,既能溶于过量 NaOH 溶液,又能溶于氨水中的是( )。
    A. $Zn(OH)_2$　　B. $Ni(OH)_2$　　C. $Fe(OH)_3$　　D. $Al(OH)_3$
20. 在 NaH_2PO_4 溶液中加入 $AgNO_3$ 溶液后,主要产物是( )。
    A. Ag_2O　　B. $AgOH$　　C. AgH_2PO_4　　D. Ag_3PO_4

二、填空题(每空 1 分,共 30 分。将正确的答案写在横线上)

1. 在酸性溶液中,能将 Mn^{2+} 离子氧化成 MnO_4^- 的氧化剂通常有(1)_____、(2)_____、(3)_____ 和(4)_____。

2. 在 $MnCl_2$ 溶液中加入适量的硝酸,再加入 $NaBiO_3$,溶液中出现_____色后又_____,其原因是_____。

3. Ag_2CrO_4 的 $K_{sp}^{\ominus}$ _____(>,<) $AgCl$ 的 $K_{sp}^{\ominus}$。在 NaCl 和 K_2CrO_4 相同浓度的混合液中,逐滴加入 $AgNO_3$ 溶液时,先产生_____沉淀,后产生_____沉淀,这是因为_____。

4. 实验中使用的变色硅胶中含有少量的_____。烘干后的硅胶呈_____色,实际呈现的是_____的颜色。吸水后的硅胶呈现_____色,这实际上是_____的颜色。

5. 将氢氧化物 $Fe(OH)_3$、$Co(OH)_3$、$Cr(OH)_3$、$Mn(OH)_2$ 分别溶于浓 HCl,能发生氧

化还原反应的有_____。

6. 组成为 $CrCl_3·6H_2O$ 的配合物有_____异构体。分别为（写出化学式和颜色）_____、_____和_____。这样的异构体叫_____异构体。

7. Cr(Ⅵ)和 Cr(Ⅲ)的相互转化方程式，在酸性溶液中可表示为_____，在碱性溶液中可表示为_____。

8. 过渡元素易形成_____，所形成的配位个体大都具有_____。多数过渡元素的原子和离子具有_____的电子存在，所以具有_____磁性，未成对的 d 电子数_____，磁矩越大。许多过渡元素及其化合物还具有独特的_____性能。

三、简答题（共 30 分）

1. 在 Fe^{2+}、Co^{2+} 和 Ni^{2+} 的溶液中加入足量的 NaOH，在无 CO_2 的空气中放置后有什么变化？写出反应方程式(8 分)。

2. 向一含有 3 种阴离子的混合溶液中，滴加 $AgNO_3$ 溶液至不再有沉淀生成为止。过滤，当用稀硝酸处理沉淀时，砖红色沉淀溶解得橙红色溶液，但仍有白色沉淀。滤液呈紫色，用硫酸酸化后，加入 Na_2SO_3，则紫色逐渐消失。指出上述溶液含有哪 3 种阴离子，并写出有关反应方程式(7 分)。

3. 写出下列平衡式(7 分)：
(1) $Cr(OH)_3$ 在溶液中存在的平衡(2 分)；
(2) 溶液中，CrO_4^{2-} 与 $Cr_2O_7^{2-}$ 存在的平衡(2 分)；
(3) $CoCl_2·6H_2O$ 受热脱水伴有颜色变化的平衡(3 分)。

4. 下列是 Hg 的电势图。根据此图回答下列问题(8 分)：

$E^{\ominus}$ A/V $Hg^{2+} \xrightarrow{0.920} Hg_2^{2+} \xrightarrow{0.792} Hg$
                        $\underbrace{\qquad\qquad\qquad}_{?}$

(1) 计算 $E^{\ominus}(Hg^{2+}/Hg)$(2 分)；
(2) 判断 Hg_2^{2+} 所能发生的反应，写出反应方程式并计算出该反应的 $K^{\ominus}$(6 分)。

四、完成并配平下列反应方程式（每题 2 分，共 20 分）

(1) $Cr_2O_7^{2-} + Ag^+ + H_2O =\!=\!=$
(2) $H_5IO_6 + Mn^{2+} =\!=\!=$
(3) $Mn^{2+} + H^+ + NaBiO_3(s) =\!=\!=$
(4) $Mn^{2+} + H^+ + PbO_2 =\!=\!=$
(5) $MnO_4^- + SO_3^{2-}(过量) + H^+ =\!=\!=$
(6) $MnO_4^-(过量) + OH^- + SO_3^{2-} =\!=\!=$
(7) $[PtCl_4]^{2-} + C_2H_4 =\!=\!=$
(8) $Fe^{2+} + NO_3^- + H^+ =\!=\!=$
(9) $[Fe(H_2O)_6]^{2+} + NO =\!=\!=$
(10) $Hg + HNO_3(稀) =\!=\!=$

第10章

f 区元素选述

【基本要求】
1. 掌握镧系和锕系元素的电子构型与性质的关系。
2. 掌握镧系收缩实质及其对镧系化合物性质的影响。
3. 了解镧系和锕系元素与 d 区过渡元素在性质上的异同。
4. 了解镧系和锕系元素的一些重要化合物的性质。

【学习小结】
　　f 区元素包括周期表中的第六周期ⅢB族的镧系元素和第七周期ⅢB族的锕系元素。从第 57 号元素镧到第 71 号元素镥的 15 种元素,称为镧系元素,用 Ln 表示。从 89 号元素锕到 103 号元素铹的 15 种元素,称为锕系元素,用 An 表示。周期表ⅢB族中的钪(Sc)、钇(Y)和镧系元素在性质上都非常相似并在矿物中共生,由于镧系收缩,Y^{3+} 离子的半径落在 Er^{3+} 附近,Sc^{3+} 离子的半径接近于 Lu^{3+},所以 Sc、Y 可以看作镧系元素的成员。在化学上把 Sc、Y 和镧系元素统称为稀土元素,用 RE 表示。镧、铈、镨、钕、钷、钐和铕称为铈组稀土(也称轻稀土);钆、铽、镝、钬、铒、铥、镱、镥、钪和钇称为钇组稀土(也称重稀土)。

　　镧系元素的氧化数与镧系原子的电子构型有关。+3 氧化数是所有镧系元素的特征氧化数,其他还有+2 或+4 氧化数。镧系元素的原子半径和离子半径在总的趋势上都是随着原子序数的增加而逐渐地缩小,这种原子半径依次缩小的积累,称为镧系收缩。在镧系收缩中,离子半径比原子半径的收缩更显著。由于镧系收缩的影响,Sc、Y 与镧系元素共生;Zr、Hf、Nb、Ta、Mo、W、Tc、Re 在原子半径上非常接近,造成分离极其困难。

　　电子构型半充满和全充满的 4f 电子的离子是稳定的或比较稳定,难以实现 4f 电子激发,故是无色的;具有 $4f^x$ 和 $4f^{14-x}$($x=0\sim7$)的+3 价离子显示的颜色相同或相近;f 电子相同,离子电荷不同,颜色不同。

　　镧系元素都属硬酸,易与硬碱 O^{2-},OH^- 等结合,形成难溶于水的氧化物、氢氧化物。还可以与阴离子形成金属盐。镧系元素氢氧化物 $Ln(OH)_3$ 的碱性接近碱土金属氢氧化物的碱性,但溶解度较碱土金属氢氧化物小。$Ln(OH)_3$ 的碱性随 Ln^{3+} 离子的半径的递减而有规律地减小。

　　稀土元素的分离目前常用的有离子交换法和溶剂萃取法。

　　钍和铀是锕系元素中最常见,应用最广的两种元素,钍最稳定的氧化数为+4,铀最稳定的氧化数为+6。锕系元素的两种价电子构型分别为 $5f^n7s^2$ 和 $5f^{n-1}6d^17s^2$,锕系的 5f 和 6d 能量差比镧系 4f 和 5d 能量差更小,锕系前半部分元素的原子有保持 d 电子倾向,后半部分元素原子电子构型与镧系元素相似。

核化学,又称为核子化学,是用化学方法或化学与物理相结合的方法研究原子核(稳定性和放射性)的反应、性质、产物鉴定和合成制备的一门学科。核反应一般可分为放射性衰变、粒子轰击原子核、核裂变及核聚变等 4 种类型。常见的天然放射性衰变有 α 衰变,β^- 衰变,γ 衰变 3 种,人工放射性衰变有 β^+ 衰变和电子俘获两种。

【温馨提示】

1. 我国稀土元素资源具有储量大、分布广、类型多、矿种全、品位高等特点。

2. 镧系元素和锕系元素的比较

相似处:镧系元素特征氧化数为+3,锕系元素随原子序数增加+3 价稳定;锕系许多化合物与镧系化合物类质同晶;与镧系收缩相似,锕系元素离子半径也出现"锕系收缩";锕系元素也能发生 f-f 跃迁而显色。

不同处:锕系元素氧化数呈现多样性,前面一部分锕系元素最稳定氧化数有+4、+5、+6,而这些元素多种氧化数可同时稳定存在,如 Pu 在水溶液中+3、+4、+5、+6 都可存在。

3. 在镧系元素原子的电子层构型中,第一个 f 电子在铈原子出现,但是随着原子序数增加,4f 轨道中电子的填充不是有规则的增加。出现两种类型的电子层结构,即 $[Xe]4f^{n-1}5d^16s^2$ 和 $[Xe]4f^n6s^2$。至于某一镧系元素的原子按照哪一类型排列,则根据洪特规则,即等价轨道全充满,半充满或全空的状态是比较稳定的。La 的价电子层结构为 $4f^05d^16s^2$(全空),Gd 为 $4f^75d^16s^2$(半满),Lu 为 $4f^{14}5d^16s^2$(全满),因 4f 轨道已填满,余下 1 个电子填充在 5d 轨道上。

4. 镧系元素生成配合物的能力小于过渡元素,但大于碱土金属;Ln^{3+} 离子属于硬酸,容易同硬碱中的氧原子等配位成键;Ln^{3+} 离子与配体之间的相互结合以静电作用为主,配位数一般较大。

5. 放射性核素的射线具有高的能量,当射线与物质相互作用时,物质受到激发,可以引发本来不发生的化学或生物过程,促进或抑制化学或生物过程的变化。在工农业,医学卫生、科学技术以及人类日常生活中应用非常广泛。

放射性核素所射出的射线可用仪器发现,并可作定量测定。因此,射线成为某种元素的原子的特征标记,这种原子称为标记原子或示踪原子。

在医学上,现代核医学的重要支柱是放射性药物,主要用于多种疾病的体外诊断和体内治疗,还在分子水平上研究体内的功能和代谢。

在工业上,放射性核素的一个重要用途是作为辐射源制造各种放射性检测,控制仪器等。

在国防上,放射性核素可用作制造核武器和核动力装置的燃料元件。此外,还可用于制造放射性核素电池,在人造卫星、宇宙飞船、海底声呐站、高山气象站和心脏起搏器中作为特殊能源使用。

【思习解析】

思 考 题

10-1 什么是稀土元素?什么是轻稀土元素?什么是重稀土元素?

解:稀土元素:周期系第ⅢB族中的钪、钇和镧以及其他镧系元素(共 17 种元素)性质都非常相似,并在矿物中共生在一起,总称为稀土元素,用 RE 表示。镧、铈、镨、钕、钷、钐和铕称为铈组稀土,也称轻稀土;钆、铽、镝、钬、铒、铥、镱、镥和钪、钇称为钇组稀土,也称重稀土。

10-2 在镧系元素中,+3 氧化数是最稳定的,也是最常见的,试解释之。

解:由于镧系元素在形成化合物时,最外层的 s 电子、次外层的 d 电子以及倒数第三层中的部分 4f 电子也可以参与成键,即易失去 2 个 s 电子和 1 个 d 电子或 2 个 s 电子和 1 个 f 电子,所以一般能形成稳定的 +3 氧化数的化合物。因此,+3 氧化数是所有镧系元素的特征氧化数。

10-3 为什么镧系元素化学性质很相似?

解:镧系元素价电子构型为 $(n-2)f^{1\sim14}(n-1)d^{0\sim2}ns^2$,电子层结构最外层和次外层基本相同,只是 4f 轨道上的电子数不同但能级相近,因而它们的性质非常相似。

10-4 为什么锕系元素中前一半元素易显示高氧化数,而后一半易显示低氧化数?

解:对于锕系元素,其前半部分元素(从钍 Th~镅 Am)中的 5f 电子与核的作用比镧系元素的 4f 电子弱,因而不仅可以把 6d 和 7s 轨道上的电子作为价电子给出,而且也可以把 5f 轨道上的电子作为价电子参与成键,形成高价稳定氧化数。随着原子序数的递增,核电荷增加,5f 电子与核间的作用增强,使 5f 和 6d 能量差变大,5f 能级趋于稳定,电子不易失去,这样就使得从镅(Am)以后的元素,+3 氧化数成为稳定价数。

10-5 如何分离稀土元素?

解:由于稀土元素及其 +3 氧价数的化合物性质很相似,它们在自然界共生,而且它们在矿物中又往往与杂质元素(如铀、钍、铌、钽、钛、锆、硅、氟等)伴生,这给分离提纯带来很大困难。历史上采用化学分离法(包括分离结晶法、分步沉淀法和选择性氧化法等),现在一般采用溶剂萃取法和离子交换法。

10-6 什么是核化学?核反应包括哪几种类型?

解:核化学,又称为核子化学,是用化学方法或化学与物理相结合的方法研究原子核(稳定性和放射性)的反应、性质、产物鉴定和合成制备的一门学科。核反应一般可分为放射性衰变、粒子轰击原子核、核裂变及核聚变等 4 种类型。

10-7 目前有的国家正在建设核电站,而有的国家却正在关闭核电站。对此问题你有何见解?

解:核能是巨大的,核聚变产生的能量是同量燃料核裂变能量的 4 倍,由于其他能源如煤、石油、天然气等日益减少,因此和平利用核能成为当前一些国家解决能源危机采用的有效办法。目前利用核能的普遍形式是裂变发出的核能发电。苏联于 1954 年建成世界第一座发电站;我国自行设计、建造的第一座核电站——浙江秦山核电站装机容量为 3.0×10^5 kW,已于 1991 年并网发电;广东大亚湾地区引进两套 9.0×10^5 kW 的核电站也已分别于 1993 年、1994 年投入运行,但在能源结构中比例甚小。至今世界上已有 30 多个国家 400 多座核电站在运行中。但是,核裂变所需要的铀矿储量有限,而且核裂变废料有放射性,处理困难。因此,科学家们把注意力转向研究利用核聚变能。从最近德国与日本关闭的核反应堆情况可以"略见一斑"。德国的一座反应堆关闭与拆除需要 15 年左右时间(以免造成放射性泄漏),但最大的问题是要处理的带有高放射性的物质量达到 1600 吨(整个电站带污染的部分,并不包括每年燃料棒更换等处理的核废料),一直找不到如何安全处置这些核废料的办法(日本情况也类似)。这些国家没有一个愿意再大力发展核电,德国已经决定逐步关闭现有的所有核电站。但是,它们都非常热衷于将自己的所谓"先进"核电技术卖给中国,抢中国核电市场的竞争令人咋舌!那么,我们应如何面对集中在这人口密集区并达到几万吨高放射性的核废料?若出现灾难,将是怎样的代价与后果?今天德国、日本等国家核电废料所面临的局面,就是30~50年后我们必须面对的问题!所谓"前车之鉴,后事之师"。

习 题

10-1 按照正确顺序写出镧系元素和锕系元素的原子序数、元素名称和元素符号,并说明它们的核外电子排布方式。

解:镧系元素:镧($_{57}$La):$4f^0 5d^1 6s^2$、铈($_{58}$Ce):$4f^1 5d^1 6s^2$、镨($_{59}$Pr):$4f^3 6s^2$、钕($_{60}$Nd):$4f^4 6s^2$、钷($_{61}$Po):$4f^5 6s^2$、钐($_{62}$Sm):$4f^6 6s^2$、铕($_{63}$Eu):$4f^7 6s^2$、钆($_{64}$Gd):$4f^7 5d^1 6s^2$、铽($_{65}$Te):$4f^9 6s^2$、镝($_{66}$Dy):$4f^{10} 6s^2$、钬($_{67}$Ho):$4f^{11} 6s^2$、铒($_{68}$Er):$4f^{12} 6s^2$、铥($_{69}$Tm):$4f^{13} 6s^2$、镱($_{70}$Yb):$4f^{14} 6s^2$、镥($_{71}$Lu):$4f^{14} 5d^1 6s^2$。

锕系元素:锕($_{89}$Ac):$6d^1 7s^2$、钍($_{90}$Th):$6d^2 7s^2$、镤($_{91}$Pa):$5f^2 6d^1 7s^2$、铀($_{92}$U):$5f^3 6d^1 7s^2$、镎($_{93}$Np):$5f^4 6d^1 7s^2$、钚($_{94}$Pu):$5f^6 7s^2$、镅($_{95}$Am):$5f^7 7s^2$、锔($_{96}$Cm):$5f^7 6d^1 7s^2$、锫($_{97}$Bk):$5f^9 7s^2$、锎($_{98}$Cf):$5f^{10} 7s^2$、锿($_{99}$Es):$5f^{11} 7s^2$、镄($_{100}$Fm):$5f^{12} 7s^2$、钔($_{101}$Md):$5f^{13} 7s^2$、锘($_{102}$No):$5f^{14} 7s^2$、铹($_{103}$Lr):$5f^{14} 6d^1 7s^2$。

10-2 为什么镧系元素的价电子结构出现 $4f^n 5d^1 6s^2$ 或 $4f^n 5d^0 6s^2$ 两种形式的排布?

解:根据洪特规则,即等价轨道全充满、半充满或全空的状态是比较稳定的。

10-3 什么是镧系收缩?对第六周期的元素性质有何影响?

解:镧系元素的原子半径和离子半径随着原子序数的增加而逐渐减小的现象称为镧系收缩。影响:①它使周期表中镧系后面的元素的原子半径和离子半径分别与第五周期同族元素的原子半径和离子半径极为接近;②使镧系元素之间半径接近,性质相似,容易共生,很难分离;③由于离子半径从 La^{3+} 到 Lu^{3+} 逐渐减小,所以 $Ln(OH)_3$ 的碱性从镧到镥逐渐减弱。

10-4 如何制备无水 $LnCl_3$?

解:制备无水氯化物最好是将氧化物在 $COCl_2$ 或 CCl_4 蒸气中加热,也可加热氧化物与 NH_4Cl 而制得,如:

$$Ln_2O_3 + 6NH_4Cl = 2LnCl_3 + 3H_2O + 6NH_3$$

10-5 锕系元素中"超铀元素"的意义是什么?试写出超铀元素的原子序数、元素名称和元素符号。

解:超铀元素:通过人工核反应合成的元素。

超铀元素的原子序数、元素名称和元素符号见下表:

原子序数	104	105	106	107	108	109
元素名称	铲	𨧀	𨭎	𨨏	𨭆	鿏
元素符号	Rf	Db	Sg	Bh	Hs	Mt

10-6 写出并配平下列核反应方程式。

(1) $^{11}_{5}B$ 衰变放出 α 粒子；

(2) $^{107}_{47}Ag$ 吸收中子；

(3) $^{107}_{47}Ag$ 衰变放出 β 粒子。

解：(1) $^{11}_{5}B \longrightarrow ^{7}_{3}Li + ^{4}_{2}He$

(2) $^{107}_{47}Ag + ^{1}_{0}n \longrightarrow ^{108}_{47}Ag$

(3) $^{107}_{47}Ag \longrightarrow ^{107}_{48}Ag + ^{0}_{-1}e$

【综合测试】

一、选择题（每题 2 分，共 20 分。选择一个正确的答案写在括号里）

1. 镧系元素的特征氧化数是（ ）。
   A. +1   B. +2   C. +3   D. +4

2. 下列镧系元素中，呈 +2 氧化数的是（ ）。
   A. 镧   B. 铈   C. 铕   D. 镥

3. 受镧系收缩影响不大的是（ ）。
   A. Zr 与 Hf   B. Nb 与 Ta   C. Mo 与 W   D. Ru 与 Os

4. 下列镧系元素中，离子的 4f 轨道是半充满状态的是（ ）。
   A. La^{3+} B. Lu^{3+} C. Gd^{3+} D. Nd^{3+}

5. $Ln(OH)_3$ 的碱性最强的是（ ）。
   A. $La(OH)_3$ B. $Lu(OH)_3$ C. $Nd(OH)_3$ D. $Eu(OH)_3$

6. 下列离子中半径最小的是（ ）。
   A. Sm^{3+} B. Eu^{3+} C. Gd^{3+} D. Lu^{3+}

7. 下列元素为镧系元素的是（ ）。
   A. Sc   B. Y   C. Lr   D. Sm

8. 镧系元素的原子半径随原子序数的增加而减小的过程中出现两个极大值（双峰效应），处于极大值的元素是（ ）。
   A. La 和 Eu   B. Eu 和 Yb   C. Yb 和 Lu   D. La 和 Lu

9. 下列离子在溶液中的颜色是由于 f-f 跃迁产生的是（ ）。
   A. Pr^{3+} B. La^{3+} C. Ce^{3+} D. Cu^{2+}

10. 下列方法中不适合于稀土元素分离的是（ ）。
    A. 溶剂萃取法   B. 离子交换法
    C. 混合稀土金属氯化法   D. 分级沉淀法

二、填空题（每空 2 分，共 40 分。将正确的答案写在横线上）

1. RE 表示_____元素，Ln 表示_____元素，An 表示_____元素。镧系元素的原子序数是从_____，锕系元素的原子序数是从_____。

2. 写出下列各化学式的名称：
   (1) ThO_2_____，UF_6_____，Eu_2O_3_____，$Nd(OH)_3$_____。
   (2) La 的气态原子的价层电子排布为_____，Gd 的价层电子排布为_____。

3. 镧系元素随着原子序数的增加，其原子半径和离子半径变化的总趋势是逐渐_____，但由于 f 电子的屏蔽作用，使这种变化程度变得_____，这就是所谓的_____现象。

4. 在镧系收缩中，Eu 和 Yb 的原子半径大于相邻元素的原子半径，而出现峰值，这与它们 f 电子的构型分别为_____和_____有关。

5. 在 $Ce(NO_3)_4$ 溶液中加入 NaOH 溶液，可生成_____色的_____沉淀。

6. 锕系元素所呈现的多种氧化数随原子序数的递增而逐渐_____，+3 氧化数则随原子序数的递增逐渐趋于_____。

三、判断题（每题 2 分，共 20 分）

1. 稀土元素都是 f 区元素（   ）。
2. 稀土元素又称为镧系元素（   ）。
3. 我国是世界上稀土元素资源最丰富的国家（   ）。
4. 所有镧系元素都不是放射性元素（   ）。
5. Pr 是人造放射性元素（   ）。
6. 轻稀土元素是指从 La～Eu 的镧系元素，它们又称为铈族稀土元素（   ）。
7. 锕系元素都是放射性元素（   ）。
8. 锕系元素都是人造元素（   ）。
9. 与镧系收缩相似，在锕系元素中也存在锕系收缩（   ）。
10. 锕系元素不同氧化数离子所具有的颜色与 f 电子数无关（   ）。

四、简答题（每题 5 分，共 20 分）

1. 写出下列元素原子的基态价层电子排布：$_{59}Pr$；$_{63}Eu$。
2. 指出铀的：(1) 最稳定的氧化数；(2) 适合作核燃料的同位素；(3) 常见的 U(Ⅵ) 的卤化物；(4) 实验室中最常见的铀盐。
3. 为什么从 La-Lu，氢氧化物碱性逐渐减小？
4. 什么叫镧系收缩？试述"镧系收缩"的原因和后果。

综合测试参考答案

第1章 原子结构和元素周期系

一、选择题

1. C 2. C 3. D 4. B 5. C 6. C 7. B 8. B 9. D
10. A 11. A 12. C 13. B 14. A 15. D 16. C 17. C 18. D
19. B 20. A 21. C 22. D 23. B 24. B 25. D

二、填空题

1. $4s^2 4p^5$，ⅦA，p 区

2. 4,2,5,10

3. $1s^2 2s^2 2p^6 3s^2 3p^6 3d^{10} 4s^2 4p^6 4d^{10} 5s^1$，5，ⅠB，ds 区，金属，<2

4. 主量子数(n)，主量子数(n)，伸展，角量子数(l)

5. $3d^5 4s^2$，$3d^6 4s^0$，ⅦB，ds

6. ①＞⑤＞③＞②＞④

7. 等于，低于，高于

三、判断题

1. √ 2. √ 3. × 4. × 5. × 6. × 7. × 8. √ 9. × 10. √

四、简答题

1. 解：$_{24}$Cr：$1s^2 2s^2 2p^6 3s^2 3p^6 3d^5 4s^1$

   $_{29}$Cu：$1s^2 2s^2 2p^6 3s^2 3p^6 3d^{10} 4s^1$

2. 解：(1) Na 的电子排布式为：$1s^2 2s^2 2p^6 3s^1$

   Mg 的电子排布式为：$1s^2 2s^2 2p^6 3s^2$

   从 Na，Mg 的电子排布式可知，第一电离能对于 Na 是失去 $3s^1$ 上仅有的一个电子，而 Mg 是失去 $3s^2$ 上已成对(处于全充满)的一个电子，所以 $I_{1,Na} < I_{1,Mg}$。

   第二电离能对于 Na 是失去 $2p^6$ 上处于全充满状态下的一个内层电子，而 Mg 是失去

$3s^2$ 上的第二个电子,所以 $I_{2,Na} > I_{2,Mg}$。

(2) Na^+ 的电子排布式为：$1s^2 2s^2 2p^6$

Ne 的电子排布式为：$1s^2 2s^2 2p^6$

从 Na^+、Ne 的电子排布式可见,Na^+、Ne 的电离能都是从稳定的稀有气体电子结构($2s^2 2p^6$)中失去一个电子所需的能量,但是,电子从带正电荷的 Na^+ 失去远比从中性原子 Ne 中失去要困难得多,所以 $I_{1,Na^+} > I_{1,Ne}$。

3. 解：

序　号	n	l	m	m_s
①×	4	3	3	$+\frac{1}{2}$
③×	3	2	-2	$-\frac{1}{2}$
⑤×	4	3	3	$+\frac{1}{2}$ 或 $-\frac{1}{2}$
⑦×	1(或2,3…)	0	0	$+\frac{1}{2}$

4. 解：由题意 D^- 的电子层结构与 Ar 相同可知,D 是 17 号元素,位于第三周期、第ⅦA 族。由此可推知 A、B、C 分别为第六、五、四周期的元素。又根据 A、B、C 三元素价电子数和次外层电子的特点可知,A 为ⅠA族元素,B 为ⅡA族元素,C 为ⅥA元素。

A、B、C、D 这四种元素的电子分布式、在周期表中的位置如下表所示：

元素代号及符号	电子分布式	周　期	族
A(Cs)铯	$[Xe]6s^1$	六	ⅠA
B(Sr)锶	$[Kr]5s^2$	五	ⅡA
C(Se)硒	$[Ar]3d^{10}4s^2 4p^4$	四	ⅥA
D(Cl)氯	$[Ne]3s^2 3p^5$	三	ⅦA

(1) 原子半径由小到大的顺序：D、C、B、A
(2) 第一电离能由小到大的顺序：A、B、C、D
(3) 电负性由小到大的顺序：A、B、C、D
(4) 金属性由弱到强的顺序：D、C、B、A
(5) A、B、C、D 4 种元素原子最外层 $l=0$ 的电子的量子数如下表所示：

元素代号	$l=0$ 的电子	量　数			
		n	l	m	m_s
A	$6s^1$	6	0	0	$+\frac{1}{2}$ 或 $\left(-\frac{1}{2}\right)$
B	$5s^2$	5	0	0	$+\frac{1}{2}$
		5	0	0	$-\frac{1}{2}$

元素代号	$l=0$ 的电子	量子数 n	l	m	m_s
C	$4s^2$	4	0	0	$+\dfrac{1}{2}$
		4	0	0	$-\dfrac{1}{2}$
D	$3s^2$	3	0	0	$+\dfrac{1}{2}$
		3	0	0	$-\dfrac{1}{2}$

5. 解：(1) ns^2np^2 是 ⅣA 族元素，位于周期表的 p 区；

(2) $3d^64s^2$ 是第四周期，Ⅷ族的 Fe 元素，位于周期表的 d 区；

(3) $3d^{10}4s^1$ 是第四周期，ⅠB 族的 Cu 元素，位于周期表的 ds 区。

第 2 章　化学键与物质结构

离子键与离子晶体

一、选择题

1. B　2. A　3. D　4. D　5. B　6. D　7. D　8. A　9. D
10. A　11. C　12. B　13. C　14. B　15. D　16. D　17. B　18. A
19. D　20. B

二、填空题

1. 没有方向性，没有饱和性

2. 形成该化学键时释放出

3. 高

4. NaCl，ZnS，离子极化

5. 正离子，负离子

6. ZnS＞CdS＞HgS，Zn^{2+}、Cd^{2+}、Hg^{2+} 离子的附加极化作用依次增强（正离子半径越大，附加极化力越强），ZnS、CdS、HgS 的共价键成分依次增大，故在水中的溶解度依次减小

7. 正电荷，半径，负电荷，半径

三、判断题

1. ×　2. ×　3. ×　4. ×　5. ×　6. √　7. √　8. ×　9. ×　10. √

四、简答题

1. 解：影响极化力的因素：离子电荷，离子半径和离子的电子构型；影响变形性的因素：离子电荷，离子半径和离子的电子构型。

2. 解：Ag^+ 为 18 电子构型，极化力和变形性都较大，而 X^- 从 $F^- \to I^-$ 的半径逐渐增大，变形性增强。变形性较小的 F^- 与 Ag^+ 形成的化学键是典型的离子键。随着 X^- 半径的加大，变形性的增加，受 Ag^+ 的极化作用增强，形成的化学键的极性减弱。所以，AgCl、AgBr 中的化学键是兼有离子键和共价键性质的过渡键型，而 AgI 的化学键是较典型的共价键。

AgX 的键型变化说明：离子键和共价键之间没有绝对的分界线，很多化学键中都含有部分离子键成分和部分共价键成分，只是含有这两种键的成分多少不同而已，即使是典型的离子键，也含有一定的共价键成分，同样，典型的共价键也含有部分的离子键成分。

3. 解：(1) $HgCl_2$ 和 HgI_2 的正离子相同，由于 Cl^- 与 I^- 相比，I^- 的半径比 Cl^- 大，变形性大，所以 HgI_2 的共价程度大，在极性水中的溶解度较小，颜色趋深。故有 $HgCl_2$ 为白色，而 HgI_2 为黄色或红色。

(2) 在 NaCl 和 AgCl 中，负离子相同，正离子半径相近。Na^+ 为 8e 型，Ag^+ 为 18e 型，Ag^+ 的极化力比 Na^+ 大，所以，AgCl 中的共价成分较多，故难溶于极性的水中。

共价键与共价晶体

一、选择题

1. D 2. A 3. C 4. B 5. C 6. C 7. B 8. B 9. D
10. D 11. B 12. B 13. B 14. A 15. A 16. B 17. C 18. D
19. C 20. A

二、填空题

1. sp^2，sp^3 不等性，PF_3
2. σ，π，3，$KK(\sigma_{2s})^2(\sigma_{2s}^*)^2(\sigma_{2p_x})^2(\pi_{2p_y})^2(\pi_{2p_z})^2(\pi_{2p_y}^*)^2(\pi_{2p_z}^*)^2$，$\sigma_{2p_x}$，1，反磁性
3. 平面三角形，三角锥体，V 形，正四面体，直线形，sp^2，不等性 sp^3，不等性 sp^3，sp^3，sp，③<②<④<①<⑤
4. 三角锥体，小，F 的电负性大于 H 的电负性
5. 原子轨道，共价键
6. 共价键，分子几何构型
7. 分子的空间构型，化学键

三、判断题

1. √ 2. × 3. × 4. × 5. × 6. √ 7. × 8. × 9. √ 10. ×

四、简答题

1. 解：形成 σ 键的原子轨道沿着键轴的方向以"头碰头"的方式重叠；而形成 π 键的原子轨道则是沿着键轴的方向以"肩并肩"的方式重叠。

2. 解：BBr_3 中的 B 采取 sp^2 杂化，3 个杂化轨道在空间形成平面三角形构型，键角 $120°$，所以 BBr_3 的分子构型为平面三角形。NCl_3 的中心原子 N 采取不等性 sp^3 杂化，电子构型为四面体，分子中有一对孤电子对存在，对成键电子对起推斥和挤压的作用，使 NF_3 分子呈三角锥体。

3. 解：CH_4 分子的中心原子 C 采取 sp^3 杂化，形成 4 个等同的 sp^3 杂化轨道，杂化轨道在空间的最小排斥为正四面体结构，键角为 $109°28'$；NH_3 分子的中心原子 N 采取不等性 sp^3 杂化，N 上有一对孤对电子，对其他三个杂化轨道挤压，造成键角为 $107.3°$；H_2O 分子的中心原子 O 也采取不等性 sp^3 杂化，O 上有两对孤电子对，造成键角进一步压缩，形成 $104.5°$。

4. 解：$IBrCl_3^-$ 离子中的中心原子为 I。

(1) I 的价层电子对数 $=\dfrac{1}{2}(7+1+1\times3+1)=6$；

(2) $IBrCl_3^-$ 中有 4 对成键电子对，2 对孤电子对；

(3) $IBrCl_3^-$ 的几何构型为平面正方形。

5. 解：(1) 因为 He_2^+：$(\sigma_{1s})^2(\sigma_{1s}^*)^1$，键级 $=\dfrac{1}{2}(2-1)=0.5>0$，所以 He_2^+ 存在。

因 σ_{1s}^* 轨道上有成单电子存在，所以 He_2^+ 具有顺磁性。

(2) 因为 B_2：$KK(\sigma_{2s})^2(\sigma_{2s}^*)^2(\pi_{2p_y})^1(\pi_{2p_z})^1$，$\pi_{2p_y}$ 和 π_{2p_z} 轨道各有一个未成对电子，所以 B_2 为顺磁性物质。

因为 Ne_2：$KK(\sigma_{2s})^2(\sigma_{2s}^*)^2(\sigma_{2p_x})^2(\pi_{2p_y})^2(\pi_{2p_z})^2(\pi_{2p_y}^*)^2(\pi_{2p_z}^*)^2(\sigma_{2p_x}^*)^2$

键级 $=\dfrac{1}{2}(8-8)=0$，所以 Ne_2 不存在。

(3) 因为 O_2^-：$KK(\sigma_{2s})^2(\sigma_{2s}^*)^2(\sigma_{2p_x})^2(\pi_{2p_y})^2(\pi_{2p_z})^2(\pi_{2p_y}^*)^2(\pi_{2p_z}^*)^1$

键级 $=\dfrac{1}{2}(8-5)=1.5>0$，所以 O_2^- 存在；

因 $\pi_{2p_z}^*$ 轨道上有成单电子存在，所以 O_2^- 具有顺磁性。

(4) N_2 的分子轨道式为：$KK(\sigma_{2s})^2(\sigma_{2s}^*)^2(\pi_{2p_y})^2(\pi_{2p_z})^2(\sigma_{2p_x})^2$，键级 $=\dfrac{1}{2}(8-2)=3$；

O_2 的分子轨道式为：$KK(\sigma_{2s})^2(\sigma_{2s}^*)^2(\sigma_{2p_x})^2(\pi_{2p_y})^2(\pi_{2p_z})^2(\pi_{2p_y}^*)^1(\pi_{2p_z}^*)^1$，键级 $=\dfrac{1}{2}(8-4)=2$；

因为键级越大，分子越稳定；所以 N_2 比 O_2 稳定。

配位键和配位化合物

一、选择题

1. B 2. C 3. A 4. D 5. B 6. B 7. B 8. A 9. C

综合测试参考答案

10. C 11. B 12. C 13. D 14. C 15. D 16. D 17. B 18. D
19. B 20. C 21. D 22. B 23. A 24. B 25. C

二、填空题

1. 3−，八面体，CN^-，CO，C，C，6，$(t_{2g})^6(e_g)^0$，d^2sp^3，反
2. 二氯化一氯·三氨·二水合钴(Ⅲ)，$[Cr(OH)_3(H_2O)(en)]$
3. 大于，等于，正四面体，sp^3，平面正方形，dsp^2，<
4. 低，高
5. 正四面体，平面正方形，反，d^2sp^3，顺，sp^3d^2

三、判断题

1. × 2. × 3. √ 4. √ 5. √ 6. √ 7. × 8. √ 9. √ 10. ×

四、简答题

1. 解：(1) 因为$[Ni(CN)_4]^{2-}$中的Ni^{2+}采取dsp^2杂化，所以$[Ni(CN)_4]^{2-}$为平面正方形；而$[Zn(NH_3)_4]^{2+}$中的Zn^{2+}采取sp^3杂化，所以$[Zn(NH_3)_4]^{2+}$为正四面体。

(2) 因为$[Fe(CN)_6]^{4-}$中的Fe^{2+}采取d^2sp^3杂化，d轨道无成单电子存在；而$[FeF_6]^{4-}$中的Fe^{2+}采取sp^3d^2杂化，d轨道有4个成单电子存在。所以，$[Fe(CN)_6]^{4-}$为反磁性，而$[FeF_6]^{4-}$为顺磁性。

2. 解：$[Co(NH_3)_6]^{3+}$中Co^{3+}的价电子构型：$3d^64s^0$，在配体的影响下，Co^{3+}采取d^2sp^3杂化，形成内轨型配合物；而$[Co(NH_3)_6]^{2+}$中Co^{2+}的价电子构型：$3d^74s^0$，Co^{2+}采取sp^3d^2杂化，形成外轨型配合物。

内轨型配合物较外轨型配合物稳定。

3. 解：金属Ni的外层电子分布式为$3d^84s^2$，所形成的配合物$[Ni(CO)_4]$的磁矩为零，说明其中无未成对电子，则Ni中外层电子重新排布，进行了sp^3杂化，其空间构型是正四面体。

Ni^{2+}的外层电子分布式为$3d^84s^0$，所形成的配位个体$[Ni(CN)_4]^{2-}$的磁矩为零，说明其中无未成对电子，则Ni^{2+}中外层电子重新排布，进行了dsp^2杂化，其空间构型是平面正方形。

4. 解：强场：$CFSE = xE(t_{2g}) + yE(e_g) + (n_1-n_2)P_o$
$= 4 \times (-0.4\Delta_o) + 0 \times 0.6\Delta_o + (1-0)P_o$
$= -1.6\Delta_o + P_o$

弱场：$CFSE = xE(t_{2g}) + yE(e_g) + (n_1-n_2)P_o$
$= 3 \times (-0.4\Delta_o) + 1 \times 0.6\Delta_o + (0-0)P_o$
$= -0.6\Delta_o$

5. 解：因为Fe^{2+}：$3d^64s^0$，$\Delta_o < P_o$

所以Fe^{2+}的d电子在t_{2g}和e_g轨道上的排布为：$(t_{2g})^4(e_g)^2$

$$\mu = \sqrt{n(n+2)} = \sqrt{4 \times (4+2)} = 4.90$$

$[Fe(H_2O)_6]^{2+}$ 为高自旋配位个体。

金属键和金属晶体,分子间作用力、氢键和分子晶体

一、选择题

1. C 2. B 3. C 4. C 5. B 6. A 7. A 8. B 9. C
10. D 11. C 12. D 13. A 14. B 15. D 16. D 17. B 18. D
19. C 20. A

二、填空题

1. 体心立方,12,12,六方,面心立方,六方,六方,面心立方,3
2. 满,导,空
3. H_2O,CO,HBr,H_2O
4. 半径小、电负性大,分子内氢键,分子间氢键
5. 氢,高,取向力,诱导力,色散力,取向力,较大
6. 分子,离子,原子(或共价),混合型(或过渡型)

三、判断题

1. × 2. × 3. × 4. × 5. × 6. √ 7. × 8. × 9. × 10. √

四、简答题

1. 解:ⅥA族元素氢化物的沸点由低到高的正确顺序为:H_2S、H_2Se、H_2Te、H_2O。
在ⅥA族元素氢化物分子中,除 H_2O 之外,分子间的作用力有色散力、诱导力和取向力,其中最主要的是色散力,因此 H_2S、H_2Se、H_2Te 分子的色散力逐渐增大,沸点由低到高。而 H_2O 分子由于存在分子间氢键,沸点出现反常,较同族其他氢化物的沸点高。

2. 解:(1) 色散力; (2) 色散力,诱导力;
   (3) 色散力,诱导力,取向力; (4) 色散力,诱导力,取向力,氢键。

3. 解:(1) 各物质沸点由低到高的顺序是:$CF_4<CCl_4<CBr_4<CI_4$。均为非极性分子,属结构相似的同系列物质。对于结构相似的同系列物质来说,随着相对分子质量的增加,色散力增大,物质的沸点升高。

(2) 各物质沸点由低到高的顺序是:$H_2<Ne<CO<HF$

从 $H_2 \rightarrow Ne \rightarrow CO$ 相对分子质量依次增加,色散力增大,CO还具有取向力、诱导力,而HF除具有分子间力外,还存在较强的氢键。

4. 解:(1) 存在分子间氢键; (2) 存在分子内氢键;
   (3) 不存在氢键; (4) 存在分子间氢键。

5. 解:(1) 氢键、色散力、诱导力、取向力;
   (2) 离子键; (3) 共价键; (4) 色散力。

第3章 化学反应的能量变化

一、选择题

1. D 2. B 3. D 4. B 5. C 6. C 7. C 8. C 9. C
10. B 11. C 12. D 13. A 14. C 15. C

二、填空题

1. 宇宙，敞开系统，封闭系统（也称密闭系统），孤立系统（也称隔离系统）
2. 系统和环境之间温度的不同，功
3. 综合表现，状态函数
4. 热力学问题，热力学计算
5. 系统和环境，系统发生变化时，系统自身
6. 状态，广度，绝对值，恒压过程的反应热
7. 温度，标准压力，$N_2(g)$，$Hg(l)$，石墨，$O_2(g)$，红磷，白磷

三、简答题

1. 解：因为 $\Delta U = Q + W$

    (1) $\Delta U = -60 - 40 = -100$ (kJ)

    (2) $\Delta U = 60 + 40 = 100$ (kJ)

    (3) $\Delta U = 40 - 60 = -20$ (kJ)

    (4) $\Delta U = -40 + 60 = 20$ (kJ)

    所以(2)的 ΔU 最大。

2. 解：状态函数具有的主要特征是：状态一定值一定；状态改变值改变，变化值取决于始、终态与途径无关；循环过程，状态函数的变化值为零。此外，状态函数的集合（和、差、积、商）也是状态函数。

3. 解：化学反应不管是一步完成或是分几步完成，其热效应相同。Hess 定律是能量守恒定律（热力学第一定律）在热化学上的体现。

4. 解：因为热和功都是在系统和环境之间被传递的能量，它们只有在系统发生变化时才能表现出来。功和热都不是系统自身的性质，它们都不是状态函数，因此不能说"系统含有多少热或多少功"。Q 和 W 的数值与系统发生变化时所经历的途径有关。由始态到终态经历的途径不同，功和热的交换也不同。

5. 解：同一化学反应如果反应计量式的写法不同，对应的化学计量数不同，ν_B 数值就不同，进行 1 mol 反应对应的各物质的量的变化不同，导致 ξ 数值不同。因此反应进度必须对应于具体的化学反应计量式。

四、计算题

1. $-393.51\ kJ\cdot mol^{-1}$

2. $-20.54\ kJ\cdot mol^{-1}$

第4章 化学反应的方向、速率和限度

一、选择题

1. B 2. D 3. B 4. D 5. A 6. C 7. D 8. D 9. B
10. B 11. B 12. B 13. D 14. C 15. B 16. D 17. C 18. C
19. C 20. C 21. C 22. B 23. C 24. C 25. D

二、填空题

1. 右,不,右

2. $v=k\cdot c(N_2O_2)\cdot c(H_2)$,二级

3. 化学动力学,化学热力学

4. 同等程度降低,不同,基本不变,不变

5. C,B,D,A,C

6. 系统的能量降低,混乱度增大,系统的吉布斯函数降低,恒温恒压

7. $-284\ kJ\cdot mol^{-1}$,$401\ kJ\cdot mol^{-1}$

8. 增大,增大,不变

三、简答题

1. 解:(1) $v_1=k\cdot c^2(NO)\cdot c(Cl_2)$,该基元反应的总级数为3,是三分子的反应。

(2) 容器的体积增加到原来的2倍,各物质的浓度降至原来的一半,反应速率降低,至原来的1/8。即:$v_2=k\cdot c^2(NO)\cdot c(Cl_2)=1/8v_1$

(3) 容器体积不变,NO的浓度增加到原来的3倍,反应速率升高至原来的9倍。即:$v_3=k\cdot c^2(NO)\cdot c(Cl_2)=9v_1$

2. 解:① 如果 $\Delta H<0$(放热反应),$\Delta S>0$(熵增),由于 $\Delta G=\Delta H-T\cdot\Delta S$,$T$ 无论为何值,均有 $\Delta G<0$ 存在,反应自发进行。

② 如果 $\Delta H>0$(吸热反应),$\Delta S<0$(熵减),由 $\Delta G=\Delta H-T\cdot\Delta S$ 可知,无论 T 为何值,均有 $\Delta G>0$ 存在,反应非自发。

③ 如果 $\Delta H<0$,$\Delta S<0$,由 $\Delta G=\Delta H-T\cdot\Delta S$ 可知,T 不高时,$\Delta G<0$,反应自发;T 高时,$\Delta G>0$,反应非自发。

④ 如果 $\Delta H>0$,$\Delta S>0$,由 $\Delta G=\Delta H-T\cdot\Delta S$ 可知,T 不高时,$\Delta G>0$,反应非自发;T 高时,$\Delta G<0$,反应自发。

3. 解：催化剂之所以能加速化学反应速率，主要是由于催化剂参与了变化过程，生成了中间产物，改变了原来的反应途径，降低了反应的活化能，从而使更多的反应物分子变为活化分子。

4. 解：设 K_1 对应的反应为(1)，K_2 对应的反应为(2)，K_3 对应的反应为(3)。则因为 $(3)=(1)-(2)$，所以 $K_3=K_1/K_2$。

5. 解：平均速率是浓度的变化与时间间隔的比值，瞬时速率可看作是时间间隔无限小时，浓度的变化与时间间隔的比值，转化速率是单位体积内反应进度(ξ)随时间的变化率。

四、计算题

1. (1) $v=k \cdot c(CO) \cdot c(NO_2)$

   (2) $0.22 \text{ mol}^{-1} \cdot dm^3 \cdot min^{-1}$

   (3) $3.52 \times 10^{-3} \text{ mol} \cdot dm^{-3} \cdot s^{-1}$

   (4) $134 \text{ kJ} \cdot mol^{-1}$

2. $\dfrac{v_{正(600\text{ K})}}{v_{正(300\text{ K})}}=1.68\times10^5$，$\dfrac{v_{逆(600\text{ K})}}{v_{逆(300\text{ K})}}=2.81\times10^{10}$

从计算结果可知，当活化能不同时，升高同样的温度，活化能较大的反应，速率的增幅较大。

3. (1) $13.04 \text{ kJ} \cdot mol^{-1}$； (2) 2.68×10^{-5}

4. $-178.03 \text{ kJ} \cdot mol^{-1}$

5. 2100 K

第5章 溶　液

稀溶液

一、选择题

1. B　2. C　3. A　4. C　5. D　6. C　7. A　8. C　9. D
10. A　11. C　12. B　13. B　14. B　15. D

二、填空题

1. $1.25 \text{ mol} \cdot kg^{-1}$　　　　　　　2. $P_{蔗糖}>P_{葡萄糖}$

3. $T_A<T_B$，$P_A>P_B$　　　　　　4. -0.186，-0.186，-0.186，下降

5. $0.01 \text{ mol} \cdot dm^{-3}$糖水；$22.31$

三、问答题

1. 产生稀溶液依数性的根本原因是蒸气压下降造成的；稀溶液依数性包括溶液的蒸气压下降、沸点升高、凝固点下降和渗透压。

2. 在冬天抢修土建工程时,常用掺盐水泥砂浆的方法降低水的凝固点,防止上冻。

3. 不可以,必须和血液的渗透压相同,否则会出现溶血或红细胞皱缩的症状。

4. 渗透压产生的条件是存在半透膜和膜两侧的溶液存在浓度差。盐碱地难以生长农作物是因为盐碱地中离子微粒较多,溶液浓度较大,土壤溶液的渗透压大于农作物细胞液的渗透压,使农作物细胞萎缩(水向细胞外渗透),导致农作物枯死。

四、计算题

1. (1) 0.225℃;　　(2) 299.9 kPa

2. 3.77 K·kg·mol^{-1}

3. $C_{10}H_{14}N_2$

4. 48.04 m

5. 342 g·mol^{-1}

6. (1) 183.53 g·mol^{-1};　　(2) $C_6H_{12}O_6$

酸碱理论和弱电解质溶液

一、选择题

1. D　2. B　3. A　4. C　5. C　6. C　7. B　8. C　9. C
10. C　11. D　12. B　13. C　14. D　15. B　16. B　17. D　18. C
19. D　20. C　21. C　22. B　23. C　24. B　25. A

二、填空题

1. NH_4^+、H_3PO_4、H_2S
PO_4^{3-}、CO_3^{2-}、SCN^-、OH^-、NO_2^-
$[Fe(H_2O)_5(OH)]^{2+}$、HSO_3^-、HS^-、$H_2PO_4^-$、HPO_4^{2-}、H_2O

2. HAc 的 $K_a^\ominus$,HCN 的 $K_a^\ominus$

3. 强,弱,弱

4. 减小,降低,升高,不变

5. 酸,碱,NH_3,碱,酸,HCO_3^-,质子转移

6. $HAc > HCN > H_2O$

7. 相对,温度,温度

8. 同离子效应,有同离子效应存在

三、简答题

1. (1) NaAc:使 HAc 的解离度下降,溶液的 pH 值升高;

(2) NaOH:使 HAc 的解离度增大,溶液的 pH 值升高;

(3) HCl:使 HAc 的解离度减小,溶液的 pH 值降低;

(4) 加水稀释:使 HAc 的解离度增大,溶液的 pH 值变化与加水量的多少有关。

2. 稀释定律表达式：$\alpha = \sqrt{\dfrac{K_a^\ominus}{c}}$ 或 $\alpha = \sqrt{\dfrac{K_b^\ominus}{c}}$

物理意义可表述为：同一弱酸或弱碱的解离度与溶液浓度的平方根成反比；溶液越稀，解离度越大；浓度相同的不同弱酸或弱碱，其解离度与解离常数的平方根成正比；$K_a^\ominus$ 或 $K_b^\ominus$ 大的，α 大。

3. 同时含有大量的抗酸成分和抗碱成分的溶液是缓冲溶液。在 HAc 溶液中虽然同时含有 HAc 和 Ac^-，但 Ac^- 的量太少不能起到抵抗外来少量强酸的作用，所以 HAc 溶液不是缓冲溶液。

4. 缓冲容量的大小与缓冲溶液的总浓度[c（共轭碱）＋c（共轭酸）]和缓冲比 $\left(\dfrac{c(共轭碱)}{c(共轭酸)}\right)$ 有关。同一共轭酸碱对组成的缓冲溶液，当缓冲比相同时，缓冲溶液的总浓度越大，缓冲容量越大，抗酸、抗碱能力越强；当缓冲溶液的总浓度一定时，缓冲比越接近 1∶1，缓冲容量越大。

在缓冲溶液的总浓度一定时，缓冲比为 1∶1 时，缓冲溶液具有最大的缓冲容量。

5. pH 值相同的 HAc 和 HCl 溶液的浓度不同，相同浓度的 HAc 和 HCl 溶液的 pH 值也不相同。

这是由于两种电解质的类型不同，HCl 是强电解质，溶液中的[H^+]＝c(HCl)；而 HAc 是弱电解质，溶液中的[H^+]∝$\sqrt{c(HAc)}$。

四、计算题

1. 加入 NH_4Cl 固体前：1.9×10^{-3} mol·dm^{-3}，0.95%

   加入 NH_4Cl 固体后：3.6×10^{-5} mol·dm^{-3}，0.018%

2. 3.89，1.3×10^{-4} mol·dm^{-3}，5.6×10^{-11} mol·dm^{-3}

3. 3.7×10^{-6}

4. (1) 2.87； (2) 11.13； (3) 4.74

5. 11.6cm^3

难溶电解质溶液

一、选择题

1. B 2. B 3. D 4. A 5. B 6. B 7. B 8. C 9. A
10. A 11. C 12. B 13. D 14. B 15. A 16. B 17. B 18. B
19. B 20. B

二、填空题

1. 7.1×10^{-7}，5.0×10^{-12}，同离子

2. $PbCrO_4$、Ag_2CrO_4、$BaCrO_4$、$SrCrO_4$

3. 1.65×10^{-4}，3.30×10^{-4}

4. $\dfrac{K_{sp}^{\ominus}(Mg(OH)_2)}{K_b^{\ominus 2}(NH_3 \cdot H_2O)}$

5. $\dfrac{K_{sp}^{\ominus}(FeS)}{K_{a1}^{\ominus}(H_2S) \cdot K_{a2}^{\ominus}(H_2S)}$

6. 小,不改变,小,增大

7. Cd^{2+},Zn^{2+}

8. 溶解度大的,溶解度小的,$K_{sp}^{\ominus}$的大小

9. $K_{sp}^{\ominus}$,$K_a^{\ominus}$,酸

三、简答题

1. (1) $BaSO_4(s)$的量将会减小;溶液被稀释,$J<K_{sp}^{\ominus}$。
   (2) $BaSO_4(s)$的量将会增加;同离子效应。
   (3) $BaSO_4(s)$的量将会减小;盐效应。
   (4) $BaSO_4(s)$的量将会增加;同离子效应。

2. 沉淀产生的必要条件:$J>K_{sp}^{\ominus}$,沉淀溶解的必要条件:$J<K_{sp}^{\ominus}$。

3. (1) 酸碱溶解法:

$$BaCO_3(s) \rightleftharpoons Ba^{2+}(aq)+CO_3^{2-}(aq) \xrightarrow{H^+} HCO_3^- \xrightarrow{H^+} H_2CO_3$$

$$Mg(OH)_2(s) \rightleftharpoons Mg^{2+}(aq)+2OH^-(aq) \xrightarrow{NH_4^+} NH_3 \cdot H_2O$$

(2) 氧化还原溶解法:
$$3CuS(s)+8HNO_3(稀) \rightleftharpoons 3Cu(NO_3)_2+3S(s)+2NO(g)+4H_2O$$

(3) 配合溶解法:
$$AgCl(s) \rightleftharpoons Ag^+(aq)+Cl^-(aq) \xrightarrow{NH_3} [Ag(NH_3)_2]^+$$

(4) 混合法:
$$HgS(s) \rightleftharpoons Hg^{2+}(aq)+S^{2-}$$
$$Hg^{2+} \xrightarrow{Cl^-} [HgCl_4]^{2-} \qquad S^{2-} \xrightarrow{H^++NO_3^-} S$$

总反应
$$3HgS(s)+2NO_3^-+12Cl^-+8H^+ \rightleftharpoons 3[HgCl_4]^{2-}+2NO\uparrow+3S(s)+4H_2O$$

4. 不一定相同。因为溶度积与溶解度之间存在如下关系式:$K_{sp}^{\ominus}=[A^{n+}]^m \cdot [B^{m-}]^n = (m^m \cdot n^n) \cdot s^{m+n}$。AB型……$K_{sp}^{\ominus}=s^2$,$A_2B$型……$K_{sp}^{\ominus}=4s^3$。

四、计算题

1. (1) 1.7×10^{-4} mol·dm^{-3},3.4×10^{-4} mol·dm^{-3}
   (2) 1.8×10^{-7} mol·dm^{-3}

(3) 2.1×10^{-5} mol·dm^{-3}

2. $BaCrO_4$ 开始生成沉淀时,$[Pb^{2+}] = 2.33 \times 10^{-4}$ mol·dm$^{-3} > 1.0 \times 10^{-5}$,因此不能用 K_2CrO_4 将 Pb^{2+} 和 Ba^{2+} 分开。

3. (1) Cr^{3+} 先沉淀; (2) $5.60 \sim 7.30$

4. (1) PbS 先沉淀

  (2) 不能通过控制溶液的酸度分离 Pb^{2+} 和 Zn^{2+}

5. $[Cu^{2+}][OH^-]^2 = 4.8 \times 10^{-23} < K_{sp}^{\ominus}(Cu(OH)_2)$,所以无 $Cu(OH)_2$ 沉淀生成。

  $[Cu^{2+}][S^{2-}] = 4.8 \times 10^{-20} > K_{sp}^{\ominus}(CuS)$,所以有 CuS 沉淀产生。

配合物溶液

一、选择题

1. C 2. A 3. C 4. B 5. D 6. D 7. C 8. D 9. B 10. B

二、填空题

1. 9.1×10^{-8},6.32×10^3

2. AgOH,白色沉淀,$[Ag(NH_3)_2]^+$,AgCl,AgI

3. KCN,$[Ag(NH_3)_2]^+ + 2S_2O_3^{2-} \rightleftharpoons [Ag(S_2O_3)_2]^{3-} + 2NH_3$,$\dfrac{K_{稳}^{\ominus}([Ag(S_2O_3)_2]^{3-})}{K_{稳}^{\ominus}([Ag(NH_3)_2]^+)}$

三、简答题

1. 解:在 $Na_2S_2O_3$(aq)与 $AgNO_3$(aq)的反应中,如果 $AgNO_3$ 过量,开始生成 $Ag_2S_2O_3$ 白色沉淀随后转化为 Ag_2S 黑色沉淀;如果 $Na_2S_2O_3$ 过量,则生成$[Ag(S_2O_3)_2]^{3-}$ 配位个体。即反应产物由 $Na_2S_2O_3$ 和 $AgNO_3$ 哪一物质相对过量决定。

2. Hg^{2+} 电子构型为 $5d^{10}6s^0$。在$[HgI_4]^{2-}$ 配位个体中,电子没有 d-d 跃迁;因为 Hg^{2+} 与 I^- 靠配位键结合,键较弱,电子跃迁较难,因而$[HgI_4]^{2-}$ 为无色。在 HgI_2 中,Hg 与 I 靠共价键结合,Hg^{2+} 强的极化能力和 I^- 较大的变形性使电子跃迁容易进行,因而 HgI_2 有较深的颜色。

3.

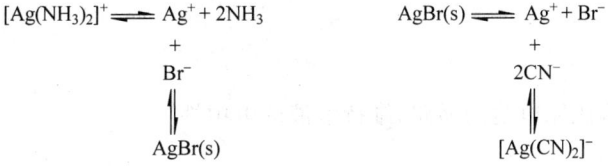

4. 在含$[Fe(C_2O_4)_3]^{3-}$的溶液中,加入少量酸时,平衡向配位个体$[Fe(C_2O_4)_3]^{3-}$ 解离的方向移动,即

$$[Fe(C_2O_4)_3]^{3-} \rightleftharpoons Fe^{3+} + 3C_2O_4^{2-}$$
$$+$$
$$3H^+$$
$$\Updownarrow$$
$$3HC_2O_4^-$$

加入少量碱时,会发生下列反应:

$$[Fe(C_2O_4)_3]^{3-} \rightleftharpoons Fe^{3+} + 3C_2O_4^{2-}$$
$$+$$
$$3OH^-$$
$$\Updownarrow$$
$$Fe(OH)_3$$

四、计算题

1. 3.89×10^{-17} mol·dm^{-3},2.8 mol·dm^{-3},0.05 mol·dm^{-3},
因为$[Cu^{2+}][OH^-]^2 = 9.73 \times 10^{-18} > K_{sp}^{\ominus}(Cu(OH)_2)$,所以有 Cu(OH)$_2$ 沉淀生成。
2. 8.00
3. 7.58×10^{13}
4. 1.62 mol·dm^{-3}
5. (1) 9.1×10^{-7} mol·dm^{-3},因为$[Ag^+][I^-] = 9.1 \times 10^{-8} > K_{sp}^{\ominus}(AgI)$,所以有 AgI 沉淀析出。
   (2) 7.7×10^{-21} mol·dm^{-3},因为$[Ag^+][I^-] = 7.7 \times 10^{-22} < K_{sp}^{\ominus}(AgI)$,所以没有 AgI 沉淀析出。

第6章 氧化还原反应

一、选择题

1. B 2. D 3. D 4. B 5. B 6. A 7. A 8. D 9. B
10. D 11. C 12. B 13. C 14. D 15. A 16. C 17. C 18. A
19. B 20. A 21. D 22. D 23. D 24. B 25. C

二、填空题

1. 氧化还原,构成原电池的通路,维持溶液的电中性
2. 小于
3. 正极,负极,电势差,电势差,电动势
4. 减小,不变
5. AgI/Ag、AgBr/Ag、AgCl/Ag、Ag$^+$/Ag
6. 0.324,歧化
7. $E^{\ominus}$,(反应物或产物的)浓度,$E^{\ominus}$,越完全

8. $MnO_4^- + 8H^+ + 5e^- \rightleftharpoons Mn^{2+} + 4H_2O$, $Fe^{2+} \rightleftharpoons Fe^{3+} + e^-$
$MnO_4^- + 5Fe^{2+} + 8H^+ \rightleftharpoons Mn^{2+} + 5Fe^{3+} + 4H_2O$
$(-)Pt \mid Fe^{2+}(c^\ominus), Fe^{3+}(c^\ominus) \parallel MnO_4^-(c^\ominus), Mn^{2+}(c^\ominus), H^+(c^\ominus) \mid Pt(+)$
3.16×10^{62}, $356.99 \text{ kJ} \cdot \text{mol}^{-1}$

9. $[Co(CN)_6]^{3-}$

三、简答题

1. 至今，电极电势的绝对值还不能测定。我们使用的电极电势是一个相对的值，其值是按照 IUPAC 的规定，选择"标准氢电极"作为标准电极（并人为地规定它的电极电势为零）。在标准状态下，以标准氢电极为负极，与待测电极组成电池，测其电池电动势而得到的。

2. 不矛盾。Fe^{3+} 腐蚀 Cu，发生如下反应：$Fe^{3+} + Cu \rightleftharpoons Fe^{2+} + Cu^{2+}$
$E^\ominus = E_+^\ominus - E_-^\ominus = E^\ominus(Fe^{3+}/Fe^{2+}) - E^\ominus(Cu^{2+}/Cu) = 0.77 - 0.34 = 0.43 \text{ (V)} > 0$
Cu^{2+} 腐蚀 Fe，发生如下反应：$Cu^{2+} + Fe \rightleftharpoons Cu + Fe^{2+}$
$E^\ominus = E_+^\ominus - E_-^\ominus = E^\ominus(Cu^{2+}/Cu) - E^\ominus(Fe^{2+}/Fe) = 0.34 - (-0.441) = 0.781 \text{ (V)} > 0$

3. (1)

$$MnO_4^- \xrightarrow{0.56} MnO_4^{2-} \xrightarrow{\quad} MnO_2$$
$$\underset{1.679}{\xleftarrow{\hspace{3cm}}}$$

(2) $E^\ominus(MnO_4^-/MnO_4^{2-}) + 2E^\ominus(MnO_4^{2-}/MnO_2) = 3E^\ominus(MnO_4^-/MnO_2)$
$2E^\ominus(MnO_4^{2-}/MnO_2) = 3E^\ominus(MnO_4^-/MnO_2) - E^\ominus(MnO_4^-/MnO_4^{2-})$
所以 $E^\ominus(MnO_4^{2-}/MnO_2) = \dfrac{3 \times 1.679 - 0.56}{2} = 2.24 \text{ (V)}$

(3) 因为 $E_右^\ominus > E_左^\ominus$，所以能发生歧化反应。歧化反应方程式为：
$3MnO_4^{2-} + 4H^+ \rightleftharpoons 2MnO_4^- + MnO_2(s) + 2H_2O$
$E^\ominus = E_右^\ominus - E_左^\ominus = 2.24 - 0.56 = 1.68 \text{ (V)}$
$\Delta_r G_m^\ominus = -zFE^\ominus = -2 \times 96485 \times 1.68 \times 10^{-3} = -324.2 \text{ (kJ} \cdot \text{mol}^{-1})$
$\lg K^\ominus = \dfrac{zE^\ominus}{0.0592} = \dfrac{2 \times 1.68}{0.0592} = 56.76 \quad K^\ominus = 5.75 \times 10^{56}$

四、计算题

1. pH = 1.00, $E = 0.09 \text{ V} > 0$,
反应按 $2MnO_4^- + 16H^+ + 10Cl^- \rightleftharpoons 2Mn^{2+} + 5Cl_2 + 8H_2O$ 的正向进行。
pH = 4.00, $E = -0.20 \text{ V} < 0$,
反应按 $2MnO_4^- + 16H^+ + 10Cl^- \rightleftharpoons 2Mn^{2+} + 5Cl_2 + 8H_2O$ 的逆向进行。

2. 1.5×10^{38}

3. 0.12 V

4. (1) $(-)Zn \mid Zn^{2+}(0.30 \text{ mol} \cdot \text{dm}^{-3}) \parallel Ag^+(0.10 \text{ mol} \cdot \text{dm}^{-3}) \mid Ag(+)$
(2) 0.74 V, -0.78 V, 1.52 V
(3) 1.56 V, 5.0×10^{52}

(4) 2.65×10^{-27} mol·dm^{-3}

5. 1.86×10^{-5}

第7章 元素概述

一、选择题

1. D 2. C 3. B 4. C 5. D 6. A 7. D 8. C 9. B 10. B

二、填空题

1. 气态非金属,固态非金属,金属
2. 物理分离法,热分解法,电解法,热还原法,氧化法
3. 金属,非金属,准金属,稀有气体,普通,稀有
4. 轻,高熔点,分散性,稀有,稀土,放射性

三、简答题

1. 用铝代替铜制造高压电缆是因为铝的电导率虽然只有铜的60%左右,但密度不到铜的一半。当铝制电线的导电能力与铜制的一样时,铝线的质量只有铜线的一半。

2. 金属在空气中氧化生成的氧化膜具有较显著的保护作用称为金属的钝化。金属的钝化主要是指某些金属和合金在某种环境条件下丧失了化学活性的行为。最容易产生钝化作用的有铝、铬、镍和钛以及含有这些金属的合金。

3. 电解熔融 Al_2O_3 制备 Al:

$$2Al_2O_3(熔体) \xrightarrow{电解} 4Al + 3O_2(g)$$

电解 NaCl 溶液制备 Cl_2:

$$2NaCl + 2H_2O \xrightarrow{电解} 2NaOH + H_2(g) + Cl_2(g)$$

4. 在短周期中,从左到右金属单质的还原性逐渐减弱;在长周期中总的递变情况和短周期是一致的,但副族金属元素同周期单质的还原性变化不甚明显,彼此较为相似。在同一主族中自上而下,金属单质的还原性逐渐增强;而副族的情况较为复杂,单质的还原性一般自上而下反而减弱。

四、完成并配平下列反应方程式

(1) $3Pt + 4HNO_3 + 18HCl \rightleftharpoons 3H_2[PtCl_6] + 4NO\uparrow + 8H_2O$

(2) $Au + HNO_3 + 4HCl \rightleftharpoons H[AuCl_4] + NO\uparrow + 2H_2O$

(3) $5Cl_2 + I_2 + 6H_2O \rightleftharpoons 10Cl^- + 2IO_3^- + 12H^+$

(4) $3Si + 18HF + 4HNO_3 \rightleftharpoons 3H_2[SiF_6] + 4NO\uparrow + 8H_2O$

(5) $Si + 2NaOH + H_2O \rightleftharpoons Na_2SiO_3 + 2H_2\uparrow$

(6) $2Al + 2NaOH + 2H_2O \rightleftharpoons 2NaAlO_2 + 3H_2\uparrow$

(7) $Sn + 2NaOH \rightleftharpoons Na_2SnO_2 + H_2\uparrow$

(8) $S+2HNO_3(浓) \rightleftharpoons H_2SO_4+2NO\uparrow$

(9) $2H_2SO_4(浓)+C \rightleftharpoons CO_2\uparrow+2SO_2\uparrow+2H_2O$

(10) $2Li+H_2 \rightleftharpoons 2LiH$

第8章 s区和p区元素选述

一、选择题

1. C 2. B 3. D 4. B 5. C 6. D 7. C 8. D 9. B 10. D

二、填空题

1. sp^3,σ,3c-2e(或三中心二电子)

2. 32,12,20

3. NO_2,N_2O_3

4. $Sn(OH)_4$,HCl,SbOCl,H_2O,BiOCl,H_2O

5. $SnCl_2$被氧化

6. Li 与 Mg,Be 与 Al

7. $PO_4^{3-}+3NH_4^{+}+12MoO_4^{2-}+24H^{+} \xrightarrow[水浴]{\triangle} (NH_4)_3PO_4 \cdot 12MoO_3 \cdot 6H_2O\downarrow +6H_2O$

8. 小于,增大

三、判断题

1. ×   2. ×   3. ×   4. √   5. √   6. ×   7. ×   8. √   9. ×   10. ×

四、简答题

1. 解:因为PbO_2为强氧化剂,可以将HCl氧化为Cl_2,并生成$PbCl_2$。反应方程式为:

$$PbO_2+4HCl \xrightarrow{\triangle} PbCl_2+Cl_2\uparrow+2H_2O$$

2. 解:SO_2的分子结构呈V字形。

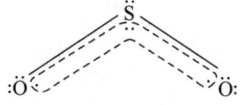

S与O原子之间除了形成σ键外,还形成Π_3^4键。

SO_3的分子结构呈平面三角形,键角为120°。

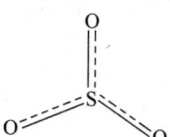

中心S原子以sp^2杂化轨道与氧原子形成3个σ键,未杂化的p轨道与3个氧原子的p轨道形成Π_4^6键。

3. 解：H_3BO_3 为缺电子化合物，之所以有酸性并不是因为它本身给出质子，而是加合了来自 H_2O 分子的 OH^-，释放出了 H^+ 而显酸性。

$$B(OH)_3 + H_2O \rightleftharpoons \left[HO-\overset{\overset{\displaystyle OH}{|}}{\underset{\underset{\displaystyle OH}{|}}{B}}-OH\right]^- + H^+$$

4. 解：碱金属氢氧化物的碱性：$LiOH < NaOH < KOH < RbOH < CsOH$

碱土金属氢氧化物的碱性：$Be(OH)_2 < Mg(OH)_2 < Ca(OH)_2 < Sr(OH)_2 < Ba(OH)_2$

R—O—H 规则：

$$RO^- + H^+ \longleftarrow R-O-H \longrightarrow R^+ + OH^-$$

　　　　酸式解离　　　　　　　　　　碱式解离

离子势$(\Phi) = \dfrac{\text{阳离子电荷}(z)}{\text{阳离子半径}(r)}$，$\Phi$ 值越小，越有利于碱式解离，ROH 碱性增强。对于碱金属和碱土金属的氢氧化物，同一主族内电荷相同，R 的半径越大，碱性越强。

5. 解：漂白粉是次氯酸钙和碱式氯化钙的混合物，其有效成分是 $Ca(ClO)_2$，在空气中吸收 CO_2 生成 HClO：

$Ca(ClO)_2 + CaCl_2 \cdot Ca(OH)_2 \cdot H_2O + 2CO_2 =\!=\!= 2CaCO_3 + CaCl_2 + 2HClO + H_2O$

HClO 不稳定易分解放出 O_2：　　$2HClO =\!=\!= 2HCl + O_2\uparrow$

此外，生成的 HCl 又会与 $Ca(ClO)_2$ 反应释放出 Cl_2 也会消耗漂白粉的有效成分：

$$4HCl + Ca(ClO)_2 =\!=\!= CaCl_2 + 2Cl_2\uparrow + 2H_2O$$

6. 解：$Pb(NO_3)_2$ 溶液中通入 H_2S 时，发生反应：$Pb^{2+} + S^{2-} =\!=\!= PbS\downarrow$（黑色）；再加入 H_2O_2 后：$PbS + 4H_2O_2 =\!=\!= PbSO_4\downarrow$（白色）$+ 4H_2O$

五、问答题（每题 8 分，共 32 分）

1. 解：(A) Na，(B) NaOH，(C) HCl，(D) NaCl，(E) AgCl，(F) Na_2O_2，(G) Na_2O，(H) H_2O_2，(I) O_2。

① $2Na + 2H_2O \longrightarrow 2NaOH + H_2\uparrow$

② $NaOH + HCl \longrightarrow NaCl + H_2O$

③ $NaCl + AgNO_3 \longrightarrow NaNO_3 + AgCl\downarrow$

④ $AgCl + 2NH_3 \longrightarrow [Ag(NH_3)_2]Cl$

⑤ $Na_2O_2 + 2Na \longrightarrow 2Na_2O$

⑥ $Na_2O + H_2O \longrightarrow 2NaOH$

⑦ $Na_2O_2 + 2H_2O \longrightarrow 2NaOH + H_2O_2$

⑧ $2MnO_4^- + 5H_2O_2 + 6H^+ \longrightarrow 2Mn^{2+} + 5O_2\uparrow + 8H_2O$

2. 解：(1) Sn^{2+} 和 Fe^{2+} 能共存。

(2) Sn^{2+} 和 Fe^{3+} 不能共存，其反应为：

$$Sn^{2+} + 2Fe^{3+} \longrightarrow Sn^{4+} + 2Fe^{2+}$$

(3) Pb^{2+} 和 Fe^{3+} 能共存。

(4) SiO_3^{2-} 和 NH_4^+ 不能共存，其反应为：

$$SiO_3^{2-} + 2NH_4^+ \longrightarrow H_2SiO_3\downarrow + 2NH_3\uparrow$$

(5) Pb^{2+} 和 $[Pb(OH)_4]^{2-}$ 不能共存，其反应为：
$$Pb^{2+} + [Pb(OH)_4]^{2-} \longrightarrow 2Pb(OH)_2 \downarrow$$

(6) $[PbCl_4]^{2-}$ 和 $[SnCl_6]^{2-}$ 能共存。

3. 解：

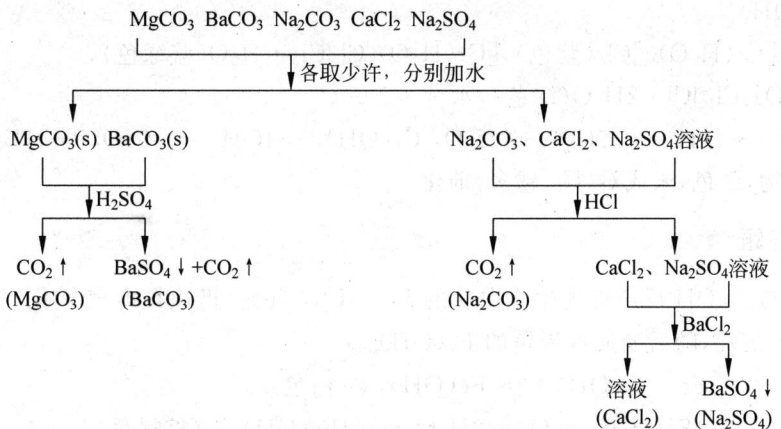

4. 解：设原混合物中 NaCl 为 x 克，$CaCl_2$ 为 y 克，KI 为 z 克。

则有 $x+y+z=9.43$ g (1)

通入氯气 $2KI+Cl_2 =\!=\!= 2KCl+I_2 \uparrow$

物质的量 $\dfrac{z}{166}$ ～ $\dfrac{74.5z}{166}$

烘干后的物质为 NaCl、$CaCl_2$ 和 KCl

则有 $x+y+\dfrac{74.5z}{166}=6.22$ g (2)

(1)与(2)相减，得到 $z=5.82$ g，则有 $x+y=3.61$ g (3)

又加入足量 Na_2CO_3 后，$CaCl_2+Na_2CO_3 =\!=\!= 2NaCl+CaCO_3 \downarrow$

$CaCO_3$ 沉淀为 1.22 g，$\dfrac{y}{111}$ ～ $\dfrac{1.22}{100}$

则有 $y=1.35$ g，由(3)可得 $x=2.26$ g

因此，混合物中含 NaCl 2.26 g，$CaCl_2$ 1.35 g，KI 5.82 g。

第 9 章 d 区和 ds 区元素选述

一、选择题

1. C   2. D   3. B   4. D   5. B   6. C   7. B   8. C   9. D
10. C 11. B 12. A 13. D 14. B 15. D 16. B 17. C 18. D
19. A 20. D

二、填空题

1. H_5IO_6，$NaBiO_3(s)$，$(NH_4)_2S_2O_8$，PbO_2

2. 紫色,消失,生成的 MnO_4^- 与 Cl^- 发生下述反应:
$$2MnO_4^- + 10Cl^- + 16H^+ = 2Mn^{2+} + 5Cl_2\uparrow + 8H_2O$$

3. <,$AgCl$,Ag_2CrO_4,Ag_2CrO_4 的溶解度大于 $AgCl$ 的溶解度

4. $CoCl_2$,蓝,无水 $CoCl_2$,粉红,$CoCl_2 \cdot 6H_2O$

5. $Co(OH)_3$

6. 3 种,$[Cr(H_2O)_6]Cl_3$(紫色),$[Cr(H_2O)_5Cl]Cl_2 \cdot H_2O$(蓝绿色), $[Cr(H_2O)_4Cl_2]Cl \cdot 2H_2O$(绿色),水合

7. $Cr_2O_7^{2-} + 14H^+ = 2Cr^{3+} + 7H_2O$, $Cr(OH)_4^- + 4OH^- = CrO_4^{2-} + 4H_2O$

8. 配合物,颜色,未成对,顺,越多,催化

三、简答题

1. Fe^{2+} 与 $NaOH$ 反应首先生成白色的 $Fe(OH)_2$ 沉淀,迅速被空气氧化,先是部分被氧化成灰绿色沉淀,随后变成棕褐色的 $Fe(OH)_3$。
$$Fe^{2+} + 2OH^- = Fe(OH)_2\downarrow(白色)$$
$$4Fe(OH)_2 + O_2 + 2H_2O = 4Fe(OH)_3\downarrow(棕褐色)$$

Co^{2+} 与 $NaOH$ 反应首先生成粉红色的 $Co(OH)_2$ 沉淀,在空气中缓慢地被氧化为暗棕色的水合物 $Co_2O_3 \cdot xH_2O$。
$$Co^{2+} + 2OH^- = Co(OH)_2\downarrow(粉红色)$$
$$2Co(OH)_2 + 1/2O_2 + (x-2)H_2O = Co_2O_3 \cdot xH_2O(暗棕色)$$

Ni^{2+} 与 $NaOH$ 反应生成苹果绿色沉淀,在空气中不被氧化。
$$Ni^{2+} + 2OH^- = Ni(OH)_2\downarrow(苹果绿色)$$

2. 据题意,溶液中含有 CrO_4^{2-}、Cl^- 和 MnO_4^-。相关反应方程式如下:
$$2Ag^+ + CrO_4^{2-} = Ag_2CrO_4\downarrow(砖红色)$$
$$Ag^+ + Cl^- = AgCl\downarrow(白色)$$
$$2Ag_2CrO_4 + 2HNO_3 = Ag_2Cr_2O_7 + 2AgNO_3 + H_2O$$
$$2MnO_4^- + 5SO_3^{2-} + 6H^+ = 2Mn^{2+} + 5SO_4^{2-} + 3H_2O$$

3. (1) $Cr^{3+} + 3OH^- \rightleftharpoons Cr(OH)_3 \rightleftharpoons H^+ + CrO_2^- + H_2O$
   紫色   灰蓝色   绿色

(2) $2CrO_4^{2-} + 2H^+ \underset{OH^-}{\overset{H^+}{\rightleftharpoons}} Cr_2O_7^{2-} + H_2O$
   黄色   橙色

(3) $CoCl_2 \cdot 6H_2O \xrightarrow{325.4K} CoCl_2 \cdot 2H_2O \xrightarrow{363K} CoCl_2 \cdot H_2O \xrightarrow{393K} CoCl_2$
   粉红   紫红   蓝紫   蓝色

4. (1) $2E^{\ominus}(Hg^{2+}/Hg) = E^{\ominus}(Hg^{2+}/Hg_2^{2+}) + E^{\ominus}(Hg_2^{2+}/Hg)$
$$E^{\ominus}(Hg^{2+}/Hg) = \frac{1}{2}[E^{\ominus}(Hg^{2+}/Hg_2^{2+}) + E^{\ominus}(Hg_2^{2+}/Hg)]$$
$$= \frac{1}{2}[0.92 + 0.792] = 0.856 (V)$$

(2) 由电势图可知 Hg_2^{2+} 在酸性溶液中能发生歧化逆反应,即 Hg^{2+} 可氧化 Hg 而生成

Hg_2^{2+},反应方程式为：

$$Hg^{2+} + Hg = Hg_2^{2+}$$

$$\lg K^{\ominus} = \frac{z(E_+^{\ominus} - E_-^{\ominus})}{0.0592} = \frac{0.920 - 0.792}{0.0592} = 2.16 \quad \text{解出 } K^{\ominus} = 1.45 \times 10^2$$

四、完成并配平下列反应方程式

(1) $Cr_2O_7^{2-} + 4Ag^+ + H_2O = 2Ag_2CrO_4 \downarrow（砖红色）+ 2H^+$

(2) $5H_5IO_6 + 2Mn^{2+} = 2MnO_4^- + 5HIO_3 + 6H^+ + 7H_2O$

(3) $2Mn^{2+} + 14H^+ + 5NaBiO_3(s) = 2MnO_4^- + 5Bi^{3+} + 5Na^+ + 7H_2O$

(4) $2Mn^{2+} + 4H^+ + 5PbO_2 = 2MnO_4^- + 5Pb^{2+} + 2H_2O$

(5) $2MnO_4^- + 5SO_3^{2-}（过量）+ 6H^+ = 2Mn^{2+} + 5SO_4^{2-} + 3H_2O$

(6) $2MnO_4^-（过量）+ 2OH^- + SO_3^{2-} = 2MnO_4^{2-} + SO_4^{2-} + H_2O$

(7) $[PtCl_4]^{2-} + C_2H_4 = [PtCl_3(C_2H_4)]^- + Cl^-$

(8) $3Fe^{2+} + NO_3^- + 4H^+ = 3Fe^{3+} + NO\uparrow + 2H_2O$

(9) $[Fe(H_2O)_6]^{2+} + NO = [Fe(NO)(H_2O)_5]^{2+}（棕色）+ H_2O$

(10) $6Hg + 8HNO_3（稀）= 3Hg_2(NO_3)_2 + 2NO\uparrow + 4H_2O$

第10章 f区元素选述

一、选择题

1. C 2. C 3. D 4. C 5. A 6. D 7. D 8. B 9. A 10. C

二、填空题

1. 稀土,镧系,锕系,57-71,89-103

2. (1) 二氧化钍,六氟化铀,氧化铈,氢氧化钕；(2) $5d^16s^2, 4f^75d^16s^2$

3. 减小,缓慢,镧系收缩

4. 半充满($4f^7$),全充满($4f^{14}$)

5. 黄,胶状

6. 增多,稳定

三、判断题

1. × 2. × 3. × 4. × 5. × 6. √ 7. √ 8. × 9. √ 10. ×

四、简答题

1. 解：$_{59}Pr: 4f^36s^2, _{63}Eu: 4f^76s^2$。

2. 解：(1) +6,(2) ^{235}U,(3) UF_6,(4) $UO_2(NO_3)_2$。

3. 解：因为从 La^{3+}-Lu^{3+},离子半径有规律地减小,中心离子对 OH^- 的吸引力随半径减小而增强，氢氧化物解离度也逐渐减小。

4. 解：镧系元素的原子半径和离子半径随着原子序数的增加而逐渐减小的现象称为镧系收缩。其原因是，在镧系元素中，原子核每增加一个质子，相应地有一个电子进入 4f 层，而 4f 电子对核的屏蔽效应较小，因而随着原子序数的增加，有效核电荷增加，核对最外层电子的吸引增强，使原子半径、离子半径逐渐减小。

镧系收缩的后果是：①使钇成为稀土元素的成员；②使ⅣB族中的 Zr 和 Hf，ⅤB族中的 Nb 和 Ta，ⅥB族中的 Mo 和 W，在原子半径和离子半径上接近，化学性质极相似，造成这 3 对元素在分离上的困难。

附　　录

附录A　国际相对原子质量表

[以相对原子质量 $A_r(^{12}C)=12$ 为标准]

原子序数	名　称	元素符号	相对原子质量
1	氢	H	1.00794(7)
2	氦	He	4.002602(2)
3	锂	Li	6.941(2)
4	铍	Be	9.012182(3)
5	硼	B	10.811(7)
6	碳	C	12.0107(8)
7	氮	N	14.0067(2)
8	氧	O	15.9994(3)
9	氟	F	18.9984032(5)
10	氖	Ne	20.1797(6)
11	钠	Na	22.98976928(2)
12	镁	Mg	24.3050(6)
13	铝	Al	26.9815386(8)
14	硅	Si	28.0855(3)
15	磷	P	30.973762(2)
16	硫	S	32.065(5)
17	氯	Cl	35.453(2)
18	氩	Ar	39.948(1)
19	钾	K	39.0983(1)
20	钙	Ca	40.078(4)
21	钪	Sc	44.955912(6)
22	钛	Ti	47.867(1)
23	钒	V	50.9415(1)
24	铬	Cr	51.9961(6)
25	锰	Mn	54.938045(5)
26	铁	Fe	55.845(2)
27	钴	Co	58.933195(5)

续表

原子序数	名 称	元素符号	相对原子质量
28	镍	Ni	58.6934(4)
29	铜	Cu	63.546(3)
30	锌	Zn	65.38(2)
31	镓	Ga	69.723(1)
32	锗	Ge	72.64(1)
33	砷	As	74.92160(2)
34	硒	Se	78.96(3)
35	溴	Br	79.904(1)
36	氪	Kr	83.798(2)
37	铷	Rb	85.4678(3)
38	锶	Sr	87.62(1)
39	钇	Y	88.90585(2)
40	锆	Zr	91.224(2)
41	铌	Nb	92.90638(2)
42	钼	Mo	95.96(2)
43	锝	Tc	(98)
44	钌	Ru	101.07(2)
45	铑	Rh	102.90550(2)
46	钯	Pd	106.42(1)
47	银	Ag	107.8682(2)
48	镉	Cd	112.411(8)
49	铟	In	114.818(3)
50	锡	Sn	118.710(7)
51	锑	Sb	121.760(1)
52	碲	Te	127.60(3)
53	碘	I	126.90447(3)
54	氙	Xe	131.293(6)
55	铯	Cs	132.9054519(2)
56	钡	Ba	137.327(7)
57	镧	La	138.90547(7)
58	铈	Ce	140.116(1)
59	镨	Pr	140.90765(2)
60	钕	Nd	144.242(3)
61	钷	Pm	(145)
62	钐	Sm	150.36(2)
63	铕	Eu	151.964(1)
64	钆	Gd	157.25(3)
65	铽	Tb	158.92535(2)
66	镝	Dy	162.500(1)
67	钬	Ho	164.93032(2)
68	铒	Er	167.259(3)
69	铥	Tm	168.93421(2)
70	镱	Yb	173.054(5)
71	镥	Lu	174.9668(1)

续表

原子序数	名 称	元素符号	相对原子质量
72	铪	Hf	178.49(2)
73	钽	Ta	180.94788(2)
74	钨	W	183.84(1)
75	铼	Re	186.207(1)
76	锇	Os	190.23(3)
77	铱	Ir	192.217(3)
78	铂	Pt	195.084(9)
79	金	Au	196.996569(4)
80	汞	Hg	200.59(2)
81	铊	Tl	204.3833(2)
82	铅	Pb	207.2(1)
83	铋	Bi	208.98040(1)
84	钋	Po	(209)
85	砹	At	(210)
86	氡	Rn	(222)
87	钫	Fr	(223)
88	镭	Ra	(226)
89	锕	Ac	(227)
90	钍	Th	232.03806(2)
91	镤	Pa	231.03588(2)
92	铀	U	238.02891(3)
93	镎	Np	(237)
94	钚	Pu	(244)
95	镅	Am	(243)
96	锔	Cm	(247)
97	锫	Bk	(247)
98	锎	Cf	(251)
99	锿	Es	(252)
100	镄	Fm	(257)
101	钔	Md	(258)
102	锘	No	(259)
103	铹	Lr	(262)
104	𬬻	Rf	(267)
105	𬭊	Db	(268)
106	𨭎	Sg	(271)
107	𬭛	Bh	(272)
108	𨭆	Hs	(270)
109	鿏	Mt	(276)
110	𫟼	Ds	(281)
111	𬬭	Rg	(280)
112	鎶	Cn	(285)

*括号中的数值是该放射性元素已知的半衰期最长的同位素的原子质量数。

附录 B 某些离子和化合物的颜色

1. 离子的颜色

离子	颜 色	离 子	颜 色	离 子	颜 色
$[Co(H_2O)_6]^{2+}$	粉红色	$[CuCl_2]^-$	泥黄色	MnO_4^{2-}	绿色
$[Co(NH_3)_6]^{2+}$	黄色	$[CuCl_4]^{2-}$	黄色	MnO_4^-	紫红色
$[Co(NH_3)_6]^{3+}$	粉红色	$[CuI_2]^-$	黄色	$[Ni(H_2O)_6]^{2+}$	亮绿色
$[Co(SCN)_4]^{2-}$	蓝色	$[Cu(NH_3)_4]^{2+}$	深蓝色	$[Ni(NH_3)_6]^{2+}$	蓝色
$[Cr(H_2O)_6]^{2+}$	天蓝色	$[Fe(H_2O)_6]^{2+}$	浅绿色	$[Ti(H_2O)_6]^{3+}$	紫色
$[Cr(H_2O)_6]^{3+}$	蓝紫色	$[Fe(H_2O)_6]^{3+}$	黄色	$[V(H_2O)_6]^{2+}$	蓝色
CrO_2^-	绿色	$[Fe(CN)_6]^{4-}$	黄色	$[V(H_2O)_6]^{3+}$	暗绿色
CrO_4^{2-}	黄色	$[Fe(CN)_6]^{3-}$	红棕色	VO^{2+}	蓝色
$Cr_2O_7^{2-}$	橙色	$[Fe(SCN)_n]^{3-n}$	血红色	VO_2^+	黄色
$[Cu(H_2O)_4]^{2+}$	蓝色	$[Mn(H_2O)_6]^{2+}$	肉色	VO_2^{3+}	棕红色

2. 化合物颜色

化 合 物	颜 色	化 合 物	颜 色	化 合 物	颜 色
$AgCl$	白色	$Pb(OH)_2$	白色	$CaCrO_4$	黄色
$CoCl_2$	蓝色	$Sb(OH)_3$	白色	Ag_2CrO_4	砖红色
$CoCl_2 \cdot 2H_2O$	紫红色	$Sn(OH)_2$	白色	$BaCrO_4$	黄色
$CoCl_2 \cdot 6H_2O$	粉红色	$Zn(OH)_2$	白色	$PbCrO_4$	黄色
$CuCl$	白色	$Al(OH)_3$	白色	$BaSiO_3$	白色
$FeCl_3 \cdot 6H_2O$	黄棕色	$Bi(OH)_3$	白色	$CoSiO_3$	紫色
Hg_2Cl_2	白色	$Cd(OH)_2$	白色	$CuSiO_3$	蓝色
$Hg(NH_2)Cl$	白色	$Co(OH)_2$	粉红色	$Fe_2(SiO_3)_3$	棕红色
$PbCl_2$	白色	$Co(OH)_3$	棕褐色	$MnSiO_3$	肉色
$AgBr$	浅黄	$Cr(OH)_3$	灰绿色	$NiSiO_3$	翠绿色
AgI	黄色	$Cu(OH)_2$	浅蓝色	$ZnSiO_3$	白色
CuI	白色	$Cu_2(OH)_2CO_3$	蓝色	CaC_2O_4	白色
Hg_2I_2	黄色	$FeCO_3$	白色	$Ag_2C_2O_4$	白色
HgI_2	橘红色	$Hg_2(OH)_2CO_3$	红褐色	$Ag_2S_2O_3$	白色
PbI_2	黄色	$MgCO_3$	白色	Ag_2S	黑色
Ag_2O	褐色	$MnCO_3$	白色	As_2S_3	黄色
Bi_2O_3	黄色	$Ni_2(OH)_2CO_3$	浅绿色	Bi_2S_3	黑褐色
CdO	棕灰色	$PbCO_3$	白色	CdS	黄色
CoO	灰绿色	$Zn_2(OH)_2CO_3$	白色	CoS	黑色
Co_2O_3	黑色	Ag_2CO_3	白色	CuS	黑色
CrO_3	橙红色	$BaCO_3$	白色	Cu_2S	黑色
Cr_2O_3	绿色	$Bi(OH)CO_3$	白色	FeS	黑色

续表

化合物	颜色	化合物	颜色	化合物	颜色
CuO	黑色	$CaCO_3$	白色	Fe_2S_3	黑色
Cu_2O	暗红色	$CdCO_3$	白色	HgS	红或黑色
FeO	黑色	$Co(OH)CO_3$	红色	MnS	肉色
Fe_2O_3	砖红色	Ag_2SO_4	白色	NiS	黑色
Fe_3O_4	红色	$BaSO_4$	白色	PbS	黑色
HgO	红或黄色	$CaSO_4$	白色	Sb_2S_3	橙色
Hg_2O	黑色	$CoSO_4 \cdot 7H_2O$	红色	Sb_2S_5	橙红色
MnO_2	棕色	$Cr_2(SO_4)_3 \cdot 18H_2O$	紫色	SnS	棕色
NiO	暗绿色	$Cr_2(SO_4)_3 \cdot 6H_2O$	绿色	SnS_2	黄色
PbO_2	棕褐色	$Cu_2(OH)_2SO_4$	浅蓝色	ZnS	白色
Pb_3O_4	红色	Hg_2SO_4	白色	$Cu(SCN)_2$	黑绿色
ZnO	白色	$PbSO_4$	白色	$Cu_2[Fe(CN)_6]$	红棕色
$CuOH$	黄色	Ag_3PO_4	黄色	$Fe_3[Fe(CN)_6]_2$	腾氏蓝
$Fe(OH)_2$	白色	$Ba_3(PO_4)_2$	白色	$Fe_4[Fe(CN)_6]_3$	普鲁士蓝
$Fe(OH)_3$	红棕色	$Ca_3(PO_4)_2$	白色	$Zn_2[Fe(CN)_6]$	白色
$Mn(OH)_2$	白色	$CaHPO_4$	白色	$K_3[Co(NO_2)_6]$	黄色
$Ni(OH)_2$	浅绿色	$FePO_4$	浅黄色	$K_2Na[Co(NO_2)_6]$	黄色
$Ni(OH)_3$	黑色	$NaAc \cdot Zn(Ac)_2 \cdot [UO_2(Ac)_2] \cdot 9H_2O$	黄色		

附录C 某些物质的商品名或俗名

商品名称或俗名	学 名	化学式(或主要成分)
钢精	铝	Al
刚玉,矾土	三氧化二铝	Al_2O_3
砒霜,白霜	三氧化二砷	As_2O_3
重土	氧化钡	BaO
重晶石	硫酸钡	$BaSO_4$
电石	碳化钙	CaC
方解石,大理石	碳酸钙	$CaCO_3$
萤石,氟石	氟化钙	CaF_2
干冰	二氧化碳	CO_2
熟石灰,消石灰	氢氧化钙	$Ca(OH)_2$
漂白粉	—	$Ca(ClO)_2 + CaCl_2 \cdot Ca(OH)_2 \cdot H_2O$
石膏	硫酸钙	$CaSO_4 \cdot 2H_2O$
胆矾,蓝矾	硫酸铜	$CuSO_4 \cdot 5H_2O$
双氧水	过氧化氢	H_2O_2

续表

商品名称或俗名	学　名	化学式（或主要成分）
水银	汞	Hg
升汞	氯化汞	$HgCl_2$
甘汞	氯化亚汞	Hg_2Cl_2
三仙丹	氧化汞	HgO
朱砂,辰砂	硫化汞	HgS
钾碱	碳酸钾	K_2CO_3
红矾钾	重铬酸钾	$K_2Cr_2O_7$
赤血盐	(高)铁氰化钾	$K_3[Fe(CN)_6]$
黄血盐	亚铁氰化钾	$K_4[Fe(CN)_6]$
灰锰氧	高锰酸钾	$KMnO_4$
火硝,土硝	硝酸钾	KNO_3
苛性钾	氢氧化钾	KOH
明矾,钾明矾	硫酸铝钾	$K_2SO_4 \cdot Al_2(SO_4)_3 \cdot 24H_2O$
苦土	氧化镁	MgO
泻盐	硫酸镁	$MgSO_4$
硼砂	四硼酸钠	$Na_2B_4O_7 \cdot 10H_2O$
苏打,纯碱	碳酸钠	Na_2CO_3
小苏打	碳酸氢钠	$NaHCO_3$
红矾钠	重铬酸钠	$Na_2Cr_2O_7$
烧碱,火碱,苛性钠	氢氧化钠	$NaOH$
水玻璃,泡花碱	硅酸钠	$xNa_2 \cdot ySiO_2$
硫化碱	硫化钠	$Na_2S \cdot 9H_2O$
海波,大苏打	硫代硫酸钠	$Na_2S_2O_3 \cdot 5H_2O$
保险粉	连二硫酸钠	$Na_2S_2O_4 \cdot 2H_2O$
芒硝,皮硝,元明粉	硫酸钠	$Na_2SO_4 \cdot 10H_2O$
铬钠矾	硫酸铬钠	$Na_2S_2O_4 \cdot Cr_2(SO_4)_3 \cdot 24H_2O$
硫铵	硫酸铵	$(NH_4)_2SO_4$
铁铵矾	硫酸铁铵	$(NH_4)_2S_2O_4 \cdot Fe_2(SO_4)_3 \cdot 24H_2O$
铬铵矾	硫酸铬铵	$(NH_4)_2S_2O_4 \cdot Cr_2(SO_4)_3 \cdot 24H_2O$
铝铵矾	硫酸铝铵	$(NH_4)_2S_2O_4 \cdot Al_2(SO_4)_3 \cdot 24H_2O$
铅丹,红丹	四氧化三铅	Pb_3O_4
铬黄,铅铬黄	铬酸铅	$PbCrO_4$
铅白,白铅粉	碱式碳酸铅	$2PbCO_3 \cdot Pb(OH)_2$
锑白	三氧化二锑	Sb_2O_3
天青石	硫酸锶	$SrSO_4$
石英	二氧化硅	SiO_2
金刚砂	碳化硅	SiC
钛白	二氧化钛	TiO_2
锌白,锌氧粉	氧化锌	ZnO
皓矾	硫酸锌	$ZnSO_4 \cdot 7H_2O$

附录 D　常用溶液的配制

1. 常用酸碱溶液的配制

名　称	浓度/mol·dm^{-3}（近似值）	配　制　方　法
盐酸 HCl	6	取 12 mol·dm^{-3} HCl 与等体积水混合
	4	取 12 mol·dm^{-3} HCl 334 cm^3 加水稀释至 1000 cm^3
	2	取 12 mol·dm^{-3} HCl 167 cm^3 加水稀释至 1000 cm^3
	1	取 12 mol·dm^{-3} HCl 84 cm^3 加水稀释至 1000 cm^3
硫酸 H$_2$SO$_4$	6	取 18 mol·dm^{-3} H$_2$SO$_4$ 334 cm^3，缓慢注入约 600 cm^3 水中，再加水稀释至 1000 cm^3
	3	取 18 mol·dm^{-3} H$_2$SO$_4$ 167 cm^3，缓慢注入约 800 cm^3 水中，再加水稀释至 1000 cm^3
	1	取 18 mol·dm^{-3} H$_2$SO$_4$ 56 cm^3，缓慢注入约 900 cm^3 水中，再加水稀释至 1000 cm^3
硝酸 HNO$_3$	6	取 16 mol·dm^{-3} HNO$_3$ 375 cm^3 加水稀释至 1000 cm^3
	2	取 16 mol·dm^{-3} HNO$_3$ 125 cm^3 加水稀释至 1000 cm^3
	1	取 16 mol·dm^{-3} HNO$_3$ 63 cm^3 加水稀释至 1000 cm^3
醋酸 CH$_3$COOH	1	取 17 mol·dm^{-3} HAc 59 cm^3 加水稀释至 1000 cm^3
氢氧化钠 NaOH	6	将 240 g NaOH 溶于约 100 cm^3 水中，再加水稀释至 1000 cm^3
	1	将 40 g NaOH 溶于约 100 cm^3 水中，再加水稀释至 1000 cm^3
氨水 NH$_3$·H$_2$O	6	取 15 mol·dm^{-3} 氨水(密度为 0.9 g·cm^{-3})400 cm^3，加水稀释至 1000 cm^3
	2	取 15 mol·dm^{-3} 氨水 134 cm^3 加水稀释至 1000 cm^3
	1	取 15 mol·dm^{-3} 氨水 67 cm^3 稀释至 1000 cm^3
氢氧化钾 KOH	6	将 339 g KOH 溶于约 200 cm^3 水中，再加水稀释至 1000 cm^3
氢氧化钙 Ca(OH)$_2$	0.05	将约 1.5 g CaO 或 2 g Ca(OH)$_2$ 置于 1000 cm^3 水中，搅动，得饱和溶液，过滤，储于试剂瓶中盖严

2. 常用缓冲溶液的配制

pH	配　制　方　法
0	1 mol·dm^{-3} 盐酸
1	0.1 mol·dm^{-3} 盐酸
2	0.01 mol·dm^{-3} 盐酸
3.6	NaAc·3H$_2$O 8 g，溶于适量水中，加 6 mol·dm^{-3} HAc 134 cm^3，稀释至 500 cm^3
4.0	NaAc·3H$_2$O 20 g，溶于适量水中，加 6 mol·dm^{-3} HAc 134 cm^3，稀释至 500 cm^3
4.5	NaAc·3H$_2$O 32 g，溶于适量水中，加 6 mol·dm^{-3} HAc 68 cm^3，稀释至 500 cm^3
5.0	NaAc·3H$_2$O 50 g，溶于适量水中，加 6 mol·dm^{-3} HAc 34 cm^3，稀释至 500 cm^3
5.7	NaAc·3H$_2$O 100 g，溶于适量水中，加 6 mol·dm^{-3} HAc 13 cm^3，稀释至 500 cm^3

续表

pH	配制方法
7.0	NH_4Ac 77 g,用水溶解后,稀释至 500 cm^3
7.5	NH_4Cl 66 g 溶于适量水中,加 15 $mol \cdot dm^{-3}$ 氨水 1.4 cm^3,稀释至 500 cm^3
8.0	NH_4Cl 50 g 溶于适量水中,加 15 $mol \cdot dm^{-3}$ 氨水 3.5 cm^3,稀释至 500 cm^3
8.5	NH_4Cl 40 g 溶于适量水中,加 15 $mol \cdot dm^{-3}$ 氨水 8.8 cm^3,稀释至 500 cm^3
9.0	NH_4Cl 35 g 溶于适量水中,加 15 $mol \cdot dm^{-3}$ 氨水 24 cm^3,稀释至 500 cm^3
9.5	NH_4Cl 30 g 溶于适量水中,加 15 $mol \cdot dm^{-3}$ 氨水 65 cm^3,稀释至 500 cm^3
10.0	NH_4Cl 27 g 溶于适量水中,加 15 $mol \cdot dm^{-3}$ 氨水 175 cm^3,稀释至 500 cm^3
10.5	NH_4Cl 9 g 溶于适量水中,加 15 $mol \cdot dm^{-3}$ 氨水 197 cm^3,稀释至 500 cm^3
11	NH_4Cl 3 g 溶于适量水中,加 15 $mol \cdot dm^{-3}$ 氨水 207 cm^3,稀释至 500 cm^3
12	0.01 $mol \cdot dm^{-3}$ NaOH
13	0.1 $mol \cdot dm^{-3}$ NaOH

3. 标准缓冲溶液的配制

名 称	pH	配制方法
0.25 $mol \cdot dm^{-3}$ 碳酸氢钠和 0.25 $mol \cdot dm^{-3}$ 碳酸钠混合液	10.00	分别称取碳酸氢钠 2.10 g 和无水碳酸钠 2.65 g 溶于蒸馏水,稀释至 1000 cm^3
0.25 $mol \cdot dm^{-3}$ 磷酸二氢钾和 0.25 $mol \cdot dm^{-3}$ 磷酸氢二钠混合溶液	6.86	分别称取 115℃±5℃下烘干 2~3 h 的磷酸二氢钾 3.387 g 和磷酸氢二钠 3.533 g,溶于蒸馏水,稀释至 1000 cm^3
0.01 $mol \cdot dm^{-3}$ 硼砂溶液	9.18	称取硼砂(GR)3.80 g,溶于蒸馏水,稀释至 1000 cm^3
0.05 $mol \cdot dm^{-3}$ 邻苯二甲酸氢钾	4.01	称取在 115℃±5℃下烘干 2~3 h 的邻苯二甲酸氢钾(GR) 10.12 g,溶于蒸馏水,稀释至 1000 cm^3

4. 常用试剂溶液的配制

试 剂	浓 度	配制方法
三氯化铋 $BiCl_3$	0.1 $mol \cdot dm^{-3}$	溶解 31.6 g $BiCl_3$ 于 330 cm^3 6 $mol \cdot dm^{-3}$ HCl 中,加水稀释至 1000 cm^3
三氯化锑 $SbCl_3$	0.1 $mol \cdot dm^{-3}$	溶解 22.8 g $SbCl_3$ 于 330 cm^3 6 $mol \cdot dm^{-3}$ HCl 中,加水稀释至 1000 cm^3
氯化亚锡 $SnCl_2$	0.1 $mol \cdot dm^{-3}$	溶解 22.6 g $SnCl_2 \cdot 2H_2O$ 于 330 cm^3 6 $mol \cdot dm^{-3}$ HCl 中,加水稀释至 1000 cm^3,加入数粒纯锡,以防氧化
三氯化铁 $FeCl_3$	1 $mol \cdot dm^{-3}$	溶解 90 g $FeCl_3 \cdot 6H_2O$ 于 80 cm^3 6 $mol \cdot dm^{-3}$ HCl 中,加水稀释至 1000 cm^3
三氯化铬 $CrCl_3$	0.5 $mol \cdot dm^{-3}$	溶解 44.5 g $CrCl_3 \cdot 6H_2O$ 于 40 cm^3 6 $mol \cdot dm^{-3}$ HCl 中,加水稀释至 1000 cm^3
硝酸汞 $Hg(NO_3)_2$	0.1 $mol \cdot dm^{-3}$	溶解 33.4 g $Hg(NO_3)_2 \cdot 0.5H_2O$ 于 0.6 $mol \cdot dm^{-3}$ HNO_3 中,定溶至 1000 cm^3

续表

试 剂	浓 度	配 制 方 法
硝酸亚汞 $Hg_2(NO_3)_2$	$0.1\ mol \cdot dm^{-3}$	溶解 56.1 g $Hg_2(NO_3)_2 \cdot 2H_2O$ 于 0.6 $mol \cdot dm^{-3}$ HNO_3 中,并加入少量金属汞,定容至 1000 cm^3
碳酸铵 $(NH_4)_2CO_3$	$1\ mol \cdot dm^{-3}$	96 g 研细的 $(NH_4)_2CO_3$ 溶于 2 $mol \cdot dm^{-3}$ 氨水,定容至 1000 cm^3
硫酸铵 $(NH_4)_2SO_4$	饱和	50 g $(NH_4)_2SO_4$ 溶于热水,定容至 100 cm^3 冷却后过滤
硫化铵 $(NH_4)_2S$	$3\ mol \cdot dm^{-3}$	在 200 cm^3 浓氨水中,通入 H_2S,直至不再吸收为止,然后加入 200 cm^3 浓氨水,稀释至 1000 cm^3
硫化钠 Na_2S	$1\ mol \cdot dm^{-3}$	溶解 240 g $Na_2S \cdot 9H_2O$ 和 40 g NaOH 于水中,稀释至 1000 cm^3
硫酸亚铁 $FeSO_4$	$0.25\ mol \cdot dm^{-3}$	溶解 69.5 g $FeSO_4 \cdot 7H_2O$ 于适量水中,加入 5 cm^3 浓 H_2SO_4,再加水稀释至 1000 cm^3,置入小铁钉数枚
亚硝酸钴钠 $Na_3[Co(NO_2)_6]$	—	溶解 230 g $NaNO_2$ 于 500 $cm^3\ H_2O$ 中,加入 165 cm^3 6 $mol \cdot dm^{-3}$ HAc 和 30 g $Co(NO_3)_2 \cdot 6H_2O$ 放置 24 小时,取其清液,稀释至 1000 cm^3,并保存在棕色瓶中此溶液应呈橙色,若变成红色表示已分解,应重新配制
钼酸铵 $(NH_4)_6Mo_7O_{24} \cdot 4H_2O$	$0.1\ mol \cdot dm^{-3}$	溶解 124 g $(NH_4)_6Mo_7O_{24} \cdot 4H_2O$ 于 1000 cm^3 水中,将所得溶液倒入 6 $mol \cdot dm^{-3}$ HNO_3 中,放置 24 小时,取其澄清液
铁氰化钾 $K_3[Fe(CN)_6]$	$0.25\ mol \cdot dm^{-3}$	取铁氰化钾 8.2 g 溶解于水,稀释至 100 cm^3(使用前临时配制)
镁试剂	$0.01\ mol \cdot dm^{-3}$	0.01 g 镁试剂用 1 $mol \cdot dm^{-3}$ NaOH 溶液溶解并定容至 1000 cm^3
奈氏勒试剂	$0.01\ mol \cdot dm^{-3}$	溶解 115 g HgI_2 和 80 g KI 于水中,稀释至 500 cm^3,加入 500 cm^3 6 $mol \cdot dm^{-3}$ NaOH 溶液,静置后,取其清液,保存于棕色瓶中
亚硝酰铁氰化钠 $Na_2[Fe(CN)_5NO]$	1%	1 g 亚硝酰铁氰化钠用水溶解并定容至 100 cm^3,保存于棕色瓶内
石蕊		2 g 石蕊溶于 50 cm^3 水中,静置一昼夜后过滤,在滤液中加 30 cm^3 95% 乙醇,再加水稀释至 100 cm^3
氯水	—	在水中通入氯气直至饱和,该溶液使用时临时配制
溴水	—	在水中滴入液溴至饱和
碘液	$0.01\ mol \cdot dm^{-3}$	溶解 1.3 g 碘和 5 g KI 于尽可能少量的水中,加水稀释至 1000 cm^3
淀粉溶液	1%	将 1 g 淀粉和少量冷水调成糊状,在搅拌下注入 95 cm^3 沸水中,微沸 1~2 min,定容至 100 cm^3

参考文献

[1] 颜秀茹. 无机化学学习指导[M]. 北京：高等教育出版社，2010.
[2] 权新军. 无机化学简明教程[M]. 北京：科学出版社，2009.
[3] 吉林大学，武汉大学，南开大学. 无机化学.[M]. 2版. 北京：高等教育出版社，2009.
[4] 李宝山. 基础化学[M]. 2版. 北京：科学出版社，2009.
[5] 宋天佑. 无机化学习题解析[M]. 北京：高等教育出版社，2007.
[6] 曲宝中，朱炳林，周伟红. 新大学化学[M]. 2版. 北京：科学出版社，2007.
[7] 宋天佑，徐家宁，史苏华. 无机化学习题解答[M]. 北京：高等教育出版社，2006.
[8] 徐伟亮. 基础化学实验[M]. 北京：科学出版社，2005.
[9] 方能虎. 化学实验（上册）[M]. 北京：科学出版社，2005.
[10] 刘晓微. 实验化学基础[M]. 北京：国防工业出版社，2005.
[11] 辛剑，孟长征. 基础化学实验[M]. 北京：高等教育出版社，2004.
[12] 王玲，何娉婷. 大学化学实验[M]. 北京：国防工业出版社，2004.
[13] 王金铃. 基础化学学习指导[M]. 北京：科学出版社，2004.
[14] 周仕学，薛彦辉. 普通化学实验[M]. 北京：化学工业出版社，2003.
[15] 方宾，王伦. 化学实验[M]. 北京：高等教育出版社，2003.
[16] 陈虹锦. 实验化学[M]. 北京：科学出版社，2003.
[17] 王明华，许莉. 普通化学解题指南[M]. 北京：高等教育出版社，2003.
[18] 李聚源. 普通化学实验[M]. 北京：化学工业出版社，2003.
[19] 岳红. 无机化学典型题解析及自测试题[M]. 西安：西北工业大学出版社，2002.
[20] 徐琰，何占航. 无机化学实验[M]. 郑州：郑州大学出版社，2002.
[21] 苏显云. 大学普通化学实验[M]. 北京：高等教育出版社，2001.
[22] 蔡炳新，陈贻文. 基础化学实验[M]. 北京：科学出版社，2001.
[23] 周其镇，方国女，樊行雪. 大学基础化学实验（Ⅰ）[M]. 北京：化学工业出版社，2000.
[24] 北京大学化学系普通化学教研室. 普通化学实验.[M]. 2版. 北京：北京大学出版社，2000.
[25] 周井炎，李东风. 无机化学习题精解[M]. 北京：科学出版社，1999.
[26] 张懋森. 综合化学[M]. 合肥：中国科学技术大学出版社，1999.
[27] 武汉大学化学系无机化学教研室. 无机化学实验[M]. 武汉：武汉大学出版社，1997.
[28] 浙江大学普通化学教研组. 普通化学实验[M]. 3版. 北京：高等教育出版社，1996.
[29] 华东化工学院无机化学教研组. 无机化学实验[M]. 3版. 北京：高等教育出版社，1990.
[30] 贺克强，张开诚，金春华. 无机化学与普通化学题解[M]. 武汉：华中理工大学出版社，1984.